FPGA für alle

Einstieg in die FPGA-Programmierung mit VHDL und Max1000-Board

Erik Bartmann

Bestell-Code für ein Max1000-Board

Die Informationen in diesem Buch wurden mit größter Sorgfalt erarbeitet. Dennoch können Fehler nicht vollständig ausgeschlossen werden. Verlag, Autoren und Übersetzer übernehmen keine juristische Verantwortung oder irgendeine Haftung für eventuell verbliebene Fehler und deren Folgen.

Alle Warennamen werden ohne Gewährleistung der freien Verwendbarkeit benutzt und sind möglicherweise eingetragene Warenzeichen. Der Verlag richtet sich im wesentlichen nach den Schreibweisen der Hersteller. Das Werk einschließlich aller seiner Teile ist urheberrechtlich geschützt. Alle Rechte vorbehalten einschließlich der Vervielfältigung, Übersetzung, Mikroverfilmung sowie Einspeicherung und Verarbeitung in elektronischen Systemen.

Kommentare und Fragen können Sie gerne an uns richten:
Bombini Verlags GmbH
Richard-Wagner-Str. 11
53757 Sankt Augustin
E-Mail: service@bombini-verlag.de

Copyright:
© 2023 by Bombini Verlag

Bibliografische Information Der Deutschen Nationalbibliothek
Die Deutsche Nationalbibliothek verzeichnet diese Publikation in der Deutschen Nationalbibliografie; detaillierte bibliografische Daten sind im Internet uber http://dnb.d-nb.de abrufbar.

Umschlaggestaltung: Michael Oreal, Köln (www.oreal.de)
Satz: Bombini Verlag, Sankt Augustin
Belichtung, Druck und buchbinderische Verarbeitung: Print Group Sp. z o.o. , Polen

ISBN 978-3-946496-35-9

Inhalt

Einleitung

Lieber Leser,

die FPGA-Technologie übt deshalb so eine Faszination auf mich aus, weil FPGA-Boards – im Gegensatz zu Mikrocontrollern, die für einen spezifischen Zweck entworfen werden und nur schwer modifiziert werden können – immer wieder neu programmiert werden können. Ich schaffe quasi immer wieder neue Hardware.

Die Vorteile der FPGA-Technologie sind bestechend. Die Flexibilität ist für mich das bedeutendste Feature. FPGAs sind in der Regel sehr schnell und eignen sich deshalb auch für Anwendungen, die eine hohe Verarbeitungsgeschwindigkeit benötigen, wie beispielsweise Videodaten. FPGA-Boards sind energieeffizient, das ist für Stand-Alone-Anwendungen wichtig.

Aber die FPGA-Technologie ist auch eine recht komplexe Technologie, die es gerade dem Einsteiger schwierig macht. Es ist eine ganz andere Art von Denken notwendig: Man muss alles quasi aus Hardware-Perspektive betrachten, da man bei der FPGA-Programmierung ein Hardware-Design von Grund auf neu entwerfen muss. Der FPGA-Einsteiger muss sich, neben „normalen" Programmierkenntnisse auch noch in eine Hardware-spezifische Sprache einarbeiten.

Am Ende meines fast 500-seitigen Buches wird der Leser erst die Basics von FPGA verstanden haben, die aber hoffentlich so umfassend, dass man sich anschließend an eigene Projekte trauen kann. Als weiterführende Literatur empfehle ich das Buch „FPGAs für Maker" von Cord Elias aus dem dpunkt-Verlag.

Bei der Konzeption meines Buches bin ich von einem Leser ausgegangen, der bereits erste Elektronik- und Programmiererfahrungen beispielsweise mit einem Arduino-Board besitzt. Mir war vor allem ein niedrigschwelliger Einstieg ins FPGA-Thema wichtig, dem hab ich fast alles andere untergeordnet. So habe ich mich für VHDL als Hardware-spezifische Sprache entschieden, weil sie etwas leichter zu verstehen ist als Verilog. Ich verwende mit VHDPlus ein Software-Paket, das den Einsteiger vor besonders schwierigen Hardcore-Themen abschirmt.

Die Entscheidung für das Max1000-Board fiel leicht: Es ist für seinen Preis unschlagbar günstig und dabei leistungsstark. Es handelt sich um ein Evaluationsboard mit zusätzlicher nützlicher Hardware-Peripherie. Da aufgrund von momentanen Lieferschwierigkeiten (Stand 5/2023) das Board zurzeit auf dem freien Markt nur sehr schwer zu erhalten ist, hat sich der deutsche Hersteller dieses Boards – Trenz Electronic – freundlicherweise bereit erklärt, für jeden Leser ein Board zu reservieren. Im Buch ist auf der ersten Seite ein individueller Bestell-Code eingetragen worden, mit dem ein Leser ein Max1000-Board beim Bombini-Verlag erwerben kann. Leider ist es nicht möglich, mit einem Bestell-Code mehrere Boards zu erwerben, damit für jeden Buchkäufer ein Board reserviert werden kann.

Wie ich das Buch aufgebaut habe

Das Buch hat eine Zweiteilung. In einem Grundlagen-Teil, das sind die Kapitel I bis V, erfährt der Leser alles Grundlegende zum Thema FPGA, also die digitaltechnischen Grundlagen, die prinzipielle Funktionsweise, die Hardware-spezifische Sprache VHDL sowie eine genaue Vorstellung des Max1000-Boards. Zum Schluß des Grundlagenteils gehe ich ausführlich auf die eingesetzten Software-Pakete ein, die unser Software-Werkzeugkette in diesem Buch darstellen werden.

Im Projekt-Teil stelle ich 23 FPGA-Projekte vor. Angefangen mit dem Ansteuern einer LED auf dem Board bis hin zur Simulation eines Arduinos auf dem FPGA-Board findet der Leser hoffentlich lehrreiche Projekte, die ihm bei der Umsetzung Spaß bereiten. Ich habe die Projekte von einfach bis komplex sortiert, sie bauen aufeinander auf.

Fehlersuche

Sollte mir im Buch ein Fehler unterlaufen sein, dann möchte ich bereits an dieser Stelle dafür um Entschuldigung bitten. Ich wäre sehr dankbar, wenn mich Leser auf Fehler aufmerksam machen würden, denn dann kann ich diese Fehler in der nächsten Auflage bereinigen. Bitte schicken Sie Ihre Fehlerhinweise an service@bombini-verlag.de. Auf der Verlags-Webseite findet der Leser eine Errata-Liste unter *https://www.bombini-verlag.de/shop/fpga/.*

Meine Webseite

Auf meiner Webseite https://erik-bartmann.de/?Downloads___FPGA habe ich den im Buch verwendeten Quellcode zum Download bereitgestellt. Dort findet sich auch weiteres Bonus-Material zum Buch.

Danksagung

Ich habe bei der Erstellung des Buches umfangreiche Hilfe erfahren. Dafür bin ich sehr dankbar, denn das ist nicht selbstverständlich. Ich habe dabei gemerkt, wie hilfsbereit die FPGA-Community ist; eine Erfahrung, die mich an mein erstes Arduino-Buch 2011 erinnert, da war eine ähnlich hilfsbereits Community an meiner Seite.

Ich möchte zunächst meiner Frau dafür danken, dass sie meine Autorentätigkeit wohlwollend mitträgt. Ich möchte Thorsten Trenz und Antti Lukats von Trenz Elektronic für das Bereitstellen des Max1000-Boards sowie die geduldigen Beantwortung vieler, vieler Fragen herzlich danken. Ich möchte mich ebenso herzlich bedanken bei Leon Beier und Hendrik Mennen, den Machern hinter VHDPlus. Sie haben nicht nur eine hervorragende Software entwickelt, sondern sie standen mir auch jederzeit durch Rat und Tat zur Seite, wenn ich mich manchmal ordentlich verrannt hatte. Last but not least geht mein Dank an meinen Verleger Volker Bombien, mit dem die Zusammenarbeit einfach Spaß macht.

I. Digitaltechnische Grundlagen

Um einen Einstieg in die FPGA-Programmierung zu finden, kommt man um die digitaltechnischen Grundlagen nicht herum. Für den einen Leser ist dieses Kapitel Auffrischung, für den anderen eher Neuland.

Die Digitaltechnik spielt heute eine entscheidende Rolle, um Informationen so schnell wie möglich zu verarbeiten. Aus keinem unserer elektronischen Spielzeuge wie zum Beispiel Smartphones, Fernseher, Automobile oder Uhren ist die Mikroelektronik wegzudenken. Fast überall sind Mikrocontroller verbaut, die einem Mikrocontroller wie dem Arduino ähnlich sind. In den meisten Fällen werden Daten gesammelt und verarbeitet, und bei diesen Prozessen müssen Entscheidungen auf der Grundlage von Fakten getroffen werden. Wenn als Eingangswert dies oder das eintritt, dann muss dieses oder jenes als Reaktion darauf in Form eines Ausgangswerts erfolgen. Eingang und Ausgang stehen also in einer Beziehung.

Digitaltechnik ist ein Teilgebiet der Informatik beziehungsweise der Elektronik und befasst sich mit digitalen Schaltkreisen, bei denen sogenannte logische Gatter zum Einsatz kommen. Neben den logischen Bauelementen gibt es noch weitere Varianten von digitalen Schaltkreisen, wie zum Beispiel die Flipflops, oft auch bistabile Kippstufe genannt. Es handelt sich dabei um eine elektronische Schaltung, die zwei stabile Zustände des Ausgangssignals besitzt und somit als Speicherelement in Erscheinung treten kann. Im Speziellen ist hier das D-Flipflop zu erwähnen, das ein Grundelement für statische Schreib-Lese-Speicher darstellt. Eigentlich haben wir grob gesehen alles zusammen, was für einen Computer wichtig sein könnte: die Möglichkeit, über diverse Gatter eine Logik zu realisieren sowie die Fähigkeit, verschiedene Signale mittels Flipflops zu speichern.

Aber eins nach dem anderen. Wir beginnen mit den Logik-Bausteinen. Bevor es mit dem eigentlichen Thema FPGA im nächsten Kapitel losgeht, folgen ein paar Grundlagen, die dann später benötigt werden.

Warum sind digitale Komponenten wie Logik-Gatter und Flipflops für das Thema FPGA relevant? Ein FPGA-Board besitzt die Fähigkeit, diese Komponenten in großer Anzahl flexibel zu realisieren, ohne dass elektrische Verbindungen in Form von zusätzlichen Kabeln notwendig wären. Auf diese Weise lässt sich fast jede Art von digitaler Hardware in Form von logischen Schaltungen herstellen. Und das beliebig oft in anderer beziehungsweise erweiterter Weise. Die Möglichkeiten sind dadurch nahezu grenzenlos und werden lediglich durch den internen Aufbau des FPGA beziehungsweise den zur Verfügung stehenden Speicher begrenzt.

Wer sich schon mit den verschiedenen Logik-Gattern auskennt, der kann den folgenden Abschnitt lediglich überfliegen. Ich greife dieses Thema in den folgenden Projektkapiteln wieder auf, denn es ist von essenzieller Bedeutung. Hier werden die Grundlagen beschrieben.

Die Logik-Gatter

Zur Realisierung eines Computers, der sich der Digitaltechnik bedient, werden verschiedene Logik-Gatter benötigt. Diese sind in den heutigen CPUs – also den Rechen-Zentraleinheiten – auf sehr kleinem Raum auf einem Chip integriert und arbeiten intern zur Bewältigung der anstehenden Rechenoperationen.

Was ist ein logisches Gatter?

Ein logisches Gatter – auch nur Gatter (englisch logic gate) genannt – ist eine Anordnung einer elektronischen Schaltung zur Realisierung einer booleschen Funktion. Eine boolesche Funktion bedeutet in diesem Fall eine Verknüpfung von Wahrheitswerten, die als Ergebnis ebenfalls einen Wahrheitswert wie wahr oder falsch liefert.

Auf diese Gatter gehe ich ausführlich ein, denn sie haben grundlegende Bedeutung für die Digitaltechnik. Das Thema scheint überholt zu sein, denn alles kann mittels Computerprogrammen realisiert werden – und doch trägt das Verständnis dieser Materie essenziell dazu bei, Computer inklusive der Digitaltechnik besser zu verstehen. Und zudem bereitet es Spaß, sich mit den grundlegenden Gattern etwas zu bauen, was dann auch so funktioniert, wie es erdacht wurde.

Grund-Gatter

An folgendem Beispielsatz lässt sich Logik veranschaulichen: Für einen schönen Nachmittag würde ich gerne mit meiner Frau und meinen Kindern ein Picknick im Freien veranstalten. Wir könnten dazu mit den Fahrrädern fahren oder auch den Zug benutzen, doch es sollte schönes Wetter sein und nicht regnen.

In diesem Satz sind drei logische Elemente vorhanden, die ich fett gedruckt hervorgehoben habe. Diese drei Verknüpfungen beschreiben die drei Grund-Gatter der Digitaltechnik, auf denen alles aufbaut. Der Satz vermittelt doch eine gewisse Vorstellung, wie bestimmte Voraussetzungen in Form vor Eingangsparametern vorliegen müssen, damit sich ein Ergebnis einstellt, das als Ausgang bezeichnet werden kann.

Die genannten Hervorhebungen sind die UND-, ODER- und NICHT-Gatter. Sehr oft werden in der Literatur jedoch die englischen Bezeichnungen verwendet, die entsprechend AND-, OR- und NOT-Gate lauten. Diese Gatter werden in der Digitaltechnik nicht mit mechanischen Bauelementen wie Schaltern realisiert, sondern mit integrierten Schaltkreisen, den ICs (Integrated Circuit).

Der Ausdruck Gatter kommt aus dem Englischen für Gate, was Tor bedeutet, das entweder offen oder geschlossen sein kann. Meistens sind mehrere dieser logischen Gatter in einem integrierten Schaltkreis verbaut. Für jedes logische Grundgatter gibt es ein eigenes Schaltzeichen. In der Regel befinden sich bei diesen Schaltzeichen die Eingänge auf der linken und der Ausgang auf der rechten Seite des Symbols. Wenn es darum geht, Ein- beziehungsweise Ausgänge mit Kennzeichen zu versehen, so ist die Nomenklatur, also das System der Fachbezeichnungen bei den logischen Gattern, nicht einheitlich. Nachfolgend sind ein paar Beispiele in einer Tabelle zusammengefasst, die keinen Anspruch auf Vollständigkeit erhebt. Jeder kann die Pins nach Lust und Laune benennen, was aber keinen Einfluss auf die Funktion hat.

Eingang 1	Eingang 2	Ausgang
A	B	X
A	B	Y
A	B	Q
E1	E2	A

Tabelle:Mögliche Signalbezeichnungen für Ein- und Ausgänge

Boolesche Algebra

Die mathematische Grundlage zur Verknüpfung von Zuständen oder Signalen wird durch die sogenannte boolesche Algebra ermöglicht. Sie geht auf den Mathematiker George Boole (1815 – 1864) zurück, der im 19. Jahrhundert die Algebra der logischen Verknüpfungen entwickelte. Die binäre Digitaltechnik kommt mit den zwei definierten logischen Zuständen 0 und 1 aus.

Was bedeutet binär?

Die digitale Welt verwendet den binären Code, wobei binär vom lateinischen binarii herrührt und „doppelt" beziehungsweise „paarweise" bedeutet. Im Binärsystem werden nur 0 und 1 verwendet, wobei diese beiden Zustände auch durch andere Benennungen abgebildet werden können.

Die boolesche Algebra verwendet die drei angesprochenen logischen Verknüpfungen UND, ODER beziehungsweise NICHT. Die nachfolgend aufgeführten Schaltzeichen zeigen links in Rechteckform die aktuelle Norm nach IEC 60617-12:1997 & ANSI/IEEE Std 91/91a-1991. Rechts daneben ist das alte Symbole nach der DIN 40700 vor 1976 zu sehen. Die alten Symbole sind die in meinen Augen ansprechender und werden auch noch verwendet; deshalb zeige ich sie ebenfalls. Die alten Symbole sind vom menschlichen Auge besser und intuitiver zu erfassen, weil anhand der Formen sofort auf die Funktion geschlossen werden kann. Die aktuellen Symbole in rechteckigen Formen beinhalten Zahlen und andere Zeichen, die erst entziffert werden müssen. Diese Symbole sind nicht so eingängig und erschweren es, einen umfangreichen Schaltplan zu lesen und zu verstehen, als einer mit den „alten" Symbolen.

Das UND-Gatter (AND-Gate)

Das Schaltzeichen eines AND-Gatters sieht folgendermaßen aus, wobei sich im Inneren des Rechtecks ein sogenanntes Kaufmanns-UND (&) befindet:

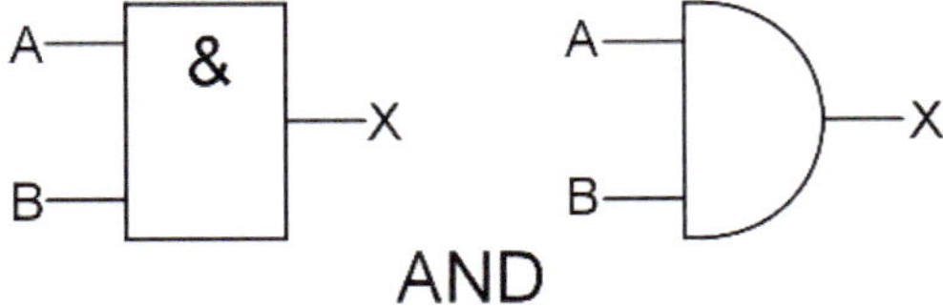

Abbildung 1: Das Schaltzeichen eines AND-Gatters (neu und alt)

Die Wahrheitstabelle sieht für das AND-Gatter wie folgt aus:

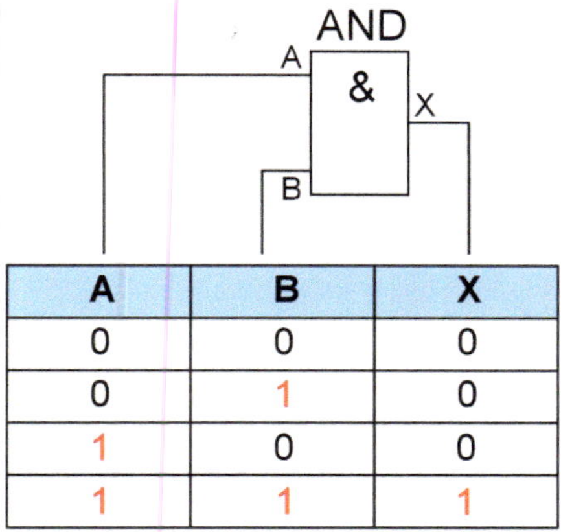

A	B	X
0	0	0
0	1	0
1	0	0
1	1	1

Abbildung 2: Die Wahrheitstabelle eines AND-Gatters

Der Ausgang X des AND-Gatters wechselt erst dann auf einen HIGH-Pegel, wenn an beiden Eingängen A und B ein HIGH-Pegel vorliegt. Die AND-Verknüpfung kann mathematisch mit der booleschen Algebra ausgedrückt werden:

$$X = A \wedge B$$

Das nach unten offene Dreieck zwischen A und B ist ein genormtes Zeichen für die AND-Verknüpfung. In der Literatur finden sich jedoch auch andere Verknüpfungszeichen für eine AND-Verknüpfung:

$$X = A \cdot B$$

$$X = A \,\&\, B$$

Das ODER-Gatter (OR-Gate)

Das Schaltzeichen eines OR-Gatters schaut wie folgt aus, wobei sich im Inneren des Rechtecks ein Größer-gleich-Zeichen mit einer nachfolgenden 1 befindet:

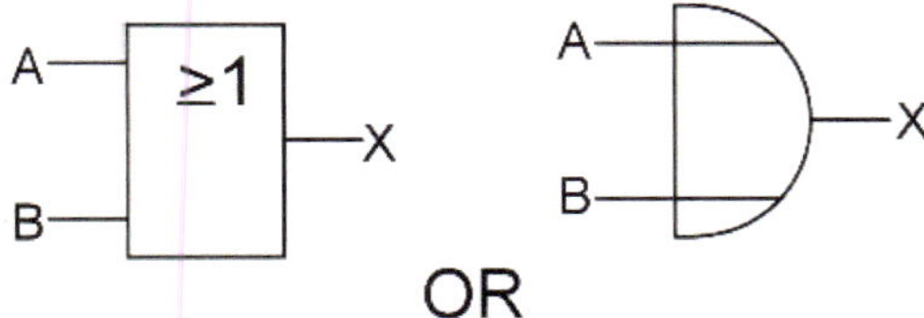

Abbildung 3: Das Schaltzeichen eines OR-Gatters (neu und alt)

Die Wahrheitstabelle sieht für das OR-Gatter wie folgt aus:

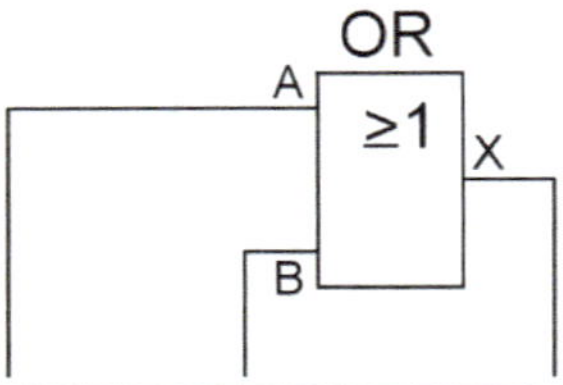

A	B	X
0	0	0
0	1	1
1	0	1
1	1	1

Abbildung 4: Die Wahrheitstabelle eines OR-Gatters

Der Ausgang X des OR-Gatters wechselt dann auf einen HIGH-Pegel, wenn am Eingang A oder B beziehungsweise an beiden ein HIGH-Pegel vorliegt. Die OR-Verknüpfung kann mathematisch mit der booleschen Algebra ausgedrückt werden:

$$X = A \vee B$$

Das nach oben offene Dreieck zwischen A und B ist ein genormtes Zeichen für die OR-Verknüpfung. In der Literatur findet sich auch hier ein anderes Verknüpfungszeichen für eine OR-Verknüpfung:

$$X = A + B$$

Das NICHT-Gatter (NOT-Gate)

Das Schaltzeichen eines NOT-Gatters schaut wie folgt aus, wobei sich im Inneren des Rechtecks eine 1 befindet; äußerst wichtig ist am Ausgang der kleine Kreis, der den entgegengesetzten Zustand hervorruft, was eine Negation bedeutet. Dieses Gatter kann auch als Inverter (Umkehrer) bezeichnet werden:

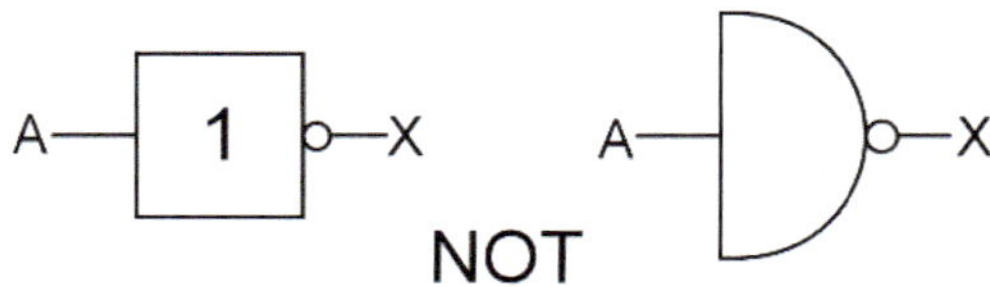

Abbildung 5: Das Schaltzeichen eines NOT-Gatters (neu und alt)

Die Wahrheitstabelle sieht für das NOT-Gatter wie folgt aus:

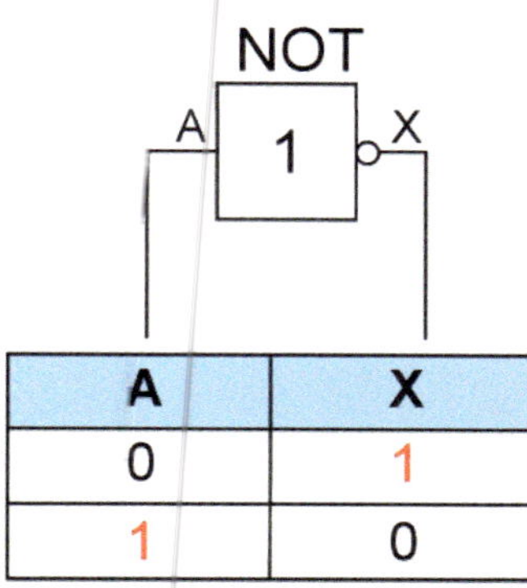

A	X
0	1
1	0

Abbildung 6: Die Wahrheitstabelle eines NOT-Gatters

Der Ausgang X des NOT-Gatters ist immer entgegengesetzt des am Eingang A anliegenden Pegels. Die NOT-Verknüpfung kann ebenfalls mathematisch mit der booleschen Algebra ausgedrückt werden:

$$X = \overline{A}$$

Der waagerechte Strich über einem Signal bedeutet eine Negation, also eine Umkehrung des vorherrschenden Pegels. Der kleine Kreis, der sich beim gezeigten NOT-Schaltzeichen am Ausgang befindet, kann auch bei anderen Gattern sowohl am Eingang als auch am Ausgang zum Einsatz kommen.

Die zusammengesetzten Gatter

In der Digitaltechnik kommen nicht nur einzelne Gatter zum Einsatz, sondern es findet eine Zusammenschaltung mehrerer unterschiedlicher Typen statt, die je nach Anforderung einen Verbund bilden und darüber wieder grundlegende beziehungsweise erweiterte Gatter zur Verfügung stellen. Bei diesen zusammengesetzten Gattern sind die NAND- beziehungsweise NOR-Gatter die am meisten verwendeten. Im Ausdruck NAND ist AND vorhanden und das vorangestellte N deutet auf das NOT-Gatter hin. Bei NOR ist die Sache gleich gelagert. Es kommt im Ausdruck OR vor und es ist ebenfalls ein N vorangestellt. Mal sehen, was es damit auf sich hat.

Das NAND-Gatter (NAND-Gate)

Wird das AND-Gatter und das NOT-Gatter zusammengeschaltet, dann ergibt sich im Verhalten das NAND-Gatter. Der Ausgangszustand eines AND-

Gatters wird dadurch negiert. Nachfolgend ist die Zusammenschaltung beider Gatter zu sehen:

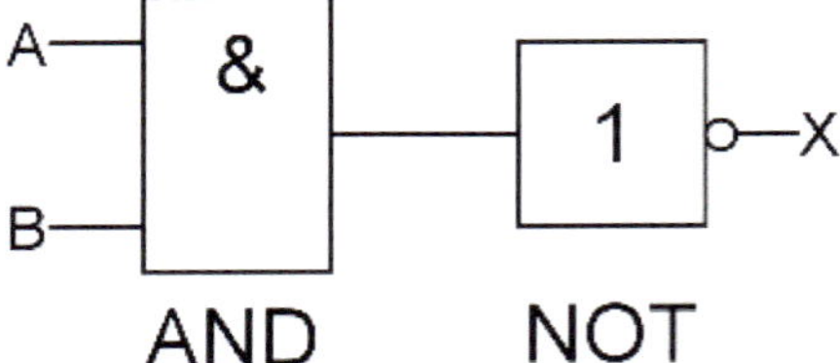

Abbildung 7: Ein AND- und NOT-Gatter im Verbund

Ein eigenständiges NAND-Gatter sieht dem AND-Gatter sehr ähnlich, besitzt jedoch am Ausgang den schon erwähnten kleinen Kreis, der den Inverter repräsentiert:

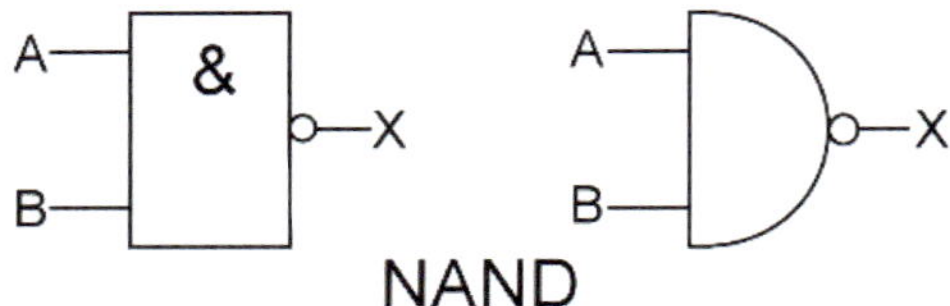

Abbildung 8: Die Schaltzeichen eines NAND-Gatters

Die Wahrheitstabelle für das NAND-Gatter sieht wie folgt aus:

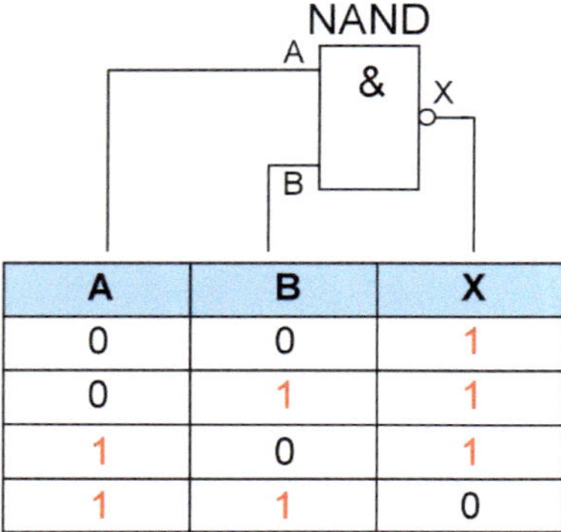

A	B	X
0	0	1
0	1	1
1	0	1
1	1	0

Tabelle: Die Wahrheitstabelle eines NAND-Gatters

Wird diese Wahrheitstabelle mit der des AND-Gatters verglichen, sieht man, dass sich die Ausgangspegel genau entgegengesetzt verhalten. AND-Gatter sind zwar in einem integrierten Schaltkreis durchaus zu bekommen, doch es werden stattdessen meistens NAND-Gatter verwendet, weil darüber sowohl eine AND- als auch NAND-Funktionalität erzielt werden kann. Mit einem einzigen integrierten Schaltkreis für AND-Gatter wäre das nicht möglich, weil dort ein Inverter fehlt. Zum besseren Verständnis zeigt die folgende Abbildung diesen Sachverhalt etwas genauer. Im Baustein CD4011, auf den ich noch zu sprechen komme, sind vier einzelne NAND-Gatter vorhanden. Nun kann darüber sowohl direkt ein NAND-Gatter als auch ein AND-Gatter realisiert werden. Für den zweiten Fall muss lediglich ein weiteres NAND-Gatter als Inverter für das erste arbeiten:

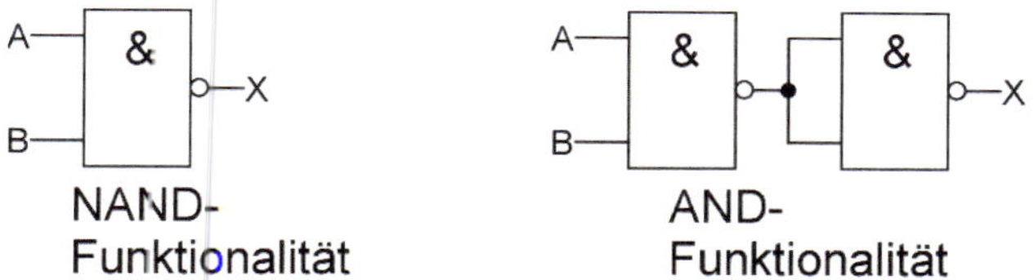

Abbildung 9: NAND- und AND-Funktionalität mit NAND-Gatter

Das funktioniert deswegen, weil ein NAND-Gatter mit zwei zusammengeschalteten Eingängen das gleiche Verhalten aufweist wie ein dedizierter Inverter:

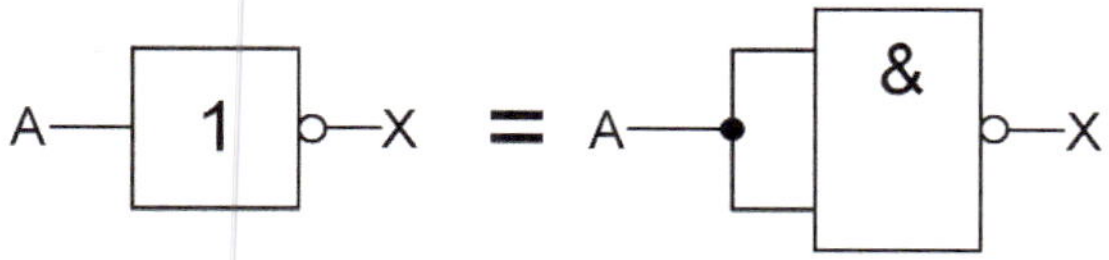

Abbildung 10: Ein NOT-Gatter und ein NAND-Gatter als NOT-Gatter

Auch für das NAND-Gatter gibt es eine Darstellung mithilfe der booleschen Algebra:

$$X = \overline{A \wedge B}$$

Der waagerechte lange Strich über den beiden UND-verknüpften Eingangssignalen bedeutet eine Negation der gesamten UND-Verknüpfung, was zur Funktionalität des NAND-Gatters führt.

Das NOR-Gatter (NOR-Gate)

Wird das OR-Gatter und das NOT-Gatter zusammengeschaltet, dann ergibt sich im Verhalten das NOR-Gatter. Der Ausgangszustand des OR-Gatters wird dadurch auch in diesem Fall negiert. Nachfolgend ist die Zusammenschaltung beider Gatter zu sehen:

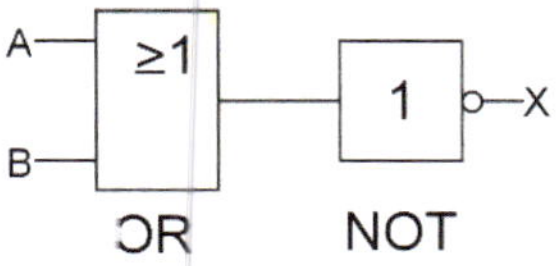

Abbildung 11: Ein OR-Gatter und ein NOT-Gatter im Verbund

Ein eigenständiges NOR-Gatter sieht dem OR-Gatter sehr ähnlich, besitzt jedoch am Ausgang wieder den schon erwähnten kleinen Kreis für den Inverter:

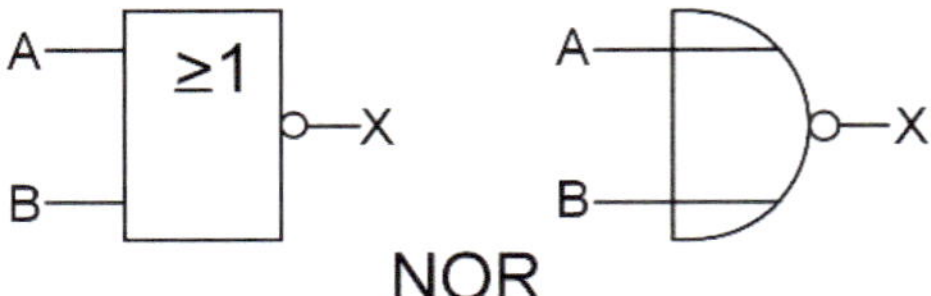

Abbildung 12: Die Schaltzeichen eines NOR-Gatters

Die Wahrheitstabelle für das NOR-Gatters sieht wie folgt aus:

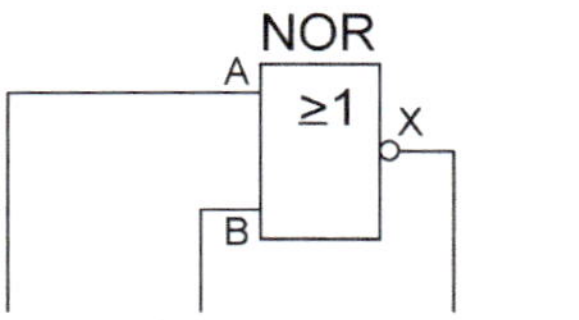

NOR

A	B	X
0	0	1
0	1	0
1	0	0
1	1	0

Abbildung 13: Die Wahrheitstabelle eines NOR-Gatters

Wird diese Wahrheitstabelle mit der des OR-Gatters verglichen, so ist auch hier zu sehen, dass sich die Ausgangspegel genau entgegengesetzt verhalten. OR-Gatter sind zwar ebenfalls wie AND-Gatter in einem integrierten Schaltkreis durchaus zu bekommen, doch es werden stattdessen meistens NOR-Gatter verwendet, weil darüber sowohl eine OR- als auch eine NOR-Funktionalität erzielt werden kann. Mit einem einzigen integrierten Schaltkreis für OR-Gatter wäre das auch in diesem Fall nicht möglich, weil dort wieder ein Inverter fehlt. Nun kann darüber sowohl direkt ein NOR-Gatter als auch ein OR-Gatter realisiert werden. Für den zweiten Fall muss lediglich ein weiteres NOR-Gatter als Inverter für das erste arbeiten:

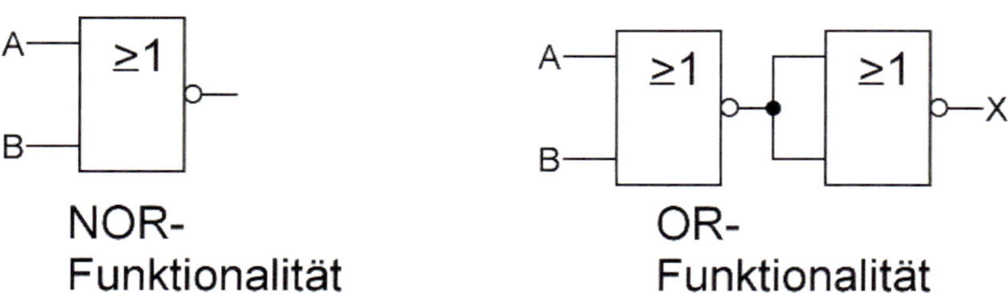

Abbildung 14: NOR- und OR-Gatter-Funktionalität mit NOR-Gatter

Auch für das NOR-Gatter gibt es wieder eine Darstellung mithilfe der booleschen Algebra:

$$X = \overline{A \lor B}$$

Der waagerechte Strich über den beiden ODER-verknüpften Eingangssignalen bedeutet eine Negation, was zur Funktionalität des NOR-Gatters führt.

Gatter-Pegel im Überblick

Abschließend zu den genannten Gattern möchte ich die entsprechenden Pegeldiagramme zeigen, die etwas mehr Aussagekraft haben als die entsprechenden Wertetabellen und hierüber können auch die unterschiedlichen Gatter besser miteinander verglichen werden. A und B zeigen in diesem Diagramm immer die Eingangssignale und die Gatterbezeichnungen die Ausgangssignale, und das NOT-Gatter benötigt lediglich einen einzigen Eingang A:

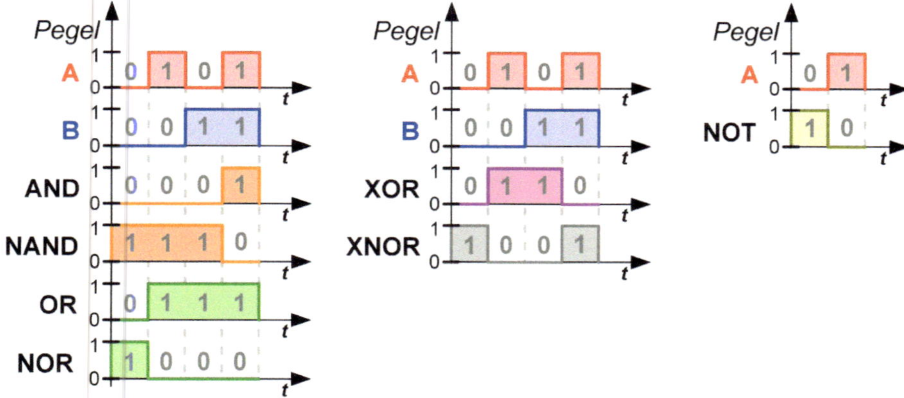

Abbildung 15: Die Pegeldiagramme der Logik-Gatter

Wenn es um Gatter-Logik geht, gibt es eine Menge mehr zu erzählen. Unter anderem sind die Grundgesetze der Schaltalgebra von essenzieller Bedeutung. Diese werden in Projekt 14. Digitale Logik: Schaltungssynthese dargestellt.

Flipflops

Zu Beginn dieses Kapitels hatte ich bereits Flipflops erwähnt. Flipflops sind Kombinationen von Logik-Gattern, die bei entsprechender Beschaltung als

Speicherelemente genutzt werden können. Ein bekannter Vertreter ist das D-Flipflop. Man kann zur Speicherung von logischen Zuständen die schon erwähnten Logik-Gatter verwenden und ich möchte das am Beispiel von zwei NAND-Gattern aufzeigen. Die Schaltung eines NAND-Flipflops sieht wie folgt aus, wobei der Ausgang eines NAND-Gatters jeweils auf einen Eingang des anderen Gatters geführt wird, was auch in diesem Fall eine gewisse Rückkopplung darstellt:

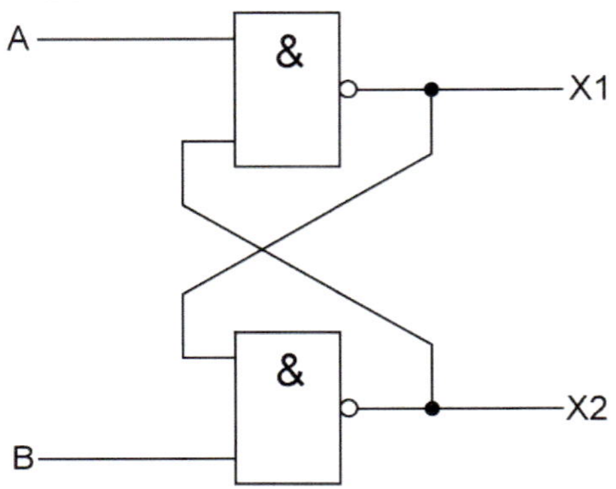

Abbildung 16: Ein Flipflop mit zwei NAND-Gattern

Bei einem derartigen Experiment mit den beiden NAND-Gattern stellt man fest, dass bei keiner Ansteuerung der beiden Eingänge A und B beide Ausgänge X1 und X2 einen HIGH-Pegel vorweisen. Das wäre aber ein unerwünschter, irregulärer Zustand. Warum ist das so? Ein NAND-Gatter liefert erst dann am Ausgang eine 0, wenn beide Eingänge eine 1 vorweisen. Da aber beide NAND-Gatter je eine 0 an einem Eingang besitzen, sind beide Ausgänge 1. Das ist für ein Flipflop nicht gerade schön. Die Wahrheitstabelle für ein Flipflop mit NAND-Gattern sieht in diesem Fall wie folgt aus:

B	A	X2	X1	Bemerkung
0	0	1	1	irregulär
0	1	1	0	
1	0	0	1	
1	1	X	X	Speicherfall

Tabelle: Die Ansteuerung des einfachen Flipflops

Um das Flipflop nicht mit 0 sondern mit 1 an den Eingängen zu manipulieren, können die im Baustein CD4011 nicht benutzten Gatter als Inverter herhalten und den Eingängen vorgeschaltet werden:

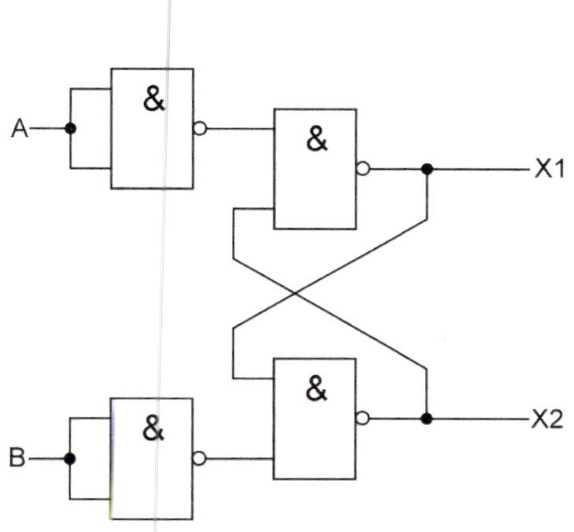

Abbildung 17: Das Flipflop mit zwei NAND-Gattern und invertierten Eingängen

Über die Eingänge A und B kann das Flipflop also gesetzt oder gelöscht werden, was über ein sogenanntes RS-Flipflop mit den aussagekräftigen Abkürzungen (R = Reset und S = Set) versehen ist. Für ein derartiges Flipflop gibt es ein eigenes Schaltzeichen; die vormaligen Ausgänge X1 und X2 sind hier mit Q und Q-Nicht bezeichnet.

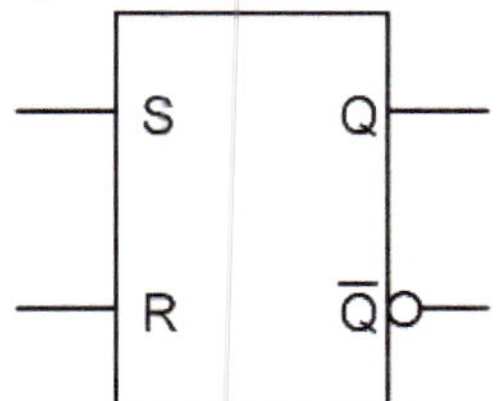

Abbildung 18: Das Schaltzeichen eines RS-Flipflops

Wir werden später im Flipflop-Kapitel noch sehen, dass es auch möglich ist, ein derartiges RS-Flipflop mit NOR-Gattern aufzubauen, wobei dann die invertierten Eingänge entfallen, es jedoch immer noch einen unerlaubten beziehungsweise irregulären Zustand der Eingangssignale gibt. Dazu später mehr.

Zurück zur RS-Flipflop-Version mit NAND-Gattern, wo es noch das gerade erwähnte und sehr unschöne Verhalten der unerlaubten Eingangssignale (S=1, R=1) bei einem RS-Flipflop gibt, was gezwungenermaßen dazu führt, dass man sich Gedanken über eine Verbesserung machen muss. Wie verhindert man, dass sowohl der Setz- als auch der Rücksetzeingang zur selben Zeit denselben Pegel an die Gatter leiten? Die Antwort liegt auf der Hand: Ein Inverter muss her, der das Eingangssignal in entgegengesetzte Pegel aufsplittet!

Auf der folgenden Abbildung ist lediglich ein Eingang A zu sehen, der unverändert an den Setzeingang S geleitet wird und gleichzeitig über einen Inverter an den Rücksetzeingang R führt:

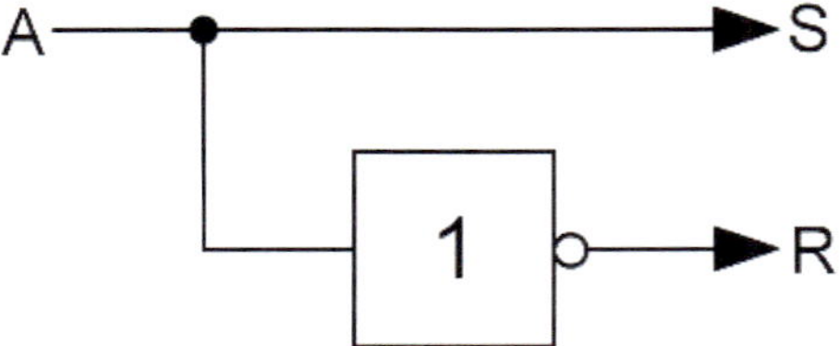

Abbildung 19: Setz- und Rücksetzeingang über einen Inverter

Bei dieser Schaltung kann niemals der Zustand eintreten, dass S und R denselben Pegel vorweisen. Sie weisen über den Inverter immer entgegengesetzte Pegel auf. Nun tritt aber das gravierende Problem auf, dass es nur einen einzigen Eingang gibt, der nach dem Pegelwechsel sofort wieder am Ausgang sichtbar ist. Die vormals vorhandene Speicherfunktionalität existiert nicht mehr. Soll eine 1 am Eingang in dieser Schaltung am Ausgang gespeichert werden, so wird nach dem Pegelwechsel an A von 1 auf 0 diese unmittelbar übernommen. Also doch so keine geniale Idee? Doch, es muss jedoch noch ein zusätzliches Eingangssignal hinzugefügt werden, das der Schaltung mitteilt, dass der am Eingang A vorherrschende Pegel jetzt in diesem Augenblick wichtig ist und am Ausgang übernommen werden soll. Danach kann dieses zusätzliche Signal wieder in den vorherigen Zustand wechseln und es spielt danach keine Rolle mehr, welches Eingangssignal an A anliegt. Das ist erst dann wieder relevant, wenn dieses zusätzliche Signal sozusagen die Flagge hebt und die Schaltung auffordert nachzusehen, welcher Pegel denn gerade jetzt am Eingang A vorliegt, um ihn dann am Ausgang zu übernehmen. Das bringt den Takt ins Spiel, der auch Clock genannt wird.

Zustandsgesteuertes D-Flipflop

Das Manko des RS-Flipflops wird über die erweiterte Schaltung des D-Flipflops gelöst. Es wird dabei aber das zusätzliche Taktsignal benötigt, das den Eingang überwacht und entsprechend freigibt, um den Ausgang darüber zu steuern. Das D-Flipflop (von englisch delay „verzögern“) besteht aus einem normalen RS-Flipflop, bei dem der Setz- beziehungsweise der Rücksetzeingang negiert an die vormals verwendeten NOR-Gatter geleitet wird, was verhindert, dass ein unbestimmter Zustand eintritt. Zusätzlich muss eine Logik implementiert werden, dass die Speicherung des vorherrschenden Zustandes am sogenannten Dateneingang erst dann übernommen wird, wenn der Takteingang dies zulässt.

Der einzige Eingang wird als Dateneingang D bezeichnet und die Speicherung wird nur mit dem Takteingang T gesteuert. Erst, wenn das Taktsignal beziehungsweise der Taktimpuls anliegt, wird der Pegel am Eingang am Ausgang übernommen. Eine mögliche Schaltung kann wie folgt aussehen, wobei AND-, NOR- und ein NOT-Gatter zum Einsatz kommen:

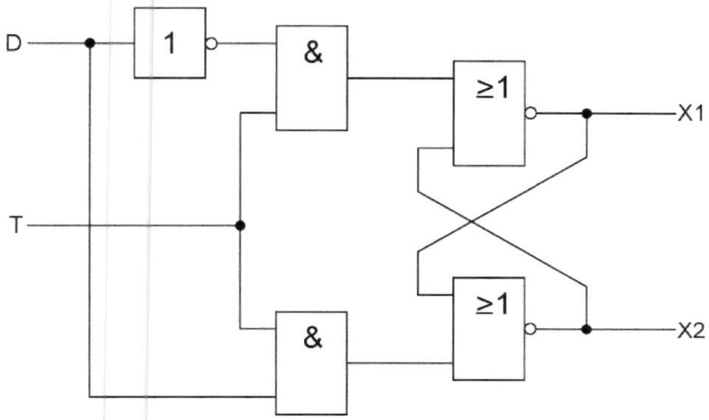

Abbildung 20: Der mögliche Schaltplan für ein D-Flipflop

Über die beiden UND-Gatter ist gut zu erkennen, dass diese erst dann die anliegenden Signale durchsteuern, wenn am Takteingang T eine 1 anliegt. Dieser Takteingang wird auch als Enable-Eingang bezeichnet. Enable bedeutet ermöglichen. Über ein Pegel-Zeitdiagramm ist das Verhalten am besten zu sehen. Es sind untereinander der Dateneingang D, das Taktsignal T und der nicht-invertierte Ausgang X1 zu sehen:

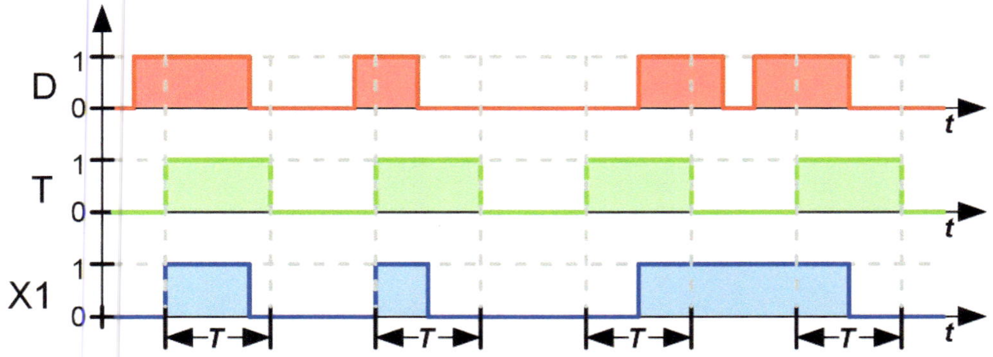

Abbildung 21: Das Pegel-Zeitdiagramm des zustandsgesteuerten D-Flipflops

Der Ausgang X1 übernimmt immer dann den Eingangszustand D, wenn das Taktsignal T den Wert 1 hat. Dieses Taktsignal arbeitet als Fenster, um in den mit Pfeilen markierten Zeitbereichen nachzusehen, welche Pegel am Dateneingang vorherrschen. Wird dieses Zeitfenster verlassen, kommt es zur Speicherung des zuletzt vorliegenden Eingangspegels. Zustandsgesteuerte Flipflops übernehmen Eingänge, sobald eine Zustandsveränderung des Taktes stattgefunden hat. Wir kommen gleich im folgenden Abschnitt zur Taktflanken-Steuerung.

Es gibt auch für das D-Flipflop eine Wahrheitstabelle, die im Folgenden dargestellt ist.

D	**T**	**X1**	**Bemerkung**
0	0	X	Speicherfall
0	1	0	Rücksetzen
1	0	1	Speicherfall
1	1	0	Setzen

Tabelle: Die Ansteuerung des D-Flipflops

Und auch ein D-Flipflop besitzt ein eigenes Schaltzeichen:

Abbildung 22: Das Schaltzeichen eines zustandsgesteuerten D-Flipflops

Taktflanken-gesteuertes D-Flipflop

Kommen wir jetzt zu einem taktflanken-gesteuerten Flipflop. Flanken-getriggerte Flipflops übernehmen Eingänge nur bei Taktflanken, also bei einer Änderung – je nach Typ – von LOW nach HIGH oder umgekehrt. Ein derartiges Flipflop besitzt ein leicht geändertes Schaltzeichen, wobei der Takteingang mit einem kleinen Dreieck versehen ist, was auf eine Flankensteuerung hinweist:

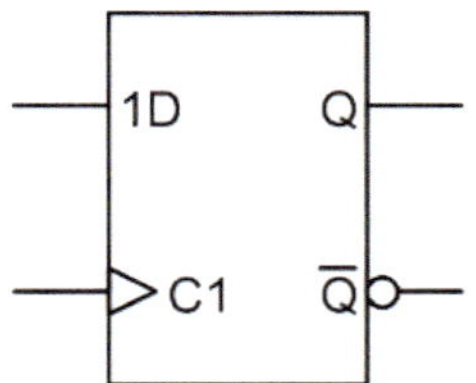

Abbildung 23: Das Schaltzeichen eines flanken-gesteuerten D-Flipflops

Das hier gezeigte Schaltzeichen repräsentiert eine Flankensteuerung, die auf einen LOW-HIGH-Pegel (steigende Flanke) am Takteingang C1 reagiert. Es wird also nur zu diesem kurzen Zeitpunkt der am Eingang 1D vorhandene Logikpegel am Ausgang Q übernommen. Während der Taktpegel zum Beispiel weiterhin einen HIGH vorweist und der Eingang D1 auf LOW zurückgeht, würde es zu keiner Zustandsänderung am Ausgang Q kommen. Das folgende Zeitdiagramm verdeutlicht es:

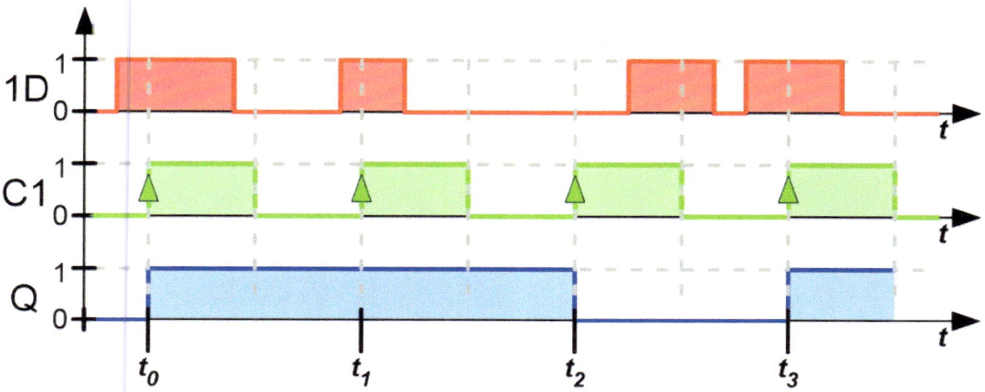

Abbildung 24: Das Pegel-Zeitdiagramm des flanken-gesteuerten D-Flipflops

Es wird also immer nur zu den Zeitpunkten t0, t1, t2 und t3 (steigende Flanke) auf den Eingang D geschaut und der dort vorherrschende Pegel am Ausgang Q übernommen. Werfen wir abschließend zu diesem Thema noch einen Blick auf die Wahrheitstabelle:

C1	**1D**	Q	$\bar{Q}$
0	0 oder 1	Q	$\bar{Q}$
1	0 oder 1	Q	$\bar{Q}$
0 → 1	1	1	0
1 → 0	0	0	1

Tabelle: Die Wertetabelle des D-Flipflops (Flankensteuerung)

In den ersten beiden Zeilen besitzt der Takt C1 lediglich die Zustände 0 beziehungsweise 1, was bedeutet, dass die unterschiedlichen Pegel an 1D (0 oder 1) den Ausgang Q nicht beeinflussen. Erst in den Zeilen 3 und 4 findet eine Auswertung der Pegeländerung an C1 (0 nach 1, 1 nach 0) statt und der Ausgang Q wird entsprechend gesetzt oder gelöscht.

Ein derartiges D-Flipflop werden wir in einer Simulation erschaffen, um damit verschiedene Dinge zu realisieren und zu verdeutlichen.

Auf in die Praxis: Reale Gatter

Wie bereits früher in diesem Kapitel erwähnt möchte ich jetzt den realen Baustein CD4011 zeigen, damit man eine Vorstellung davon bekommt, wie ein derartiger integrierter Schaltkreis überhaupt aussieht, der vier NAND-Gatter beinhaltet. Dieses Bauteil kostet unter einem Euro.

Abbildung 25: Der CD4011-Baustein mit vier NAND-Gattern

Über eine entsprechende Pin-Belegung, die auf der folgenden Abbildung zu sehen ist, kann dieser Baustein in einen Schaltkreis integriert werden:

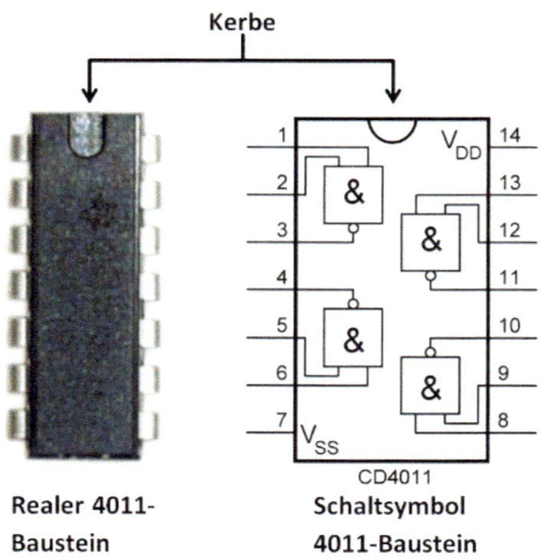

Abbildung 26: CD4011-Baustein mit Pin-Belegung

Um sich eine komplexere Logikschaltung aufzubauen, kann ein Steckbrett, auch Breadboard genannt, verwendet werden. Ich habe mir zu Übungszwecken ein paar Logik-Gatter auf eine Lochrasterplatine mit entsprechenden Anschlüssen gelötet, um über kleine flexible Steckbrücken die elektrischen Verbindungen herzustellen.

Abbildung 27: Das Digital-Simpleboard I

Es sind zwei NAND-Gatter-Bausteine, zwei NOR-Gatter-Bausteine und ein NOT-Gatter zu sehen. Außerdem gibt es die Möglichkeit, Eingänge über Taster beziehungsweise Schalter anzusteuern und Ausgänge mit Leuchtdioden zu verbinden. Also alles, was man für erste Experimente mit Logik-Gattern so benötigt. Ich mag es, wenn ich durch selbst erstellte Elektronikaufbauten neue Technologien ausprobieren kann. Ich empfehle dem geneigten Leser, es mir gleich zu tun und ebenfalls mit einer selbst erstellten Gatter-Schaltung das in diesem Kapitel behandelte Grundlagenwissen anzuwenden.

So. Das sind die Themen, die uns im Folgenden beschäftigen werden: Logik-Gatter, Flipflops und Schaltalgebra. Ohne ein Verständnis für diese Themen findet man keinen Zugang zur FPGA-Technologie. Im folgenden Kapitel schauen wir uns an, wie diese Techniken Hardware-seitig in einem FPGA-Board realisiert werden. Ich erkläre zudem, was eine Hardware Description Language ist. Und ich erläutere den prinzipiellen Workflow einer FGPA-Programmierung ausschaut. Aber ich steige mit einer Erörterung ins neue Kapitel ein: Wann ist es für einen E-Hobbybastler sinnvoll, einen Mikrocontroller zum Einsatz zu bringen und wann ist es sinnvoll, ein FPGA-Board zu programmieren.

II. Einstieg in FPGA

Nach den digitaltechnischen Grundlagen im vorherigen Kapitel wird es nun konkreter. FPGA steht für Field Programmable Gate Array und besagt eigentlich nichts anderes, als dass es sich um eine Matrix (Array) von programmierbaren Logik-Bausteinen handelt. Bei einer Matrix handelt es sich mathematisch gesehen um eine Anordnung von Zahlenwerten in Form einer Tabelle. Dabei gibt es bei der Anzahl der Zeilen und Spalten eigentlich keine Grenzen, was dazu führt, dass die Komplexität mit deren Anzahl steigt. Wenden wir das Prinzip auf einen FPGA an, so kann der Umfang sehr komplex werden.

Wie im vorangegangenen Kapitel ausgeführt, gibt es in der Digitaltechnik folgende grundlegenden Elemente:

- Logik-Gatter
- Flipflops
- Speicherelemente

Diese sind in einem FPGA-Baustein ebenfalls vorhanden und liegen zu Beginn erst mal brach, weil sie, ähnlich wie einzelne Logik-Gatter, elektrisch nicht sinnvoll miteinander verbunden sind. Die einzelnen Logik-Gatter müssen zur Erfüllung einer bestimmten Funktion zum Beispiel auf einem Breadboard mit entsprechenden Kabeln so verbunden werden, dass der beabsichtigte Signalfluss hergestellt wird. Auf der folgenden Abbildung sind erforderliche elektrische Verbindungen zwischen den digitalen Bausteinen durch farbige Linien angedeutet, die über die genannten flexiblen Steckbrücken hergestellt werden müssen, so dass das ganze wunschgemäß funktioniert.

Abbildung 1: Elektrische Verbindungen auf einer Steckplatine

Die in diesem Kapitel gezeigten Abbildungen zur internen Struktur können von Hersteller zu Hersteller ein wenig abweichend sein, doch das Grundprinzip sollte dennoch klar sein. Bevor ich beginne, erzähle ich ein wenig über das Warum.

Warum FPGA, wenn ich einen Mikrocontroller habe?

Für Bastler und Frickler kommt irgendwann einmal die Frage auf, warum man sich mit einem FPGA auseinandersetzen sollte, wenn es doch so etwas wie ein Arduino-Mikrocontroller-Board oder den Ein-Platinen-Computer Raspberry Pi gibt.

Entwickler haben sich dem Thema FPGA zugewendet, um anstehende Aufgaben mit beabsichtigen Ergebnissen nicht über die Steigerung von Rechenleistungen beziehungsweise dem Entwickeln von immer intelligenterer Software zu bewältigen, sondern über eine kluge Hardware-Lösung. Und schon sind wir mitten drin im Thema!

Wenn man mit FPGA arbeitet, dann wird keine Software entwickelt, sondern Hardware!

Ein einfaches Beispiel eines Programms auf einem Mikrocontroller kann das verdeutlichen. Die gedachte Aufgabenstellung eines Mikrocontroller ist Folgende: Es geht darum, mehrere Sensoren in Form von Schaltern oder Tastern im Haus abzufragen, die sich an Türen oder Fenstern zur Überwachung befinden. Wird ein Kontakt geschlossen, sollen bestimmte Aktionen erfolgen. Es könnten Leuchtdioden blinken, Töne erklingen oder auch Nachrichten per SMS versendet werden. All diese Abläufe werden in einem sogenannten Algorithmus, also einer Rechenvorschrift, definiert. Damit alle vorhandenen Sensoren auch regelmäßig einer Abfrage über den aktuellen Zustand unterzogen werden können, befindet sich diese innerhalb einer Schleife, die kontinuierlich abgearbeitet wird. Die einzelnen Schritte innerhalb der Schleife könnten wie folgt aussehen:

- Status von Taster 1 lesen
- Status von Taster 2 lesen
- Status von Schalter 1 lesen
- Status von Schalter 2 lesen
- Leuchtdioden mit Statusanzeigen aktualisieren
- Bei Erreichen von definierten Grenzwerten Alarme auslösen

Der Prozessor ist also in einer Schleife ohne Interrupt-Steuerung ständig damit beschäftigt, Werte zu lesen, den Status zu ermitteln und gewünschte Ereignisse auszulösen.

Wenn man dasselbe Projekt mit einem FPGA realisieren möchte, könnten die Taster, Schalter und Leuchtdioden einfach über den FPGA verbunden werden. Durch die hergestellte Logik wäre zum Beispiel ein Taster direkt mit einer Leuchtdiode verbunden und deswegen ist auch keine Schleife zum Abfragen des Tasterstatus erforderlich. Wird der Kontakt geschlossen, wird die Leuchtdiode unmittelbar und ohne Verzögerung angesteuert. Bei einer Kombination von verschiedenen Tastern oder Schaltern können diese durch die bekannten Logik-Gatter miteinander in Beziehung stehen und es wird zum Beispiel erst ein Alarm ausgelöst, wenn Taster 1 geschlossen und Schalter 2 geöffnet wird. Der Mikrocontroller ist also mit sehr trivialen Aufgaben voll beschäftigt und muss zusätzlich noch rechnen und bewerten, was bei zunehmender Komplexität immer mehr Zeit in Anspruch nimmt. Schaut man sich die Auswirkungen beim Lauf des Programms an, sollte man meinen, dass alles sozusagen gleichzeitig stattfindet. Das ist natürlich nicht der Fall, nur aufgrund der recht hohen Rechengeschwindigkeit entsteht die Illusion von Gleichzeitigkeit.

Da es sich bei einem FPGA um reine Hardware handelt, funktioniert der etablierte Schaltkreis für das Ermitteln von Statusinformationen von Tastern und Schaltern und das Ansteuern von Leuchtdioden völlig unabhängig von allem anderen, was noch im FPGA-Design zusätzlich implementiert werden soll. Andere Bereiche könnten ähnliche Aufgaben bewältigen oder komplexe Berechnungen durchführen. Jeder einzelne Bereich kann unabhängig von allen anderen die ihm zugedachte Funktion abarbeiten und alles erfolgt gleichzeitig und ohne Zeitverzögerung.

An unserem skizzierten Szenario kann man doch die Intention beziehungsweise Motivation dahinter erkennen, wenn es um den Einsatz eines FPGAs geht.

Wann Mikrocontroller, wann FPGA?

Nun stellt sich die Frage, was wohl besser ist, ein Mikrocontroller oder ein FPGA? Im Allgemeinen eignen sich Mikrocontroller besser für die routinemäßige Steuerung bestimmter Schaltkreise, also zum Beispiel für das Ein- oder Ausschalten eines Geräts. FPGAs hingegen eignen sich für individuelle Anwendungen, die eine höhere Verarbeitungsgeschwindigkeit erfordern, wie das zum Beispiel bei der Verarbeitung von hochauflösenden Videodaten der Fall ist. Ein weiterer Vorteil von FPGAs ist ihre Fähigkeit zur Parallelverarbeitung aufgrund der Vielzahl von Logikblöcken (CLBs), die allesamt synchron arbeiten und gerade bei Bildverarbeitung oder künstlicher Intelligenz ihre Stärken zeigen. Mikrocontroller führen im Gegensatz dazu eine sequenzielle Verarbeitung durch, was bedeutet, dass alle Codezeilen eines Programms nacheinander abgearbeitet werden, was im Vergleich zum FPGA hinsichtlich der Leistungsfähigkeit niedriger ausfällt.

Abbildung 2: Also was denn nun?

Weil ich's kann

Das sind alles Themen, die bei der Entscheidung pro oder kontra FPGA eine Rolle spielen, doch ich persönlich habe es nicht daran festgemacht, ob ich mich mit FPGAs befasse. Mir macht es einfach Spaß, diese wenn auch nicht ganz neue Technologie auszuprobieren und zu entdecken. Es reizt mich einfach, Technologien zu verstehen und praktisch anzuwenden. Die Kosten dafür halten sich wirklich in Grenzen. Es geht mir in diesem Buch nur um eine Sache: Spaß haben am Ausprobieren, Basteln und Frickeln!

Die interne Struktur eines FPGA

Um wieder auf einen FPGA zu kommen, müssen wir uns das interne Leben in Form von mehr oder weniger vielen Funktionsblöcken (auch Basisblöcke oder Logic Blocks genannt) vorstellen, in denen bestimmte logische Funktionen hinterlegt sind. Diese einzelnen Blöcke können über ein Netzwerk miteinander verbunden werden. Man kann sich das wie auf der folgenden Abbildung vorstellen, ein integrierter Schaltkreis mit sehr, sehr, sehr vielen logischen Blöcken, die nach einer erfolgten Programmierung alle irgendwie miteinander in Verbindung stehen:

Abbildung 3: Viele interne logische Blöcke - Logic Blocks

Diese einzelnen Blöcke werden über ein Netzwerk von Verbindungen per Software miteinander verknüpft, was dazu führt, dass eine individuelle Schaltung erschaffen wurde. Man kann das vielleicht mit dem Gehirn eines Säuglings vergleichen, in dem eine Unmenge an Neuronen – circa 400 Milliarden Gehirnzellen – vorhanden sind. Nach der Geburt bestehen recht wenige Verbindungen in Form von Synapsen zwischen diesen Nervenzellen, diese werden erst durch Erfahrungen und Sinneseindrücke, durch Lernen und Nachahmen gebildet. Erst dann können Signale über bestimmte Botenstoffe zum Informationsaustausch in Aktion treten.

Die Logic Blocks

Ähnlich verhält es sich mit den Logic Blocks und dem Netzwerk in einem FPGA. Wir sehen uns nun sehr vereinfacht ihren inneren Aufbau näher an.

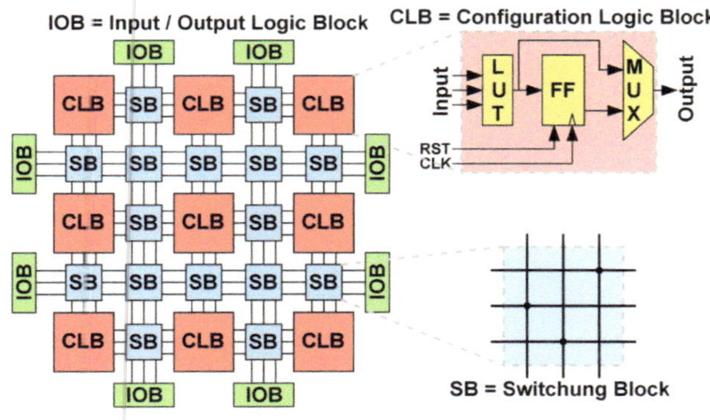

Abbildung 4: Der Prinzipaufbau des FPGAs

Mehrere Konfigurationslogikblöcke (CLB oder Configuration Logic Block) sind die Inseln, die umgeben sind von einem Meer von Verbindungen. Die Ein-/Ausgabe-Blöcke (IOB oder Input/Output Block) stellen die Verbindung über die Anschluss-Pins des FPGA nach außen her. Viele der hier genannten Bezeichnungen sind jedoch nicht genormt und abhängig vom jeweiligen Hersteller. Die Konfigurationsblöcke können auch Logikelemente (Logic Elements) oder Logikzellen (Logic Cells) genannt werden.

Die Lookup Table

Jeder einzelne CLB enthält eine sogenannte Lookup Table oder LUT, die so konfiguriert ist, dass ein primitives Logik-Gatter daraus resultiert. Das sehen wir uns genauer an.

Was bedeutet das nun für einen CLB? Der Speicher einer Lookup Table wird durch die Eingangssignale adressiert und der Wert der darüber adressierten Speicherzelle wird als Ausgangssignal zur Verfügung gestellt. Zusammenfassend kann gesagt werden, dass zu jeder beliebigen Eingangskombination das Ergebnis der hinterlegten Logikfunktion ausgegeben wird.

Was ist eine Lookup Table?

Eine Lookup Table beschreibt die tabellarische beziehungsweise digitale Form, mit der jedem Eingangswert oder einer Kombination von Werten ein definierter Ausgangswert zugeordnet werden kann.

Nachfolgend ist ein sehr einfaches Beispiel für eine Lookup Table zu sehen. Es sind zwei logische Gatter vorhanden, die in einer bestimmten Weise miteinander verbunden sind. Die drei Eingangssignale A, B und C werden hinsichtlich ihrer Kombinationsmöglichkeiten (binär 000 bis 111) durchlaufen und bilden aufgrund der zugrundeliegenden Schaltung ein eindeutiges Ausgangssignal X:

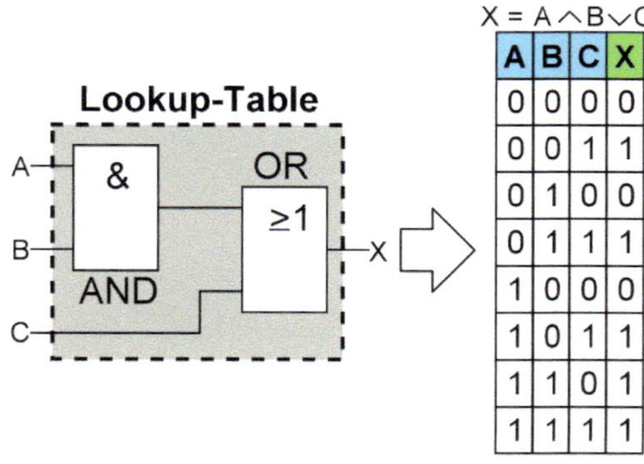

A	B	C	X
0	0	0	0
0	0	1	1
0	1	0	0
0	1	1	1
1	0	0	0
1	0	1	1
1	1	0	1
1	1	1	1

Abbildung 5: Eine einfache Logikschaltung mit Wertetabelle

An dieser Stelle möchte ich ein bisschen meiner Aussage widersprechen, dass in einer Lookup Table ein Logik-Gatter enthalten ist. Das Logik-Gatter wird durch die Lookup Table lediglich simuliert. Ich komme gleich näher darauf zu sprechen, wenn es um den Multiplexer geht, der mit der Lookup Table zusammenarbeitet. Ein wenig Geduld also noch!

Die Switching Blocks

Die Zwischenverbindung zwischen den einzelnen CLBs, dem sogenannten Routing, sind über Verbindungsblöcke (SB oder Switching Block) ebenfalls konfigurierbar und verbinden diese untereinander. An einer Kreuzung der horizontalen und vertikalen Kanäle befindet sich je ein programmierbarer Switching Block, der jede eingehende Spur mit einer Anzahl von ausgehenden Spuren verbindet. Die hier zu sehenden senkrechten und waagerechten Spuren werden als Routing-Ressourcen bezeichnet:

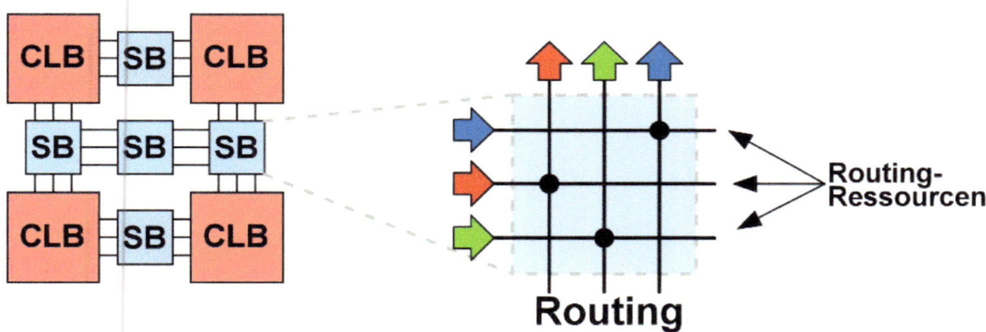

Abbildung 6: Das Routing in den Switching Blocks

Auf diese Weise entstehen mehr oder weniger komplexe Schaltungen aus einfachen Logik-Gattern.

Die Input/Output Blocks

Ich habe die IOBs (Input/Output Blocks) schon kurz erwähnt, als es um den Prinzipaufbau eines FPGAs ging. Da ein FPGA zur Kommunikation mit der Außenwelt sehr viele Pins besitzt, stellt sich die Frage, wie die Signale der Pins zu den CLBs gelangen. Das erfolgt genau über die IOBs, die über das etablierte Routing der Switching Blocks die Informationen an die CLBs leiten.

Der Multiplexer

Der Multiplexer, kurz MUX, schaltet mehrere Eingänge auf einen Ausgang.

Was ist ein Multiplexer?

Ein Multiplexer kann auch als Selektor gesehen werden, der ähnlich wie eine Weiche bei der Bahn funktioniert. Sollen zum Beispiel zwei Gleise auf ein einziges zusammengeführt werden, dann erfolgt die Steuerung über ein externes Signal an die Weiche. Es handelt sich in diesem Fall um einen *2-1-MUX*, der entscheidet, welches Signal weitergeschaltet wird. Das Prinzip ist beliebig erweiterbar.

Auf der folgenden Abbildung ist ein derartiger 2-1-MUX zu sehen:

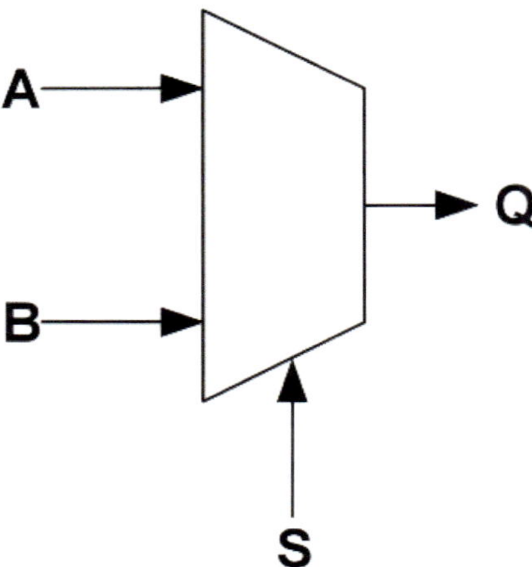

Abbildung 7: Ein 2-1-MUX

Multiplexer kommen in FPGAs in verschiedenen Größen vor. Man sieht, dass der 2-1-MUX über die beiden zu schaltenden Eingänge A und B verfügt, die über das zusätzliche Eingangssignal S (Selektor) an den Ausgang Q geschaltet werden. Das Eingangssignal S besitzt nur ein einzelnes Bit, denn das ist ausreichend, um zwischen den beiden Eingängen A und B zu wählen. Besäße der MUX vier Eingänge, müsste das Eingangsbereich über zwei Eingangssignale verfügen. Im umgekehrten Fall kann ein einzelner Eingang über einen MUX an mehrere Ausgänge geschaltet werden.

Wenige Zeilen zuvor, als es um die Lookup Table ging (siehe Abbildung 5), versprach ich, etwas näher auf die Realisierung eines Logik-Gatters in der LUT einzugehen. Das gezeigte Beispiel mit dem UND- beziehungsweise ODER-Gatter will ich daher an dieser Stelle noch einmal aufgreifen. Übertragen auf die Lookup Table und das Zusammenspiel mit dem Multiplexer sieht es wie folgt aus:

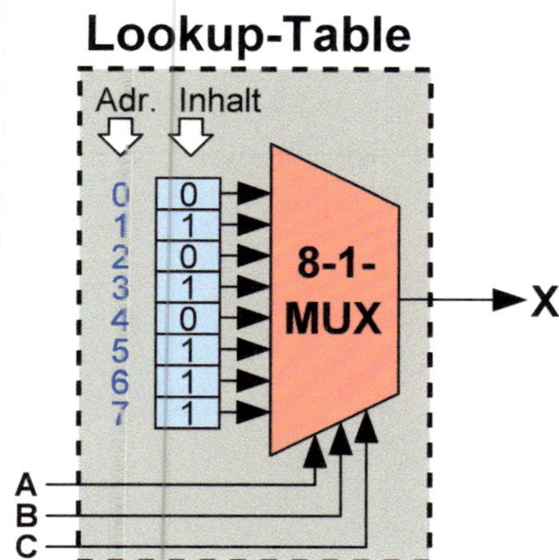

Abbildung 8: Die Lookup Table für das UND-/ODER-Gatter

Man sieht, dass sich hier keine Transistoren oder Dioden befinden, um ein UND- beziehungsweise ODER-Gatter zu realisieren. Wir haben es mit einem Speicher zu tun, in dem die Ergebnisse der logischen Verknüpfungen der beiden Logik-Gatter gemäß der schon gezeigten Wertetabelle hinterlegt sind. Die Ergebnisspalte der Wertetabelle wurde in den Speicher der LUT geladen. Die Eingänge A, B und C steuern jetzt den 8-1-MUX an, der je nach anliegender Binärkombination (000 bis 111) in Form eines Index eine Adresse (Adr.) bildet und die Werte (Inhalt) aus dem Speicher abruft und sie an den Ausgang X leitet. Man sollte meinen, dass sich also im FPGA derartige Logik-Gatter gebildet haben, doch das ist ein Trugschluss! Es geht hierbei lediglich um das Abrufen gespeicherter Werte, die stellvertretend für das Ergebnis eines bewerteten booleschen Ausdrucks stehen. Diese Werte in den zahlreichen Lookup Tables werden während des FPGA-Bootvorgangs (Anlegen der Spannungsversorgung) in die entsprechenden Speicherstellen geladen.

Die Konfiguration

Die jeweiligen Konfigurationen über die einzelnen Blöcke mit den zugehörigen Netzwerkverbindungen müssen in irgendeiner Art und Weise gespeichert werden. Es wird zwischen zwei Typen unterschieden, wobei diese auch in einem einzigen FPGA vorhanden sein können:

- Rekonfigurierbar
- Nicht rekonfigurierbar

Hinsichtlich der rekonfigurierbaren Typen werden die Informationen in einem speziellen Speicher vorgehalten, wobei es zwei Ansätze gibt:

- SRAM: Die FPGA-Konfiguration wird nach dem Verbinden des FPGA mit der Spannungsversorgung zum Beispiel aus einem externen EE-PROM gelesen und in das statische RAM (SRAM) über die SPI-Schnittstelle geladen. Dort bleibt es so lange existent, bis die Spannungsversorgung wieder weggenommen wird. Beim erneuten Anlegen der Versorgungsspannung wird der genannte Prozess erneut durchlaufen.
- Flash: Die FPGA-Konfiguration bleibt auch nach dem Wegfall der Versorgungsspannung im Flash-Speicher erhalten und ist jederzeit unmittelbar verfügbar, ohne dass erst eine Initialisierung wie beim SRAM erfolgen muss. Ein Flash-Speicher ist ein digitaler Speicherbaustein für eine nichtflüchtige Speicherung ohne zusätzliche Spannungsquelle.

Bei den nicht rekonfigurierbaren Typen wird die Konfiguration einmalig in den Baustein programmiert und kann dann nicht wieder geändert werden. Dies wird durch sogenannte Antifuses erreicht.

Einige Kenngrößen

Da es einige Anbieter zur Herstellung von FPGAs gibt, sieht es wie ein unüberschaubarer Wust an verschiedenen FPGAs mit unterschiedlichen Kenngrößen in Form von Spezifikationen aus, die hier jedoch sekundär sind, denn wir führen den Einstieg mit einem recht kostengünstigen FPGA-Board durch. Dennoch möchte ich einige wenige Kenngrößen auflisten, die bei FPGAs eine Rolle spielen:

- Die Anzahl der I/O-Pins
- Die Anzahl der CLBs
- Die maximale Taktfrequenz
- Interne RAM-Größe
- Leistungsaufnahme

Der Workflow

Kommen wir nun zu einem Punkt, der grundlegend beschreibt, wie man die erdachte Logik in irgendeiner Form dokumentiert. Das sogenannte Design muss ja im Endeffekt auf den FPGA übertragen werden, um dort wirksam zu sein. Zu diesem Zweck wurden verschiedene Entwicklungswerkzeuge geschaffen und es gibt auch unterschiedliche Sprachen. Ich spreche hier aus gutem Grund nicht von Programmiersprachen, denn das wäre nicht korrekt. Zwar hängt das Eintippen von Befehlen in eine wie auch immer geartete Umgebung irgendwie mit Programmieren zusammen, doch es ist hier anders.

Beim eigentlichen Programmieren, sagen wir in der Programmiersprache C/C++, werden nach dem Kompilieren die Befehle anhand der hinterlegten Algorithmen hintereinander abgearbeitet. Schauen wir uns zum Vergleich dazu die Sprache HTML zur Entwicklung von Webseiten an, dann geht das schon eher in die Richtung, wie FPGAs programmiert werden. Bei HTML handelt es sich um eine textbasierte Auszeichnungssprache, die zur Strukturierung elektronischer Dokumente innerhalb des Word Wide Web verwendet wird. Es wird beschrieben, wo sich welche Elemente auf einer Webseite befinden sollen und wie sie stilistisch auszusehen haben. Das hat im eigentlichen Sinn nichts mit der Erstellung eines Programms zu tun.

Und schon bin ich bei den Sprachen, die bei FPGAs zum Einsatz kommen. Es handelt sich auch hier nicht um Programmiersprachen, sondern um sogenannte Hardwarebeschreibungssprachen, die kurz HDL (Hardware Description Language) genannt werden. Die Erstellung von Internetseiten könnte vergleichbar mit der Nutzung von Präsentationsbeschreibungssprachen betitelt werden.

Doch bevor ich zu einer von mir bevorzugten Sprache komme, möchte ich auf den Workflow, manchmal auch Designflow genannt, eingehen. Ich bevorzuge die deutsche Sprache, doch bei IT-Themen ist das immer recht schwierig. Workflow kann mit Arbeitsablauf übersetzt werden. Da der Prozess vom Design bis hin zum Hochladen des Codes auf den FPGA einige Schritte umfasst, müssen diese verstanden werden. Da es jedoch im Laufe der Jahre immer wieder zu Anpassungen des Workflows gekommen ist, kann man das nicht so ohne Weiteres verallgemeinern. Der grundsätzliche Ablauf scheint jedoch immer noch derselbe zu sein:

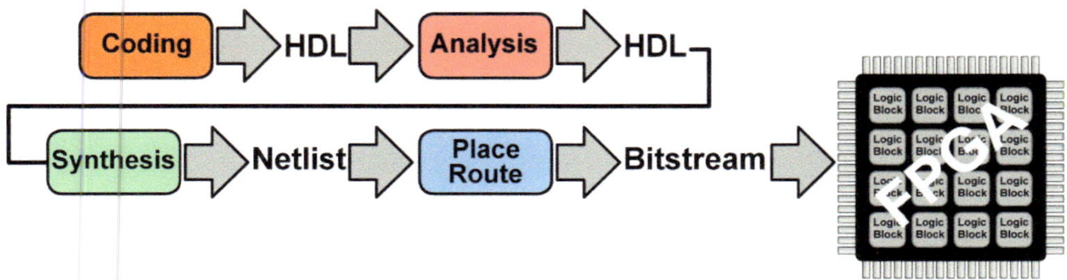

Abbildung 9: Der FPGA-Workflow

1. Schritt: HDL-Coding

Hier wird in der verwendeten HDL (Hardware Description Language) der Code hinterlegt, der beschreibt, in welcher Weise die Hardware funktionieren soll. Das erfolgt in der bevorzugten FPGA-Entwicklungsumgebung oder in-

nerhalb einer Werkzeugkette (Tool Chain) mit dem entsprechenden Werkzeug, wobei HDL zur Anwendung kommt.

2. Schritt: Analysis

In der Analyse wird der Code für die Schaltungsbeschreibung auf korrekte Syntax hin überprüft. Nachfolgend kann optional eine Simulation durchgeführt werden, die ich jedoch in der Abbildung nicht eingefügt habe.

3. Schritt: Synthesis

Anschließend erfolgt die Synthese des eingegebenen Codes. Dabei wird der HDL-Code in sogenannte Gate Level Representations überführt. Es wird eine Art von Netzliste generiert, die festlegt, wie die FPGA-Blöcke mit welchen Schaltungselementen untereinander in Verbindung stehen.

4. Schritt: Place/Route

In dieser Phase erfolgt das Platzieren und Verbinden der während des vorangegangenen Prozesses der Synthese ermittelten digitalen Elemente. Das Ergebnis besteht in der Bereitstellung eines Bitstreams, der das Routing bestimmt, bei dem die Verbindungen der Logic Blocks untereinander festgelegt werden. Ein Bitstream kann also dafür genutzt werden, um einen FPGA zu konfigurieren und enthält die Beschreibung der Hardware-Logik, des angesprochenen Routings und der Anfangswerte für Register beziehungsweise des On-Chip-Speichers, was zum Beispiel die Lookup Tables sein können.

5. Schritt: Download

Im letzten Schritt wird der zuvor erwähnte und generierte Bitstream auf das FPGA-Board heruntergeladen. Somit ist der Prozess abgeschlossen und die Entwicklung der Hardware steht zur Verfügung.

Die Hardware Description Language

Jetzt geht es im nächsten Punkt um die Hardware Description Language, also die Hardware-Beschreibungssprache, mit der die gewünschte und zu entwickelnde Hardware beschrieben und über die Werkzeugkette erstellt wird. Ab hier beginnt es leider für den Einsteiger etwas unübersichtlich zu werden. Aber keine Angst, der Leser sollte zunächst meinem Weg folgen, und dann gegebenenfalls später andere Werkzeuge ausprobieren.

Es gibt drei unterschiedliche FPGA-HDLs:

- VHDL (Very High Speed Integrated Circuits Hardware Description Language)
- Verilog
- System Verilog (erweiterte Version von Verilog)

Jede dieser Sprachen hat – wie kann es auch anders sein -- Vor- und Nachteile, auf die ich hier nicht vertiefend eingehe, da es wirklich den Rahmen dieses Buches komplett sprengen würde. Dennoch möchte ich hier die groben Unterschiede aufzählen:

- VHDL ist stark typisiert, was es Anfängern erschwert, Fehler zu machen, da die Analyse es nicht zulässt, dass ungültiger Code geschrieben wird.
- Verilog ist schwach typisiert und erlaubt es, falschen, aber prägnanteren Code zu schreiben. Verilog ähnelt der Programmiersprache C und macht es für jemanden, der sich mit C auskennt, einfacher, den Code zu lesen und zu verstehen.

Ich habe mich in diesem Buch für VHDL entschieden. Das Thema ist jedoch derart komplex, dass es nicht möglich ist, alle Sprachelemente und alle Möglichkeiten der VHDL-Sprache, die ich in diesem Buch verwende, anzusprechen. So habe ich eine Auswahl getroffen, damit der Einsteiger nicht den Überblick verliert.

Die ersten Schritte mit VHDL

Noch einmal möchte ich mich auf das Beispiel mit den Logik-Gattern UND beziehungsweise ODER beziehen. Ich zeige hier noch einmal die Logik-Schaltung, wobei die Gatter farblich hervorgehoben sind. Zudem habe ich die drei Eingänge (BTN0, BTN1 und BTN2) und den Ausgang (LD4) mit entsprechenden willkürlich vergebenen Bezeichnungen (Labels) versehen:

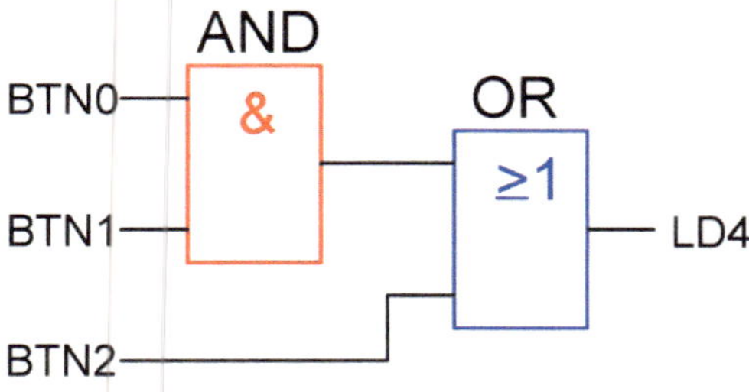

Abbildung 10: Die verwendeten Logik-Gatter

Der zugehörige boolesche Ausdruck lautet:

LD4 = BTN0 ∧ BTN1 ∨ BTN2

Die in dieser Funktion verwendeten Symbole besitzen folgende Bedeutungen, was anhand der verwendeten Farben leicht nachvollziehbar ist:

Operator		Symbol	Beispiel
UND	AND	∧	A ∧ B
ODER	OR	∨	A ∨ B

Tabelle: Boolesche Symbole

Die Schaltung beziehungsweise der boolesche Ausdruck sind leicht zu verstehen: Der Ausgang LD4 besitzt dann einen HIGH-Pegel, wenn entweder die beiden Eingänge BTN0 und BTN1 gleichzeitig einen HIGH-Pegel vorweisen oder der Eingang BTN2 alleine einen HIGH-Pegel besitzt. Die Abkürzung BTN steht für englisch Button, „Taster", und die LD steht für LED (Light Emitting Diode), was der gängige Ausdruck für eine Leuchtdiode ist. Früher oder auch heute noch zum Verständnis der digitalen Thematik werden derartige Schaltungen auf Steckbrettern aufgebaut, was ich für besonders reizvoll halte. Auf der folgenden Abbildung ist ein Schaltungsaufbau mit den ICs 74HC08 (UND-Gatter) beziehungsweise 74HC32 (ODER-Gatter) mit drei Tastern mit Pulldown-Widerständen und mit einer LED inklusive Vorwiderstand zu sehen:

Abbildung 11: Der Aufbau einer Logik-Schaltung auf einem Steckbrett

Ich möchte das Beispiel einmal mithilfe des folgenden fiktiven FPGA-Boards durchspielen:

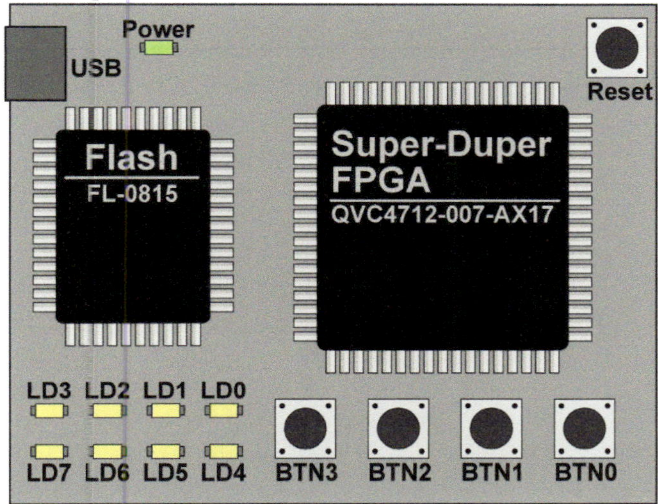

Abbildung 12: Das Super-Duper-FPGA-Board

Das Board besitzt alles, was wir zur Umsetzung der gezeigten Logikschaltung benötigen. Da gibt es vier Taster (BTN0 bis BTN3) und acht LEDs (LD0 bis LD7). Die Spannungsversorgung und das Hochladen des Bitstreams erfolgt über den USB-Anschluss, und einen Reset-Taster mit Power-LED gibt es auch noch. Werfen wir nun einen ersten Blick auf das VHDL-Listing, das die gezeigte Funktion repräsentiert. Das Listing wird unter dem Namen and_or_logic.vhd mit dem Suffix .vhd (für VHDL) im Dateisystem abgespeichert. Ich zeige an dieser Stelle lediglich den eigentlichen Code und noch nicht die Zeilen für die erforderlichen Bibliotheken (Libraries). Ebenso gehören die Zeilennummern links nicht zum eigentlichen Code, sondern dienen lediglich als eine Art Referenz, die ich später immer wieder nutze, um Erklärungen über die Funktion der jeweiligen Zeile zu geben:

```
01 entity and_or_logic is
02     Port (BTN0 : in STD_LOGIC;
03           BTN1 : in STD_LOGIC;
04           BTN2 : in STD_LOGIC;
05           LD4  : out STD_LOGIC);
06 end and_or_logic;
07
08 architecture Behavioral of and_or_logic is
09 begin
10     LD4 <= (BTN0 and BTN1) or BTN2;
11 end Behavioral;
```

Listing: and_or_logic.vhd

Auf den ersten Blick mag das vielleicht etwas verwirrend erscheinen, doch schon bald kommt Durchblick in die Sache! Man kann in diesem Code zwei Bereiche ausmachen, die voneinander getrennt sogenannte Blöcke bilden. Der obere (Zeilen 01 bis 06) ist für die Definition der Ein- beziehungsweise Ausgänge zuständig und der untere (Zeilen 08 bis 11) für die Implementierung der zugrunde liegenden Logik. Auf der nachfolgenden Abbildung habe ich das noch einmal farblich und stilistisch hervorgehoben:

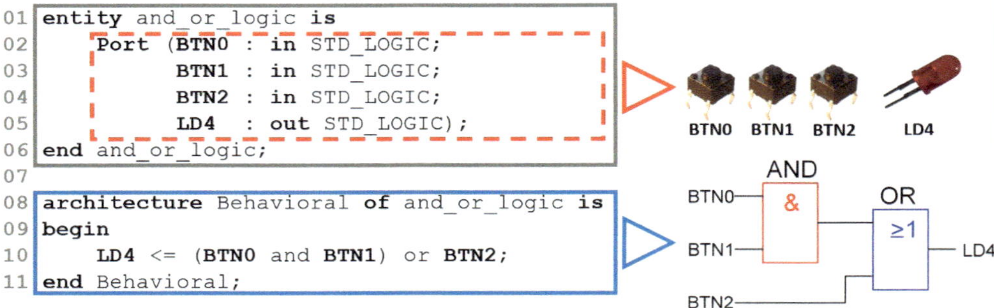

Abbildung 13: Die Code-Blöcke im VHDL-Listing

Sehen wir uns das weiter im Detail an und beginnen mit dem oberen entity-Block. Darüber wird dem FPGA mitgeteilt, wie er an welchen Leitungen mit der Außenwelt in Kontakt treten soll. Es ist sozusagen eine Schnittstellenbeschreibung, über die festgelegt wird, welche Signale in den FPGA hineingehen (Eingang: input/in) und welche Signale aus dem FPGA nach außen gelangen (Ausgang: output/out). All diese Informationen werden in einem dem entity-Konstrukt untergeordneten Element, dem Port, aufgelistet. Bei Computern bezeichnet der Begriff Port allgemein eine Schnittstelle, über die sie mit anderen Geräten Informationen austauschen können. Eine derartige Deklaration erfolgt in den Zeilen 02 bis 05. Vorweg sei noch erwähnt, dass es bei Deklarationen von Signalen oder auch Variablen in Computersprachen meist zu einer Angabe des verwendeten Datentyps kommt. Es handelt sich dabei um eine Klassifizierung, die angibt, welche Art von Wert (zum Beispiel Ganzzahl, Fließkommazahl oder Binärwert) eine Variable hat. Dieser Datentyp wird auch hier angegeben und lautet std_logic. Dazu gleich mehr, nun zu den Deklarationen:

- Zeile 02: Das Signal mit der Bezeichnung *BTN0* besitzt nach dem Doppelpunkt das *in*-Attribut für Input und wird als Eingang deklariert (Taster-Signal des UND-Gatters).
- Zeile 03: Das Signal mit der Bezeichnung *BTN1* besitzt nach dem Doppelpunkt das *in*-Attribut für Input und wird als Eingang deklariert (Taster-Signal des UND-Gatters).

- Zeile 04: Das Signal mit der Bezeichnung *BTN2* besitzt nach dem Doppelpunkt das *in*-Attribut für Input und wird als Eingang deklariert (Taster-Signal des ODER-Gatters).
- Zeile 05: Das Signal mit der Bezeichnung *LD4* besitzt nach dem Doppelpunkt das *out*-Attribut für Output und wird als Ausgang deklariert (LED-Signal).

Hier noch eine kurze Einführung in den erwähnten Datentyp std_logic. Da wir es mit logischen Zuständen wie LOW und HIGH beziehungsweise 0 und 1 zu tun haben, reicht zur Speicherung ein einzelnes Bit (Bit = kleinste Informationseinheit beziehungsweise kann die Werte 0 oder 1 annehmen) aus, um die digitale Information zu speichern. In VHDL ist er der am häufigsten verwendete Datentyp.

Kommen wir jetzt zum unteren architecture-Block. In ihm wird die eigentliche Funktion einer Schaltung beschrieben. Der Name Behavioral wurde frei gewählt und könnte zum Beispiel auch impl für Implementation lauten. Zwischen den Schlüsselwörtern begin und end erfolgt dann letztendlich die Funktionsbeschreibung, die in unserem Fall in Zeile 10 zu sehen ist. Dabei ist zu beachten, dass bei der Zuweisung nicht das Gleichheitszeichen = alleine benutzt wird, sondern zusätzlich noch das vorangestellte Kleinerzeichen <, also zusammen gesehen <=. Auf der linken Seite der Zuweisung steht das Signal LD4, dem dann die logische Verknüpfung, die auf der rechten Seite steht, zugewiesen werden soll. Die logischen Verknüpfungen nutzen dabei die folgenden Schlüsselwörter:

Logische Verknüpfung	VHDL-Schlüsselwort
UND (AND)	and
ODER (OR)	or

Tabelle: VHDL-Schlüsselwörter für UND/ODER

Damit also LD0 einen HIGH-Pegel erhält, müssen entweder BTN0 und BTN1 gleichzeitig einen HIGH-Pegel besitzen oder BTN2 alleine. Soweit müsste also alles zur Umsetzung der Hardware mit der gezeigten Funktion vorliegen. Doch halt! Etwas Entscheidendes fehlt noch. Es ist jedem klar, dass es auf dem Markt eine sehr große Anzahl von FPGA-Boards gibt, die mit unterschiedlichen FPGA-Chips bestückt sind. Das hier gezeigte FPGA-Board besitzt vier Taster und acht LEDs, die irgendwie mit dem FPGA-Chip mit seinen Pins verbunden sein müssen. Eine Entwicklungsumgebung, und da gibt es ebenfalls recht viele, ist zwar mit sehr vielen Informationen bezüglich der unterschiedlichsten FPGA-Chips versehen, doch je nach verwendetem Board können die

Verdrahtungen mit den On-Board-Komponenten (Taster, Schalter, LEDs und so weiter) unterschiedlich ausfallen. Da ich mich an dieser Stelle noch auf keine Entwicklungsumgebung festgelegt habe, möchte ich das sehr generisch halten.

Bevor es weitergeht, sollten wir einen Blick auf das fiktive FPGA-Board und den verwendeten FPGA-Chip mit seinen On-Board-Komponenten werfen:

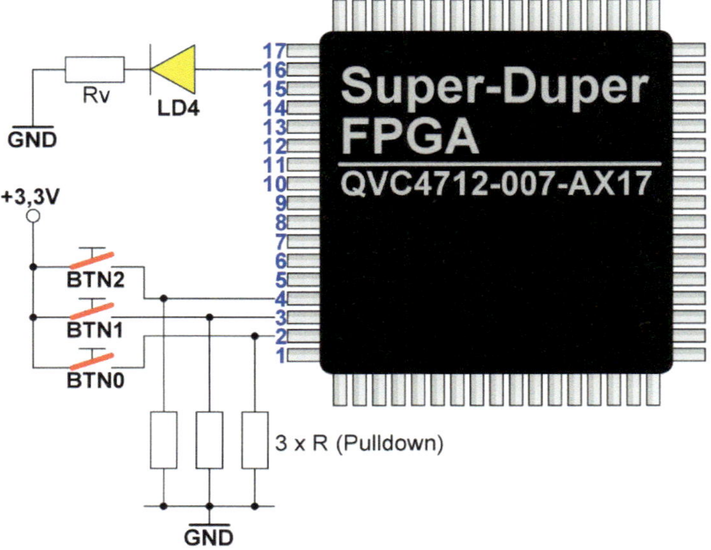

Abbildung 14: Die elektrischen Verbindungen von Tastern und der LED zum FPGA

An dieser Stelle noch einmal kurz etwas zu der Ansteuerschaltung des FPGAs, denn es könnte für den Einsteiger nicht sofort ersichtlich sein, warum sich dort die Widerstände in der Form finden, wie es zu sehen ist. Die Sache ist aber recht schnell erklärt. Ich fange mit dem unteren Teil der drei Taster (BTN0, BTN1 und BTN2) an, die mit den drei FPGA-Pins 2,3 und 4 verbunden sind. Die Ansteuerung erfolgt beim Drücken des Tasters mit einem sogenannten HIGH-Pegel, der der Größe der Versorgungsspannung von 3,3V entspricht. Warum sind jedoch die drei Widerstände (die Dimensionierung des Widerstandswertes ist erst einmal uninteressant) sofort mit den drei Pins des FPGAs verbunden? Die Antwort ist recht einfach, denn in der Digitaltechnik gibt es nichts Schlimmeres als einen Eingangs-Pin, der unbeschaltet, also offen ist. Wären diese Widerstände nicht vorhanden und würde kein Taster gedrückt, läge besagtes Szenario der offenen Pins vor. Ein offener Pin bedeutet nicht unbedingt, dass dort ein LOW-Pegel, also 0V anliegen. Es können zum Beispiel statische Einflüsse einwirken, die dem FPGA vorgaukeln, dass dort jetzt ein HIGH-Pegel vorliegt, bloß, weil kurzzeitig eine statische Aufladung ein böses Spiel treibt. Das Ergebnis wäre eine ungewollte Instabilität und das wollen wir auf keinen Fall! Es gibt unterschiedliche Ansätze, wobei die hier gezeigte Variante mit sogenannten Pulldown-Widerständen realisiert wurde. Es handelt sich dabei nicht um spezielle Widerstände, die diesen Namen verdienen, sondern um die Verdrahtung zum Masse-Potenzial hin. Pulldown kann mit „nach unten gezogen“ übersetzt werden.

Nun gibt es aber auch die entgegengesetzte Variante mit Pullup-Widerständen, bei dem der Pegel bei einem offenen Eingang nach oben in Richtung Versorgungsspannung gezogen wird. Auf der folgenden Abbildung sind beide Schaltungsmöglichkeiten zu sehen:

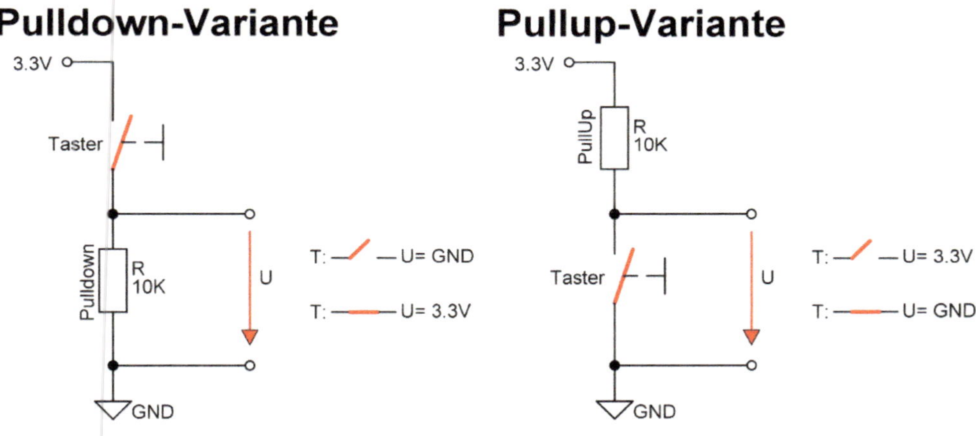

Abbildung 15: Pulldown- und Pullup-Widerstand

Je nach verwendetem FPGA-Board sind derartige Widerstände gegebenenfalls schon integriert und man sollte sich über das Datenblatt informieren, welche Variante vorliegt. Das ist gerade bei der Pegelabfrage, also ob HIGH oder LOW, essenziell wichtig. Bei der Verwendung von Pulldown-Widerständen muss bei der Abfrage, ob ein Taster gedrückt ist, ein HIGH-Pegel (hier 3,3V) abgefragt werden und bei der Nutzung von Pullup-Widerständen muss auf einen LOW-Pegel geschaut werden. Bei der Verwendung des von mir vorgeschlagenen Boards ist das außerordentlich wichtig. Aber natürlich werden wir einen detaillierten Blick auf den Schaltplan des Boards werfen.

Doch zurück zum Thema der Verschaltung der Pins, über die die Entwicklungsumgebung natürlich informiert werden muss. In der folgenden Tabelle sind diese Informationen für das fiktive FPGA-Board zusammengefasst.

On-Board-Komponente	FPGA-Pin
LD4	Pin 16
BTN0	Pin 2
BTN1	Pin 3
BTN2	Pin 4

Tabelle: Die Hardware-Verbindungen zum fiktiven FPGA-Board

Damit die Entwicklungsumgebung diese Informationen (Constraints) bekommt, müssen diese Werte der Pin-Belegungen in einer Datei hinterlegt werden. Diese Datei besitzt, je nach Entwicklungsumgebung, ein abweichendes Suffix. Es kann zum Beispiel .xdc oder .pcf lauten. Für unseren Fall nehme ich einfach mal .pcf, wobei die Syntax wie folgt aussieht:

```
# LEDs
set_io  LD4 16

# Taster
set_io  BTN0 2
set_io  BTN1 3
set_io  BTN2 4
```

Jeder externe Pin (einschließlich des Taktgebers), der verwendet werden soll, muss in der genannten Constraint-Datei definiert sein. Es ist äußerst wichtig zu realisieren, dass sich etwaige Fehler in der Datei sehr negativ auswirken können. Ein Routing eines Ausgangs zu einem Pin, der zum Beispiel direkt mit Masse verbunden ist, könnte den FPGA beschädigen!

Zugegeben: Das war jetzt ein recht steiler Einstieg in die FPGA-Technologie. Die Hardware Description Language VHDL ist nichts für schwache Nerven :). Dabei habe ich auch kurz das Thema VHDL versus Verilog erörtert, da sich jeder angehende FPGA-Programmierung zunächst für eine dieser Hardware-Beschreibungssprachen entscheiden muss. Ich habe mich für VHDL entschieden, weil er für Einsteiger leichter verdaulich ist.

Im folgenden Kapitel vertiefe ich VHDL. Dabei schaue ich der Hardware-Beschreibungssprache ordentlich unter die Motorhaube, beleuchte die wichtigsten Strukturelemente und erkläre, was in dieser Sprache Variablen und Signale sind. Es bleibt steil.

III. VHDL-Grundlagen

In diesem Kapitel möchte ich die HDL-Sprache VHDL genauer beschreiben. Die Hardware-Beschreibungssprache VHDL hat sich zum weltweiten Standard für den Entwurf digitaler Schaltungen entwickelt. Es scheint sich jedoch im Vergleich zu Verilog um eine kontinentale Strömung zu handeln, denn VHDL ist in Europa vorherrschend und Verilog in den USA beliebter.

Zur Verbesserung des Lernprozesses möchte ich die anstehenden Themen sinnvoll miteinander in Verbindung bringen. Die fürs Verständnis erforderlichen Punkte werden also auch genau zu dem Zeitpunkt innerhalb von Projekten genannt, zu dem sie relevant und notwendig werden. Informationen werden im Kontext zur Verfügung gestellt. In einigen Fällen werde ich aber doch auch ein paar Details einfach untereinander auflisten.

Die Strukturelemente von VHDL

Wir haben im Zusammenhang mit dem Code verschiedene Elemente gesehen, nämlich entity oder architecture und dieses Paar wird in der Regel zur Beschreibung von Schaltungen verwendet. Wir haben das bis jetzt einfach so gemacht, doch was steckt eigentlich dahinter und welchen weiteren Elementen werden wir im Laufe der Zeit noch begegnen? Wenn man sich ein Stück Hardware in Form eines integrierten Schaltkreises vorstellt, dann gibt es eine innere und eine äußere Struktur. Das Innenleben des Bausteins wird durch die Architecture repräsentiert und beschreibt die innewohnende Funktionalität. Und da man auch irgendwie von außen auf diese Funktionalität über eine Art Schnittstelle zugreifen muss, wir dies durch die Entity beschrieben:

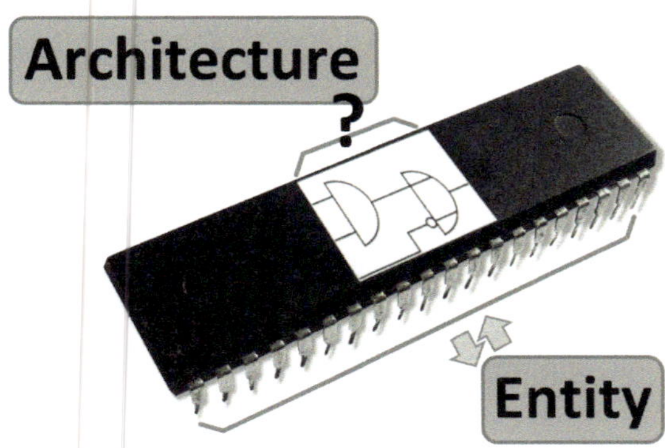

Abbildung 1: Architecture und Entity

Hier einmal eine grundlegende Auflistung der wichtigsten Sprachelemente in VHDL in einem kleinen Diagramm:

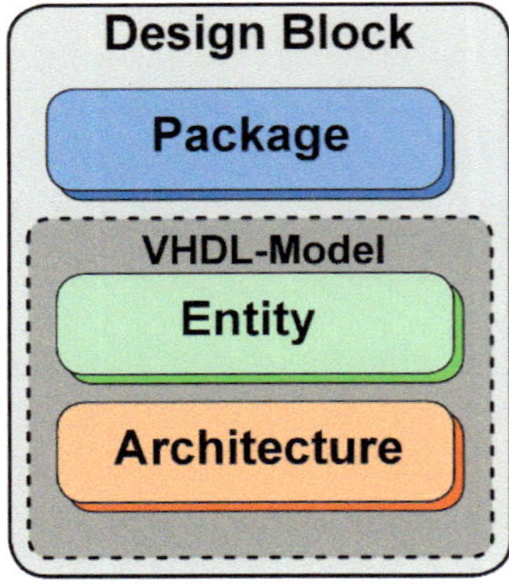

Abbildung 2: VHDL-Strukturelemente

- Ein *Package* in VHDL stellt eine Sammlung von Typen, Funktionen, Prozeduren, gemeinsamen Variablen, Konstanten, Attributen und Komponenten dar. Eine Package-Datei kann in Verbindung mit einer eindeutigen VHDL-Bibliothek verwendet werden.
- Der Begriff *Entity* repräsentiert eine Schnittstellenbeschreibung, in der Ein- und Ausgänge definiert werden. Eine Entity kann beliebig viele Architekturen enthalten, die immer einer Entity zugeordnet sind.
- In der *Architecture* wird der eigentliche Aufbau des Systems beschrieben und es findet eine strukturelle Beschreibung beziehungsweise Verhaltensbeschreibung statt.

Wenn man einen Code in VHDL schreibt, sind die beiden zusammenhängenden Bereiche Entity und Architecture zwingend erforderlich. Bei Arduino kann man das wohlwollend mit den beiden Funktionen setup und loop vergleichen. In der setup-Funktion werden die Ein- und Ausgänge definiert und in der loop-Funktion ist der eigentliche Code hinterlegt. Der Vergleich hinkt etwas, aber ich wollte damit das Prinzip nur verdeutlichen.

Hier eine Liste mit ein paar wichtigen Elementen in der Zusammenfassung:

- Ein *Modul* ist eine logische Einheit und kann ein Schaltnetz oder ein Schaltwerk sein.
- *Entity* ist das Schlüsselwort, über das ein Modul definiert wird.
- Ein *Signal* ist eine Verbindung zwischen zwei Modulen und kann auch fest auf einen Wert gesetzt werden. Signale können wie Leitungen gesehen werden.

- Eine *Variable* ist eine Speichereinheit beziehungsweise ein Platzhalter für einen Wert in einem Prozess.
- *Architecture* ist das Schlüsselwort, mit dem die Implementierung eines Moduls erfolgt.

Grundlegendes zur Syntax

Wenn wir uns die Syntax einer Sprache ansehen, dann geht es im Grunde genommen um Konventionen beziehungsweise Regeln, die für das Funktionieren einer Sprache essenziell sind. Die wichtigen Punkte möchte ich im Folgenden aufführen.

Die Namensregeln

Beim Erstellen von Code ist es wichtig, bestimmte Regeln einzuhalten und das ist in Hochsprachen wie zum Beispiel C/C++ oder Java nicht anders. Folgendes ist also zu beachten:

- Anweisungen enden im Allgemeinen mit einem Semikolon.
- Zwischen Groß- und Kleinschreibung wird in VHDL *nicht* unterschieden. Die Sprache ist also nicht *case-sensitiv*. Ebenso werden Einrückungen ignoriert und dienen lediglich der besseren Lesbarkeit des Codes.
- Namen beziehungsweise Bezeichner müssen mit einem Buchstaben beginnen.
- In jeder Sprache ist eine Anzahl von Wörtern als *Schlüsselwörter* definiert, die eine spezielle Bedeutung haben. Schlüsselwörter sind nicht als Namen erlaubt.

Hinsichtlich der Strukturierung des Codes muss Folgendes beachtet werden:

- Komponentendeklarationen enden mit *end component;*.
- Entitätsdeklarationen werden mit *end* und dem Namen der Entität abgeschlossen.
- Deklarationen von Ports einer Komponente werden durch Semikola getrennt.
- Literale für einzelne Bits müssen in einfachen Anführungszeichen geschrieben und Bit-Vektoren in doppelten Anführungszeichen geschrieben werden.

Kommentare

Kommentare dienen in einer Programmiersprache dazu, den Code an strategisch wichtigen Stellen mit Informationen zu versehen, um die Funktionsweise zu verdeutlichen und zu dokumentieren. Ein derartiges Konstrukt wird von der Codeverarbeitung ignoriert. Den schon gezeigten Code im FPGA-Kapitel hätte ich auch wie folgt schreiben können:

```
01 entity and_or_logic is
02     Port (BTN0 : in  std_logic;  -- Taster BTN0 als Eingang
03           BTN1 : in  std_logic;  -- Taster BTN1 als Eingang
04           BTN2 : in  std_logic;  -- Taster BTN2 als Eingang
05           LD4  : out std_logic); -- LED LD4 als Ausgang
06 end and_or_logic;
07
08 architecture Behavioral of and_or_logic is
09 begin
10     LD4 <= (BTN0 and BTN1) or BTN2;
11 end Behavioral;
```

Man sieht, dass in den Zeilen 02 bis 05 hinter den eigentlichen Zeilen, die mit einem Semikolon abgeschlossen wurden, Kommentare eingefügt wurden, die mit einem doppelten Bindestrich beginnen. Diese Kommentare gelten immer bis zum Zeilenende.

Die Packages und Libraries

Diese entscheidende Struktur habe ich beim ersten Beispiel der Übersicht wegen erst einmal ausgespart. Es handelt sich um die Nennung der Bibliotheken beziehungsweise der Packages, die Informationen enthalten, die für die Nutzung von VHDL essenziell sind. Zum Beispiel wurde der Datentyp STD_LOGIC verwendet, der jedoch in VHDL selbst nicht enthalten ist.

Wer sich ein wenig mit der Programmiersprache C auskennt, der kennt sicherlich die Möglichkeit oder Erfordernis, dort Bibliotheken zur Erweiterung der Funktionalität einzubinden. Ein bekanntes Beispiel ist stdio.h für die Ein- und Ausgabe. Die folgenden Zeilen werden bei jeder VHDL-Projekterstellung verwendet:

```
01 library IEEE;
02 use IEEE.STD_LOGIC_1164.ALL;
03 use IEEE.numeric_std.ALL;
```

Zur Nutzung des Datentyps STD_LOGIC ist also das Hinzufügen von sogenannten Packages erforderlich, die Bestandteil von Bibliotheken sind und im Dateisystem gespeichert werden. In Zeile 01 wird hinter dem Schlüsselwort Library die Bibliothek genannt. Mit der use-Klausel wird dann in den Zeilen 02 und 03 ein gewünschtes Paket aus der genannten Bibliothek in den Code eingebunden. Der Zusatz ALL hinter dem Paketnamen besagt, dass alle Teile aus der Bibliothek verwendet werden sollen:

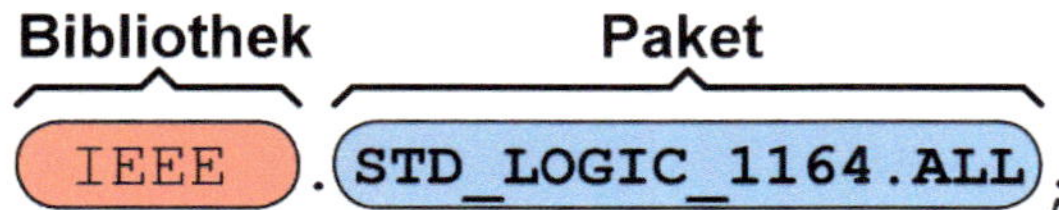

Der Name IEEE steht für Institute of Electrical and Electronics Engeneers und das hat maßgeblich zur Standardisierung beigetragen. In STD_LOGIC_1164 sind unter anderem Signaltypen für Bits und Bit-Vektoren aufgeführt und in numeric_std die Definitionen für SIGNED-Werte (mit Vorzeichen) und UNSIGNED-Werte (vorzeichenlose).

Datentypen

In der Informatik werden Datentypen verwendet, um den Typ einer Variablen zu definieren. Dadurch wird festgelegt, welche sinnvollen oder möglichen Operationen mit der Variablen möglich sind und welche nicht. Es gibt ja unterschiedliche Werte, die wir alle schon kennen. Da gibt es Ganzzahlen (Integer), die keine Nachkommastellen besitzen, Fließkommazahlen (Float) mit einem Anteil hinter dem Komma oder auch boolesche Werte, die lediglich die Werte falsch (false) oder wahr (true) annehmen können. Nachfolgend sind ein paar Beispiele zu sehen, die es in VHDL gibt:

Datentyp	Bedeutung
INTEGER	-2.147.483.647 bis +2.147.483.647
REAL	-1.0E38 bis +1.0E38
BOOLEAN	false/true
BIT	'0'/'1'

Tabelle: Essenzielle Datentypen

Es sollte erwähnt werden, dass Kommazahlen (Real) nur zur Simulation oder für das Setzen von Konstanten genutzt werden kann. Während des Kompilationsprozesses werden Real-Werte in Integer umgewandelt. Der FPGA selber rechnet nur mit Integerwerten!

Es gibt auch die Möglichkeit, eigene Datentypen zu definieren, doch auf diese Möglichkeit möchte ich an dieser Stelle nicht weiter eingehen.

Die Entity

Es handelt sich bei einer Entity also um die Schnittstellenbeschreibung eines Moduls zur Kontaktaufnahme mit der Umwelt. Wenn man sich das Modul als eine Art Blackbox vorstellt, dann sind die sogenannten Ports die Kanäle, die Informationen hinein- und auch hinausleiten. Die allgemeine Syntax lautet wie folgt:

```
entity <entity_name> is
    Port (port_list);
end [entity] [<entity_name>];
```

Beim Blockende end sind sowohl das Schlüsselwort entity als auch name optional, was durch die eckigen Klammern [...] angezeigt wird.

Hinsichtlich einer Entity, die das Modul über die Schnittstelle (Port-Liste) mit der Außenwelt bekanntmacht, gibt es etwas Entscheidendes zu sagen: Wurde ein Modul über die Entity deklariert, kann das Modul in Form einer Komponente in weiteren Schaltungen über eine Instanziierung verwendet werden, ohne neu entwickelt werden zu müssen.

Das sind nun einige neue Begriffe, die erklärt werden sollen. Eine Komponente kann in diesem Zusammenhang als einzelne definierte Schaltung angesehen werden. Der Begriff Instanz ist in der objektorientierten Programmierung (OOP) ein Synonym für das Wort Objekt, wobei es sich um Programmteile handelt, die eine bestimmte Funktionalität in sich bergen. Soll ein derartiges Objekt mehrfach und eigenständig zum Einsatz kommen, werden mehrere Instanzen von einer Klasse (Schablone des Objekts) gebildet, und diesen Vorgang nennt man Instanziierung. Im übertragenen Sinne ist das Verhalten bei der Instanziierung einer Komponente ähnlich gelagert. Wurden zum Beispiel ein ODER- beziehungsweise ein UND-Gatter in separaten VHD-Dateien definiert, können diese als Komponenten in unterschiedlichen Schaltungen mehrfach genutzt werden. Jedes dieser Gatter arbeitet unabhängig von den anderen. Man kann sich das ungefähr so wie auf der folgenden Abbildung vorstellen; ein einzelnes Logik-Gatter repräsentiert noch keine Schaltung und erst durch das Zusammenfügen der Komponenten in Form einer strukturellen Beschreibung in einer separaten VHD-Datei ergibt sich eine Logik-Schaltung:

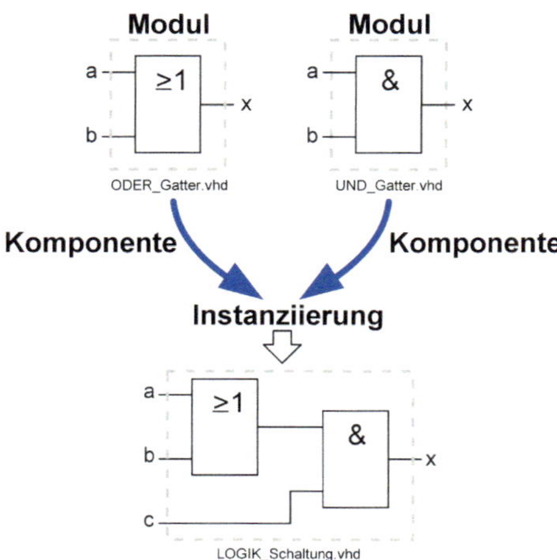

Abbildung 3: Die Instanziierung von Komponenten

Wir kommen beim dem Volladdierer wieder auf das Thema der Instanziierung zurück.

Die Ports

Bei den Ports beziehungsweise der Port-Liste handelt es sich um eine durch Semikolon getrennte Auflistung von Eingangs- beziehungsweise Ausgangssignalen. Es werden die Namen der Modul-Anschlüsse mit den Angaben der Datenflussrichtungen genannt. Zur eindeutigen Identifikation erhält jedes einzelne Signal einen eindeutigen Namen (Bezeichner), den Modus (zum Beispiel in, out, inout oder buffer) und den entsprechenden Datentypen. Die allgemeine Syntax lautet wie folgt:

```
entity <entity_name> is
     Port (
       <name1> : <modus> <type>;
       <name2> : <modus> <type>;
       <name3> : <modus> <type>
     );
end <entity_name>;
```

Der Port Modus

Da Signale in der Regel eine Datenflussrichtung besitzen, müssen diese bei der Deklaration mit einem entsprechenden Modus versehen werden.

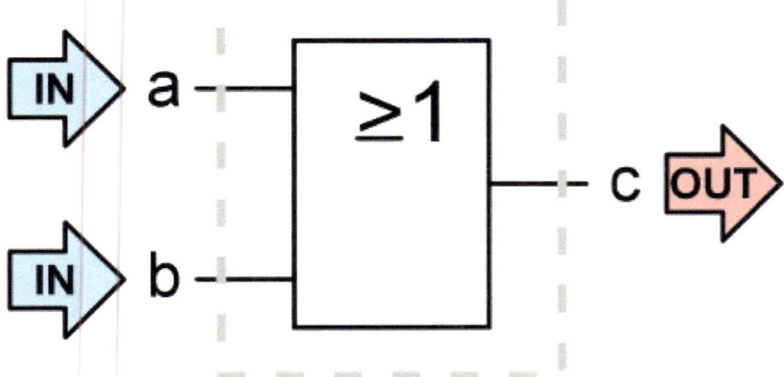


```
entity entity_name is
     Port (
       a, b : in  std_logic;
       c    : out std_logic
     );
end entity_name;
```

Hier die Auflistung der wichtigsten Modi:

Modus	Bedeutung
in	Eine Variable oder ein Signal kann einen Wert aus einem Port des Modus in lesen, darf ihm aber keinen Wert zuweisen. Ein mit in deklariertes Signal darf also niemals auf der linken Seite (als Ziel) einer Signalzuweisung stehen!
out	Es ist erlaubt, einem Port den Mode out Signale zuzuweisen, aber es ist nicht erlaubt, von ihm zu lesen. Ein mit out deklariertes Signal darf niemals auf der rechten Seite (als Quelle) einer Signalzuweisung stehen!
inout	Ein bidirektionaler Anschluss. Sowohl Zuweisungen an einen solchen Anschluss als auch das Lesen von ihm sind zulässig.
buffer	Ein Ausgabe-Port mit Lesefähigkeit. Er unterscheidet sich von inout dadurch, dass er von höchstens einer Quelle aktualisiert werden kann, während inout von null oder mehr Quellen aktualisiert werden kann.

Tabelle: Port-Modi

Die Architektur

Die Architektur beschreibt das Verhalten eines Moduls und beginnt mit dem Schlüsselwort architecture und einem frei zu vergebenden Namen. Danach wird der Name der Entity genannt, um die Zugehörigkeit der Architektur zu dieser anzugeben. Wie schon erwähnt, kann es mehrere Architekturen geben, die zu einer Entity gehören. Die allgemeine Syntax mit einem schon bekannten Beispiel lautet wie folgt:

```
architecture <architecture_name> of <entity_name> is
-- Declarations region
begin
    -- Architecture region
    LD4 <= (BTN0 and BTN1) or BTN2;
end [architecture] [<architecture_name>];
```

Beim Blockende end sind sowohl das Schlüsselwort architecture als auch name optional, was durch die eckigen Klammern [...] angezeigt wird.

Variablen und Signale

Wenn man sich Variablen und Signale in VHDL anschaut, dann scheinen sie ein ähnliches Verhalten zu haben. Beide können verwendet werden, um jede Art der ihnen zugewiesenen Daten zu speichern. Der zunächst offensichtlichs-

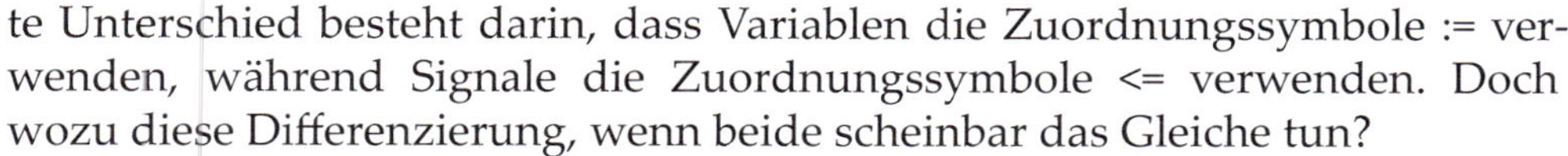

te Unterschied besteht darin, dass Variablen die Zuordnungssymbole := verwenden, während Signale die Zuordnungssymbole <= verwenden. Doch wozu diese Differenzierung, wenn beide scheinbar das Gleiche tun?

Was sind Variablen?

Der aktuelle Wert von Variablen kann unmittelbar gelesen und neu zugewiesen werden. In einer Simulation kann sich naturgemäß der Variablenwert im Laufe der Simulation ändern. Das Lesen einer Variablen ist eine Momentaufnahme des aktuell verfügbaren Wertes. Auf Werte, die in der Vergangenheit vorgeherrscht haben, kann nicht mehr zurückgegriffen werden. Variablen können nur innerhalb von Prozessen Verwendung finden, auf die wir noch zu sprechen kommen.

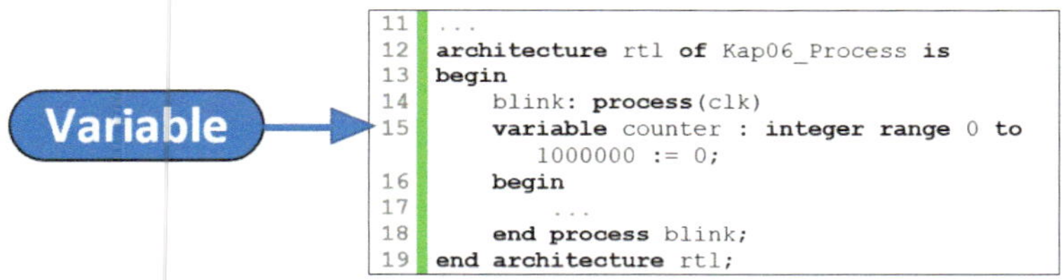

Abbildung 4: Die Deklarationsmöglichkeit einer Variablen

Was sind Signale?

Signale können wie Variablen zu jedem Zeitpunkt gelesen und ihnen kann ein neuer Wert zugewiesen werden. Zudem können Werte in die Zukunft projiziert werden, was sich im ersten Moment merkwürdig anhört. Doch es ist recht einfach zu erklären. Das Stichwort hierzu lautet Gatter-Verzögerungszeit. Es handelt sich dabei um die Zeitdauer, die ein logisches Signal benötigt, um ein Logik-Gatter vom Eingang zum Ausgang zu durchlaufen. Da die Verzögerungszeit in sehr hohem Maße von der Komplexität der Schaltung beziehungsweise der Anzahl der Gatter abhängt, kommen die Ausgangssignale zu unterschiedlichen Zeiten am Ausgang an. Um dieses Verhalten zu simulieren, gibt es Zusätze in Form von Parametern, die festlegen, nach welcher Zeit vom momentanen Zeitpunkt gesehen ein bestimmter Pegel am Ausgang vorherrschen soll. Die folgende Zeile zeigt, dass dem Signal LED erst nach 5 Nanosekunden (5 x 10-9 s) der Wert 0 zugewiesen werden soll, was jedoch nur in einer Simulation möglich ist:

```
LED <= '0' AFTER 5 ns;
```

Zusammenfassend zu Variablen und Signalen kann Folgendes gesagt werden: Ein Signal ist ein VHDL-Objekt, das ein Hardware-System beschreibt und mit realen Verbindungen, also Drähten gleichzusetzen ist. Dahingegen ist eine Variable ein VHDL-Objekt, das die Informationen speichert, die für die Prozesse und Unterprogramme (Prozeduren und Funktionen), in denen sie definiert sind, wichtig sind. Signale können nur an zwei Stellen im Code deklariert werden. Das ist zum einen innerhalb der Port-Deklaration einer Entity und zum anderen innerhalb des Deklarationsbereichs einer Architektur, also zwischen den Schlüsselwörtern architecture und begin:

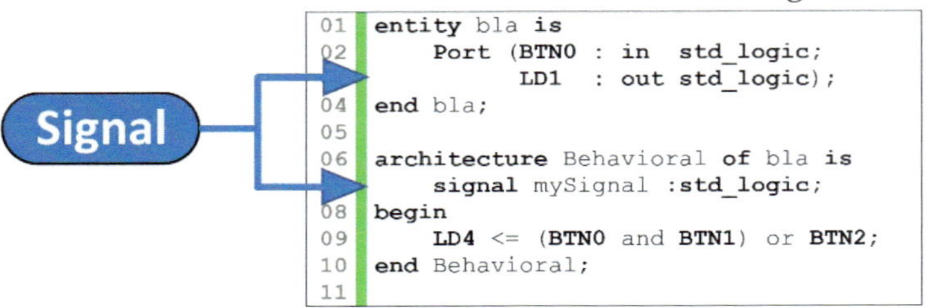

Abbildung 5: Die Deklarationsmöglichkeiten eines Signals

In VHDL gibt es zwei Arten von Signalen:

Externe Signale

Externe Signale verbinden Module mit anderen Elementen im System und können über die Port-Anweisung deklariert werden und stehen in dem Modul, in dem sie definiert wurden, zur Verfügung. Diese Signale sind von außen sichtbar.

Interne Signale

Interne Signale werden über das Schlüsselwort signal innerhalb der Architecture-Beschreibung deklariert und sind auch nur innerhalb des Moduls sichtbar. Sie können prozessübergreifend angewendet werden und diese verbinden. Es ist hier nicht erforderlich, eine Datenflussrichtung wie zum Beispiel in oder out anzugeben. Interne Signale können zum Beispiel Zwischenergebnisse speichern, die verschiedene logische Verknüpfungen benötigen, um von außen zugreifbare Signale zur Verfügung zu stellen.

In der FPGA-Programmierung mit VHDL ist es wichtig, die Unterschiede zwischen Variablen und Signalen zu verstehen, da sie unterschiedliche Funktionen innerhalb des Designs erfüllen. Während Variablen zur Speicherung temporärer Werte verwendet werden, dienen Signale der Kommunikation zwischen verschiedenen Teilen des Designs. Das ist vielleicht die Quintessenz von diesem Kapitel.

Im nächsten Kapitel wird es endlich etwas gegenständlicher. Es geht um das FPGA-Board Max1000.

IV. Das MAX1000-Board

Bevor ich auf die Entwicklungsumgebung eingehe, möchte ich mich dem Board zuwenden, für das ich mich entschieden habe, weil es klein, handlich, übersichtlich strukturiert und auch preisgünstig ist. Zudem wird es in Deutschland produziert, sodass man davon ausgehen kann, im Fall von Problemen mit der Hardware auf kompetente und erreichbare Ansprechpartner zählen zu können. Bei günstigeren Produkten aus Übersee ist das nicht immer gegeben.

Abbildung 1: Das MAX-1000 Development-Board

Das MAX1000 FPGA Development Board ist der preiswerteste Weg, um mit FPGAs und der Entwicklungsumgebung VHDPlus zu beginnen. Das Herzstück des FPGA-Boards besteht aus einem kompakten Intel MAX 10-FPGA mit 8000 Logikelementen. Dieser Einzelchip enthält einen integrierten Flash-Speicher, einen 1Msps-12bit-ADC (Analog Digital Converter) für analoge Signale und eine 3,3V-Stromversorgung. Zu den weiteren Merkmalen gehören Block RAM, DSP-Blöcke, Instant-on (das Laden der Konfiguration) innerhalb von Millisekunden und die Möglichkeit, Intels NIOS II Soft-Core-Embedded-Prozessor zur Ausführung von Mikrocontroller-Aufgaben zu implementieren. Um das Board einfach zu programmieren, ist es mit einem integrierten Arrow USB Programmer ausgestattet, mit dem das FPGA-Board direkt von einem PC aus programmiert und mit der kostenlosen Intel Quartus Prime Lite-Software debugged werden kann, wodurch eine sehr einfache Plug-and-Play-Lösung ermöglicht wird.

Das alles hört sich an wie bei einer Werbeveranstaltung, bei der es darum geht, die angepriesenen Produkte schnell unter die Leute zu bringen :). Doch es handelt sich hier wirklich um ein hervorragendes FPGA-Einsteigerboard. Wer sich kostengünstig mit der FPGA-Technologie vertraut zu machen und dennoch nicht auf hohe Qualitätsansprüche an die Hardware verzichten möchte, der ist mit dem MAX1000-Board auf der sicheren Seite.

Wenn es um die Nutzung des MAX1000-Boards geht, ist die Pin-Belegung natürlich von großer Bedeutung. Ich möchte an dieser Stelle einen ersten Eindruck von relevanten Pins geben, die beim Board bei der Lieferung jedoch nur als Bohrungen in der Platine vorliegen, in die am besten Stiftleisten eingelötet werden. Dann steht der Nutzung des Boards auf einem Breadboard nichts mehr im Wege. Ich komme noch im Detail darauf zu sprechen. Wirft man einen Blick von oben auf das Board, wobei sich die USB-Buchse oben und die Bauteile auf der zu uns gewandten Seite befinden sollen, dann sieht es wie folgt aus:

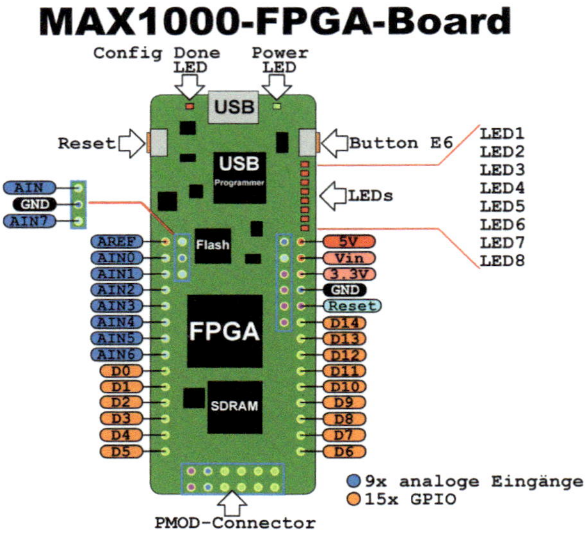

Abbildung 2: Das MAX1000-Board von oben gesehen

Zur Kommunikation mit dem Board stehen unterschiedliche I/O-Pins zur Verfügung. Bei manchen handelt es sich nur um Eingänge, wie bei den AIN- und AINx-Pins (AIN0 bis AIN7), die für analoge Signale zur Verfügung stehen. Andere Anschlüsse sind sogenannte GPIO-Pins, was die Abkürzung für General Purpose Input/Output ist und bedeutet, dass im Moment noch nicht klar ist, ob der jeweilige digitale Anschluss (D0 bis D14) als Ein- oder als Ausgang arbeiten soll. Das gewünschte Verhalten wird erst durch die spätere Definition festgelegt. Die schon erwähnten analogen Pins können bei entsprechender Konfiguration ebenfalls wie ganz "normale" GPIO-Pins verwendet werden.

Das Board besitzt für den Anschluss mit dem Computer eine oberhalb der Platine USB-Micro-Buchse. Der entsprechende Stecker des Kabels muss also wie folgt aussehen:

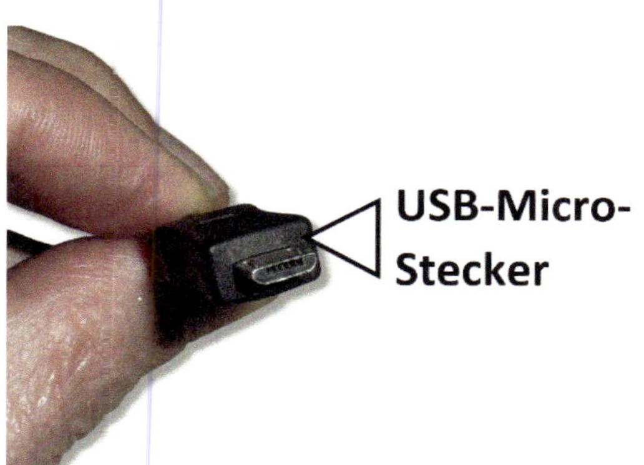

Abbildung 3: Das USB-Kabel mit Micro-Stecker

Links von der USB-Buchse befindet sich eine kleine rote LED, die immer dann aufleuchtet, wenn der Code aus der Entwicklungsumgebung auf den FPGA geladen wurde, was nur sehr kurz dauert. Rechts von der Buchse ist eine grüne LED zu sehen, die anzeigt, wenn das Board mit Spannung versorgt ist. Links und rechts an den Board-Außenkanten befinden sich zwei sehr kleine Microtaster, die einerseits für einen Reset (links) und andererseits für einen Test (rechts) benutzt werden können. Mit dem rechten Taster werden wir gleich eines der ersten Experimente durchführen. Wichtig zur Anzeige sind natürlich die acht kleinen LEDs (LED1 bis LED8) unterhalb des rechten Tasters, die ebenfalls für unser erstes Experiment verwendet werden. Alle Anschlussbezeichnungen, die sich rund um das Board befinden, dienen analogen und digitalen Signalen, die in das Board hinein- oder herauskommen können. Wir gehen später genauer darauf ein.

Der Beipackzettel des Boards

Was ich lustig fand, war die kleine Beschreibung des Boards in Form eines Beipackzettels, der aus der Schachtel fiel und einige nützliche Informationen über Risiken und Nebenwirkungen bereithielt. Da standen zum Beispiel folgende Dinge:

Spannungsversorgung	Über USB-Bus durch Micro-USB-Anschluss (+5V)
Spannungsversorgung der I/O-Pins	Spannung zwischen mindestens 0V und maximal 3,3V
Temperaturbereich	Temperatur zwischen 0° Celsius und 70° Celsius

Tabelle: MAX1000- Spezifikationen

Wer Lust hat, kann sich nach dem Auspacken des Boards schon einmal von dessen Funktionsfähigkeit überzeugen lassen. Nach der Verbindung mit dem USB-Port des Computers zeigt sich das MAX1000-Board als Wasserwaage, wobei die acht LEDs, je nach Lage in der Längsachse, so aufleuchten, dass die Neigung wie bei einer realen Wasserwage angezeigt wird. Befindet sich das Board in der Waage, leuchten die mittleren beiden LEDs auf. Wird das Board gekippt, wandet die Anzeige entsprechend zu den außen liegenden LEDs.

Wo bekomme ich das Max1000-Board?

Da das vorliegende Buch komplett auf das preisgünstige und dennoch leistungsstarke Max1000-FPGA-Board ausgerichtet ist, muss der Bezug des Boards für Leser gewährleisten sein. Es gab in den vergangenen Monaten (Stand 5/2023) Lieferengpässe bei der Hardware, die für das Max-Board notwendig sind. Deshalb hat der Bombini Verlag mit dem Hersteller des Boards, Trenz Electronic, die Übereinkunft getroffen, dass dem Verlag ausreichende Exemplare zur Verfügung gestellt werden.

In jedem „FPGA für alle"-Buch ist auf der ersten Seite ein individueller Bestell-Code aufgebracht worden, mit dem ein Leser ein Max1000-Board beim Verlag erwerben kann. Leider ist es nicht möglich, mit einem Bestell-Code mehrere Boards zu erwerben, damit für jeden Buchkäufer ein Board reserviert werden kann.

Sobald sich die Lieferlage entspannt hat, kann das Board wieder wie zu normalen Zeiten bei Trenz Electronic und bei anderen Verkaufsstellen erworben werden.

Auf der folgenden Abbildung sind die Komponenten des MAX1000-Boards zu sehen, die sich rund um den Kern des Intel MAX 10 FPGA-Bausteins befinden:

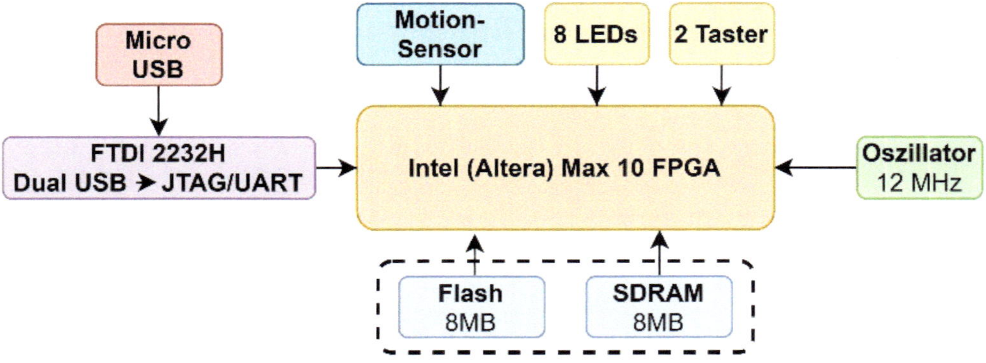

Abbildung 4: Die Komponenten rund um den MAX10-FPGA

Man sieht, dass das MAX1000-Board unter anderem über die beiden Speicherformen FLASH und SDRAM verfügt und in der Kapazität recht ordentlich dimensioniert sind. Diese beiden Elemente sind die Grundvoraussetzung zur Implementierung einer sogenannten Soft-Core-CPU, also zur Etablierung einer CPU, die über einer Hardware-Beschreibungssprache realisiert wurde. Wir kommen noch darauf zu sprechen. Zur Anzeige von Statusinformationen sind 8 LEDs vorhanden und zwei Taster, von denen einer eine Reset-Funktion besitzt und der andere frei genutzt werde kann. Ein Bewegungssensor inklusive Beschleunigungssensor sind ebenfalls implementiert, was für interessante Projekte genutzt werden kann.

Da man als Bastler und Frickler für elektronische Themen nicht um die Nutzung eines Steckbretts (Breadboard) herumkommt, um darüber elektronische Schaltungen zu realisieren (was übrigens Prototyping genannt wird), muss das Board mit entsprechenden Stiftleisten versehen werden. Dazu sind grundlegende Lötkenntnisse erforderlich, was jedoch keine große Hürde darstellt. Auf der folgenden Abbildung ist das Board mit den beiden 14-poligen Stiftleisten zu sehen:

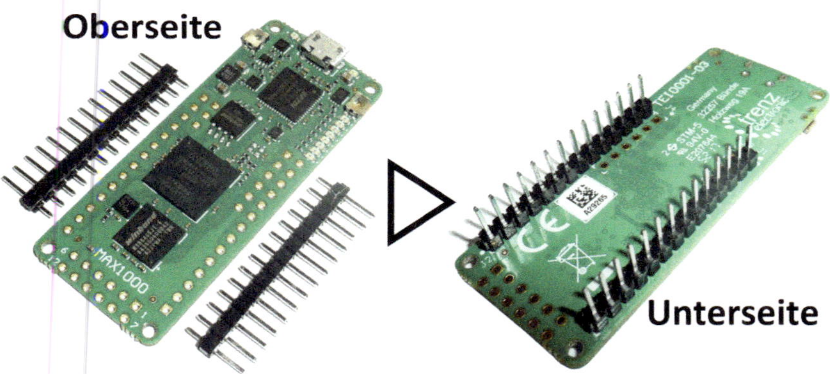

Abbildung 5: Das MAX1000-Board mit den beiden 14-poligen Stiftleisten

Es ist wichtig, dass die Stiftleisten mit den etwas längeren Beinchen nach unten weisen, wie auf dem umgedrehten Board rechts zu erkennen ist. Diese Modifikation ist auch erforderlich, wenn das Board auf das Experimentier-Board aufgesteckt werden soll, das von mir erstellt wurde und sich Discoveryboard nennt. Ich komme noch darauf zu sprechen.

Das Max1000-Discoveryboard

Ich bin ein Mensch, der Bequemlichkeit liebt. Ich habe mir angewöhnt, mir eine eigene kleine Hardwareumgebung zu schaffen, wenn ich ein Board ausprobieren möchte. Schaltungen auf dem Breadboard sind mir dabei oft zu wackelig, so dass ich angefangen habe, immer wieder benötigte Bauteile wie zum Beispiel Taster, Schalter, Leuchtdioden oder Siebensegmentanzeigen auf einer Lochrasterplatine zu verbauen. So habe ich es auch mit dem Max1000-Board gemacht. Das Ganze ist auch eine nette Gelegenheit, meine Lötfähigkeiten zu trainieren.

Ich habe alle Pins des MAX1000-Boards auf dem Discoveryboard beschriftet, sodass dadurch Verkabelungsfehler minimiert werden. Des Weiteren befindet sich ein Mini-Breadboard auf der Platine, dias es erlaubt, kleinere Bauteile oder integrierte Schaltkreise dort aufzustecken.

Das Discoveryboard sieht wie folgt aus und kann ohne größere Mühe auf einer Lochrasterplatine mit den Maßen 160mm x 100mm realisiert werden. Bei mir hat es dazu geführt, dass ich deutlich weniger Schaltungsfehler mache.

Abbildung 6: Das zusammengebaute Max1000-Discoveryboard

Das Discoveryboard ist kein Muss in diesem Buch. Alle Schaltungen können selbstverständlich auch ohne das Discoveryboard erstellt werden; es macht aber die Arbeit etwas bequemer, verhindert Schaltungsfehler und erlaubt es, sich auf das Wesentliche zu konzentrieren.

Ich demonstriere den Schaltungsaufbau meiner FPGA-Projekte in diesem Buch mit dem Discoveryboard. Dies kann sich dann ein wenig von Ihrem Schaltungsaufbau unterscheiden, sofern sie auf einem normalen Breadboard realisiert wurde. Eine Bauteileliste und die Bauanleitung für das Discovery-Board kann von meiner Webseite heruntergeladen werden:

https://erik-bartmann.de/userfiles/downloads/FPGA/978-3-946496-35-9_Discoveryboard.pdf

Im folgenden Grundlagenkapitel beschäftigen wir uns mit der Software-Werkzeugkette, die wir benötigen, um das Max1000-Board auf VHDL-Ebene steuern zu können. Dabei geht es vor allem um die Entwicklungsumgebung VHDLPlus.

V. Die Software-Werkzeugkette

Damit wir die im Buch erwähnten Projekte umsetzen können, sind verschiedene Programme zu installieren, was jedoch recht leicht ist. Alles kann mehr oder weniger über die eigentliche Entwicklungsumgebung VHDPlus gestartet und kontrolliert werden. Gehen wir die Details einmal durch.

Die Installation von VHDPlus

Das Herzstück unserer Entwicklungen wird durch die Entwicklungsumgebung, kurz IDE (Integrated Development Environment), VHDPlus bereitgestellt. Die VHDPlus-IDE macht das Schreiben von Code so einfach wie möglich. Mehrere Funktionen wie Codevorschläge, Autokorrektur und Fehlerlisten helfen bei der Programmierung des MAX1000-Boards. Die Software ist unter der folgenden Internetadresse zu bekommen:

https://vhdplus.com/docs/getstarted/#install-vhdplus-ide

Falls sich dieser Link einmal ändern sollte, rate ich, die Startseite von VHDPlus auszuwählen und sich von dort aus zum angegebenen Download vorzuarbeiten:

https://vhdplus.com/

Auf dieser Seite befinden sich dann auch die Installationshinweise und die Hardware-Unterstützung für das verwendete FPGA-Board. In unserem Fall ist das der MAX10 Device Support. Zusätzlich muss der zum Programmiergerät passende Treiber installiert werden, um den FPGA zu programmieren. Der VHDPlus-Core verfügt über einen ARROW USB Programmer aufgrund seiner zusätzlichen USB-zu-UART-Schnittstelle. Weitere Informationen sind unter der folgenden Internetadresse zu finden:

https://vhdplus.com/docs/getstarted/drivers/

Der einfachste Weg zur Installation des Treibers erfolgt über den VHDPlus-eigenen Paket-Manager, auf den wir noch zu sprechen kommen.

Was ist VHDLPlus?

Die VHDPlus IDE nutzt die Quartus-Prime-Installation auf dem System, um auf die Quartus-Shell und kleinere UI-Anwendungen zugreifen zu können. Dadurch ist es möglich, Designs ohne visuellen Zugriff auf Quartus zu kompilieren und FPGA-Boards zu programmieren, während das moderne UI von VHDPlus genutzt wird. Außerdem werden die Quartus-Tools verwendet, um auf komplexere UI-Anwendungen wie den QSYS-Editor zuzugreifen, die noch nicht nativ in die IDE integriert sind. Auf diese Weise bietet VHDPlus einen einfachen Einstieg für Anfänger, ohne wichtige Funktionen für fortgeschrittene Entwickler zu blockieren.

Quartus hat zwei Möglichkeiten, um vorgefertigte Module einzubauen. Entweder einzelne Module wie eine PLL, Debugger oder ein RAM Interface werden konfiguriert und wie ein anderes VHDP-Modul in den Code eingebunden. Diese Module findet man in dem Intel IP Ordner. Der QSYS-Editor dagegen ermöglicht es, mehrere dieser Module grafisch zu verknüpfen. Das wird vor allem in Kombination mit einem NIOS-Prozessor gemacht. In der IDE kann ein Beispiel-NIOS-Prozessor konfiguriert und erstellt werden. Dabei wird eine QSYS-und VHDP-Datei erstellt. Wenn man die QSYS-Datei öffnet, kann die Konfiguration des Prozessors und der Peripherie weiter konfiguriert werden. Während in der VHDPlus IDE nur die An- und Abwahl von Standardperipherie wie auch die wichtigsten Einstellungen vorhanden sind, kann in dem QSYS-Editor auf die ganze Bibliothek von Intel zugegriffen werden.

Die Installation von Quartus Prime Lite

Da VHDPlus die Entwicklungsumgebung für die Erstellung des FPGA-Codes, jedoch nicht für die Kompilierung der Projekte zuständig ist, muss eine weitere Software installiert werden, die von VHDPlus im Hintergrund aufgerufen wird. Beide Software-Pakete arbeiten Hand in Hand und tauschen Informationen untereinander aus. Diese zusätzliche Software nennt sich Quartus und wird in der Prime-Lite-Version ohne zusätzliche Kosten installiert. Wurde diese Software im vorgeschlagenen Standardverzeichnis installiert, sind auf dieser Seite keine weiteren Konfigurationsschritte erforderlich. Die Installationsdatei ist unter dem folgenden Link zu bekommen:

https://download.altera.com/akdlm/software/acdsinst/18.1std/625/ib_installers/QuartusLiteSetup-18.1.0.625-windows.exe

Falls auch dieser Link nicht mehr aktuell sein sollte, finden sich die notwendigen Informationen auf der Startseite von VHDPlus.

VHDPlus konfigurieren

Der Start von VHDPlus erfolgt über das angelegte Symbol oder über das Start-Menü von Windows. Im Moment möchte ich lediglich auf die Konfigurationen von VHDPlus eingehen, denn die eigentliche Beschreibung der Entwicklungsumgebung erfolgt am Ende dieses Kapitels. Da nun fast alle erforderlichen Software-Pakete installiert sind, sehen wir uns also die Konfiguration unter VHDPlus an, denn dort müssen einige Pfade überprüft und gegebenenfalls Anpassungen vorgenommen werden. Der Aufruf des Paket-Managers erfolgt über Extras > Package Manager:

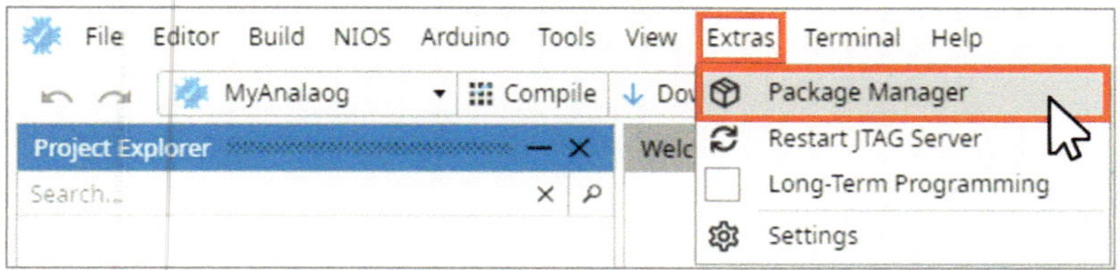

Abbildung 1: Der Aufruf des Paket-Managers

Im nachfolgenden Dialogfenster stehen zahlreichen Möglichen für weitere Software-Pakete zur Verfügung. Die folgenden Pakete sollten für ein reibungsloses Arbeiten vorhanden sein:

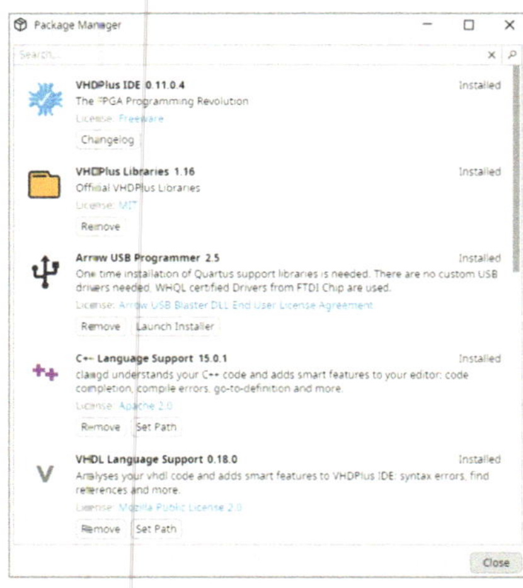

Abbildung 2: Erforderliche Software-Pakete im Paket-Manager

Am Anfang ist nur die VHDPlus-IDE installiert, sodass bei den anderen Paketen die entsprechenden Install-Schaltflächen angeklickt werden müssen. Auf der folgenden Abbildung ist dies bei den beiden Software-Paketen GTKWave und GHDL zu sehen, die für die spätere Simulation benötigt werden:

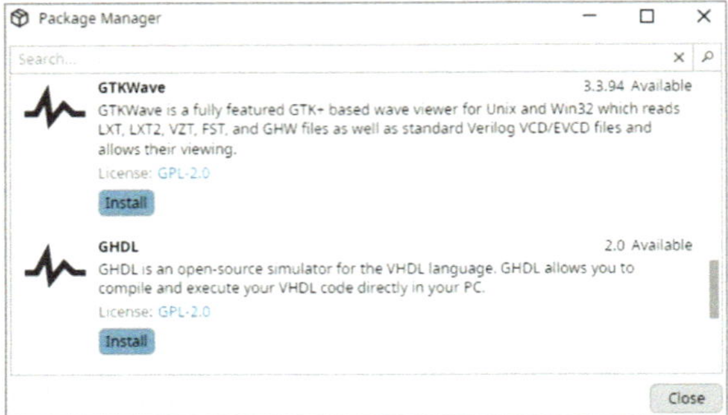

Abbildung 3: Erforderliche Software-Pakete für die Simulation

Wir sehen uns die Pfade an, die zur Nutzung eingetragen sein müssen:

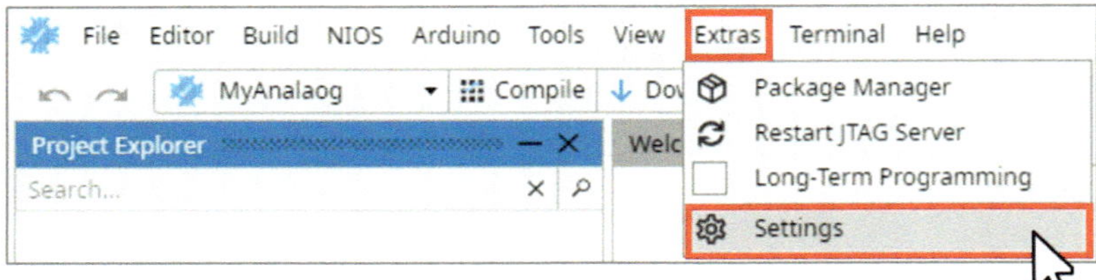

Abbildung 4: Der Aufruf der Einstellungen über Settings

Im nachfolgenden Dialogfenster können verschieden Kategorien ausgewählt werden. Fangen wir mit General an und sehen nach, ob der Quartus-Pfad korrekt ist und die Software erkannt wurde. Mit der grünen Umrandung wird signalisiert, dass die Software vorhanden ist und diese korrekt in VHDPlus eingebunden wurde:

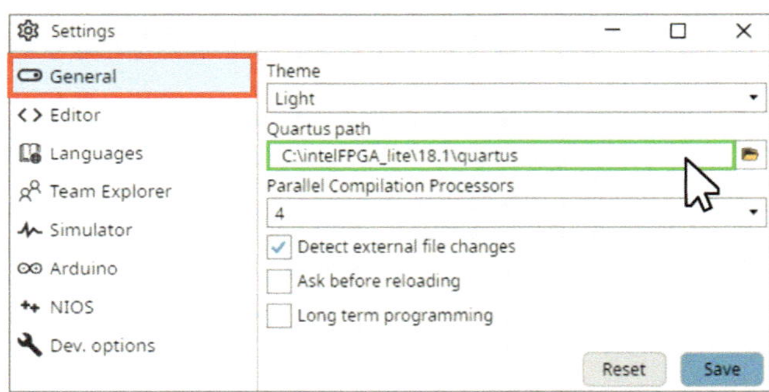

Abbildung 5: Der Pfad für die Quartus-Software

Über Editor kann der Editor für die angezeigten Parameter und Optionen konfiguriert werden:

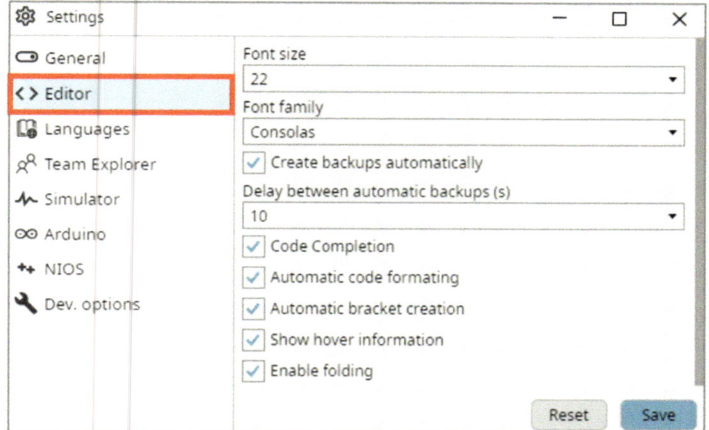

Abbildung 6: Die Editor-Parameter

Zeichengröße und Font-Family (Zeichensatz) sind selbstredend. Interessant sind die folgenden Merkmale.

Code Completion (Auto-Vervollständigung)

Wenn der Code geschrieben wird, versucht die VHDPlus-IDE, Vorschläge für mögliche Schlüsselwörter oder Codepassagen zu machen, die an dieser Stelle dem Code eingefügt werden können. Angenommen, es geht um die Deklaration eines Signals, dann reicht es in der Regel, die ersten 2 oder 3 Buchstaben einzugeben und es werden von der IDE verschiedene Möglichkeiten zur Vervollständigung in einer Liste angeboten:

Abbildung 7: Code Completition

Wenn jetzt die markierte Zeile mit der RETURN-Taste bestätigt wird, kommt es zur Übernahme des Listeneintrags in den Editor. Falls diese angebotenen Einträge ignoriert werden sollen, schreibt man im Editor einfach weiter.

Automatic Code formating (Auto-Codeformatierung)

Wenn der Code eingegeben wird, dann kommt es bei der Aktivierung dieser Option zum automatischen Einrücken des Codes, was maßgeblich zur Übersicht beiträgt.

Automatic bracket creation (Auto-Klammer-Erstellung)

Wenn Klammern (rund oder geschweift) eingegeben werden, dann ist es notwendig, dass zu einer öffnenden Klammer auch immer eine schließende gehört. Damit die schließende nicht vergessen wird, wird bei aktivierter Option immer das entsprechende Klammerpaar gebildet und die Eingabemarke dazwischen platziert.

Show hover information (Tooltipp-Informationen)

Ist zum Beispiel ein Signal oder eine Variable zu Beginn des Codes deklariert worden, dann kann man sich im weiteren Verlauf des Codes beim Überfahren mit dem Mauszeiger entsprechende Deklarationsinformationen anzeigen lassen, die als sogenannter Tooltipp erscheinen:

```
counter <= counter + 1;
              signal counter : integer range 0 to 1000000 := 0;
```

Enable folding (Codefaltung)

Codefaltung oder auch Code Folding bezeichnet eine Funktion in Entwicklungsumgebungen, um logisch zusammengehörende Codeabschnitte zu gruppieren. Es ist dann möglich, die betreffenden Abschnitte einfach ein- oder ausblenden, ganz so, als ob ein Blatt gefaltet oder wieder auseinandergeklappt würde. Das wird entweder durch ein Minus- oder Pluszeichen in einem Kästchen mit einem senkrechten Strich zur Gruppierung angezeigt:

```
port(
    CLK : in     std_logic;
    LED : buffer std_logic := '0'
);
```

Über Languages kann der Editor für die installierten Sprachen konfiguriert werden, was selbsterklärend ist:

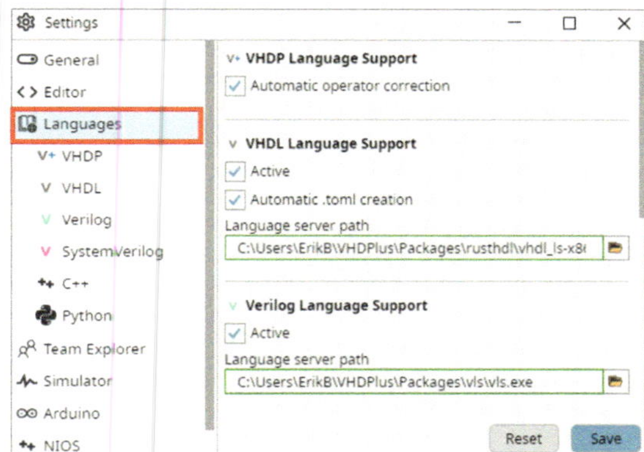

Abbildung 8: Die Languages-Konfigurationen

Über Simulator können die installierten Simulationsprogramme konfiguriert werden:

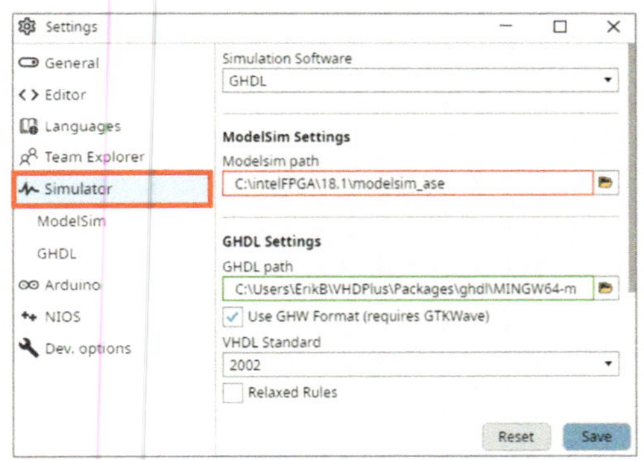

Abbildung 9: Die Simulator-Konfigurationen

Man sieht hier, dass der Pfad zur Simulations-Software Modelsim nicht korrekt ist. Wie wir schon gesehen haben, kann die Simulationssoftware für GHDL in Verbindung mit GTKWave über den Package-Manager von VHDPlus installiert werden. Das ist jedoch für Modelsim nicht möglich. Dazu muss der folgende Download-Link genutzt werden:

https://download.altera.com/akdlm/software/acdsinst/18.1std/625/ib_installers/ModelSimSetup-18.1.0.625-windows.exe

Über Arduino können die Pfade hinsichtlich der Arduino-Installationen konfiguriert werden. In der Regel sind diese nach der Installation über den Package-Manager schon korrekt gesetzt:

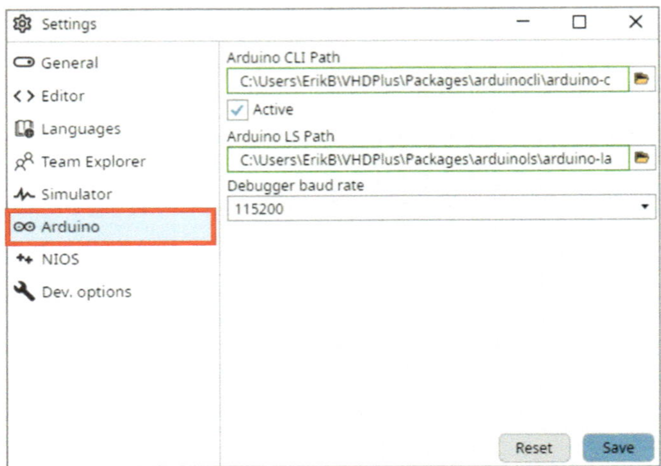

Abbildung 10: Die Arduino-Konfigurationen

Über NIOS können Konfigurationen für eingebettete Prozessoren vorgenommen werden. NIOS ist der Produktname eines eingebetteten Prozessors des Chip-Herstellers Altera, der in Form eines sogenannten Soft Core-Prozessors vorliegt. Mit diesem Verfahren kann eine synthetische, also simulierte CPU in einen FPGA implementiert werden. Wir kommen später noch darauf zu sprechen, wenn es um den Arduino geht.

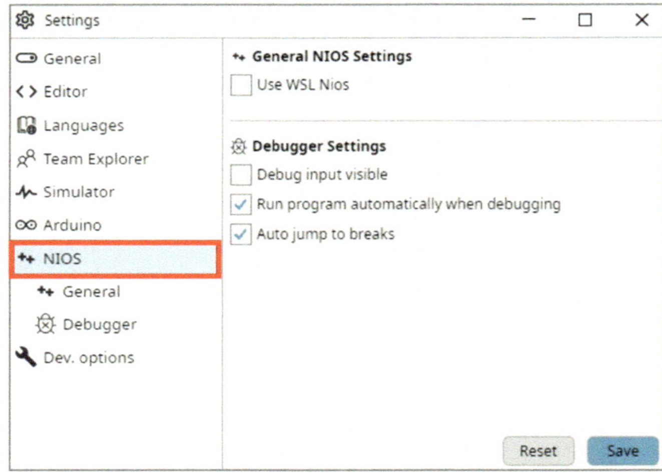

Abbildung 11: Die NIOS-Konfigurationen

Über Dev. Options können diverse Entwicklungsoptionen manipuliert werden, die jedoch für uns keine Rolle spielen werden; weitere Informationen sind auf der Herstellerseite zu finden:

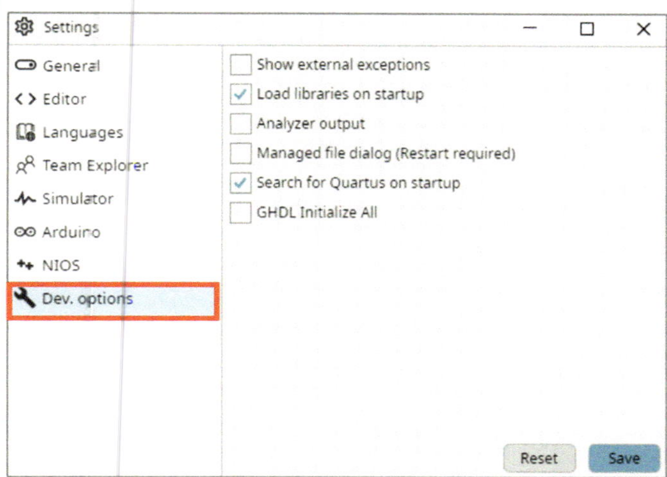

Abbildung 12: Die Dev. options-Konfigurationen

Der RTL-Viewer von Quartus-Prime

Primär werden wir die Entwicklungs-Software VHDPlus nutzen, doch diese nutzt unter der Haube die Quartus Prime Lite-Software, die zum Beispiel beim Compiling, also beim Übersetzen des Codes aufgerufen wird. Normalerweise muss die Entwicklungsumgebung dieser Software nicht aufgerufen werden, um darüber den VHDL-Code zu entwickeln beziehungsweise zu verwalten. Es läuft alles über VHDPlus. Dennoch kann es sinnvoll sein, zum Beispiel den sogenannten RTL-Viewer aufzurufen, und sich die Ergebnisse des Compilings anzuschauen. RTL ist die Abkürzung für Register Transfer Level und stelle eine grafische Darstellung des erkannten Schaltplans dar. Der Aufruf bietet wichtige Erkenntnisse, die für einen Anfänger zwar eine gewisse Komplexität mit sich bringen, doch beim Verständnis der Materie hier und da sehr hilfreich sein können. Hier einige wichtige Punkte:

- Die Betrachtung der Synthese-Ergebnisse, um festzustellen, ob die gewünschte Logik implementiert wurde
- Eine Durchführung einer visuellen Prüfung des Entwurfs, bevor eine Simulation gestartet wird
- Die Lokalisierung eines fehlerhaften Signals im Entwurf

Die Liste ließe sich noch um einige Punkte erweitern, soll aber für den Einstieg genügen. Der Aufruf des RTL-Viewers erfolgt über die Quartus-Software, wobei ich in den jeweiligen Kapiteln genauer darauf eingehen werde. In der Toolbar von VHDPlus befindet sich rechts neben der Download-Schaltfläche das Quartus-Symbol:

Bei einem Klick darauf wird die Quartus-Entwicklungsumgebung für das gerade aktive VHDPlus-Projekt geöffnet.

Logisim

Logisim ist ein kostenloser Logik-Simulator (GNU General Public License), mit dessen Hilfe digitale Schaltungen über eine grafische Oberfläche entworfen und simuliert werden können. Diese Software ist zur Umsetzung der Projekte in diesem Buch nicht zwingend erforderlich, hilft jedoch enorm beim Verständnis der Materie. In einigen Projekt-Kapiteln erkläre ich bestimmte Zusammenhänge über Logisim. Der Link zur Software ist wie folgt:

http://www.cburch.com/logisim/de/index.html

Die VHDPlus-Entwicklungsumgebung

In diesem Abschnitt möchte ich einen groben Überblick über die VHDPlus-Entwicklungsumgebung liefern, also was sich wo befindet. Die DIE ist sehr mächtig, so dass ich mich hier auf den Überblick beschränken muss. Später in den einzelnen Projekten werden dann genau die Features beschrieben, die von Bedeutung sind. Nach dem Start präsentiert sich die Entwicklungsumgebung wie folgt und wir haben das Programm schon bei der Überprüfung der Konfiguration gesehen und etwas genutzt:

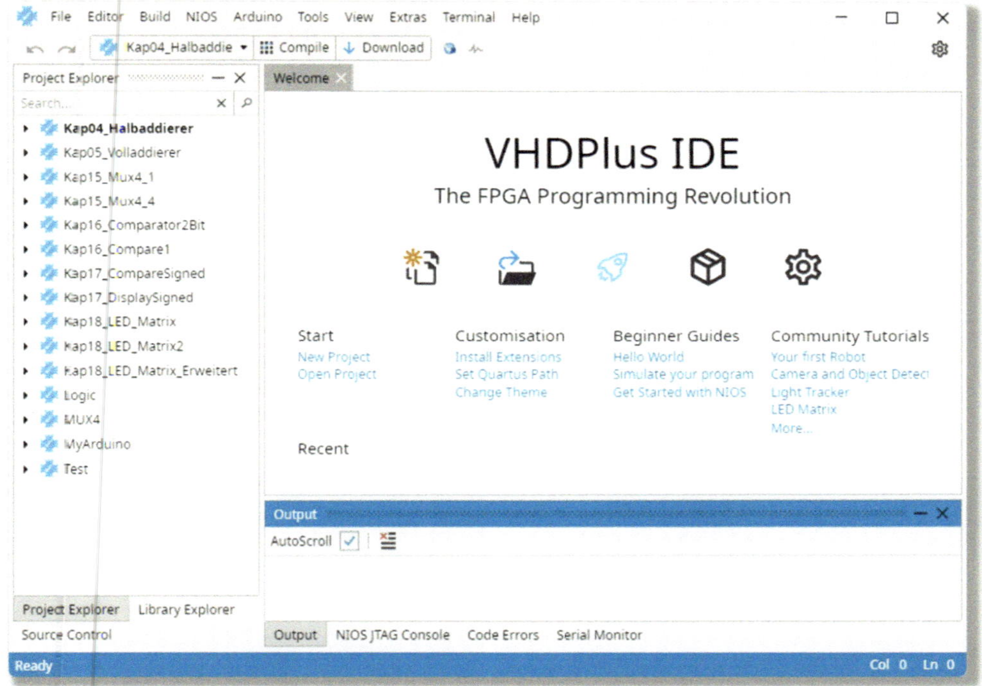

Abbildung 13: Die VHDPlus-Entwicklungsumgebung

Wir können die Entwicklungsumgebung in drei Bereiche unterteilen, die hier und da jedoch weitere Unterbereiche vorweisen können. Und wir haben am oberen Rand die Menü-Leiste und die Toolbar. Ich habe die drei Bereiche farbig markiert und entsprechende Erläuterungen daruntergesetzt:

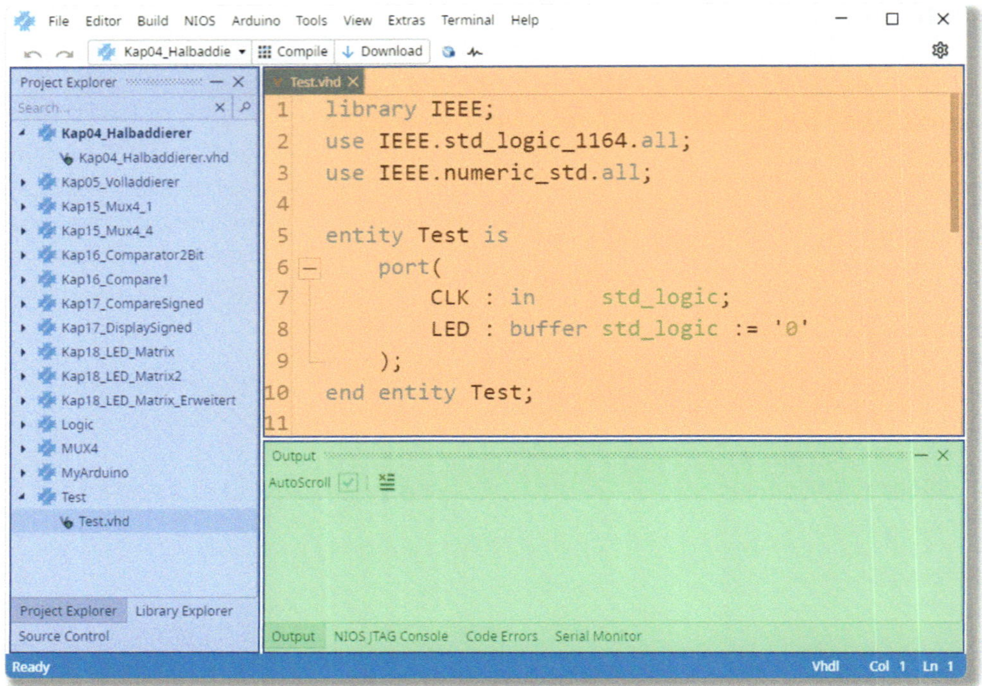

Abbildung 14: Die VHDPlus-Entwicklungsumgebung mit ihren Bereichen

Die Farben haben die folgenden Bedeutungen:

Farbe	Bedeutung
	Project-Explorer + Library-Explorer + Source-Control
	Eingabe: Code-Bereich
	Ausgabe: Output, Fehlermeldungen, JTAG-Console, Serial-Monitor

Tabelle: Farbbedeutungen der VHDPlus-IDE

Der Project Explorer und der Library Explorer (blauer Bereich)

Der Bereich, der meistens links zu sehen ist, ist der Project Explorer. In ihm werden alle Dateien, die zum aktuellen Projekt gehören, in Form einer Baumstruktur angezeigt. Innerhalb des Project Explorers besteht die Möglichkeit, Dateien und Ordner per Drag & Drop zu verschieben. Des Weiteren bietet das Kontext-Menü auf Dateien oder Ordner einen großen Funktionsumfang zur Behandlung des jeweiligen Objekts an:

Kontext-Menü: Datei **Kontext-Menü: Ordner**

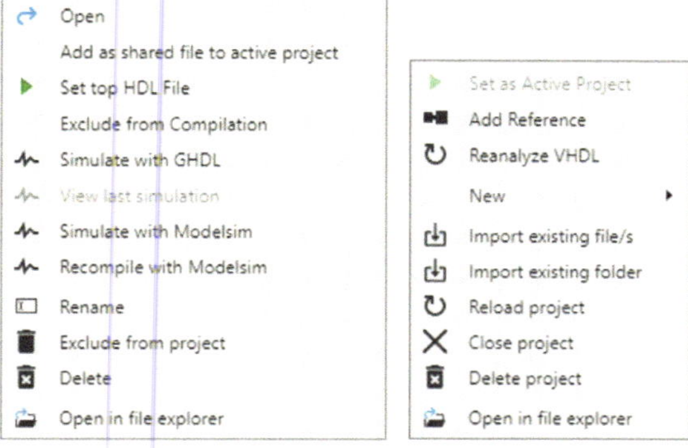

Abbildung 15: Die Kontext-Menüs des Project Explorers

Der Library-Explorer beinhaltet diverse Bibliotheken, die für eigene Projekte verwendet werden können. Auch hier gibt es verschiedene Kontext-Menüs:

Kontext-Menü: Datei **Kontext-Menü: Ordner**

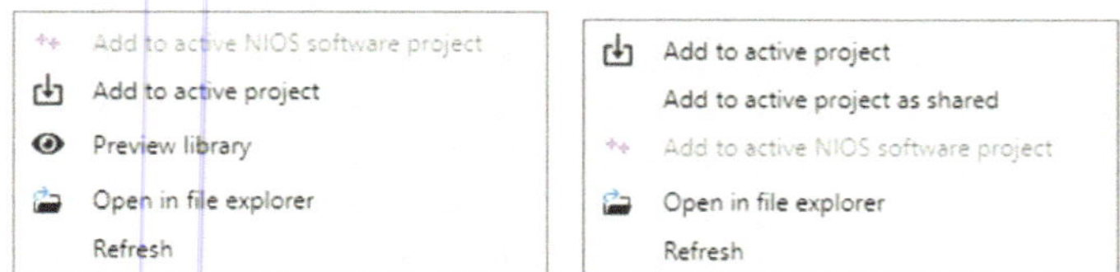

Abbildung 16: Die Kontext-Menüs des Library-Explorers

Über Source-Control beziehungsweise den Team-Viewer wird eine integrierte Versionskontrolle mit Git angeboten. Darüber ist es sehr einfach, Änderungen in einem Projekt zu verfolgen, zu vergleichen und mit Git-Anbietern wie GitHub, Azure oder anderen zu synchronisieren. Auf diese Weise wird gewährleistet, dass der Code sicher ist und auch im Team an Projekten gearbeitet werden kann.

Der Code-Editor (roter Bereich)

Der Bereich, der intensiv genutzt wird, ist der, in dem der Code eingegeben und modifiziert wird. Dort können auch mehrere Dateien geöffnet sein, die über unterschiedliche Tab-Reiter am oberen Rand ausgewählt werden können. Jedes Mal, wenn im Projekt-Explorer eine Datei mit Doppelklick ausgewählt wurde, erscheint deren Inhalt im Codebereich mit entsprechendem Tab-Reiter, der den Namen der Datei enthält. Die momentan zu sehende Datei wird im Tab-Reiter farblich hervorgehoben. Um eine Datei zu schließen, muss das kleine Kreuz rechts neben dem Dateinamen angeklickt werden:

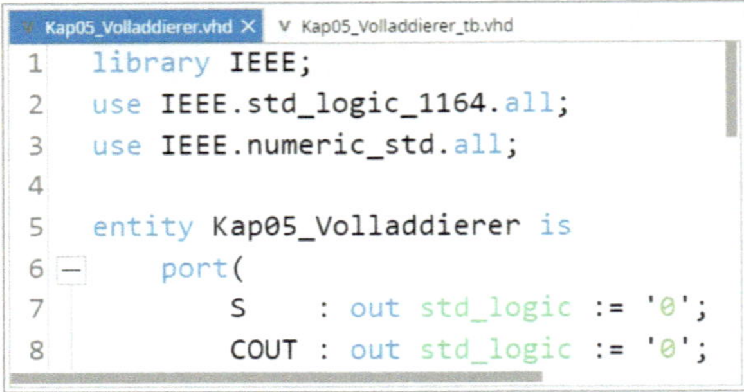

Abbildung 17: Zwei geöffnete Dateien im Codebereich

Das Output-Fenster (grüner Bereich)

Der untere grüne Bereich ist der Ausgabebereich, der diverse Informationen hinsichtlich Status, Fehlermeldungen, Serieller Monitor oder JTAG-Konsole liefert. Beim Kompilieren ist das Output-Fenster sehr wichtig, denn in ihm landen alle Hinweise, die Quartus beim Übersetzungsvorgang bereitstellt. Auch erkannte Fehler im Code werden dort rot angezeigt. Möchte man jedoch nur die Fehlermeldungen auf einen Blick haben, ohne sie im Wust der Quartus-Meldungen ausfindig machen zu müssen, wechselt man die Sicht auf das Code Errors-Fenster:

Output **Code-Errors**

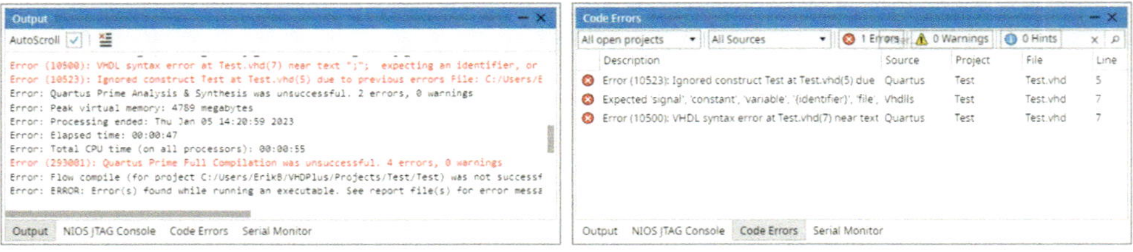

Abbildung 18: Output und Code Errors

Der entscheidende Vorteil des Code Errors-Fensters besteht zudem darin, dass bei einem Doppelklick auf die betreffende Zeile der Cursor unmittelbar an die Stelle des Problems springt, an der ein Fehler im Code erkannt wurde. Über diverse Einstellungen in der Toolbar des Codefensters können Meldungen gefiltert oder es kann nach bestimmten Begriffen gesucht werden.

Abschließend möchte ich noch die Menü-Leiste und die Toolbar erwähnen, deren Funktionen unglaublich vielfältig sind. Ich führe hier die Funktionen auf, die für dieses Buch von Bedeutung sind.

Abbildung 19: Die Menü-Leiste und Toolbar

Doch bevor es losgeht, muss ein Projekt angelegt werden. Dazu müssen die folgenden Schritte ausgeführt werden.

Schritt 1: VHDPlus-Projekt erstellen

Über den Menü-Punkt File > New > Project kann ein neues Projekt angelegt werden:

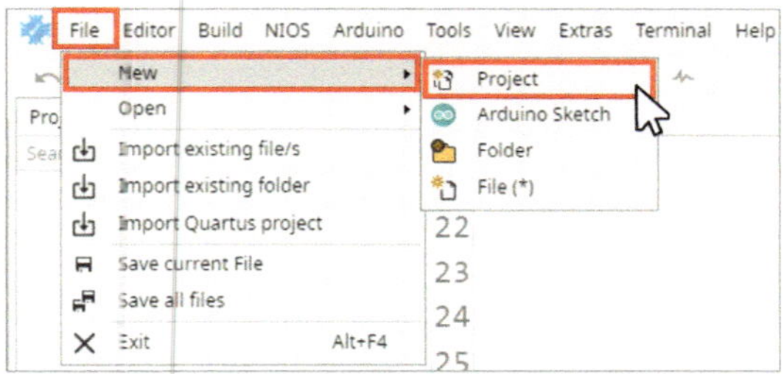

Abbildung 20: Ein neues VHDPlus-Projekt anlegen - Schritt 1

Schritt 2: VHDPlus-Projekt-Typ wählen

Im nachfolgenden Dialog muss sowohl ein Projektname als auch die zu nutzende Sprache gewählt werden. Standardmäßig ist beim Template, also der Vorlage, die Sprache VHDP gewählt. Diese muss für uns gleich geändert werden:

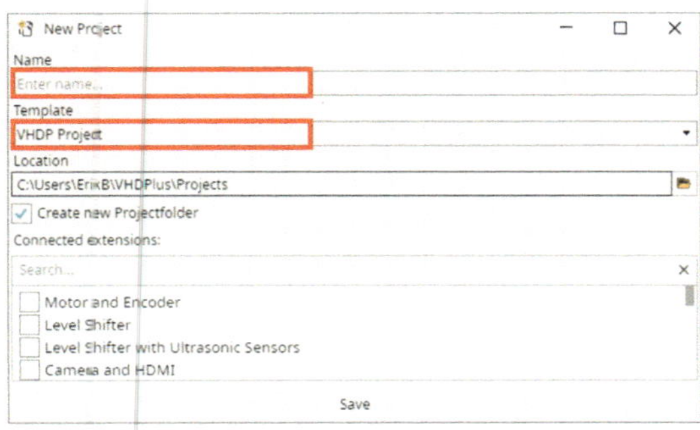

Abbildung 21: Ein neues VHDPlus-Projekt anlegen - Schritt 2

Nach der Eingabe des Namens muss über die Drop-Down-Liste der Template- beziehungsweise Projekttyp ausgewählt werden.

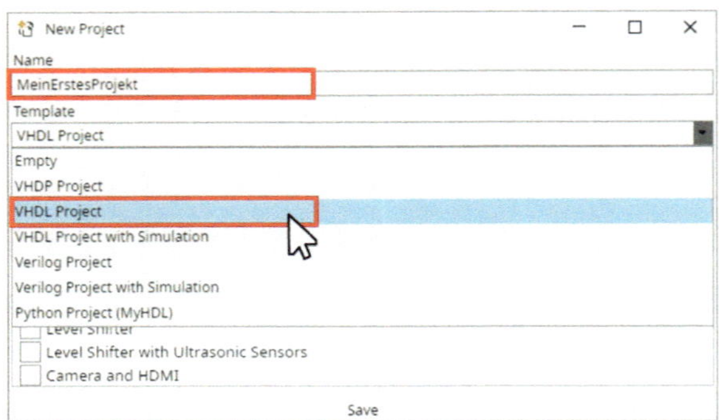

Abbildung 22: Ein neues VHDPlus-Projekt anlegen - Schritt 2

Für uns ist das das VHDL-Project und für spätere Simulationen der darunter zu sehende Eintrag VHDL-Project with Simulation. Im unteren Bereich sind Beispielprojekte wie Motor and Encoder, Level Shifter, Camera and HDMI und einige mehr zu sehen, die nach der Auswahl zum eigenen Code hinzugefügt werden. Das ist für uns jedoch hier kein Thema.

Schritt 3: VHDPlus-Projekt endgültig anlegen

Im letzten Schritt muss lediglich die Save-Schaltfläche am unteren Rand des Dialogs angeklickt werden. Das Projekt wird angelegt und erscheint mit dem vergebenen Namen im Projekt-Explorer:

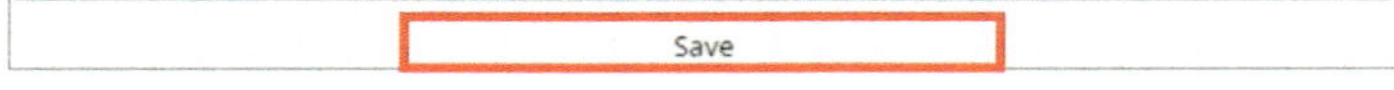

Abbildung 23: Ein neues VHDPlus-Projekt anlegen - Schritt 3

Für ein zukünftiges Projekt merkt sich die Entwicklungsumgebung den zuletzt gewählten Template-Typ, sodass dieser sofort angeboten wird.

Die Toolbar

Die für uns nachfolgend wichtigen Punkte befinden sich in der Toolbar, denn dort können sie ohne langes Suchen und Klicken schnell und unkompliziert ausgewählt werden. Man kann sich dabei von links nach rechts durchklicken:

- Auswahl des aktiven Projekts über die Drop-Down-Liste (bei mir ist es im Moment das Projekt mit dem Namen *Logic*).
- Das Übersetzen des Codes über die *Compile*-Schaltfläche starten.
- Das Runterladen des Codes auf das FPGA-Board über die *Download*-Schaltfläche.

Hier sei noch etwas aus der Erfahrung mit dem Umgang von VHDPlus zu erwähnen. Es ist mir anfänglich immer wieder passiert, dass ich Code über Compile übersetzen wollte, jedoch mit dem falschen aktiven Projekt. Das gerade aktive Projekt wird innerhalb des Projekt-Explorers dadurch gekennzeichnet, dass der Name im Gegensatz zu den anderen nicht aktiven Projekten fett dargestellt wird:

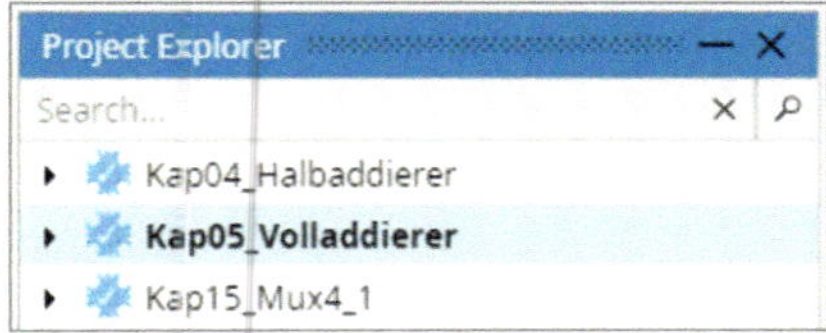

Abbildung 24: Das aktive Projekt ist fett hervorgehoben

Der Name des aktiven Projektes befindet sich wie gesagt zusätzlich noch in der genannten Drop-Down-Liste links neben der Compile-Schaltfläche, siehe folgende Abbildung. Das aktive Projekt kann auch von dort ausgewählt werden. Aufgrund der Länge des Projektnamens ist der Eintrag etwas verkürzt zu sehen:

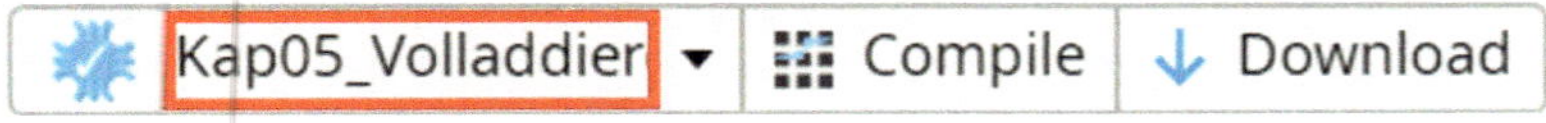

Abbildung 25: Das aktive Projekt ist in der Toolbar zu sehen

Wenn es später um den Download, also um das Speichern des Codes auf dem FPGA geht, ist entscheidend, dass das sogenannte Long-Term Programming standardmäßig deaktiviert ist, siehe folgende Abbildung. Dieser Menü-Punkt ist unter Extras > Long-Term Programming zu finden:

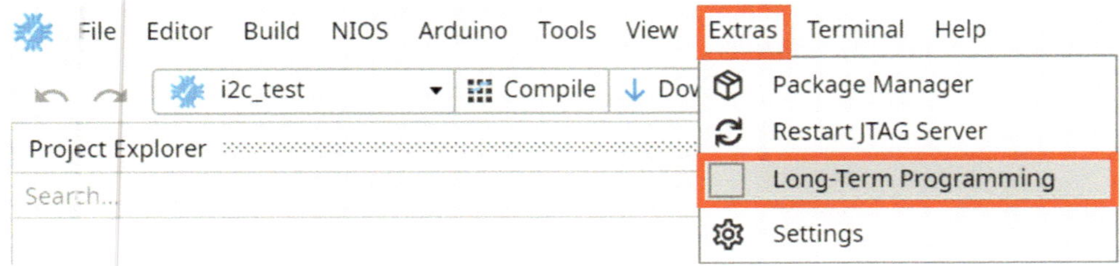

Abbildung 26: Das Long-Term Programming

Nach dem Download des zuvor kompilierten Codes ist dieser unmittelbar auf dem FPGA verfügbar. Wird jedoch die Spannungsversorgung über den USB-Anschluss entfernt und später wieder verbunden, ist dieser Code nicht mehr vorhanden und es ist standardmäßig die elektronische Wasserwaage aktiv, was dem Auslieferungszustand des MAX1000-Boards entspricht. Wird jedoch Long-Term Programming aktiviert, ist der Code persistent, also fortlaufend verfügbar und übersteht auch eine Spannungsunterbrechung.

Links zu VHDPlus

Abschließend noch ein paar sehr interessante Links, hinter denen sich eine Menge an Informationen im Zusammenhang mit VHDPlus verbergen.

Get started with VHDP

https://vhdplus.com/docs/getstarted/

Hello World

https://vhdplus.com/docs/guides/helloworld/

Die Community

https://vhdplus.com/docs/community/overview/

GitHub-Tutorials

https://github.com/VHDPlus/vhdplus-website

GitHub-Examples

https://github.com/VHDPlus/VHDPlus_Libraries_and_Examples/

Project Chat über Discord

https://discord.com/invite/NCN9VAh

Nachdem wir in diesem Kapitel die Software-Werkzeugkette besprochen haben, haben wir unser Rüstzeug beisammen, um in die praktische FPGA-Programmierung einzusteigen. Es folgen nun 23 FPGA-bezogene Projekte.

FPGA-Projekte

Genug der Grundlagen. Ich hoffe, dass wir nun genügend theoretisches Rüstzeug erworben haben, um es in der Praxis anzuwenden. Vieles wird jetzt hoffentlich im praktischen Tun klarer. Ich werde häufig in den Projekten Bezug auf die Inhalte aus den ersten Kapiteln dieses Buches nehmen. Auf dass sich das Wissen verankert!

Ich habe 23 Projekte in dem nun folgenden Praxisteil beschrieben, die man mithilfe des Max1000-Boards durchführen kann. Dabei habe ich die Projekte von Einfach bis Komplex geordnet. In jedem Projekte vertiefe ich ein Grundlagenthema oder führe ein neues Bauteil ein, das mit dem FPGA-Board zusammen arbeiten soll.

Verzeichnis der Projekte

1. Ansteuerung von LEDs

Wir starten nun mit unserem ersten FPGA-Projekt, bei dem es um die Ansteuerung der auf dem MAX1000-Board befindlichen LEDs geht. Ich habe einmal eine Aufnahme des MAX1000-Boards gemacht, bei dem ich drei der LEDs (LED1 bis LED3) zum Leuchten gebracht habe.

Abbildung 1: Drei LEDs leuchten

Wir sollten uns diesbezüglich immer wieder das Schema des Aufbaus ansehen, das ich hier auf der folgenden Abbildung noch einmal zeige; ich werde das immer wieder machen, wobei ich dann nur die für das Experiment wichtigen Komponenten beziehungsweise Bereiche zeige und hervorhebe:

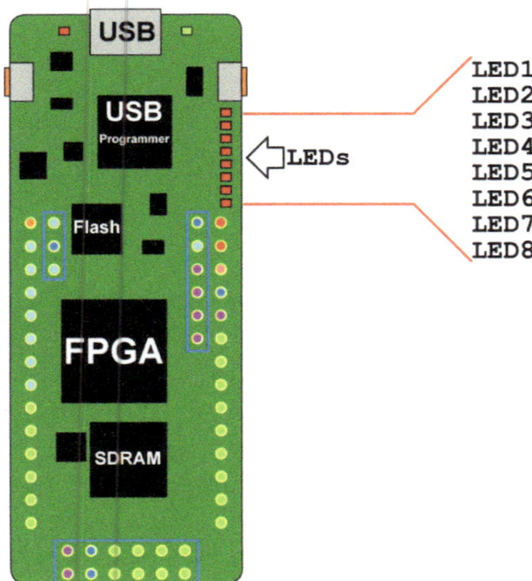

Abbildung 2: Die acht LEDs

Ich werde eine LED ansteuern und entscheide mich für die oberste mit der Bezeichnung LED1.

Die LED-Pins am FPGA

Bevor es weitergeht, möchte ich ein paar Zusatzinformationen liefern, die sich im MAX1000-User-Guide verbergen. Auf Seite 11 finden sich nämlich zur Ansteuerung der LEDS beziehungsweise deren Verbindung mit dem MAX10 (der verwendete FPGA-Baustein auf dem Board) auf Abbildung 5 sehr nützliche Informationen. Die Abbildung zeigt Folgendes:

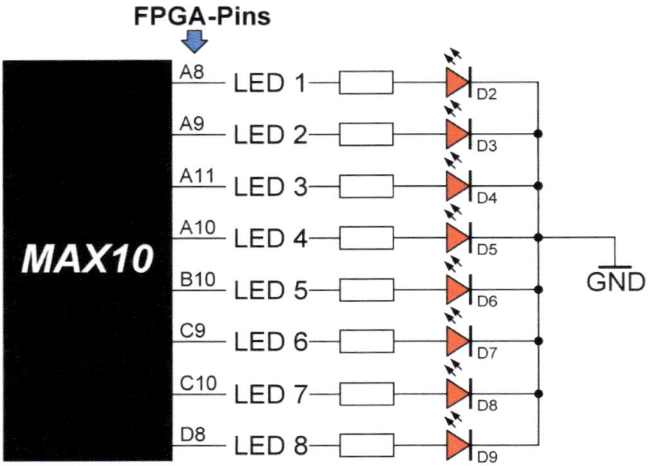

Abbildung 3: Die Ansteuerung der acht LEDs durch den MAX10-FPGA

Somit ist zu sehen, welche Anschlüsse aus dem FPGA herauskommen, die zur Ansteuerung der LEDs über die Vorwiderstände genutzt werden. Es wird also ein HIGH-Pegel verwendet, da alle Kathoden der acht LEDs mit Masse verbunden sind. Die Anschlussbezeichnungen können verwirren, denn die Ansteuerung der LED1 ist mit D2 an der LED gekennzeichnet und dieser Versatz der Nummerierung zieht sich bis zur letzten LED und kommt daher, weil die Power-LED die Bezeichnung D1 erhalten hat. Das soll uns aber nicht weiter stören, wir orientieren uns am Index der LEDs (LED1 bis LED8).

Der Code

Wir beginnen also mit dem Code zur Ansteuerung von drei LEDs, sagen wir LED1, LED2 und LED3, wobei alle anderen dunkel bleiben sollen. Wir müssen bedenken, dass Signale aus dem FPGA herauskommen, um LED1, LED2 und LED3 zum Leuchten zu bringen. Wie man auf der vorherigen Abbildung erkennen kann, sind das die korrespondierenden FPGA-Pins A8, A9 und A11. Hinsichtlich des Modus muss also out (Output) verwendet werden. Der Code sieht wie folgt aus:

```
01 library IEEE;
02 use IEEE.std_logic_1164.all;
03 use IEEE.numeric_std.all;
04
05 entity Kap01_Led_simple is
06     port(
07         LED1 : out std_logic :='0';
08         LED2 : out std_logic :='0';
09         LED3 : out std_logic :='0'
10     );
11 end entity Kap01_Led_simple;
12
13 architecture rtl of Kap01_Led_simple is
14 begin
15     LED1 <= '1';
16     LED2 <= '1';
17     LED3 <= '1';
18 end architecture rtl;
```

Listing: Kap01_Led_simple.vhd - Eine sehr einfache LED-Ansteuerung

Es fällt sofort bei der Port-Deklaration im Entity-Block in den Zeilen 07 bis 09 auf, dass hinter der Angabe des Datentyps std_logic noch der Zusatz :='0' steht. Dieser bewirkt zu der erfolgten Deklaration der jeweiligen LED (es handelt sich dabei um ein Signal und nicht um eine Variable!) noch eine Initialisierung mit dem Bit-Wert 0, was in unserem Fall einen LOW-Pegel bedeutet. Diese Vorgehensweise ist nicht unbedingt erforderlich, da im Architecture-Block in den Zeilen 15 bis 17 die drei LEDs mit dem Bit-Wert 1 versehen werden, was einem HIGH-Pegel entspricht: Die LEDs fangen an zu leuchten. Ich habe die Initialisierung aber aus einem bestimmten Grund gemacht, auf den ich gleich zu sprechen komme. Die Versorgung der LED-Signale mit einem bestimmten Pegel erfolgt über den erwähnten Operator. Es handelt sich um den Operator beziehungsweise die Signalzuweisungs-Zeichenfolge <=. Der Unterschied zwischen der Zuweisung über <= und über := wird in der folgenden Tabelle verdeutlicht:

Schreibweise	Bedeutung
x <= y;	Zuweisung bei Signalen
x := y;	Zuweisung bei Variablen

Tabelle: Unterschiedliche Zuweisungsarten

Eine Variable in einem FPGA-Design ist ein benannter Speicherplatz, der einen bestimmten Wert speichert. Ähnlich wie in einer herkömmlichen Programmiersprache kann auf eine Variable zugegriffen werden, um deren Wert zu lesen oder zu ändern. Im FPGA-Design können Variablen in der Regel nur innerhalb eines bestimmten Teils des Codes (z.B. innerhalb einer Schleife oder einer Funktion) verwendet werden.

Ein Signal hingegen ist ein elektrisches Signal, das Informationen zwischen verschiedenen Komponenten innerhalb des FPGA überträgt. Im Gegensatz zu einer Variablen ist ein Signal nicht unbedingt benannt und speichert keinen expliziten Wert. Stattdessen repräsentiert ein Signal die Übertragung von Daten oder Steuerinformationen zwischen verschiedenen Komponenten innerhalb des FPGA.

Ein wichtiger Unterschied zwischen Variablen und Signalen in der FPGA-Programmierung ist, dass Variablen normalerweise in einem Register gespeichert werden, während Signale normalerweise als Leitungen zwischen verschiedenen Komponenten innerhalb des FPGA modelliert werden. Register haben normalerweise eine feste Größe und können nur eine begrenzte Anzahl von Bits speichern, während Signale durch die Breite der Leitung definiert werden, die Daten zwischen den Komponenten überträgt.

Das Compiling

Bevor es nun zum Compiling geht, also der Prozess, bei dem Programmcode in eine ausführbare Form umgewandelt wird, wollen wir uns noch einmal verdeutlichen, was im Moment an Informationen vorliegt und welche vielleicht noch fehlen. Woher soll die Software jetzt „wissen", welche LEDs für die Ansteuerung denn gemeint sind, denn es gibt ja acht Stück davon auf dem MAX1000-Board, und die Zuweisung, welches Signal der Software zu welchem Pin der Hardware gehören soll? Auf der folgenden Abbildung ist links die Hardware mit den drei anzusteuernden LEDs zu sehen und auf der rechten Seite der Ausschnitt des Codes in der Software, der die LEDs deklariert und initialisiert.

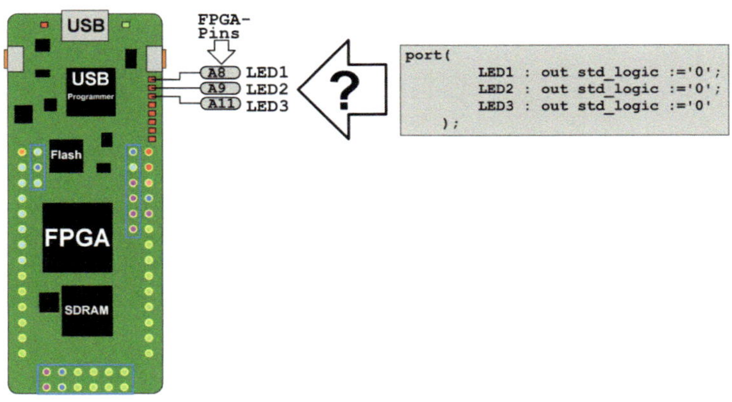

Abbildung 4: Zur Ansteuerung fehlen noch ein paar Informationen

Wie im FPGA-Einführungskapitel erwähnt, besteht zu Beginn keine Beziehung zwischen den im Code angegebenen Signalen und den realen Pins am FPGA-Board. Das wird im Normalfall durch die bereits kurz erwähnten Constraints-Dateien geregelt, in denen ein Mapping stattfindet. Sehen wir uns einmal an, wie es in unserem Fall weitergeht.

Was ist Mapping?

Mapping in der FPGA-Programmierung bezieht sich auf den Prozess, bei dem logische Schaltungen, die in einer höheren Programmiersprache oder Hardwarebeschreibungssprache geschrieben wurden, auf die tatsächlichen Ressourcen des FPGA abgebildet werden. Das Mapping ist ein wichtiger Schritt in der FPGA-Programmierung, da es sicherstellt, dass die logische Schaltung effizient auf den FPGA abgebildet wird und die gewünschte Funktion erfüllt.

In der FPGA-Programmierung bezieht sich Mapping auf den Prozess der Zuordnung von Logikblöcken und Ressourcen innerhalb des FPGA zu einer bestimmten Anwendung oder Funktion. Das Mapping ist ein wichtiger Schritt in der Entwicklungsphase, der sicherstellt, dass das Design der Schaltung auf dem FPGA korrekt funktioniert.

Beim Mapping wird der Quellcode für das Design des FPGA in einen digitalen Schaltplan umgewandelt, der die Verbindungen zwischen den Logikblöcken und Ressourcen auf dem FPGA darstellt. Der digitale Schaltplan wird dann in das FPGA geladen, und die Ressourcen auf dem FPGA werden gemäß dem Schaltplan programmiert. Die Logikblöcke auf dem FPGA können zum Beispiel Lookup-Tabellen, Register oder Addierer sein.

Das Mapping bezieht sich auch auf die Zuordnung von Signalen und Schnittstellen zu den Ein- und Ausgängen des FPGA. Dies umfasst die Festlegung von Pin-Platzierungen für Eingabe- und Ausgabesignale sowie die Zuweisung von Ressourcen für interne Signale.

Das Mapping ist ein wichtiger Schritt, um sicherzustellen, dass das FPGA-Design korrekt und effizient funktioniert. Eine sorgfältige Planung und Optimierung des Mappings kann dazu beitragen, dass das Design eine optimale Leistung erzielt und die verfügbaren Ressourcen des FPGA effizient nutzt.

Da also nun der Code in der Entwicklungsumgebung vorliegt, können wir einen Klick auf die Compile-Schaltfläche am oberen Rand der Entwicklungsumgebung wagen und sehen, was passiert.

Es öffnet sich ein Connect and Compile-Dialogfenster, bei dem einiges zu sehen ist. Im oberen Bereich ist durch meine vorherige Auswahl des richtigen FPGA-Boards (MAX1000) dieses schon im Querformat zu sehen:

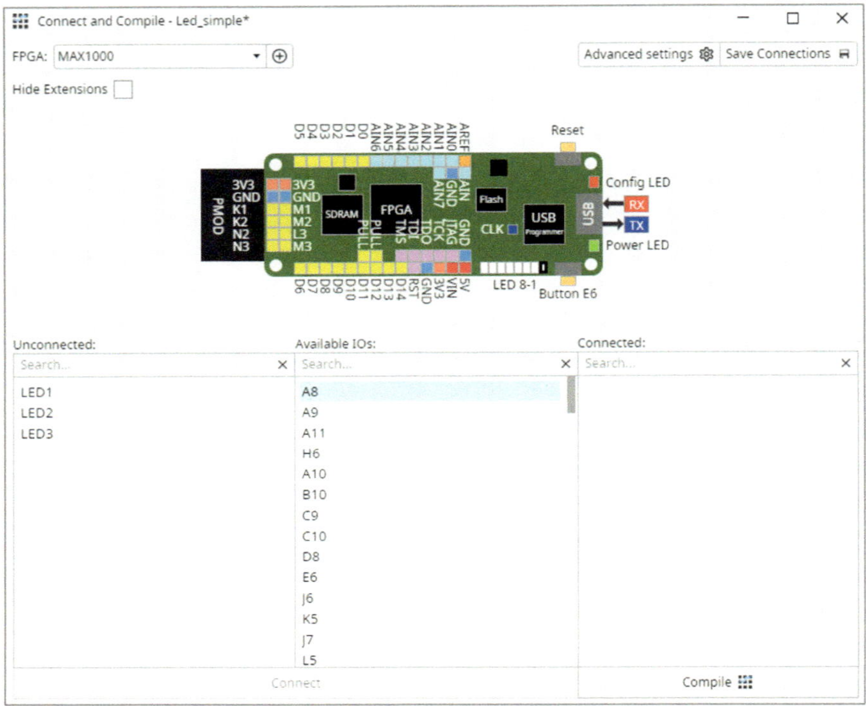

Abbildung 5: Der Connect and Compile-Dialog

Falls das richtige Board noch nicht ausgewählt worden sein sollte, reicht ein Klick auf die Dropdown-Liste hinter FPGA, sodass alle unterstützten FPGA-Boards angezeigt werden. Für die Unterstützung weiterer Hardware kann ein Blick auf die VHDPlus-Internetseite sinnvoll sein. Wichtig sind jetzt die drei Spalten mit den Bezeichnungen Unconnected, Available IOs und Connected. Die Zuordnung der Signale zu den realen Pins könnte direkt in VHDPlus gemacht werden, doch in unserem Fall ist es aufgrund des recht einfachen Projekts nicht erforderlich, eine zusätzliche Constraints-Datei anzulegen. Diese Aufgabe übernimmt der gerade zu sehende Dialog nach der erfolgten Zuweisung im Hintergrund für uns. Das Ergebnis der Zuweisung sollte so aussehen:

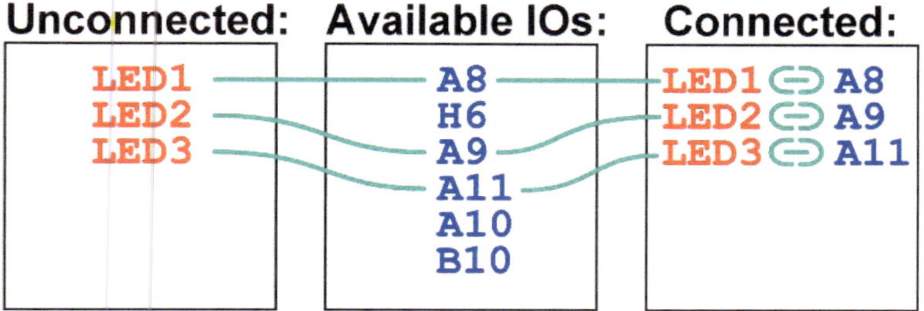

Abbildung 6: Das gewünschte Mapping der Pins

In der linken Spalte, Unconnected, sind alle Signale der Ports-Definition aus dem VHDL-Code zu sehen. In der mittleren Spalte, Available IOs, sind alle Pins des FPGAs gelistet, die für das Mapping zur Verfügung stehen. Die LED-Pins A8, A9 und A11 sind dort ebenfalls zu sehen. In der rechten Spalte, Connected, wird dann die durchgeführte Zuweisung der VHDL-Signale zu den realen FPGA-Pins aufgelistet.

Zu Beginn ist letztere Spalte natürlich noch leer und besitzt keine Zuweisungen. Gehen wir die einzelnen Schritte für das Mapping eines Signals zu einem FPGA-Pin einmal durch. Ich habe dafür den Mauszeiger in Form des Pfeiles oder der Hand in Rot hervorgehoben.

Schritt 1: VHDL-Signal auswählen

Im ersten Schritt muss das zu mappende Signal aus der Unconnected-Liste angeklickt werden:

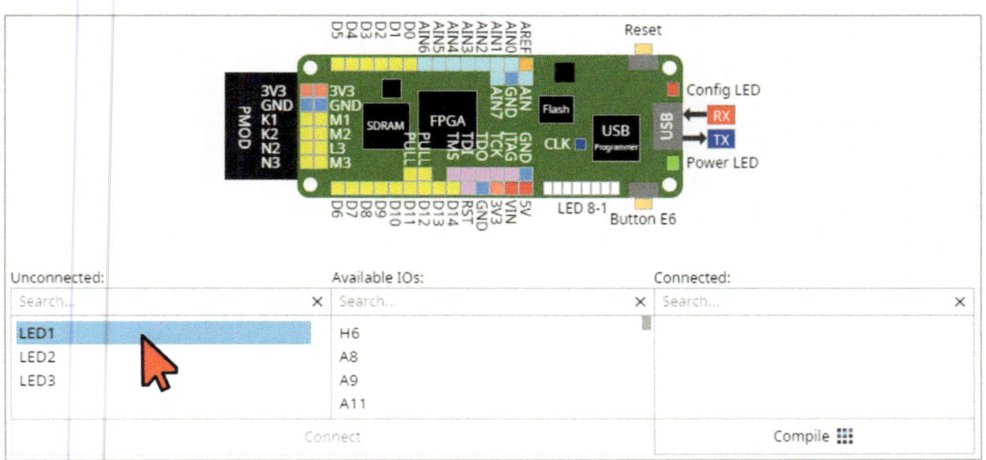

Abbildung 7: Die Auswahl des zu mappenden Signals

Man sieht, dass alle LEDs der LED-Leiste (LED 8-1) noch einen weißen Hintergrund haben:

Nicht zugewiesen

Schritt 2: FPGA-Pin auswählen

Im zweiten Schritt erfolgt die Auswahl des konkreten Pins beziehungsweise der Komponente auf dem MAX1000-Board. Für die LED1 ist dies die rechte LED der angezeigten LED-Leiste (8-1). Mit einem Mausklick darauf wird der entsprechende Listeneintrag in der Available IOs-Spalte hervorgehoben. Bei Kenntnis der korrekten IO-Bezeichnung kann auch direkt auf den Listeneintrag geklickt oder über das Suchfeld der Eintrag eingegeben werden:

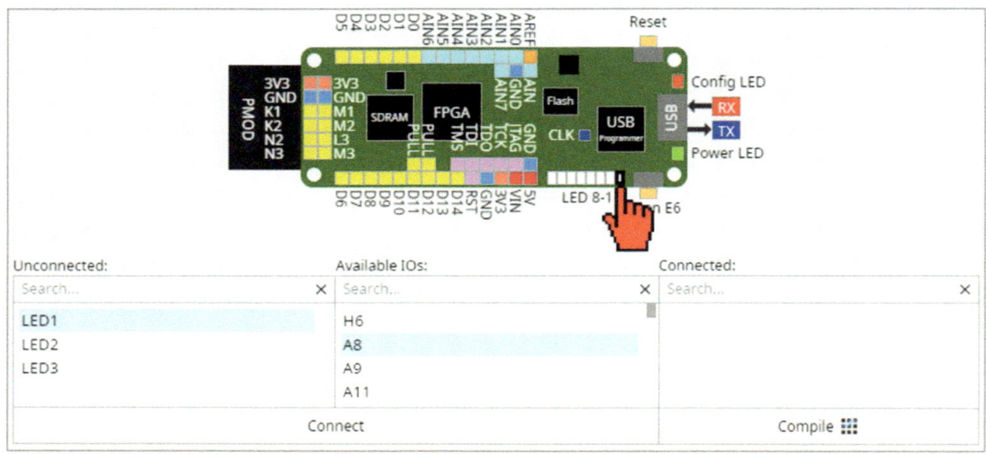

Abbildung 8: Die Auswahl des IO-Pins

Bei einem Klick auf die entsprechende LED ändert sich das Symbol in der Anzeige von Nicht zugewiesen zu Ausgewählt:

Ausgewählt

Schritt 3: FPGA-Pin verbinden

Im ersten und zweiten Schritt ist die Zuweisung vorbereitet worden und wird jetzt im dritten Schritt mit einem Klick auf die Connect-Schaltfläche abgeschlossen.

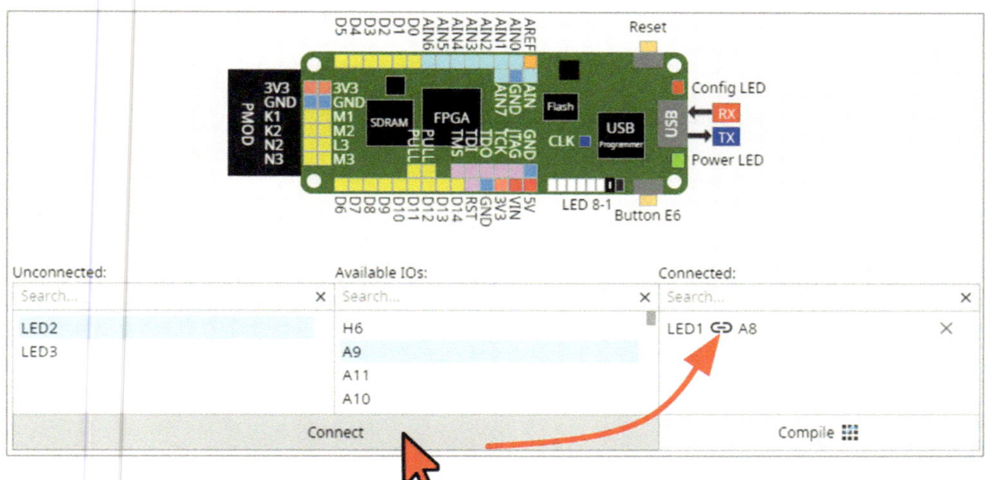

Abbildung 9: Das Mapping herstellen

Nach dem Mausklick erscheint das durchgeführte Mapping in der Connected-Spalte mit einem neuen Listeneintrag und dem Hinweis, welches Signal welchem Pin zugewiesen wurde. Das LED-Symbol in der Anzeige ändert sich von Ausgewählt zu Zugewiesen:

Zugewiesen

Interessant ist, dass nach der Zuweisung direkt die nächste LED in der LED-Leiste ausgewählt wurde, um ein weiteres Mapping zu erleichtern. Im günstigsten Fall muss man dann lediglich mehrfach auf die Connect-Schaltfläche klicken, um alle LEDs zuzuweisen. Ich würde jedoch raten, diesen Vorgang genauestens zu verfolgen, denn es kann manchmal vorkommen, dass es ungewollte Sprünge zum vermeintlich nächsten Kontaktpunkt gibt, was aufgrund von alphabetischen Hierarchien bei den vorliegenden Signalnamen zustande kommen kann. Ich habe mir aus Unachtsamkeit und voreiliges Klicken in der Zuweisung schon so manchen Fehler eingebaut.

Im Folgenden müssen die Schritte 1 bis 3 für alle noch nicht zugewiesenen Signale durchgeführt werden, bis die Unconnected-Liste leer und die Connected-Liste gefüllt ist.

Schritt 4: Das Compiling anstoßen

Im letzten Schritt nach der erfolgreichen Zuweisung der Signale muss das Compiling über die Compile-Schaltfläche des Dialogs angestoßen werden:

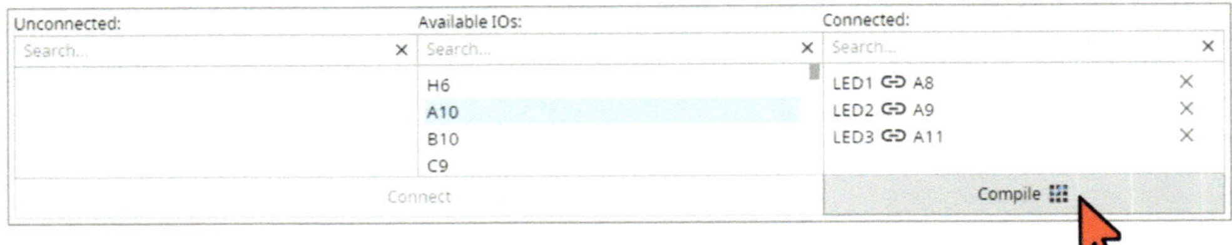

Abbildung 10: Das Compiling anstoßen

Im Anschluss kommt es zur folgenden Anzeige im Output-Fenster:

Abbildung 11: Das Compiling wurde gestartet

Nach einer gewissen Wartezeit kommt es zu einem Wust von Anzeigen im Fenster, die gespickt ist mit normalen Meldungen und zahlreichen Warnungen, die aber ignoriert werden können, solange nichts rot markiert ist, was einen Fehler signalisiert. Hat alles funktioniert, sollte etwas in dieser Art zu sehen sein; etwas Grünes beutet schon mal etwas Gutes:

Abbildung 12: Das Compiling wurde erfolgreich beendet

Nach diesem Schritt wurde jedoch noch kein Code auf das FPGA geladen, das erfolgt erst im nächsten Schritt.

Das Downloading

Bevor der Code sich in Form einer etablierten Hardware auf dem FPGA bemerkbar macht, muss das Downloading erfolgen. Es erfolgt jetzt nicht mehr über den gerade eben gesehenen Dialog, sondern über die Download-Schaltfläche der Entwicklungsumgebung im oberen Bereich, direkt rechts neben der Compile-Schaltfläche:

Nach einem Klick darauf erscheinen ebenfalls im Output-Fenster einige Meldungen, und wenn das Programmieren erfolgreich verlaufen ist, wird das auch dort dokumentiert:

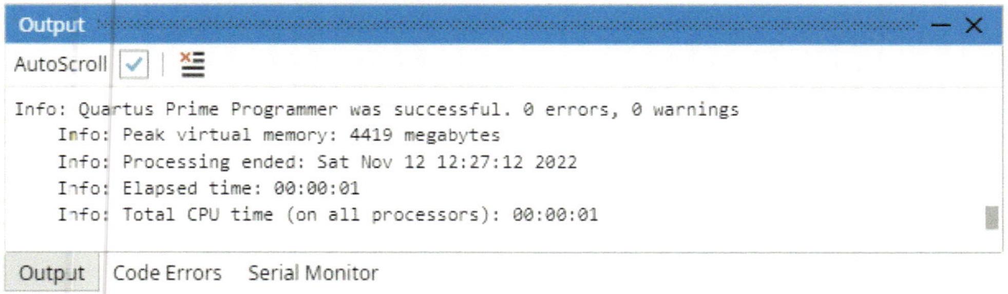

Abbildung 13: Das Programmieren wurde erfolgreich beendet

Direkt in der Info-Zeile ist zu erkennen, dass der Quartus Prime Programmer die Programmierung erfolgreich durchführen konnte. Hier ist unter anderem zu erkennen, dass die VHDPlus-Entwicklungsumgebung eng mit der Quartus-Software zusammenarbeitet. Beim Programmieren bemerkt man, dass die rote LED für Config Done kurz aufflackert und dann wieder dunkel bleibt. Config bedeutet „Konfiguration“ und ist gleichbedeutend mit dem Programmieren des FPGAs.

Auf dem FPGA-Board leuchten jetzt die drei LEDs LED1, LED2 und LED3 auf. Es sieht wie folgt auf dem Board aus und irgendetwas scheint nicht so richtig zu stimmen; hier im Druck ist es vielleicht nur zu erahnen, doch die LEDs 4 bis 8 glimmen leicht und sind wider Erwarten nicht ganz dunkel:

Abbildung 14: Die LEDs nach dem Programmieren des FPGAs

Der Grund besteht darin, dass die IO-Pins des FPGAs bei keiner durchgeführten Deklaration in einen hochohmigen Zustand versetzt werden, um darüber den FPGA gegen einen Kurzschluss zu schützen, falls von außen ein Pegel angelegt werden sollte, der mit einem FPGA-Pegel konkurrieren würde. Was also tun, damit die restlichen LEDs dunkel bleiben? Sie müssen einfach ebenfalls mit einem gewünschten Pegel versehen werden. Es muss der Code wie folgt modifiziert werden, wobei der neue Name im Entity-Block dann auch im Architecture-Block übernommen werden muss.

```
library IEEE;
use IEEE.std_logic_1164.all;
use IEEE.numeric_std.all;

entity Kap01_Led_simple_erweitert is
    port(
        LED1 : out std_logic :='0'; -- Initialisierung mit LOW
        LED2 : out std_logic :='0'; -- Initialisierung mit LOW
        LED3 : out std_logic :='0'; -- Initialisierung mit LOW
        LED4 : out std_logic :='0'; -- Initialisierung mit LOW
        LED5 : out std_logic :='0'; -- Initialisierung mit LOW
        LED6 : out std_logic :='0'; -- Initialisierung mit LOW
        LED7 : out std_logic :='0'; -- Initialisierung mit LOW
        LED8 : out std_logic :='0'  -- Initialisierung mit LOW
    );
end entity Kap01_Led_simple_erweitert;
...
```

Listing: Kap01_Led_simple_erweitert.vhd - Eine verbesserte LED-Ansteuerung

Reicht diese Modifikation aus? Nein, denn das Mapping muss auf die zusätzlich hinzugefügten Signale der LEDs 4 bis 8 angepasst werden:

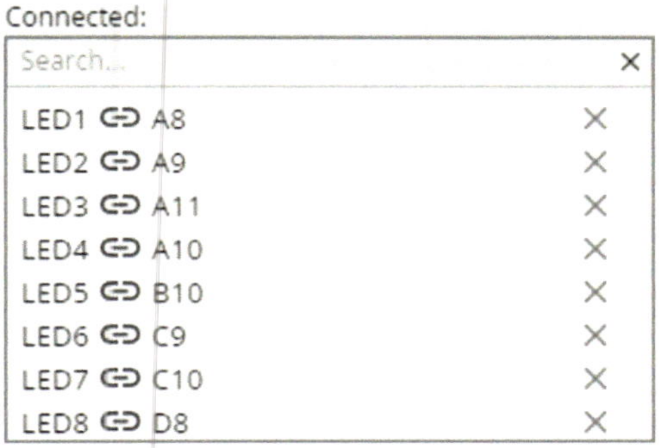

Connected:

Search...	×
LED1 ⇔ A8	×
LED2 ⇔ A9	×
LED3 ⇔ A11	×
LED4 ⇔ A10	×
LED5 ⇔ B10	×
LED6 ⇔ C9	×
LED7 ⇔ C10	×
LED8 ⇔ D8	×

Abbildung 15: Das Mapping aller acht LEDs

Im Anschluss an diese Korrektur ist das Ergebnis auf dem Board wie auf der ersten Abbildung dieses Kapitels, bei der nur die ersten drei LEDs leuchten.

Die Constraints-Datei

Abschließend gehe ich doch noch auf eine Constraints-Datei ein, in der die Mapping-Informationen hinterlegt sind. Jegliches Mapping wurde durch den Connect and Compile-Dialog durchgeführt, in dem über eine grafische Oberfläche recht einfach die Zuweisungen erfolgen. Diese Informationen müssen aber dennoch irgendwie im Hintergrund gespeichert werden. Wirft man einen Blick in den Projekt-Ordner des gerade aktiven Projekts, so findet sich dort eine Anzahl von unterschiedlichen Dateien, unter anderem auch eine Datei mit der Endung qsf. Ich zeige hier auszugsweise den Inhalt dieser Datei bezüglich des letzten durchgeführten Mappings mit den acht LEDs:

```
set_location_assignment PIN_A8  -to LED1
set_location_assignment PIN_A9  -to LED2
set_location_assignment PIN_A11 -to LED3
set_location_assignment PIN_A10 -to LED4
set_location_assignment PIN_B10 -to LED5
set_location_assignment PIN_C9  -to LED6
set_location_assignment PIN_C10 -to LED7
set_location_assignment PIN_D8  -to LED8
```

Über das führende set_location_assignment erfolgt mithilfe der nachfolgenden Argumente von FPGA-Pins und den VHDL-Signalen die Zuordnung von Hardware und Software.

In der genannten Datei findet man noch weitere Informationen, die für das Projekt unerlässlich sind. Hier nur einige wichtige, um ein Gefühl dafür zu bekommen, was im Hintergrund an globalen Metadaten verwaltet wird:

```
set_global_assignment -name LAST_QUARTUS_VERSION "18.1.0 Lite"
set_global_assignment -name FAMILY "MAX 10"
set_global_assignment -name DEVICE 10M08SAU169C8G
set_global_assignment -name TOP_LEVEL_ENTITY Led_simple
set_global_assignment -name NUM_PARALLEL_PROCESSORS 2
set_global_assignment -name VHDL_FILE Kap01_Led_simple.vhd
```

Damit möchte ich das erste praktische FPGA-Projekt beenden. Ich hoffe, dass durch dieses erste – zugegebenermaßen recht simplen –Experiment der Workflow deutlich geworden ist. Wir werden das im nächsten Projekt vertiefen.

Im nächsten Projekt schreiben wir Code, um einen Taster, der sich auf dem Max1000-Board befindet, abfragen zu können.

2. Abfrage eines Tasters

Der nächste Schritt beim Erlernen der FPGA-Programmierung ist das Abfragen eines Tasters. Im ersten Experiment haben wir ein Signal vom FPGA nach außen an die LEDs geleitet und jetzt geht es im umgekehrten Fall darum, ein Signal von außen in den FPGA zu schicken. Aus der Datenflussrichtung out (Output) wird jetzt in (Input). Das MAX1000-Board macht es uns leicht, denn es befinden sich zwei Taster (Buttons) auf dem Board, wovon jedoch im Moment nur der rechte als benutzerdefinierter Taster infrage kommt. Das sollte jedoch für den Einstieg erst einmal genügen. Der Taster ist hier schon mit dem FPGA-Signal E6 gekennzeichnet:

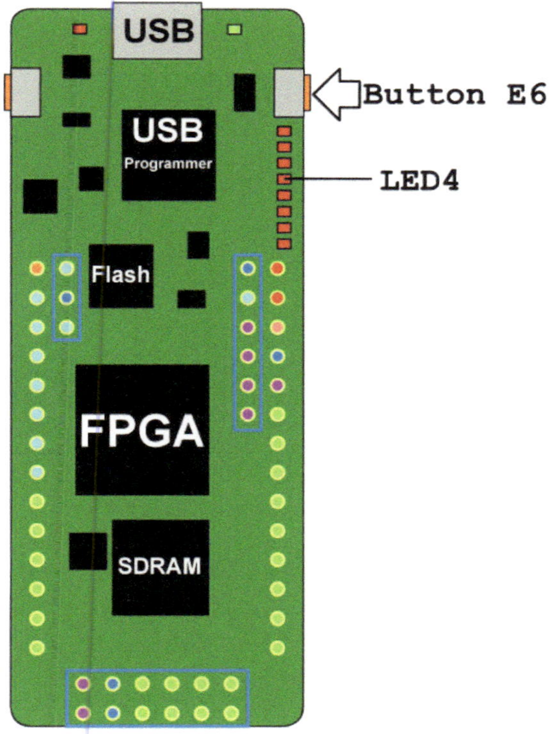

Abbildung 1: Der Taster

Im Gegensatz zum vorherigen LED-Experiment möchte ich noch nicht die Verschaltung des Tasters mit dem FPGA zeigen, sondern erst einmal auf den Code eingehen, um dann zu sehen, wie sich die LED4 (ich hätte auch jede andere der acht LEDs wählen können) verhält, wenn der Taster gedrückt beziehungsweise nicht gedrückt ist.

Der Code

Der Code zur Abfrage des Tasters und zur Ansteuerung von LED4 (alle anderen werden wieder mit einem LOW-Pegel versehen), sieht folgendermaßen aus:

```
01 library IEEE;
02 use IEEE.std_logic_1164.all;
03 use IEEE.numeric_std.all;
04
05 entity Kap02_Taster_simple is
06     port(
07         LED1 : out std_logic :='0';
08         LED2 : out std_logic :='0';
09         LED3 : out std_logic :='0';
10         LED4 : out std_logic :='0';
11         LED5 : out std_logic :='0';
12         LED6 : out std_logic :='0';
13         LED7 : out std_logic :='0';
14         LED8 : out std_logic :='0';
15         BTN  : in  std_logic
16     );
17 end entity Kap02_Taster_simple;
18
19 architecture rtl of Kap02_Taster_simple is
20 begin
21     LED4 <= BTN;
22 end architecture rtl;
```

Listing: Kap02_Taster_simple.vhd

Innerhalb des Port-Blocks ist jetzt -- im Unterschied zum LED-Beispiel -- die Zeile 15 hinzugekommen, in der der Taster, abgekürzt mit BTN, definiert wurde. Da das Signal in das FPGA hinein geleitet wird, ist es vom Typ in (Input) und besitzt ebenfalls den Datentyp std_logic, denn ein Taster kann hinsichtlich des Vergleichs zu einem Bit auch nur zwei Zustände 0 oder 1 annehmen, nicht gedrückt oder gedrückt. Im Architecture-Block erfolgt wiederum die Hinterlegung der zugrundeliegenden Logik, wobei der logische Pegel des Tasters direkt an die LED4 über die Signalzuweisungszeichenfolge <= geleitet wird.

Das Compiling

Nun geht es wieder zum Compiling, damit eine korrekte Zuordnung der Signale an die FPGA-Pins erfolgen kann. Es wird also wieder die Compile-Schaltfläche am oberen Rand der Entwicklungsumgebung angeklickt:

Es öffnet sich wie vorher das Connect and Compile-Dialogfenster, das wir nun wieder mit den Zuweisungsinformationen versehen müssen. Ich gehe die einzelnen Schritte wieder im Detail durch:

Schritt 1: VHDL-Signal auswählen

Im ersten Schritt wähle ich das zu mappende Signal des Tasters mit der Bezeichnung BTN aus der Unconnected-Liste aus:

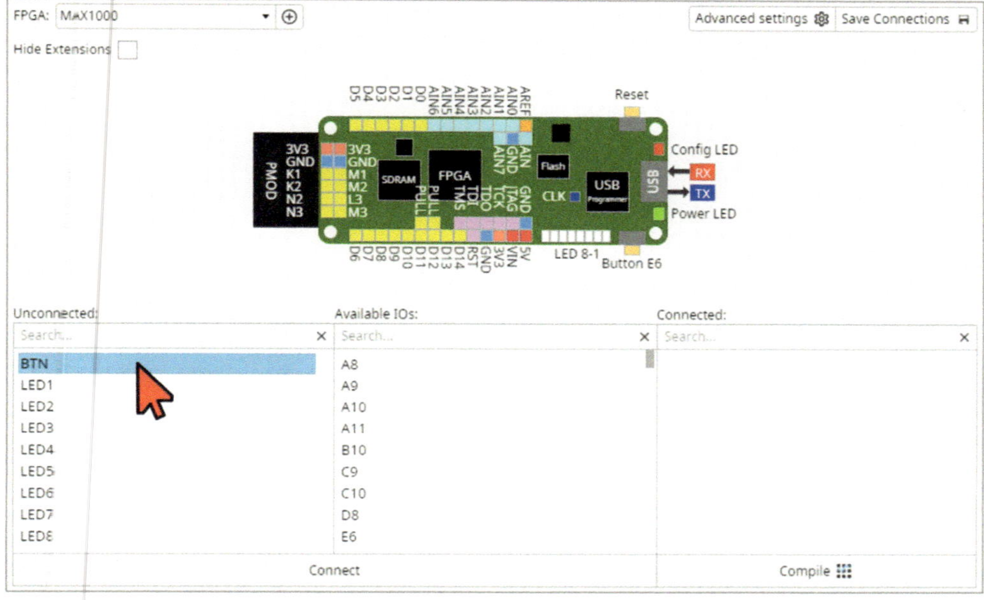

Abbildung 2: Die Auswahl des zu mappenden Signals

Da es in diesem Fall um den Button (rechts unten) mit dem Signal E6 geht, klicke ich im nächsten Schritt auf den orangen Tastenkopf, der im Moment aber noch den nicht zugewiesenen Status zeigt.

Schritt 2: FPGA-Pin auswählen

Im zweiten Schritt erfolgt wieder die Auswahl des konkreten Pins beziehungsweise der Komponente auf dem MAX1000-Board. Für den Taster ist dies der auf der Platine befindliche untere Button rechts. Mit einem Mausklick darauf wird der entsprechende Listeneintrag in der Available IOs-Spalte hervorgehoben:

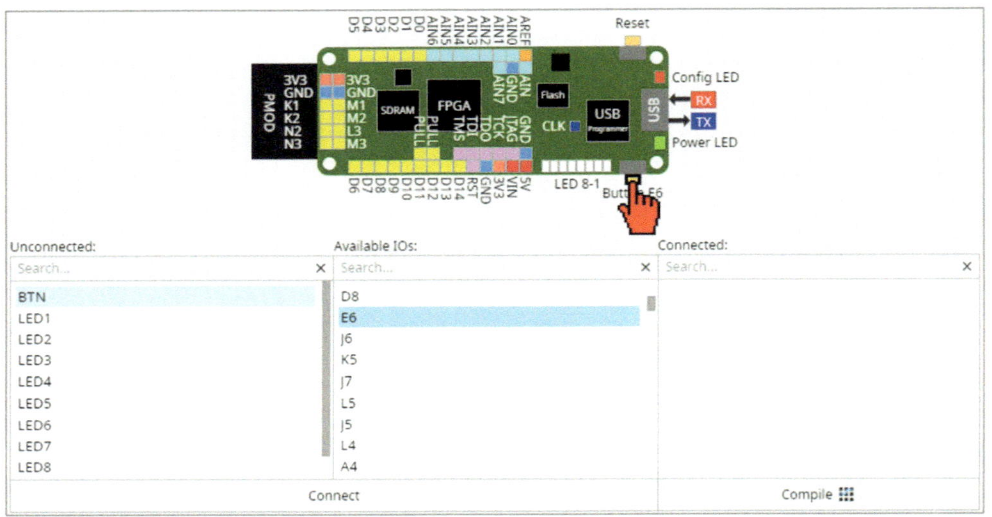

Abbildung 3: Die Auswahl des Buttons

Bei einem Klick auf den Button ändert sich, ähnlich wie bei den LEDs, das Symbol in der Anzeige von Nicht zugewiesen zu Ausgewählt:

Schritt 3: FPGA-Pin verbinden

Im ersten und zweiten Schritt ist die Zuweisung vorbereitet worden und wird jetzt wiederum im dritten Schritt mit einem Klick auf die Connect-Schaltfläche abgeschlossen:

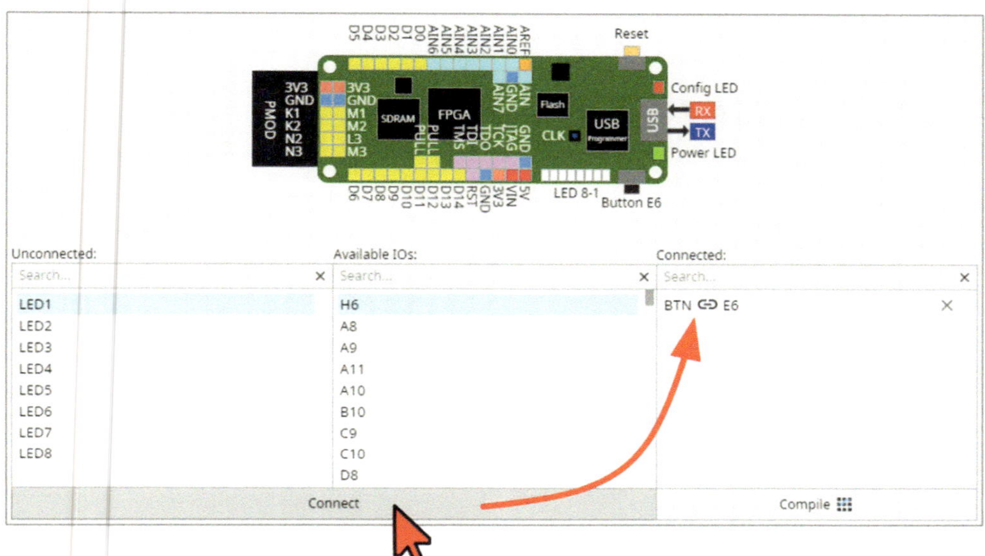

Abbildung 4: Das Mapping herstellen

Nach dem Mausklick erscheint das durchgeführte Mapping in der Connected-Spalte mit einem neuen Listeneintrag und dem Hinweis, welches Signal dem Button zugewiesen wurde. Das Button-Symbol in der Anzeige wechselt von Ausgewählt zu Zugewiesen:

Zugewiesen

Im Folgenden müssen noch die Schritte für die LEDs durchgeführt werden, die ich jedoch an dieser Stelle nicht noch einmal erwähne. Es läuft genauso ab wie im ersten Experiment.

Schritt 4: Das Compiling anstoßen

Im letzten Schritt nach der erfolgreichen Zuweisung der Signale muss das Compiling über die Compile-Schaltfläche des Dialogs angestoßen werden:

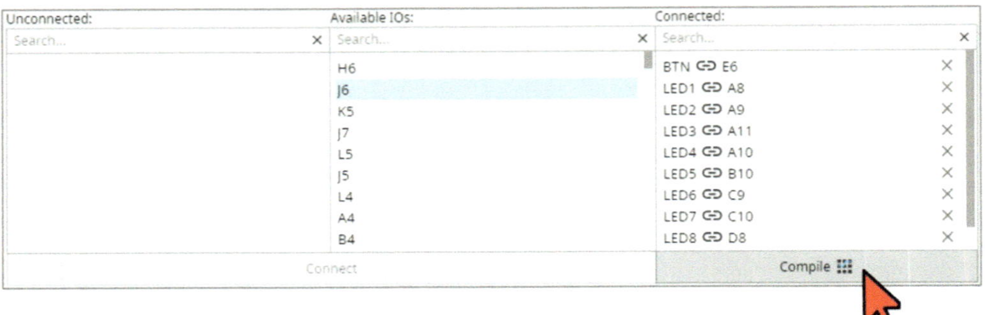

Abbildung 5: Das Compiling anstoßen

Und wie schon zuvor erfolgen jetzt wieder zahlreiche Meldungen im Output-Fenster.

Das Downloading

Der Code wird jetzt wieder über die Download-Schaltfläche der Entwicklungsumgebung im oberen Bereich direkt rechts neben der Compile-Schaltfläche auf das FPGA geladen:

Nach einem Klick darauf erscheinen im Output-Fenster ebenfalls einige Meldungen und wenn das Programmieren erfolgreich verlaufen ist, wird das auch wieder dort dokumentiert.

Nun wollen wir aber wirklich sehen, wie sich die LED4 verhält, wenn kein Taster gedrückt ist und was passiert, wenn der Taster gedrückt wird. Eine richtige Interaktion mit dem FPGA-Board also.

Das Testen der Hardware

Nach dem Download scheint irgendetwas nicht zu stimmen, denn die LED4 leuchtet ohne unser Zutun. Bei einem Druck auf den Taster geht sie auch noch aus und leuchtet erst wieder, wenn der Taster losgelassen wird. Also irgendwie genau andersherum als erwartet. Ist das Board kaputt? Es läuft doch alles nach Plan. Aber kennen wir den Plan überhaupt? Ich rede vom Schaltplan des

MAX1000-Boards. Wir erinnern uns an das Thema Pullup- beziehungsweise Pulldown-Widerstand aus dem FPGA-Einführungskapitel. Aber werfen wir doch erst einen Blick auf Seite 12 des MAX1000-User Guides. Dort ist Folgendes auf Abbildung 7 zu sehen:

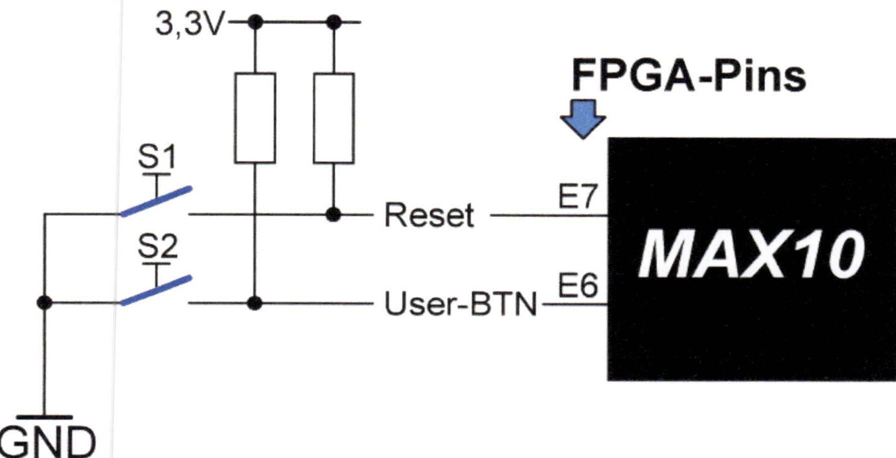

Abbildung 6: Die Verkabelung der beiden Taster am MAX10-FPGA - Quelle: MAX1000-User-Guide

Jetzt wird klar, dass beide Eingänge E7 und E6 über Pullup-Widerstände mit der Spannungsversorgung verbunden sind. Das bedeutet, dass bei offenen Tastern S1 (Reset) und S2 (User-BTN) ein HIGH-Pegel am MAX10 registriert wird. Konzentrieren wir uns auf den User-Button, also den Taster, der im Code mit BTN bezeichnet ist. Wird er nicht gedrückt, so leuchtet die LED4, weil das Signal des HIGH-Pegels direkt an die LED4 geleitet wird. Wird der Taster gedrückt, kommt es zur unmittelbaren Verbindung vom Massepotenzial mit dem Eingang E6, was einen LOW-Pegel verursacht. Die LED4 erlischt also.

Wer sich schon ein wenig mit dem Aufbau von elektronischen Schaltungen befasst hat, kennt das Phänomen, dass mechanische Schalter beziehungsweise Taster dazu neigen, ein Verhalten beim Schließen und Öffnen eines Kontakts zu zeigen, das gerade in der Digitaltechnik, wenn es zum Beispiel um das Zählen von Impulsen geht, unbedingt vermieden werden muss. Bei diesem Schwingvorgang des Schließens und Öffnens berühren sich die Kontaktflächen des Tasters oder Schalters mehrmals sehr schnell hintereinander, bis irgendwann ein stabiler Zustand erreicht ist und das so genannte Prellen aufhört. Auf der nachfolgenden Abbildung ist das Verhalten eines prellenden Tasters auf einem Oszillogramm zu sehen.

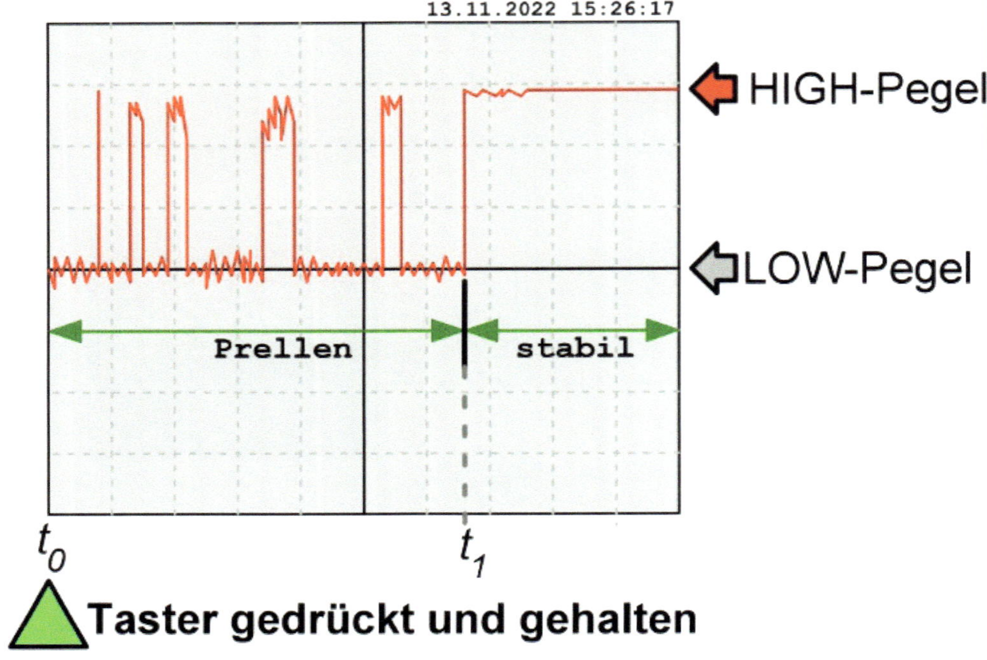

Abbildung 7: Das Prellen eines Tasters

Zum Zeitpunkt t0 wird der Taster gedrückt und man sieht, dass der Kontakt nicht unmittelbar geschlossen wird. Im weiteren Verlauf kommt es immer wieder zum Schließen (HIGH-Pegel) und Öffnen (LOW-Pegel) des Kontakts und erst bei Zeitpunkt t1 stellt sich eine stabile Situation eines HIGH-Pegels ein. In Bezug auf das schon genannte Zählen von Impulsen führt das zu absolut unbrauchbaren Ergebnissen. Zur Behebung dieses Verhaltens gibt es verschiedene Ansätze:

- Ein RS-Flipflop
- Der Einsatz von zwei Invertern
- Der Einsatz eines Widerstands mit einem Kondensator (RC-Tiefpass)
- Der Einsatz eines Schmitt-Triggers

Die zuletzt genannte Variante kommt auch beim MAX10 zum Einsatz und ist ebenfalls auf Seite 12 des User-Guides zu finden. Die Übersetzung lautet ungefähr so: „MAX10-Bausteine unterstützen Schmitt-Trigger-Eingänge an allen I/O-Pins. Eine Schmitt-Trigger-Funktion führt eine Hysterese in das Eingangssignal ein, um die Störfestigkeit zu verbessern, insbesondere bei Signalen mit langsamer Flankenrate, und dient somit als Schalter-Entprellung.

Drucktasten treiben ihre zugehörigen Pins auf einen niedrigen Logikpegel, wenn sie gedrückt werden, und auf einen hohen Logikpegel, wenn sie losgelassen werden."

Was ist Schmitt-Trigger?

Mit einem Schmitt-Trigger wird eine Komparator-Schaltung (Vergleichsschaltung) der Elektronik bezeichnet. Für das Erreichen eines HIGH- beziehungsweise LOW-Pegels am Ausgang eines Gatters müssen am Eingang bestimmte Spannungswerte vorliegen. Der Schmitt-Trigger ermöglicht es, das Umschalten auf einen HIGH- beziehungsweise LOW-Pegel auf zwei unterschiedliche Spannungspegel zu legen. Somit liegt die Schaltschwelle für den Pegelwechsel nicht mehr sehr dicht beieinander, sondern in getrennten Spannungsbereichen, die durch eine sogenannte Hysterese beschrieben wird.

Das sollte als kurze Exkursion zum Thema Taster-Prellen ausreichen, doch leider prellen die Taster auf dem Board dennoch. Wir müssen später sehen, wie wir das in den Griff bekommen. Weitere Schaltungen sind im Internet zu finden und decken die genannten Varianten ab.

Die Anpassung der Schaltung

Falls das gezeigte Verhalten des Tasters in Verbindung mit der LED jedoch nicht erwünscht ist, dann kann das Signal entsprechend angepasst werden, was über das Einfügen eines NICHT-Gatters (NOT-Gate) zwischen Taster und FPGA-Eingang ermöglicht wird. Man kann sich das schaltungstechnisch wie folgt vorstellen:

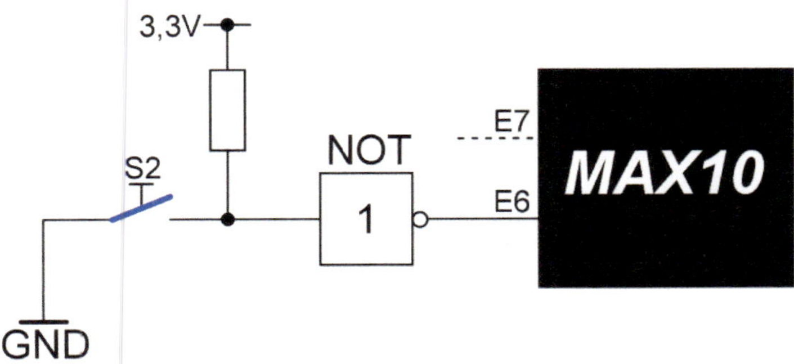

Abbildung 8: Die Schaltung mit einem Inverter

Zur Erinnerung zeige ich hier noch einmal das Schaltsymbol und die Wahrheitstabelle des NOT-Gatters:

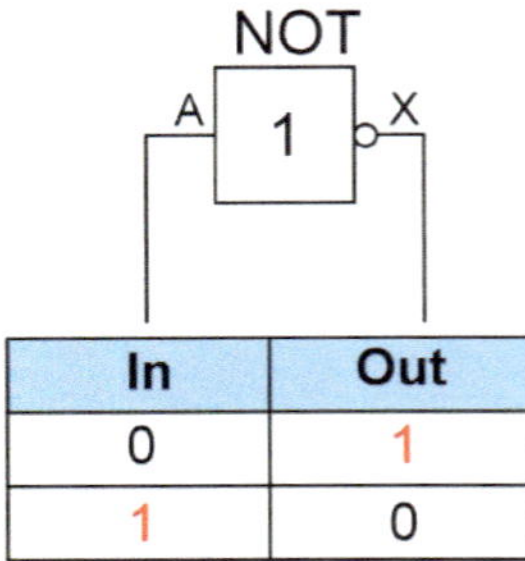

In	Out
0	1
1	0

Abbildung 9: Das Schaltsymbol und die Wahrheitstabelle eines NOT-Gatters

In der gerade gezeigten Schaltung ist zu sehen, dass sich bei einem offenen Taster die 3,3V der Spannungsversorgung am Eingang des NOT-Gatters, dem Inverter, anliegen und somit dort einen HIGH-Pegel verursachen. Das führt dazu, dass das NOT-Gatter durch die Funktion der Invertierung an seinem Ausgang einen LOW-Pegel liefert. Dies führt wiederum dazu, dass die LED4 mit einem LOW-Pegel angesteuert wird und demnach dunkel bleibt. Erst wenn der Taster gedrückt wird, kommt es zur Weiterleitung des LOW-Pegels, also des Massepotenzials an den Eingang des NOT-Gatters und durch die Invertierung wird wiederum ein HIGH-Pegel zur Ansteuerung der LED4 genutzt, die dann leuchtet. Alles, was zur Umsetzung erforderlich ist, kann durch den NOT-Operator erreicht werden. Es handelt sich hier um ein Schlüsselwort und nicht um ein einzelnes Symbol wie bei der Sprache Verilog, wo lediglich das Ausrufezeichen ! für das logische NOT steht. Die Anpassung im Code ist dann recht einfach durchzuführen und sieht in Zeile 20 wie folgt aus:

```
17 ...
18 architecture rtl of Kap02_Taster_simple is
19 begin
20     LED4 <= NOT BTN;
21 end architecture rtl;
```

Listing: Kap02_Taster_simple.vhd

Nach dieser kleinen Modifikation sollte die LED4 nur dann aufleuchten, wenn der Taster gedrückt wurde.

In VHDL gibt es noch andere logische Operatoren und im Einführungs-Kapitel und konkret im FPGA-Kapitel haben wir ja schon das logische UND beziehungsweise das logische ODER kennengelernt. In der nachfolgenden Tabelle möchte ich die logischen Operatoren auflisten, die für die Realisierung von digitalen Gatter-Strukturen benötigt werden:

Operator	Bedeutung
AND	Logische UND-Verknüpfung
OR	Logische ODER-Verknüpfung
NOT	Logische NICHT-Verknüpfung
XOR	Logische Exklusiv-ODER-Verknüpfung (Antivalenz)
NXOR	Logische Exklusiv-NICHT-ODER-Verknüpfung (Äquivalenz)
NAND	Logische NICHT-UND-Verknüpfung
NOR	Logische NICHT-ODER-Verknüpfung

Tabelle: Logische Operatoren

Die Funktionsweise dieser Gatter wird im weiteren Verlauf noch detailliert erläutert.

So, allmählich sollten wir mit dem Workflow nicht mehr fremdeln. Ging es im ersten Projekt darum, eine LED auf dem Max1000-Board anzusteuern, werden wir im kommenden Projekt alle acht LEDs, die auf dem Max1000-Board verbaut sind, anzusteuern. Die Komplexität nimmt also etwas zu. Dranbleiben, durchhalten!

3. Schon wieder die LEDs

Um die einzelnen LEDs, es sind acht an der Zahl, auf dem MAX1000-Board zu initialisieren, sodass ein definierter Ausgangszustand vorherrscht, haben wir den folgenden Code aus dem ersten LED-Experiment genutzt:

```
library IEEE;
use IEEE.std_logic_1164.all;
use IEEE.numeric_std.all;

entity Kap01_Led_simple_erweitert is
    port(
        LED1 : out std_logic :='0'; -- Initialisierung mit LOW
        LED2 : out std_logic :='0'; -- Initialisierung mit LOW
        LED3 : out std_logic :='0'; -- Initialisierung mit LOW
        LED4 : out std_logic :='0'; -- Initialisierung mit LOW
        LED5 : out std_logic :='0'; -- Initialisierung mit LOW
        LED6 : out std_logic :='0'; -- Initialisierung mit LOW
        LED7 : out std_logic :='0'; -- Initialisierung mit LOW
        LED8 : out std_logic :='0'  -- Initialisierung mit LOW
    );
end entity Kap01_Led_simple_erweitert;
...
```

Listing: Die Initialisierung der acht LEDs

Es war also für jede einzelne LED (LED1 bis LED8) eine eigene Zeile erforderlich, um dann über die Initialisierung der entsprechenden Variablen die Zeichenfolge := gefolgt vom gewünschten Bitwert ('0' oder '1') zu schreiben. So weit, so gut. Später konnte man dann im Architecture-Block entsprechende Zuweisungen vornehmen, um eine oder auch mehrere gewünschte LEDs über die Signalzuweisung anzusteuern.

Mit einem Array mehrere Signale ansprechen

In diesem Zusammenhang möchte ich eine Möglichkeit aufzeigen, die es sehr vereinfacht, mehrere Signale anzusprechen. Es geht hier um die Erweiterung eines einzelnen Bits in Form von sogenannten Bus-Signalen. Was meine ich damit? Nun, wenn wir uns hier zum Beispiel die Variable LED1 ansehen, dann ist sie lediglich in der Lage, die Informationen eines einzigen Bits zu verarbeiten, was mit der Speicherung von '0' oder '1' einhergeht. Soweit nichts Neues also! Ein Signal in einer digitalen Schaltung enthält aber häufig mehrere Bits, was mit dem bisher bekannten Datentyp std_logic nicht zu bewältigen ist. Es gibt jedoch einen besonderen Datentyp, der sich std_logic_vector nennt und als Array mit Elementen von std_logic definiert ist. Was genau ist nun aber ein Array?

Sehen wir uns dazu ein Beispiel aus der Programmierung an, was an dieser Stelle hilfreich ist. Auf der nachfolgenden Abbildung ist ein Bit-Array zu sehen, das aus acht Elementen besteht, wobei die Zählung immer bei null beginnt. Ein 8-Bit-Array beginnt mit Element 0 und endet bei Element 7. In diesem Beispiel wurde der Index auf 3 gesetzt und somit das vierte Element ausgewählt, das den Wert 1 gespeichert hat:

Was ist Array?
Ein Array ist eine Sammlung von Elementen gleichen Datentyps, wobei die einzelnen Elemente über einen Index angesprochen werden.

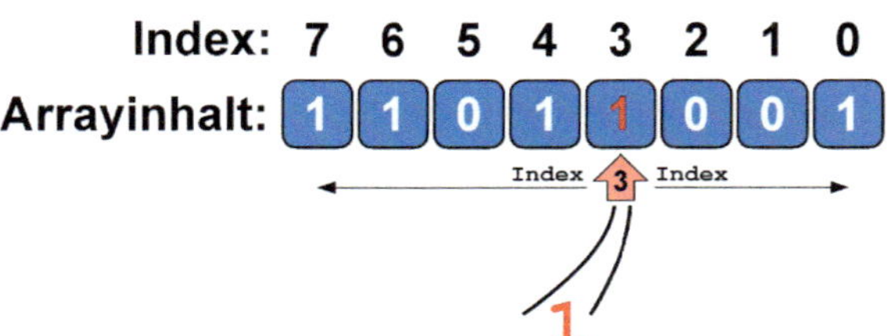

Abbildung 1: Ein Array mit acht Elementen

Etwas Vergleichbares gibt es auch in VHDL.

Das Downto

Sehen wir uns die folgende Deklaration im Port-Block an. Der komplette Code folgt später in diesem Experiment.

```
04 ...
05 entity Kap03_Led_Pattern is
06     port(
07         LED : out std_logic_vector(7 downto 0)
08     );
09 end entity Kap03_Led_Pattern;
10 ...
```

Listing: Array-Deklaration mit downto

In Zeile 7 wird die Variable LED – und nur diese eine – als Output deklariert und besitzt den Datentyp std_logic_vector, der mit den angegebenen Parametern 7 und 0 über das Schlüsselwort downto initialisiert wird. Bei der Verwendung in Arrays entspricht downto dem Little-Endian-Format. Das bedeutet, dass das niederwertige Bit an der niedrigsten Position gespeichert wird. Die Namen der einzelnen Array-Elemente, also der Einzelsignale, werden aus dem Signalnamen und dem Index in runden Klammern gebildet. Für unser Beispiel wären das:

LED(7), LED(6), LED(5), LED(4), LED(3), LED(2), LED(1) und LED(0).

Wie würde sich diese Deklaration auf unsere acht LEDs auswirken? Ich lege das erstellte LED-Array oben über die LED-Leiste des MAX1000-Boards:

Abbildung 2: Das LED-Array und die LEDs auf dem MAX1000-Board

Auf diese Weise ist es möglich, die acht LEDs nach dem durchgeführten Mapping über die Beeinflussung des LED-Arrays anzusprechen. Wie sieht der Connect und Compile-Dialog bei dieser Art von Deklaration aus?

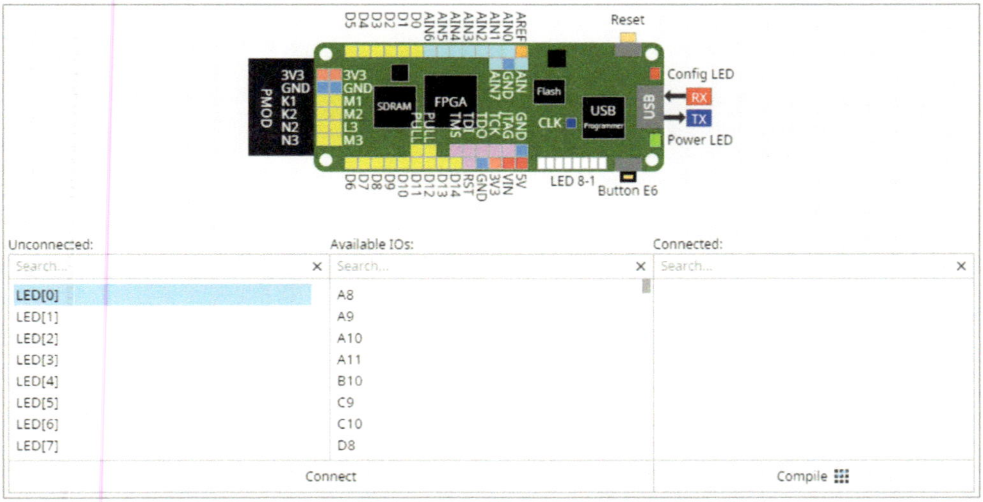

Abbildung 3: Die Signale werden als Array-Elemente angezeigt

Es ist wunderbar zu erkennen, dass sich die noch nicht verbundenen Signale als Array-Elemente mit einem Index zeigen. Im nächsten Schritt müssen wir lediglich die schon aus den vorherigen Kapiteln gezeigte Prozedur für das

Mapping anwenden, in dem das erste Signal LED[0] angeklickt und dann mit der LED1 verbunden wird. Im nächsten Schritt muss man nur so oft auf die Connect-Schaltfläche klicken, bis alle Signale der LEDs zugewiesen wurden. Fertig! Das Ergebnis sieht dann so aus:

Connected:

Search... ×

LED[0] ⇔ A8 ×
LED[1] ⇔ A9 ×
LED[2] ⇔ A10 ×
LED[3] ⇔ A11 ×
LED[4] ⇔ B10 ×
LED[5] ⇔ C9 ×
LED[6] ⇔ C10 ×
LED[7] ⇔ D8 ×

Abbildung 4: Das Mapping aller acht LEDs über ein Array

Ich denke, man erhält eine Vorstellung davon, wie die einzelnen LEDs anzusteuern sind. Ich möchte das schon in Abbildung 1: Ein Array mit acht Elementen LED-Pattern (Muster) 11011001 anzeigen und die LEDs entsprechend aufleuchten lassen:

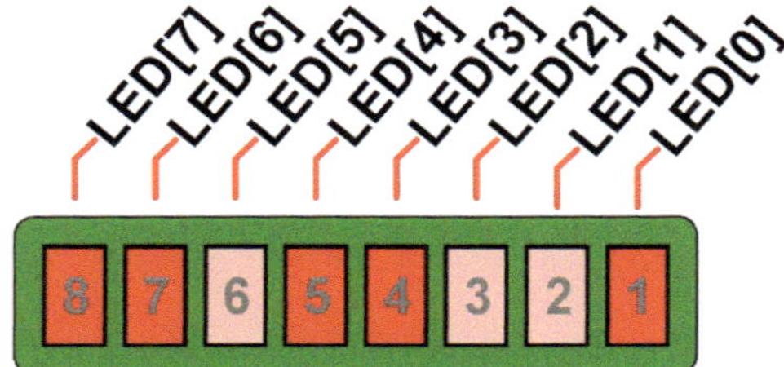

Abbildung 5: Das gewünschte LED-Pattern

Im nachfolgenden Listing ist der komplette Code zu sehen, der für die Ansteuerung der LEDs gemäß dem vorgegebenen Pattern zuständig ist. Man sieht, dass mit dem obersten Array-Element LED(7) begonnen wird. Was etwas verwirren mag, ist der Umstand, dass die Angabe des Array-Indexes in runden Klammern (n) erfolgen muss und nicht in eckigen wie bei der Zuweisung!

```
library IEEE;
use IEEE.std_logic_1164.all;
use IEEE.numeric_std.all;

entity Kap03_Led_Pattern is
    port(
        LED : out std_logic_vector(7 downto 0)
    );
end entity Kap03_Led_Pattern;

architecture rtl of Kap03_Led_Pattern is
begin
    LED(7) <= '1';
    LED(6) <= '1';
    LED(5) <= '0';
    LED(4) <= '1';
    LED(3) <= '1';
    LED(2) <= '0';
    LED(1) <= '0';
    LED(0) <= '1';
end architecture rtl;
```

Listing: Kap03_Led_Pattern.vhd - Das LED-Pattern erzeugen

Das ist hier im Architecture-Block eine statische Angelegenheit und da es sich um eine Initialisierung der LEDs handelt, wäre es doch schön, wenn das ähnlich wie im ersten LED-Experiment im Port-Block erfolgen könnte. Sehen wir uns dazu den folgenden Code an:

```
library IEEE;
use IEEE.std_logic_1164.all;
use IEEE.numeric_std.all;

entity Kap03_Led_Pattern2 is
    port(
        LED   : out std_logic_vector(7 downto 0)  := "11011001"
    );
end entity Kap03_Led_Pattern2;

architecture rtl of Kap03_Led_Pattern2 is
begin

end architecture rtl;
```

Listing: Kap03_Led_Pattern2.vhd - Das LED-Pattern erzeugen (während der Deklaration)

Das sieht doch schon viel besser und vor allen Dingen kürzer aus. Über die

Angabe der Zeichenkette "11011001" werden die einzelnen Array-Elemente initialisiert. Auf der folgenden Abbildung habe ich die Zuordnung der einzelnen Zeichen in der Zeichenkette zu den Array-Elementen etwas verdeutlicht; eine derartige Zeichenkette wird Bit-String genannt, wenn er den Anforderungen der gültigen Zeichen von 0 beziehungsweise 1 genügt.

Abbildung 6: Die Bit-Zeichenkette initialisiert das Array

Da eine Zeichenkette im Grunde genommen nichts anderes darstellt als einen Container aus einzelnen aufeinanderfolgenden Zeichen, kann sich eine Signalzuweisung auch wie folgt gestalten, wobei ich die in Zeile 07 durchgeführte Initialisierung in Zeile 13 durch die Angabe von einzelnen Array-Elemente überschreibe:

```
10 ...
11 architecture rtl of Kap03_Led_Pattern2 is
12 begin
13     LED <= ('0', '0', '0', '0', '1', '1', '1', '1');
14 end architecture rtl;
```

Listing: Kap03_Led_Pattern2.vhd - Die erneute Initialisierung des Arrays

Das Ergebnis würde wie folgt aussehen:

Abbildung 7: Das Ergebnis durch die Initialisierung von Array-Elementen

Das To

Um die genau entgegengesetzte Reihenfolge zu erreichen, kann das downto gegen das to ausgetauscht werden. Auch hier gibt es wieder noch viele weitere unterschiedliche Ansätze und Möglichkeiten:

```
04 ...
05 entity Kap03_Led_Pattern2 is
06     port(
07         LED : out std_logic_vector(0 to 7) := "11011001"
08     );
09 ...
```

Listing: Eine Array-Deklaration mit to

Die Initialisierung über die Bit-Zeichenfolge würde nach dem folgenden Schema ablaufen:

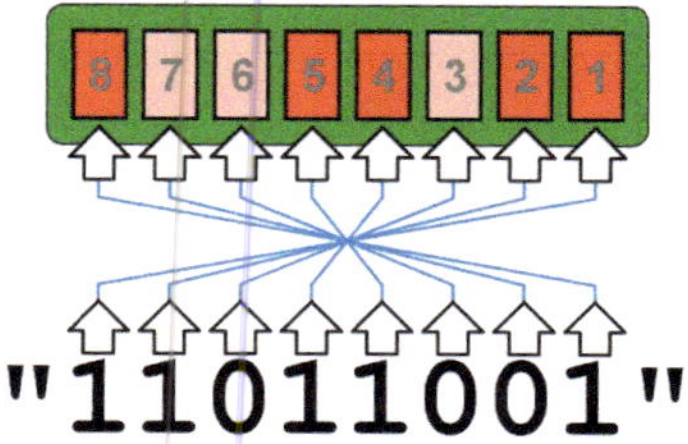

Abbildung 8: Das Ergebnis durch die Initialisierung von to statt downto

Die downto-Variante mit der absteigenden Deklaration ist in der Digitaltechnik eher üblich, weil die Interpretation von Binärzahlen auf der linken Seite vom MSB (Most Significant Bit), also dem höchstwertigen Bit, nach rechts zum LSB (Least Significant Bit), dem niedrigstwertigen Bit verläuft.

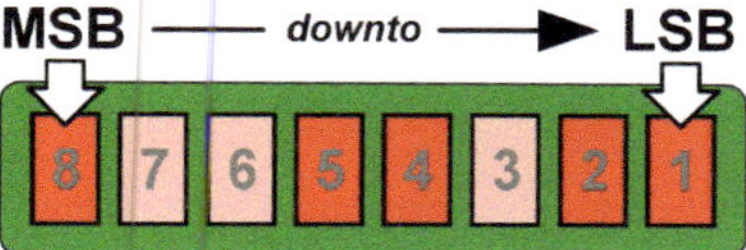

Abbildung 9: Vom MSB zum LSB

Verschiedene Initialisierungsmöglichkeiten

Es wurden jetzt einige unterschiedliche Möglichkeiten der Initialisierung eines Arrays gezeigt und ich möchte die Sache zur Vertiefung mit ein paar Beispielen abrunden. Angenommen, es liegt die folgende Deklaration eines Bus-Signals vor; wir gehen von folgendem Code aus, wobei Zeile 14 die entscheidende ist, die ich mit unterschiedlichen Befehlen versehe, welche in Zeile 15 den LEDs zugewiesen wird:

```
01 library IEEE;
02 use IEEE.std_logic_1164.all;
03 use IEEE.numeric_std.all;
04
05 entity Test is
06     port(
07         LED : out std_logic_vector(7 downto 0)
08     );
09 end entity Test;
10
11 architecture rtl of Test is
12     signal s : std_logic_vector(7 downto 0);
13 begin
14     s <= "00001011"; -- Initialisierung
15     led <= s;
16 end architecture rtl;
```

Listing: _Bus-Signale.vhd

Wir dürfen uns bei diesen Beispielen nicht durch die Nummerierung der LEDs (1 bis 8) und der Bus-Indizes (0 bis 7) durcheinanderbringen lassen, die um den Wert 1 verschoben sind, was in der Programmierung immer der Fall ist, da die Zählung des Array-Indexwertes immer bei 0 beginnt, jedoch das erste Element repräsentiert.

Zuweisung von mehreren Bits in doppelten Anführungszeichen

```
s <= "00001011";
```

Die LED-Anzeige sieht wie folgt aus:

Zuweisung von einzelnen Bits in einfachen Anführungszeichen in runden Klammern

```
s <= ('0', '0', '0', '0','1', '1', '0', '1');
```

Die LED-Anzeige sieht wie folgt aus:

Zuweisung über Named Association

Die Schreibweise der folgenden Zuweisung kann etwas verwirren, da nicht die Zeichenfolge <=, sondern => zur Anwendung kommt. In der Zuweisung werden zuerst die Position und dann der Pegel genannt. Diese Art der Initialisierung wird Named Association, „namentliche Verbindung“ genannt. Zuerst wird der Index des Bits genannt, dann erfolgt über die Zeichenfolge => die Zuweisung:

```
s <= (7=>'1',6=>'1',5=>'0',4=>'1',3=>'0',2=>'1',1=>'0',0=>'0');
```

Die LED-Anzeige sieht wie folgt aus:

Da es sich um eine Named Association handelt, spielt die Reihenfolge der Nennungen keine Rolle und kann auch durcheinander erfolgen wie im folgenden Beispiel, was aber hinsichtlich der Lesbarkeit nicht so sinnvoll erscheint:

Zuweisung über Named Association - Zusammenfassung von Indizes

Wenn mehrere Signale den gleichen Pegel erhalten sollen, können sie hinsichtlich des Indexes zusammengefasst und kombiniert werden. Zwischen den genannten Indizes wird der senkrechte Strich | (Pipe) platziert:

```
s <= (1=>'0',6=>'1',5=>'0',4=>'1',3=>'0',7=>'1',2=>'1',0=>'0');
```

Die LED-Anzeige sieht wie folgt aus:

```
s <= (7|6|5|3|2|1|0 =>'0', 4=>'1');
```

Zuweisung über Named Association - vereinfachte Zusammenfassung

Um die zuvor genannte Zuweisung zu vereinfachen, kann der umgekehrte Weg über die Verwendung des Schlüsselworts others eingeschlagen werden. In diesem Fall wird die Zuweisung 4=>'1' genannt und dann alle restlichen, die mit dem Wert '0' versehen werden sollen. Man sieht, dass es vielfältige Möglichkeiten gibt und wir sind noch nicht am Ende.

```
s <= (4=>'1', others =>'0');
```

Die LED-Anzeige sieht wie zuvor gezeigt aus:

Zuweisung über others

Um eine Initialisierung aller LEDs vorzunehmen und zum Beispiel alle LEDs auszuschalten, ist die folgende Initialisierung vollkommen in Ordnung:

```
s <= "00000000";
```

Nun kann das über das Schlüsselwort others etwas zusammengefasst werden, was nicht unbedingt bedeutet, dass weniger Zeichen eingetippt werden müssen:

```
s <= (others =>'0');
```

An dieser Stelle ein Beispiel zur Verwendung eines Bus-Signals in Verbindung mit dem Schlüsselwort others. Außerdem wird eine Struktur angewendet, die es ermöglicht, Ausgangssignale in Abhängigkeit eines Eingangssignals zu beeinflussen.

Die Ansteuerung mehrerer LEDs

Nun haben wir die Grundlagen zur Nutzung von Arrays für die Beeinflussung von Bus-Signalen gesehen. Ich möchte jetzt vier LEDs mit vier Taster ansteuern und über einen Schiebeschalter freischalten. Dazu nutze ich das erste Mal das von mir auf einer Lochrasterplatine erstellte MAX1000-Discoveryboard. Mit ihm ist es sehr einfach, die gewünschten Verbindungen vom MAX1000-Board zu Tastern, Schaltern oder LEDs herzustellen. Zudem sind alle für uns relevanten Pins am MAX1000-Board beschriftet, sodass nicht immer das Manual bemüht werden muss. Ich hatte dem Board zu Beginn des Buchs ein eigenes Kapitel gewidmet.

Die Schaltung kann auch problemlos auf einem Breadboard realisiert werden, bedeutet jedoch einen größeren Aufwand, da alle grundlegenden Bauteile wie LEDs, Taster, Schalter und Ähnliches erst zusammengesucht werden müssen. Bevor es losgeht, hier zwei neue Strukturen, die zur Realisierung des Vorhabens erforderlich sind.

Generic

Wenn man im Code an verschiedenen Stellen die gleichen Werte benötigt, ist die Verwendung von Konstanten ratsam. Diese werden zu Beginn einmalig über einen Namen definiert und mit einem Wert versehen. Ist eine Änderung des Werts erforderlich, muss lediglich an einer Stelle eine Anpassung erfolgen. Zu diesem Zweck gibt es den Generic-Block, der statische Informationen zu Blöcken in ähnlicher Weise wie Konstanten unterstützt. Die allgemeine Syntax lautet wie folgt:

```
entity entity_name is
    generic (
        <generic_name> : <type> := <default_value>
    );
    Port (port_list);
end [entity] [<entity_name>];
```

When-Else

Die when-else-Anweisung ist eine gute Möglichkeit, eine bedingte Zuweisung auf der Grundlage von Eingaben zu machen. Nachfolgend ein einfaches Beispiel:

```
output <= in1 when switch = '0' else
          in2 when switch = '1' else
          (others => '0');
```

Kommen wir zur Realisierung.

Der Schaltplan

Da wir in diesem Experiment das erste Mal externe Komponenten mit dem MAX1000-Board über Kabel verbinden und auch die Spannungsversorgung nutzen, ist es unerlässlich, auf einen sehr wichtigen Aspekt hinzuweisen.

Hier der Schaltplan zur Abfrage der Taster beziehungsweise des Schiebeschalters und der LEDs. Man sieht, dass die Taster BTN0 bis BTN3 allesamt mit Pulldown-Widerständen von 10KΩ mit den gezeigten digitalen Pins verbunden sind. Die LEDs werden über 470Ω-Widerstände angesteuert und der Schiebeschalter leitet über einen Widerstand von 10KΩ entweder Masse oder 3,3V an den gezeigten digitalen Pin:

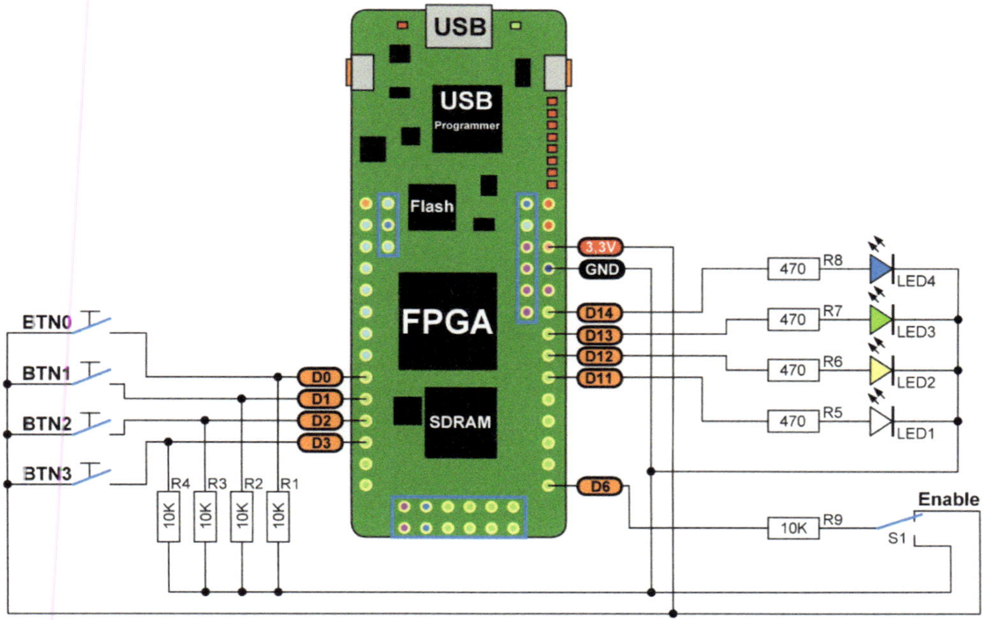

Abbildung 10: Der Schaltplan zur Abfrage der Taster und Ansteuerung der LEDs

Achtung – Spannungsversorgung!
Ich muss an dieser Stelle noch einmal ausdrücklich darauf hinweisen, dass das Board an seinen Ein- und Ausgängen mit 3,3V betrieben werden muss. Spannungen, die größer sind, führen zur Zerstörung des Boards. Für eine eventuelle elektrische Verbindung mit anderen Boards, die mit 5V betrieben werden, ist ein sogenannter Levelshifter erforderlich, der die 5V auf 3,3V herunterregelt. Das ist ein elektronisches Bauteil für unter fünf Euro.

Folgende GPIO-Pins werden verwendet:

GPIO-Pin	MAX1000-Signal	Modus	Signal-Bezeichnung
D0	H8	in	Taster[0]
D1	K10	in	Taster[1]
D2	H5	in	Taster[2]
D3	H4	in	Taster[3]
D6	L12	in	Enable
D11	J10	out	LED[0]
D12	H10	out	LED[1]
D13	H13	out	LED[2]
D14	G12	out	LED[3]

Tabelle: Die verwendeten GPIO-Pins

Der Code

Das sollte als Grundlage zum Verständnis des folgenden Codes ausreichend sein. Da ich mit vier Tastern auch vier LEDs ansteuere, ist die Konstante Anzahl_Taster in Zeile 07 mit dem Wert 4 initialisiert worden. Dieser Wert wird dann in den Zeilen 11 und 12 zur Deklaration der beiden Arrays verwendet. Da die Zählung bei 0 beginnt, muss von der Konstanten der Wert 1 subtrahiert werden. Der hier verwendete Datentyp lautet integer und es handelt sich um einen 32-Bit-Ganzzahl-Datentyp, dessen Wertebereich sowohl negative als auch positive Werte umfasst und sich von –2.147.483.647 bis +2.147.483.647 erstreckt. Die allgemeine Syntax lautet wie folgt:

```
signal <name> : integer := <initial value>;
```

Die Ansteuerung der LEDs funktioniert jedoch nur, wenn der Schiebeschalter so positioniert wurde, dass er den Wert 1 zurückliefert, was über die when-else-Anweisung in Zeile 18 erreicht wird. Hier nun der Code:

```
01 library IEEE;
02 use IEEE.std_logic_1164.all;
03 use IEEE.numeric_std.all;
04
05 entity Kap03_Taster_multiple is
06     generic(
07         Anzahl_Taster : integer := 4 -- Anzahl der Taster
08     );
09     port(
10         LED     : out std_logic_vector(Anzahl_Taster - 1 downto 0);
11         Taster  : in std_logic_vector(Anzahl_Taster - 1 downto 0);
12         Enable  : in std_logic
13     );
14 end entity Kap03_Taster_multiple;
15
16 architecture rtl of Kap03_Taster_multiple is
17 begin
18     LED <= Taster when Enable = '1' else (others => '0');
19 end architecture rtl;
```

Listing: Kap03_Taster_multiple.vhd

Nachfolgend der entsprechende Connect und Compile-Dialog mit den erforderlichen Zuweisungen.

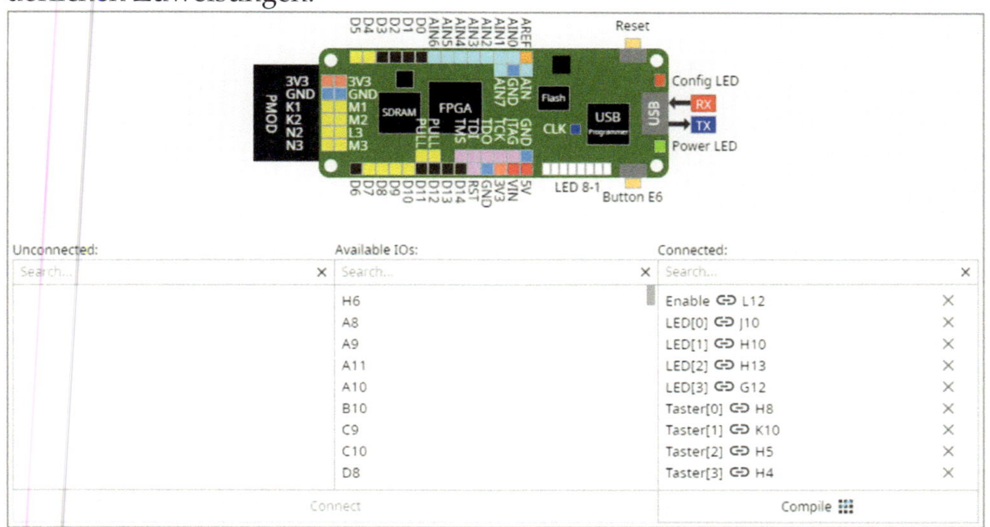

Abbildung 11: Die Zuordnungen der Taster, des Schalters (Enable) und LEDs

Der Schaltungsaufbau

Abschließend ist der Schaltungsaufbau auf dem MAX-1000-Discoveryboard zu sehen. Ich habe den gelben Taster BTN1 gedrückt, der Schiebeschalter SW9 befindet sich in der oberen Position (Enable = 1) und als Resultat daratet die gelbe LED1. Es können auch mehrere Taster gleichzeitig gedrückt werden, was dann zur Folge hat, dass die entsprechenden LEDs leuchten.

Abbildung 12: Der Schaltungsaufbau für das Taster-Experiment

In diesem Projekt haben wir uns erstmalig mit Arrays beschäftigt. Im folgenden Projekt lernt der Leser kombinatorische Schaltungen kennen. Auf geht's.

4. Eine Addierschaltung

Um noch einmal das Thema Schaltungen mit UND-/ODER-Gattern aus dem VHDL-Einführungskapitel aufzugreifen, möchte ich jetzt eine Logikschaltung mit einem UND-, einem XOR-Gatter, zwei Tastern und zwei LEDs auf einem Breadboard realisieren. Dafür habe ich das MAX1000-Board mit Stiftleisten versehen müssen, wie schon im MAX1000-Kapitel gezeigt. Schaltungen, bei denen lediglich Grundgatter wie zum Beispiel UND, ODER, NICHT, NAND oder NOR verwendet werden und Ausgangssignale von Eingangssignalen abhängen, werden kombinatorische Schaltungen genannt.

Was sind kombinatorische Schaltungen?

Kombinatorische Schaltungen sind digitale Logikschaltungen, deren Ausgänge zu jedem Zeitpunkt lediglich von der Kombination der Eingänge abhängen. Es kommen keine Rückkopplungen, zeitverzögernde oder speichernden Elemente wie zum Beispiel Flipflops zum Einsatz. Eingangsänderungen sind unmittelbar am Ausgang beziehungsweise den Ausgängen wirksam.

In der Einleitung habe ich die beiden Gatter UND beziehungsweise XOR aus einem bestimmten Grund genannt, auf den ich gleich zu sprechen komme. Bevor ich zum Code und zum Schaltplan komme, ein paar einleitende Worte zu Addierschaltungen, denn das Thema ist ein grundlegender Baustein für das Verständnis von Rechenoperationen in einem Computer. Wir werden alles schrittweise aufbauen und vom Halbaddierer zum Volladdierer gehen, um schließlich einen 4-Bit-Volladdierer mit Übertrags-Ein- und Ausgang zu realisieren.

Der Halbaddierer

Es soll hier ein wenig ums digitale Rechnen gehen. Wie rechnet eigentlich ein Computer? Die Rechnung 1 + 1 = 10 widerspricht dem, was man in der Schule gelernt hat. Okay, die Schreibweise ist nicht ganz korrekt, denn bei den Ziffern handelt es sich nicht um Dezimalzahlen, sondern um Binärzahlen. Es müsste also richtig wie folgt geschrieben werden: 12 + 12 = 102. Die Angabe der zugehörigen Basis ist bei der Verwendung von Werten in unterschiedlichen Zahlensystemen ratsam.

Im uns bekannten Dezimalsystem werden die Ziffern 0 bis 9 zur Darstellung von Werten verwendet. Beim Dualsystem, das auch Zweiersystem oder Binärsystem genannt wird, werden jedoch zur Darstellung von Werten nur zwei verschiedene Ziffern, nämlich 0 und 1 verwendet. Mit diesen Werten rechnet ein Computer intern. Ich hatte die unterschiedlichen Logikpegel schon genannt, bei denen eine 0 einem LOW- und eine 1 einem HIGH-Pegel entspricht.

Wir wollen in diesem Projektkapitel eine Rechenschaltung entwickeln, die in der Lage ist, mehrstellige Binärzahlen zu addieren. Um das zu bewerkstelligen, müssen wir uns zunächst die Rechenregeln für die Addition von Binärzahlen ansehen. Der Einfachheit halber möchte ich die Addition mit zwei einstelligen Binärzahlen zeigen. Das Prinzip ist einfach und kann im Anschluss beliebig erweitert werden. Doch zu Beginn brauchen wir eine kleine Wahrheitstabelle, die eine Regel für die Addition der beiden Werte A und B zeigt, die als Eingänge der Schaltung dienen. Das Ergebnis befindet sich in den beiden Ausgängen S (Summe) und Ü (Übertrag; im Englischen wird der Übertrag mit C wie carry bezeichnet). Ich habe in der Tabelle B vor A gestellt, da A das niederwertige Bit ist.

B	A	Übertrag Ü	S
0	0	0	0
0	1	0	1
1	0	0	1
1	1	1	0

Tabelle: Die Addition zweiter Binärzahlen

Interessant ist die letzte Zeile, in der 1 + 1 = (1) + 0 steht. In Worten bedeutet dies: 1 plus 1 ergibt 0 plus 1 im Übertrag. Der Übertragswert 1 bezieht sich auf die nächsthöherwertige Stelle, die links von der momentanen angesiedelt ist. Würde man diese Tabelle in eine Rechenschaltung übertragen, würde sie sich Halbaddierer nennen. Noch ist unklar, wie die Schaltung im Endeffekt aussieht, doch man kann schon einmal eine Blackbox mit den jeweiligen Anschlüssen zeichnen:

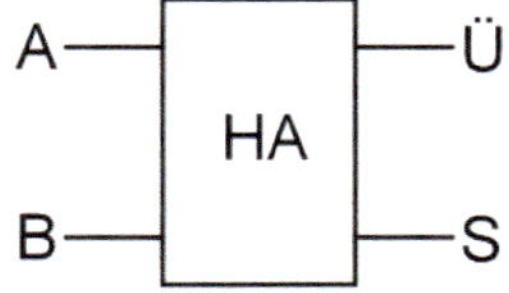

Abbildung 1: Die Blackbox für einen Halbaddierer HA

Wir haben es also bekanntlich mit einer Lookup Table zu tun. Warum sich das ganze Halbaddierer (HA) nennt und warum es auch einen Volladdierer (VA) gibt, sehen wir uns jetzt an, wobei ich auf den Volladdierer etwas später eingehen werde. Da wir es mit zwei Ergebnisspalten zu tun haben, also der Übertrags- und der Summenspalte, müssen wir das separat betrachten. Ich fange mit der Übertragsspalte Ü an.

B	A	Übertrag Ü
0	0	0
0	1	0
1	0	0
1	1	1

Tabelle: Die Wahrheitstabelle für die Bildung des Übertrags Ü

Das ist einfach, denn es liegt eine UND-Verknüpfung vor, da der Ausgang Ü nur dann einen HIGH-Pegel zeigt, wenn beide Eingänge A und B gleichzeitig einen HIGH-Pegel vorweisen. Hier auch noch einmal die entsprechende AND-Wahrheitstabelle mit Schaltsymbol:

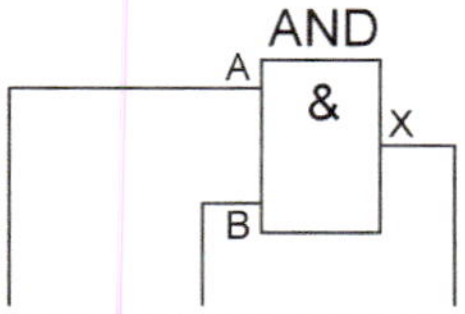

A	B	X
0	0	0
0	1	0
1	0	0
1	1	1

Abbildung 2: Eine AND-Verknüpfung

Sehen wir uns jetzt die Summenspalte S an:

B	A	S
0	0	0
0	1	1
1	0	1
1	1	0

Tabelle: Die Wahrheitstabelle für die Bildung der Summe S

Wir sehen, dass der Ausgang S immer dann einen HIGH-Pegel hat, wenn die beiden Eingänge A beziehungsweise B einen unterschiedlichen Pegel vorweisen, also nicht beide gleichzeitig 0 und nicht beide gleichzeitig 1 sind. Wer das Einführungskapitel aufmerksam gelesen hat, der wird sich an eine Logik erinnern, die dem entspricht. Hier noch einmal die entsprechende Wahrheitstabelle mit dem dazugehörigen Schaltsymbol:

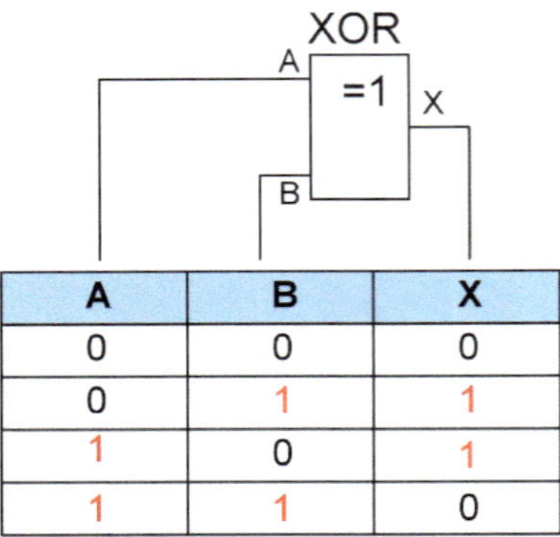

A	B	X
0	0	0
0	1	1
1	0	1
1	1	0

Abbildung 3: Eine XOR-Verknüpfung

Es handelt sich also um eine XOR-Verknüpfung, die man auch Exklusiv-ODER nennt. Nun müssen beide Erkenntnisse in einer einzigen Schaltung zusammengefasst werden. Somit ist der Halbaddierer (HA) keine Blackbox mehr für uns, sondern wir kennen nun sein Innenleben:

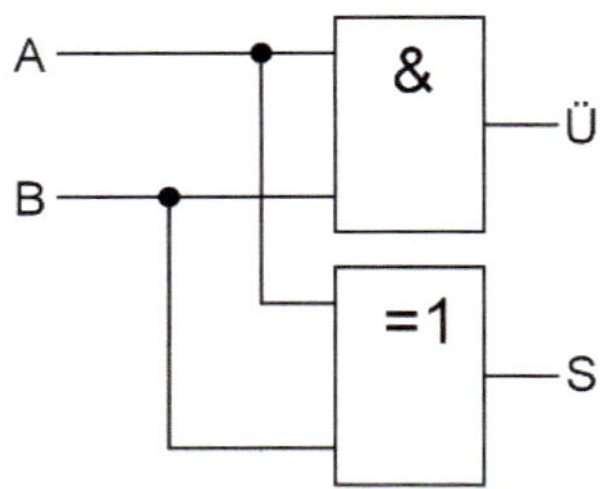

Abbildung 4: Die Schaltung für einen Halbaddierer

Diese Schaltung ist in der Lage, zwei 1-Bit Werte zu addieren. Nun möchte ich jedoch diese Schaltung noch nicht mit dem FPGA realisieren, sondern erst die Erweiterung auf einen Volladdierer durchführen.

Wozu brauchen wir eine derartige Erweiterung? Wenn es um die Addition mehrstelliger Binärzahlen geht, dann kann es vorkommen, dass man bei der Addition einer höherwertigen Stelle den Übertrag einer niederwertigen Stelle berücksichtigen muss. Somit reichen die beiden Eingänge A und B nicht mehr aus und es muss ein zusätzlicher Eingang her, der das geschilderte Szenario bewältigen kann. Eine derartige Schaltung wird Volladdierer genannt.

Für eine kleine Einführung möchte ich zwei 4-Bit-Werte addieren, damit ein Verständnis für die Addition von Binärzahlen entsteht. Ich möchte die beiden Dezimalzahlen 11 und 14 binär addieren:

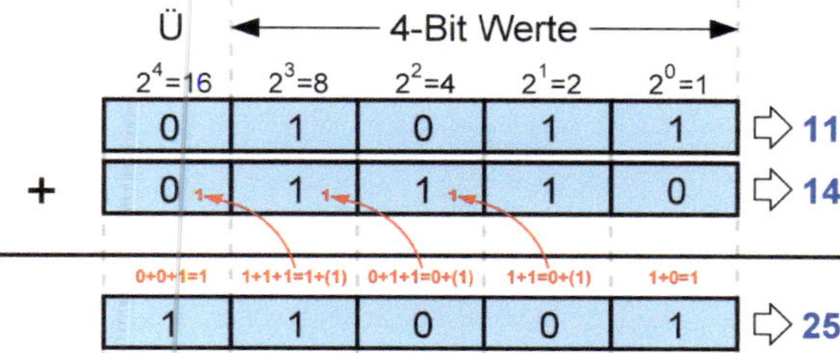

Abbildung 5: Die binäre Addition von 11 und 14

Grundlage für die Addition ist Tabelle 1 (die Addition zweier Binärzahlen). Man erkennt hier, dass bei verschiedenen Stellen ein Übertrag auf die nächsthöhere Stelle erfolgt, der bei der nächsten Addition unbedingt berücksichtigt werden muss! Zur Lösung der gestellten Addition der beiden 4-Bit-Werte sind die zur Verfügung stehenden 4-Bits im Ergebnis nicht ausreichend, denn ohne die Berücksichtigung des Übertrags Ü würde das Ergebnis fälschlicherweise 9 statt korrekterweise 25 lauten.

Bevor es jedoch zur Realisierung der Berücksichtigung des Übertrags einer höherwertigen Stelle geht, setzen wir uns zunächst mit einer einzigen Stelle auseinander. Doch davor werden wir uns mit der Schaltung für den Halbaddierer beschäftigen.

Der Schaltplan

Hier nun das MAX1000-Board mit den Spannungsversorgungs-Pins und allen GPIO-Pins:

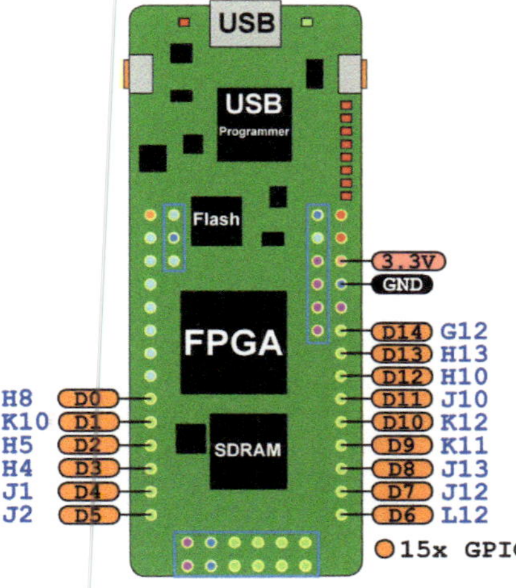

Abbildung 6: Die Spannungsversorgungs- und GPIO-Pins

Folgende GPIO-Pins werden angewendet:

GPIO-Pin	MAX1000-Signal	Modus	Signalbezeichnung
D6	L12	in	BTN1
D7	J12	in	BTN2
D4	J1	out	LED_XOr
D5	J2	out	LED_And

Tabelle: Die verwendeten GPIO-Pins

Der zugrundliegende Schaltplan sieht wie folgt aus:

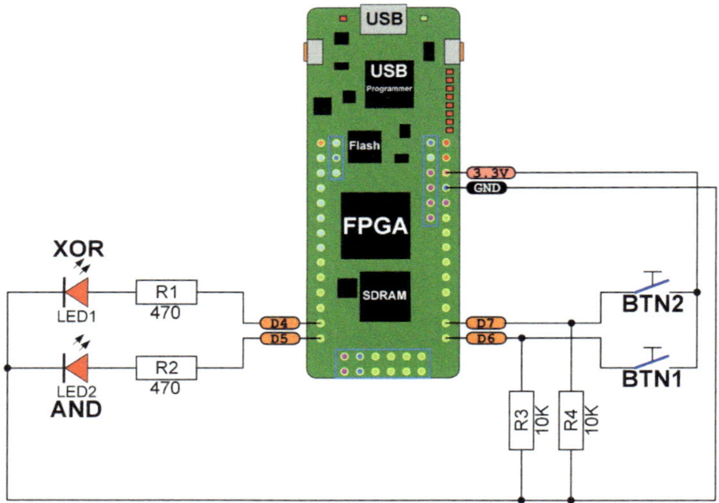

Abbildung 7: Der Schaltplan für den Halbaddierer

Für die Eingänge A und B der vorher gezeigten HA-Schaltung sind hier jetzt die zwei Taster BTN1 und BTN2 (über zwei Pulldown-Widerstände) zuständig und für die Ausgänge die Leuchtdioden LED1 und LED2. Kommen wir zum Code.

Der Code für den Halbaddierer

Der Code für den Halbaddierer ist nicht weiter schwer, denn Ähnliches wurde schon im Einführungskapitel gezeigt:

```
01 library IEEE;
02 use IEEE.std_logic_1164.all;
03 use IEEE.numeric_std.all;
04
05 entity Kap04_Halbaddierer is
06     port(
07         LED_XOr : out std_logic := '0'; -- LED für XOR-Gatter
08         LED_And : out std_logic := '0'; -- LED für AND-Gatter
09         BTN1    : in  std_logic;        -- Taster für Eingang A
10         BTN2    : in  std_logic         -- Taster für Eingang B
11     );
12 end entity Kap04_Halbaddierer;
13
14 architecture rtl of Kap04_Halbaddierer is
15 begin
16     LED_Xor <= BTN1 xor BTN2; -- XOR-Logik
17     LED_And <= BTN1 and BTN2; -- AND-Logik
18 end architecture rtl;
```

Listing: Kap04_Halbaddierer.vhd - Der Code für den Halbaddierer

Die erwähnte Logik ist in den Zeilen 16 und 17 zu sehen. Die Einstellungen im Connect and Compile-Dialogfenster dürfen natürlich nicht fehlen:

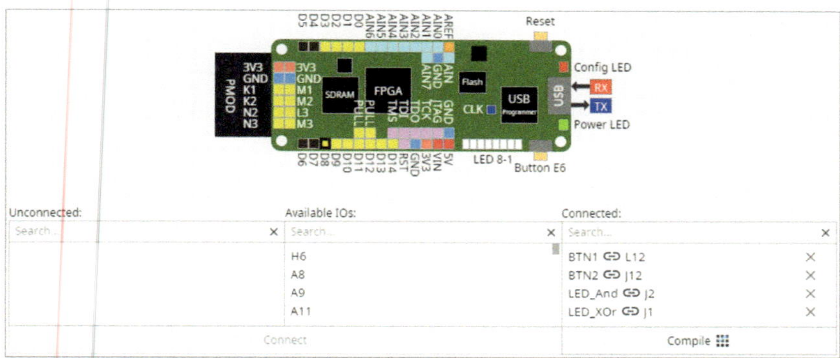

Abbildung 8: Das Mapping für den Halbaddierer

Sehen wir uns zuletzt noch den Schaltungsaufbau auf einem Breadboard an.

Der Schaltungsaufbau

Zur Umsetzung ist ein etwas größeres Breadboard erforderlich, dass bei mir die ungefähren Maße 12cm x 17cm besitzt:

Abbildung 9: Der Schaltungsaufbau für den Halbaddierer auf einem Breadboard

Beide Logik-Gatter UND beziehungsweise XOR arbeiten parallel und somit gleichzeitig und werden nicht -- wie man das vom Mikrocontroller her kennt -- sequenziell abgearbeitet.

Der RTL-Viewer für den Halbaddierer

Im Software-Kapitel habe ich den RTL-Viewer von Quartus-Prime-Lite vorgestellt. Er ist hier und da sehr nützlich und kann die Syntheseergebnisse beziehungsweise den umgesetzten Schaltplan anzeigen. Ich möchte nun die Vorgehensweise zum Aufruf anhand des Halbaddieres zeigen:

Schritt 1: Der Aufruf von Quartus-Prime-Lite

Im aktuellen Projekt muss in der Toolbar auf das Quartus-Symbol geklickt werden:

Da das Fenster der UI (User Interface) sehr groß ist und viele Informationen bereithält, zeige ich immer nur den entsprechenden Bereich als Screenshot. Nach ein paar Sekunden Wartezeit ist das Projekt geladen und der Name wird links oben im Project Navigator angezeigt:

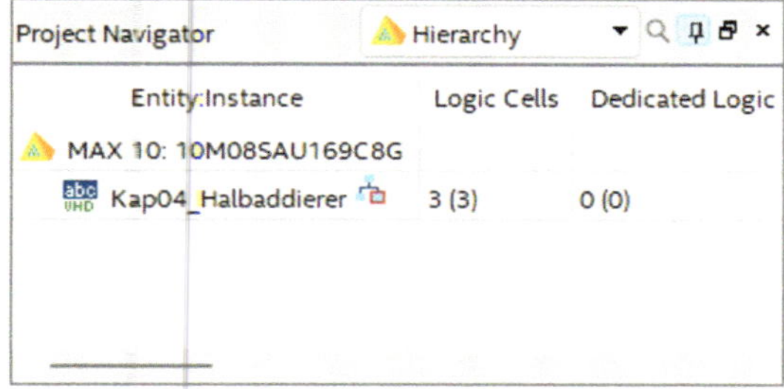

Abbildung 10: Das VHD-Projekt im Project Navigator

Schritt 2: Das Compiling

Ähnlich wie in VHDPlus muss auch in Quartus das Projekt kompiliert werden. Dazu werden einige Arbeitsschritte abgearbeitet, die im Tasks-Fenster aufgelistet sind. Dieses Fenster befindet sich unmittelbar unterhalb des Project Navigator-Fensters.

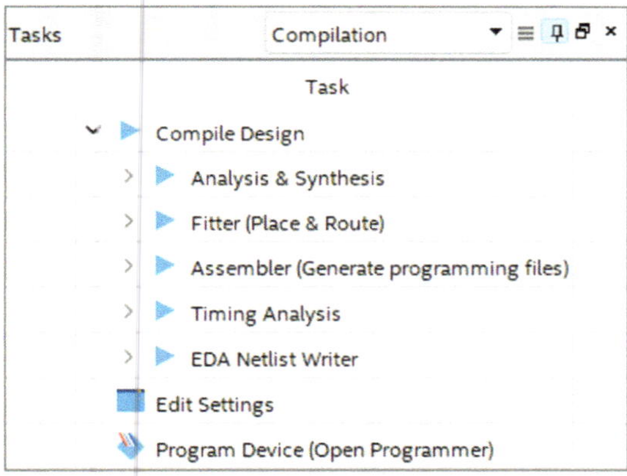

Abbildung 11: Das Tasks-Fenster

Um jetzt das Compiling anzustoßen, sodass die Abarbeitung der einzelnen Tasks beginnt, muss entweder auf den oberen Eintrag Compile Design ein Doppelklick ausgeführt oder die entsprechende Schaltfläche (Start Compilation) in der Toolbar angeklickt werden.

Im Anschluss werden die Tasks mehr oder weniger parallel abgearbeitet und der Fortschritt wird angezeigt:

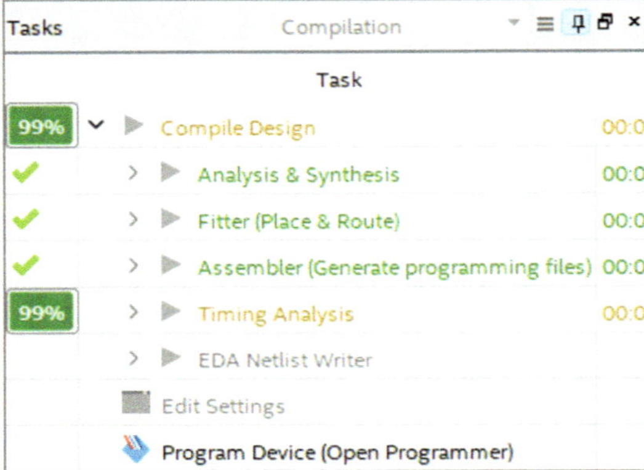

Abbildung 12: Das Tasks-Fenster mit seinen Fortschritten

Schritt 3: Der Aufruf des RTL-Viewers

Der RTL-Viewer ist unter Analysis & Synthesis > Netlist Viewers > RTL-Viewer zu finden:

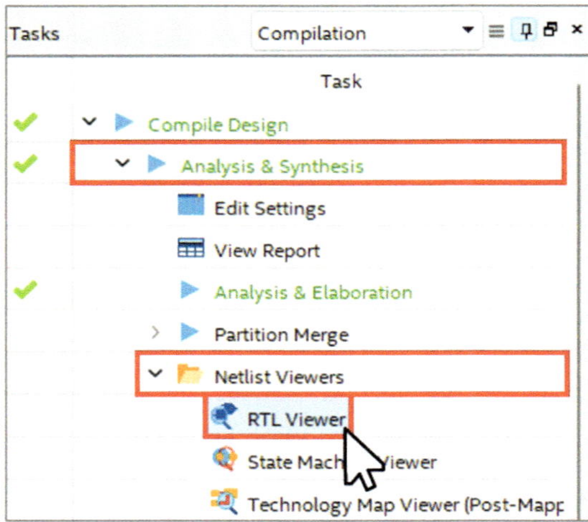

Abbildung 13: Der RTL-Viewer

Nach einem Doppelklick auf den Eintrag wird der RTL-Viewer geöffnet:

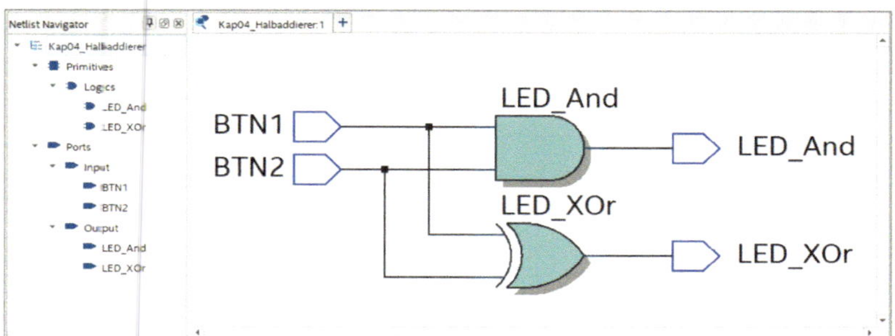

Abbildung 14: Das Ergebnis des Halbaddierers im RTL-Viewer von Quartus Prime Lite

Hier sind die beiden Gatter (AND/XOR) zur Bildung des Halbaddierers erkannt und sichtbar gemacht worden.

Eine Simulation

Der Halbaddierer ist geradezu prädestiniert dazu, in einer Simulation eingesetzt zu werden. Ich halte es für sinnvoller, die Funktionsweise des Halbaddieres erst einmal zu verstehen, um dann die Simulation zu starten. Andererseits wäre auch die Simulation als grundlegende Einführung in das Thema Halbaddierer sehr gut geeignet gewesen. Man kann es also drehen und wenden wie man möchte.

Was ist aber eine Simulation in VHDL überhaupt und warum gibt es sie? Es geht um die Analyse des Codes, um zu sehen, wie etwas funktioniert oder warum etwas vielleicht nicht funktioniert. Bei der Sprache VHDL ist das mit der Fehlersuche, dem so genannten Debugging, so eine Sache. Wird in einer Hochsprache wie zum Beispiel C/C++ programmiert und das Programm läuft nicht wie gewünscht, was auf einen logischen, keinen Syntax-Fehle, hindeutet, dann ist es möglich, an strategischen Punkten sogenannte Haltepunkte (Breakpoints) zu setzen. Nach dem Programmstart arbeitet das Programm alle Zeilen gemäß dem implementierten Algorithmus ab, bis ein Haltepunkt erreicht wurde. Dann wird das Programm nicht beendet, sondern nur unterbrochen und es besteht die Möglichkeit, verschiedene Strukturen wie Variableninhalte, Speicherinhalte oder Register zu inspizieren und diese gegebenenfalls auch zu ändern, um dem Fehler auf die Spur zu kommen. Das Programm kann dann entweder komplett fortgeführt oder im Einzelschrittmodus betrieben werden.

Bei VHDL ist so etwas in dieser Form nicht möglich. Aus diesem Grund wird eine Simulation durchgeführt, die Teil des kommenden Kapitels ist. Nun ist es an der Zeit, zum Volladdierer überzugehen.

Der Volladdierer

Wir haben beim Halbaddierer gesehen, dass es bei der Addition von eins und eins zu einem Übertrag kommt, der bei der Addition der nächsten Stelle unbedingt berücksichtigt werden muss. Das bedeutet, dass dann drei Bits addiert werden müssen. Das ist mit einem Halbaddierer jedoch nicht möglich. Nun kann man eine derartige Additionsschaltung zur Berücksichtigung eines Übertrags einer vorherigen Addition mithilfe von zwei hintereinander geschalteten Halbaddierern realisieren.

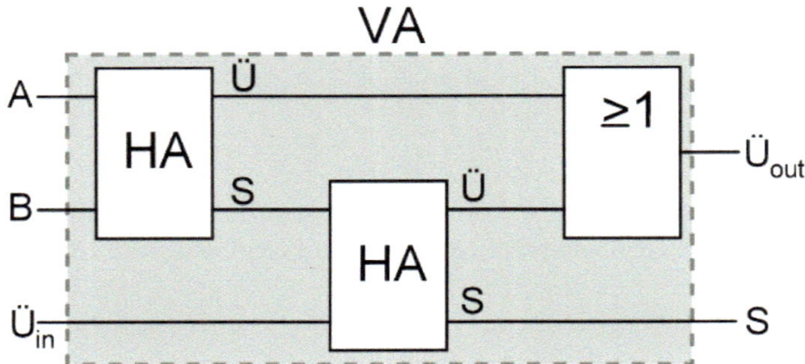

Abbildung 15: Die Aufbau für einen Volladdierer VA aus zwei HA

Der Übertrag aus beiden Halbaddierern muss noch über ein ODER-Gatter zusammengeführt werden. Werfen wir einen Blick in den Volladdierer und sehen nach, wie es darin aussieht:

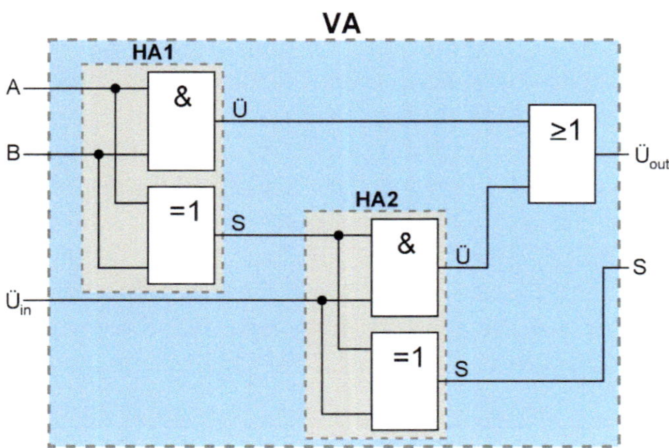

Abbildung 16: Zwei Halbaddierer werden mit einem ODER-Gatter zu einem Volladdierer

Sehen wir uns zunächst die Wahrheitstabelle des Volladdierers an.

Üin	B	A	Üout	S
0	0	0	0	0
0	0	1	0	1
0	1	0	0	1
0	1	1	1	0
1	0	0	0	1
1	0	1	1	0
1	1	0	1	0
1	1	1	1	1

Tabelle: Die Wahrheitstabelle für den Volladdierer

Wenn man sich die Schaltung des Volladdierers mit seinen beiden Ausgangssignalen S und Üout anschaut, dann werden diese gleichzeitig beziehungsweise zeitlich unabhängig voneinander generiert. Dieses Verhalten wird nebenläufige Signalzuweisung genannt. Wir kommen später noch einmal darauf zu sprechen, dass auf einem FPGA erstellte Schaltungen alle gleichzeitig „funktionieren".

Der Schaltplan

Nachfolgend nun der Schaltplan des Volladdierers:

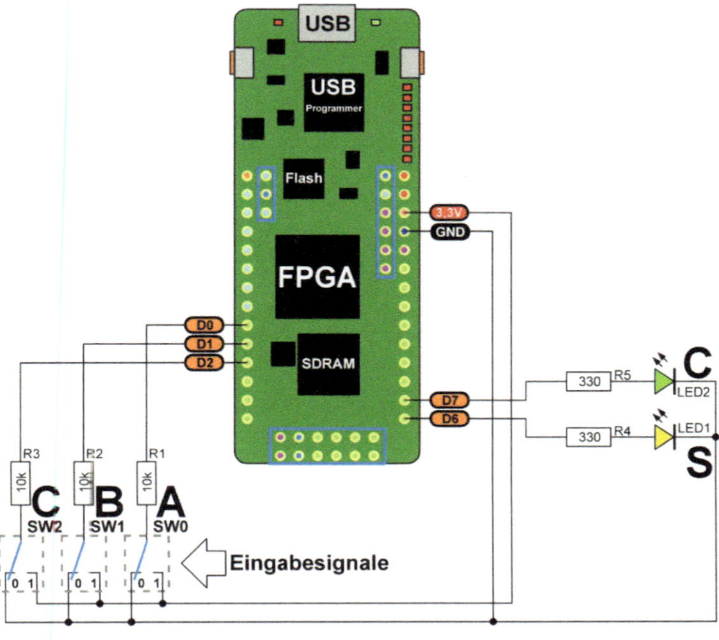

Abbildung 17: Der Schaltplan für den Volladdierer

Folgende GPIO-Pins werden verwendet:

GPIO-Pin	MAX1000-Signal	Modus	Signalbezeichnung
D0	H8	in	A
D1	K10	in	B
D2	H5	in	CIN
D6	L12	out	S
D7	J12	out	COUT

Tabelle: Die verwendeten GPIO-Pins

Der Code für den Volladdierer

Um eine Codeumsetzung anhand des Schaltplans zu realisieren, gibt es wieder zahlreiche Möglichkeiten. Ich möchte folgende Strategie verfolgen: Die Ausgangssignale S und Üout sind schwer auf einen Blick zu ermitteln, sodass ich ein paar Zwischenergebnisse markiert habe, die auf dem Weg dorthin hilfreich sind. Sehen wir uns dazu den folgenden Plan für den Volladdierer an, der gerade schon gezeigt wurde, jedoch hier mit den Nummerierungen 1, 2 und 3 für strategisch günstige Zwischenergebnisse erweitert wurde.

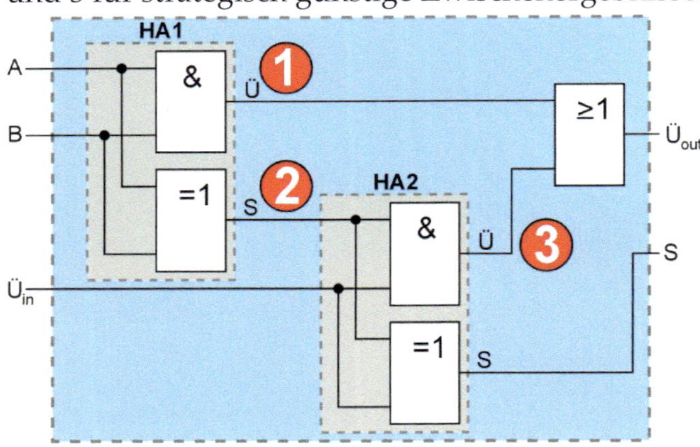

Abbildung 18: Der Volladdierer mit Zwischenergebnissen

Sehen wir uns an, was die Zwischenergebnisse zutage fördern. Ich nütze später im Code anstelle des deutschen Worts Übertrag den Buchstaben C für Carry:

Zwischenergebnis	Logik
❶	A AND B
❷	A XOR B
❸	❷ AND $Ü_{in}$ (CIN)

Tabelle: Die Berechnung der Zwischenergebnisse

Mit diesen Zwischenergebnissen können jetzt die Ausgangssignale Üout und S berechnet werden:

Ausgangssignale	Logik
Üout	❶ OR ❸
S	$Ü_{in}$ XOR ❷

Tabelle: Die Berechnung der Ausgangssignale

Auf der Grundlage dieser Informationen können wir den Code realisieren:

```
library IEEE;
use IEEE.std_logic_1164.all;
use IEEE.numeric_std.all;

entity Kap04_Volladdierer is
    port(
        S    : out std_logic := '0'; -- Summe S
        COUT : out std_logic := '0'; -- Carry OUT
        A    : in  std_logic;        -- Taster für Eingang A
        B    : in  std_logic;        -- Taster für Eingang B
        CIN  : in  std_logic         -- Taster für Carry IN
    );
end entity Kap04_Volladdierer;

architecture rtl of Kap04_Volladdierer is
    signal s1 : std_logic := '0';
    signal s2 : std_logic := '0';
    signal s3 : std_logic := '0';
begin
    -- Zwischensignale
    s1 <= A  and B;
    s2 <= A  xor B;
    s3 <= S2 and CIN;
    -- Ausgangssignale
    COUT <= s1 or s3;
    S    <= s2 xor CIN;
end architecture rtl;
```

Listing: Kap04_Volladdierer.vhd

Sehen wir uns noch den Connect and Compile-Dialog an.

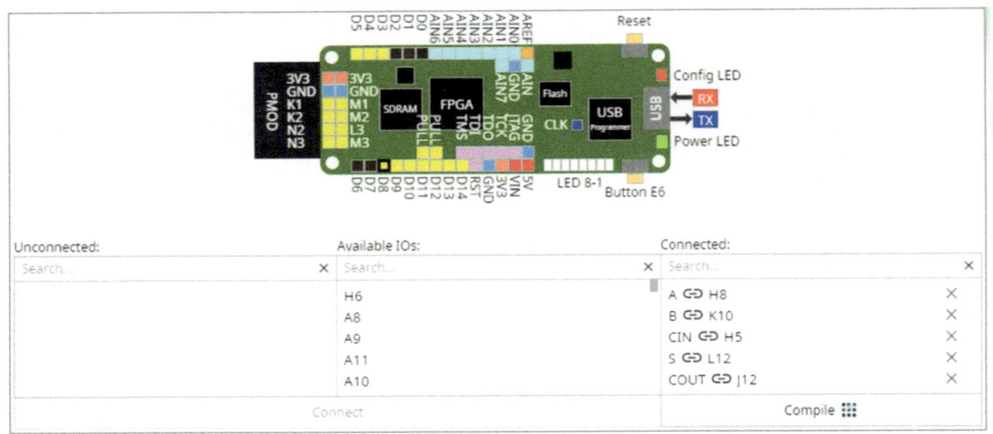

Abbildung 19: Das Mapping für den Volladdierer

Der Schaltungsaufbau

Der Schaltungsaufbau erfolgt nun nicht mehr auf dem eingangs verwendeten Breadboard, sondern auf dem Discoveryboard, was aber kein Muss ist. Alles kann ebenso auf dem Breadboard realisiert werden. Für die Eingaben werden die Taster SW7 (A), SW8 (B) und SW9 (CIN) und zur Anzeige des Ergebnisses die Leuchtdioden LED1 (S) und LED2 (COUT) verwendet.

Abbildung 20: Der Schaltungsaufbau des Volladdierers auf dem Discoveryboard

Man sieht hier, dass Signal A und CIN einen HIGH-Pegel besitzen, was im Ergebnis bei der Summe einen LOW- und beim Übertrag (COUT) einen HIGH-Pegel bewirkt. Ich empfehle, einmal alle Eingangskombinationen durchzutesten und die Ergebnisse mit der Wertetabelle des Volladdierers zu vergleichen.

Wir halten also fest, dass Schaltungen, die neben zwei einstelligen Binärzahlen noch einen möglichen Übertrag aus der vorherigen niedrigerwertigen Stelle berücksichtigen und addieren, Volladdierer genannt werden. Auf der nachfolgenden Abbildung ist eine Addier-Blockschaltung für 4 Bits mit einem Übertrag zur fünften Stelle zu sehen. Das erste Addierglied auf der rechten Seite ist nur ein Halbaddierer, denn an dieser Stelle muss kein Übertrag aus der vorherigen niedrigerwertigen Stelle berücksichtigt werden, weil es sie einfach nicht gibt:

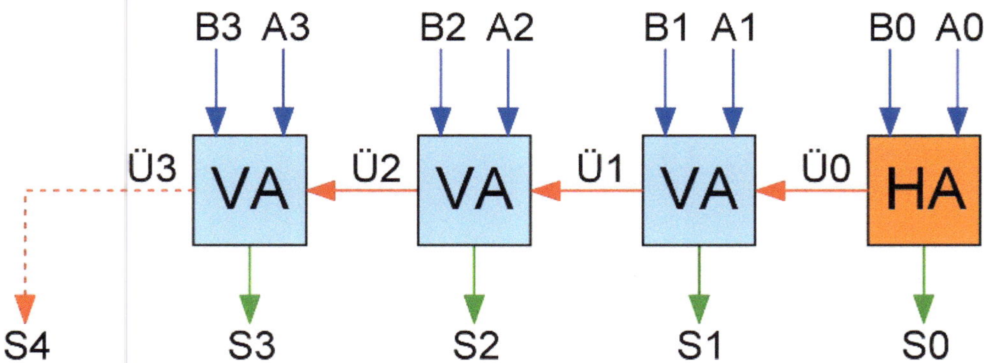

Abbildung 21: Eine 4-Bit Addier-Blockschaltung mit Übertrag auf die 5. Stelle

Wir kommen am Ende dieses Kapitels zur Umsetzung einer derartigen Schaltung, die jedoch aus vier Volladdierern aufgebaut ist und somit schon einen Übertrag auf die erste Stelle berücksichtigt. Doch gehen wir schrittweise vor.

Die Simulation mit Logisim

Man kann sich zum besseren Verständnis zuvor die Funktionsweise über Logisim ansehen:

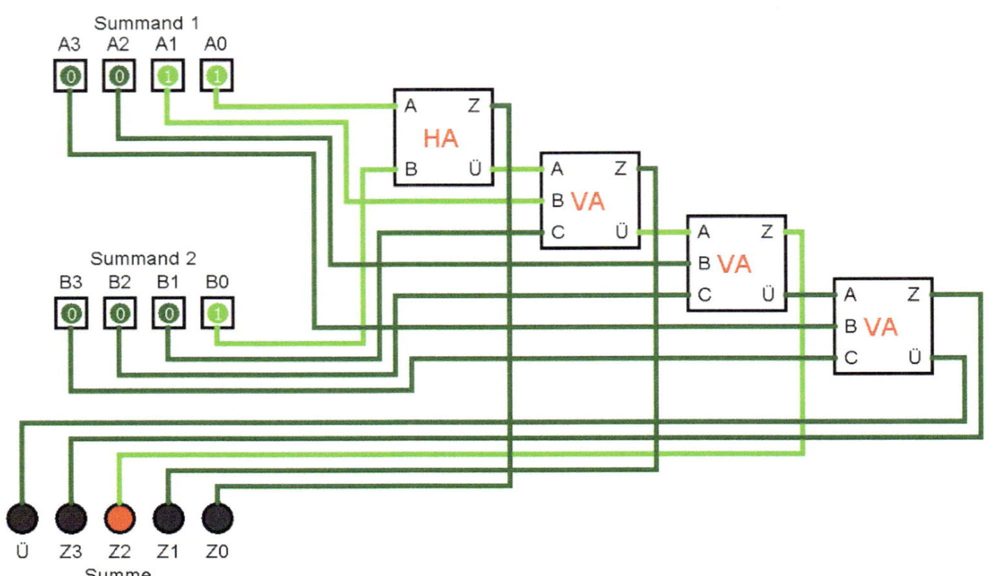

Abbildung 22: Die 4-Bit-Addierschaltung mit Logisim

Der RTL-Viewer für den Volladdierer

Wenn wir uns den RTL-Viewer in Quartus Prime Lite ansehen, dann fördert dieser hinsichtlich des Volladdierers Folgendes zutage:

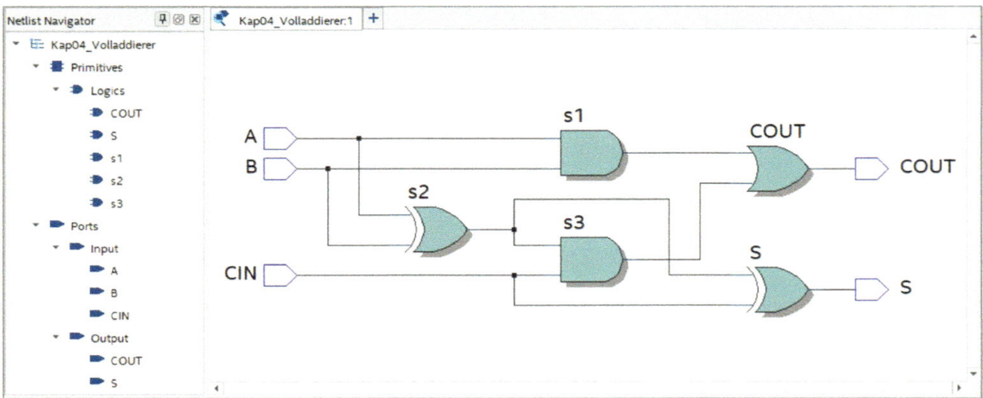

Abbildung 23: Das Ergebnis des Volladdierers im RTL-Viewer von Quartus Prime Lite

Es sind von oben nach unten gesehen die beiden Halbaddierer s1 (AND) und s2 (XOR) beziehungsweise s3 (AND) und s (XOR) mit der Zusammenführung der Überträge COUT (OR) zu sehen.

Die Realisierung über Komponenten

Im VHDL-Kapitel habe ich das Thema der Umsetzung beziehungsweise Aufsplittung des Codes in Komponenten kurz erwähnt. Nun wird es konkret und ich möchte das mithilfe des Volladdierers im Detail besprechen. In diesem Zusammenhang treten zwei neue Modelle in Erscheinung – das Verhaltensmodell und das Strukturmodell –, wobei das erste Modell stillschweigend zur Anwendung kam, ohne dass wir wussten, dass es in diese Kategorie fiel.

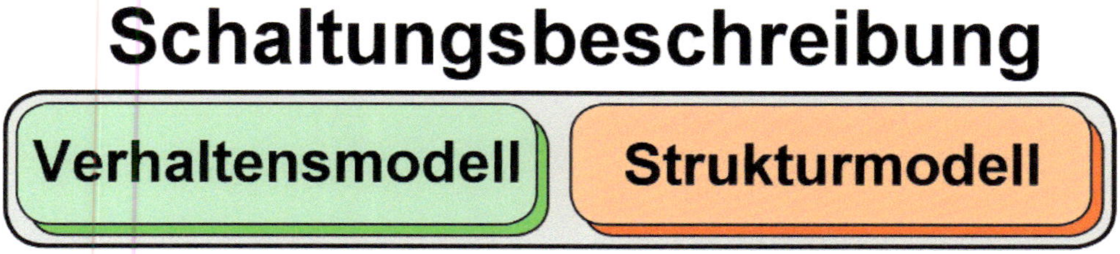

Schaltungsbeschreibung

Verhaltensmodell | Strukturmodell

Abbildung 24: Eine Schaltungsbeschreibung

Das Verhaltensmodell

Das Verhaltensmodell haben wir bisher genutzt. Es besitzt keine weiteren Komponenten außer Entity und deren Beschreibung über die Architecture. Folgende Punkte sind nennenswert:

- Das Verhalten der Ausgangssignale steht in Abhängigkeit der Änderung der Eingangssignale.
- Das Verhalten wird sequenziell beschrieben.

Das Strukturmodell

Das Strukturmodell hingegen besitzt eine Entity, deren Struktur auf Instanziierung von Komponenten basiert. Dazu wird das Schlüsselwort Component verwendet. Folgende Punkte sind nennenswert:

- Der Aufbau eines Modells erfolgt aus instanziierten Unterkomponenten.
- Die Komponenten müssen in einer eigenen Bibliothek beschrieben sein.

Die VHDL-Struktur für den Volladdierer

Wie wir wissen, basiert ein Volladdierer auf der Funktionalität zweier Halbaddierer und eines ODER-Gatters. Auf der folgenden Abbildung ist die Instanziierung zweier Halbaddierer zu sehen, wobei es sich im Grunde genommen um ein und denselben Halbaddierer handelt, der hier zweimal zu sehen ist, jedoch auf ein und derselben vhd-Datei basiert:

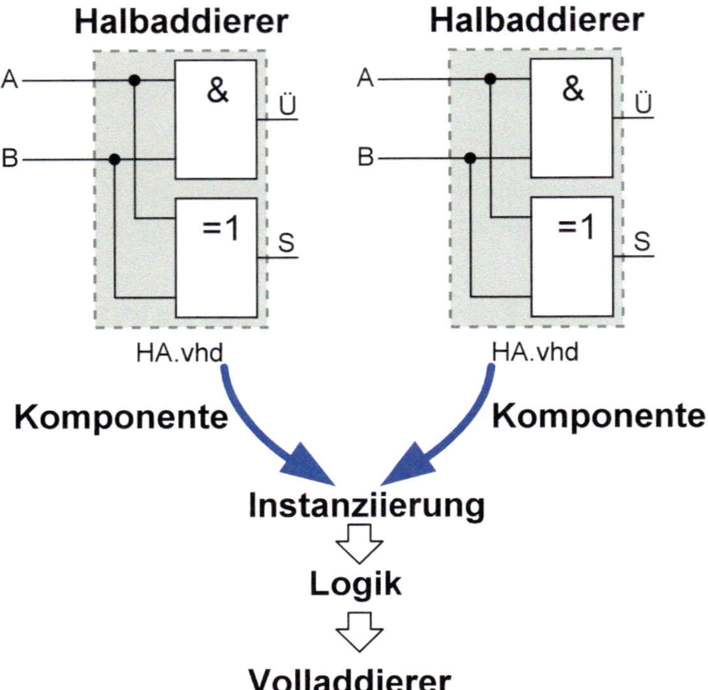

Abbildung 25: Die Instanziierung des Halbaddierers

Man kann sich das hierarchisch gesehen wie folgt vorstellen, wobei ich etwas später noch detaillierter auf die Bezeichnung TOP-Level eingehe:

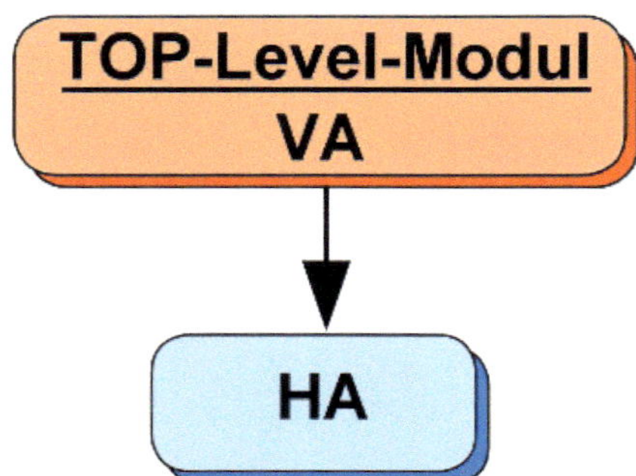

Abbildung 26: Die Modul-Hierarchie

Bevor wir mit der Umsetzung des Codes beginnen, sollten wir uns über den Signalfluss im Klaren sein, den es umzusetzen gilt. Hierbei hilft die folgende Abbildung, wobei die Unterscheidung zwischen internen und externen Signalen verstanden werden muss.

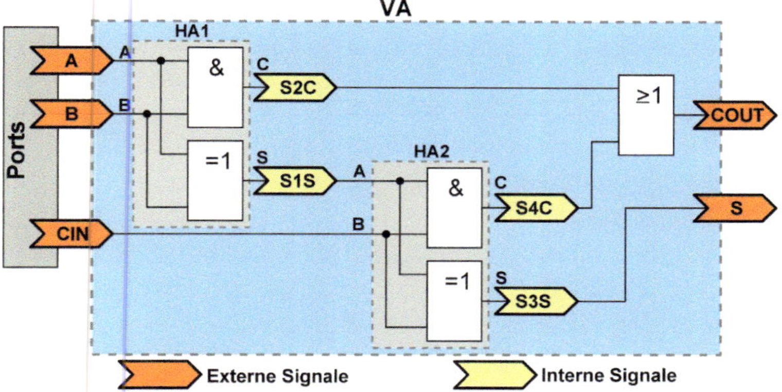

Abbildung 27: Der Schaltplan des Volladdierers mit den externen und internen Signalen

Die gezeigte Schaltung ist bekannt, wurde aber mit Signalbezeichnungen versehen, um die Funktion in ein Strukturmodell zu überführen. Mit diesen grundlegenden Informationen können wir uns an den Code wagen. Anstelle der Bezeichnung Ü für den Übertrag verwende ich ab jetzt C (Carry) für den Halbaddierer. Die orangen Signale stellen die externen Signale des Volladdierers dar und die gelben die internen Signale, die von außen nicht zugänglich sind. Zudem stellen die Signale A, B, C und S rund um die Halbaddierer HA1 und HA2 für diese Komponenten die externen Signale, die aber innerhalb des Volladdierers verwendet werden und ebenfalls nicht von außen zugänglich sind.

Der Code beider Modelle

Ich beginne mit dem schon genutzten Code zur Beschreibung des Halbaddierers in Form des Verhaltensmodells:

```
library IEEE;
use IEEE.std_logic_1164.all;
use IEEE.numeric_std.all;

entity Kap04_HA_Verhalten is
    port(
        A, B : in std_logic; -- Eingänge
        S, C : out std_logic -- Summe, Übertrag
    );
end entity Kap04_HA_Verhalten;

architecture rtl of Kap04_HA_Verhalten is
begin
    S <= A xor B; -- Berechnung der Summe
    C <= A and B; -- Berechnung des Übertrags
end architecture rtl;
```

Listing: Kap04_HA_Verhalten.vhd - Verhaltensmodell des Halbaddierers

Wir sehen, dass hier noch kein internes Signal verwendet wird, wie es auf dem gerade gezeigten Schaltplan des Volladdierers zu sehen ist. Dieser Code muss zur weiteren Verwendung einem Compiling unterzogen werden und sonst passiert hier erst einmal nichts.

Kommen wir zur Erstellung des Codes für das Strukturmodell, denn dort soll ja der Halbaddierer zweimal instanziiert werden, damit sich daraus der Volladdierer ergibt. Der Projektname lautet Kap04_HA_Verhalten und ich möchte diesem Projekt eine weitere Datei hinzufügen. Dazu muss auf den Namen des Projekts geklickt und über das Kontext-Menü der Punkt New > New File ausgewählt werden:

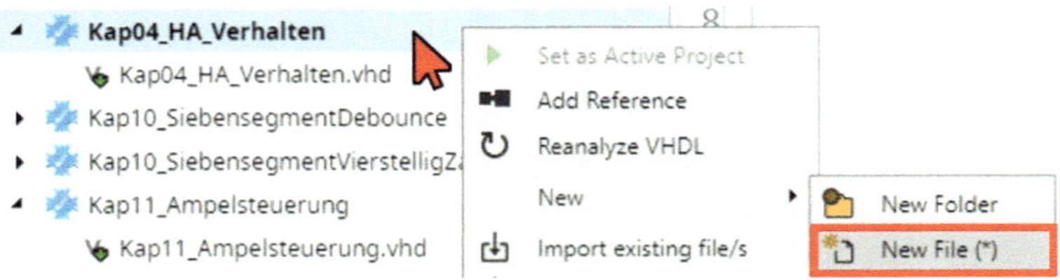

Abbildung 28: Dem Projekt eine neue Datei hinzufügen

Anschließend muss ein Dateiname mit der Endung .vhd vergeben werden:

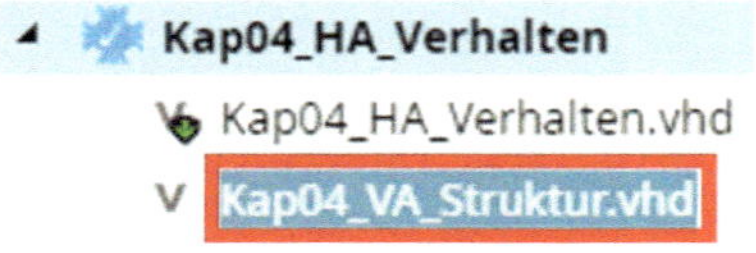

Abbildung 29: Der neue Dateiname mit Endung

Die Datei ist leer und muss komplett neu mit Inhalt versehen werden. Es ist wichtig zu verstehen, dass diese Datei jetzt hierarchisch gesehen ein übergeordnetes Modul darstellt. Fangen wir also an. Auch hier werden lediglich die externen Signale A, B, CIN, S und COUT verwendet, denn es geht um den Volladdierer:

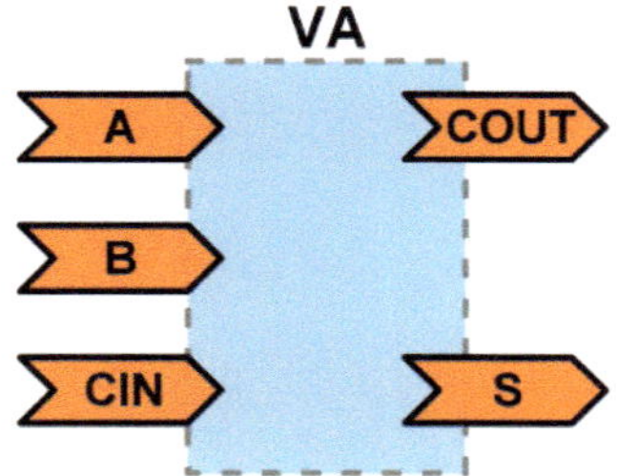

Abbildung 30: Die externen Signale des Volladdierers

Zuerst beginnen wir wieder mit der Entity:

```
library IEEE;
use IEEE.std_logic_1164.all;
use IEEE.numeric_std.all;

entity Kap04_VA_Struktur is
    port(
        A, B, CIN : in std_logic;  -- Eingänge
        S, COUT   : out std_logic  -- Summe, Übertrag
    );
end entity Kap04_VA_Struktur;
...
```

Listing: Kap04_VA_Struktur.vhd - Teil 1

Jetzt wird es wieder interessant, denn die Musik spielt innerhalb des Architecture-Blocks. Wir müssen uns darüber im Klaren sein, dass es drei interne Signale gibt, die hier deklariert werden müssen. Werfen wir noch einmal einen Blick auf den schon gezeigten Schaltplan, wobei ich hier lediglich die internen Signale zeige:

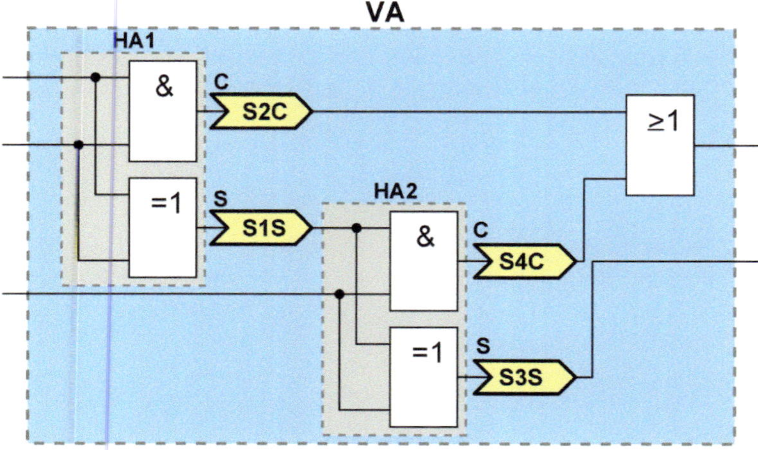

Abbildung 31: Der Schaltplan des Volladdierers mit den internen Signalen

Diese wären:

- S1S (Summenausgang des HA1)
- S2C (Übertragsausgang des HA1)
- S3S (Summenausgang des HA2)
- S4C (Übertragsausgang des HA2)

Es muss also wie folgt aussehen:

```
...
architecture rtl of Kap04_VA_Struktur is
    signal S1S, S2C, S3S, S4C : std_logic;
...
```

Listing: Kap04_VA_Struktur.vhd - Teil 2

Kommen wir zum eigentlichen Teil der Architecture ab dem Schlüsselwort begin. An dieser Stelle hilft uns die VHDPlus-Entwicklungsumgebung bei der Eingabe des Codes. Wir müssen jetzt die schon erstellte Komponente Kap04_HA_Verhalten einfügen. Beginnen wir also, das Schlüsselwort component einzutippen und sehen, was schon nach ein paar Anfangsbuchstaben passiert:

```
architecture rtl of Kap04_VA_Struktur is
    signal S1S, S2C, S3C : std_logic;
    com
      component Kap04_HA_Verhalten
      component Kap04_VA_Struktur
```

Es werden die beiden Dateien angezeigt, die sich im Projektverzeichnis befinden. Wenn wir jetzt die Auswahl, die farbig hinterlegt ist, mit der Return-Taste bestätigen, wird der erforderliche Schnittstellencode – nicht der ganze! – der Komponente Kap04_HA_Verhalten eingefügt. Das Ergebnis sieht wie folgt aus:

```
...
architecture rtl of Kap04_VA_Struktur is
    signal S1S, S2C, S3C : std_logic;
component Kap04_HA_Verhalten is
        port
        (
            A : IN std_logic ;
            B : IN std_logic ;
            S : OUT std_logic ;
            C : OUT std_logic
        );
    end component;
...
```

Listing: Kap04_VA_Struktur.vhd - Teil 3

Es handelt sich genau um den Bereich, der bei der Port-Deklaration verwendet wurde. Es wurde uns ein wenig Tipparbeit abgenommen, und das ist sehr hilfreich, denn so werden Tippfehler ausgeschlossen. Warum aber ist das in diesem Fall überhaupt möglich? Wer sich ein wenig mit der Programmiersprache C/C+ auskennt, der weiß, dass für das Einbinden von externem Code eine Include-Anweisung erforderlich ist. Das ist hier aber nicht erforderlich, denn für die Deklaration einer zusätzlichen Komponente sind alle Module, die sich im aktuellen Projektverzeichnis befinden, dem Gesamtdesign bekannt.

Sehen wir weiter, was sich im Code so tut. Mit den folgenden Zeilen können wir den Volladdierer abschließen. Wenn es um die Instanziierung eines Moduls geht, kann man allgemein sagen, dass mit einem eindeutigen Namen für diese Instanz begonnen werden muss. Nach dem Doppelpunkt folgen das Schlüsselwort entity, die Bibliothek (sie ist in unserem Fall work, weil sich alle Dateien im Arbeitsverzeichnis befinden) und der Name des zu instanziierenden Moduls. Natürlich darf abschließend auch die Zuordnung der Anschlüsse der Instanz (Ein- und Ausgabesignale) nicht fehlen, was über die Schlüsselwörter port map erfolgt. Um das Mapping zu verstehen, bedarf es einiger Erklärungen. Doch zuerst der Code:

```
22 ...
23 begin
24     HA1 : entity work.Kap04_HA_Verhalten port map(
25         A => A,
26         B => B,
27         S => S1S,
28         C => S2C
29     );
30 ...
```

Listing: Kap04_VA_Struktur.vhd - Teil 4

Wie gesagt muss eine Zuordnung der Signale erfolgen, wobei die Zeichenfolge => Verwendung findet. Auf der linken Seite der Zeichenfolge muss das äußere Signal der zu instanziierenden Komponente, hier der Halbaddierer, genannt werden und auf der rechten Seite das angeschlossene Signal, wobei die Reihenfolge der der entity-Deklaration entsprechen soll. Auf der folgenden Abbildung sind die Signale gekennzeichnet.

```
22 ...
23 begin
24     HA1 : entity work.Kap04_HA_Verhalten port map(
25         A => A,
26         B => B,
27         S => S1S,
28         C => S2C
29     );
30 ...
```

entity-Deklaration des ***HA*** äußere und innere Signale des ***VA***

Abbildung 32: Das Port-Mapping der Signale für den HA1

In Zeile 24 wird dem ersten Halbaddierer das Label HA1 und über das Port-

Mapping die Signale A, B, S1S und S2C gegeben.

- Zeile 25: Externes A-Signal des HA1 wird dem externen A-Signal des VA zugewiesen.
- Zeile 26: Externes B-Signal des HA1 wird dem externen B-Signal des VA zugewiesen.
- Zeile 27: Externes S-Signal des HA1 wird dem internen S1S-Signal des VA zugewiesen.
- Zeile 28: Externes C-Signal des HA1 wird dem internen S2C-Signal des VA zugewiesen.

Warum ist das so? Wenn wir noch einmal einen Blick auf die Signale des ersten Halbaddierers HA1 werfen, wird die Antwort klar:

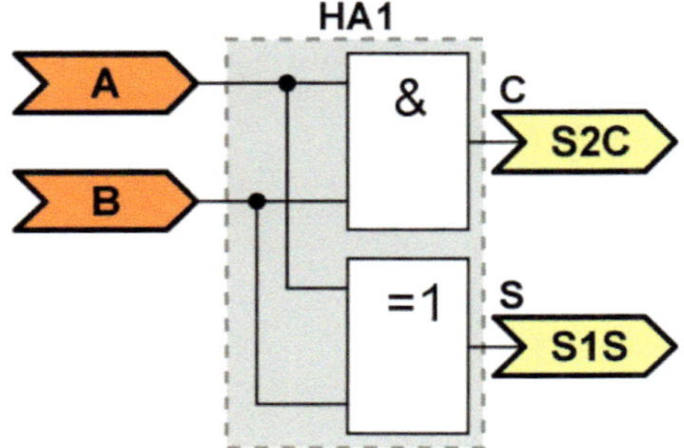

Das Gleiche erfolgt für den zweiten Halbaddierer. Hier der entsprechende Code, allerdings ohne die Grafik für das Port-Mapping:

```
29  ...
30  HA2 : entity work.Kap04_HA_Verhalten port map(
31          A => S1S,
32          B => CIN,
33          S => S3S,
34          C => S4C
35      );
36  ...
```

Listing: Kap04_VA_Struktur.vhd - Teil 5

In Zeile 30 wird dem zweiten Halbaddierer das Label HA2 und über das Port-Mapping die Signale S1S, CIN, S3S und S4C gegeben.

- Zeile 31: Externes A-Signal des HA2 wird dem internen S1S-Signal des VA zugewiesen.
- Zeile 32: Externes B-Signal des HA2 wird dem externen CIN-Signal des VA zugewiesen.
- Zeile 33: Externes S-Signal des HA2 wird dem internen S3S-Signal des VA zugewiesen.

- Zeile 34: Externes C-Signal des HA2 wird dem internen S4C-Signal des VA zugewiesen.

Warum ist das so? Wenn wir auch hier noch einmal einen Blick auf die Signale des zweiten Halbaddierers HA2 werfen, wird die Antwort klar:

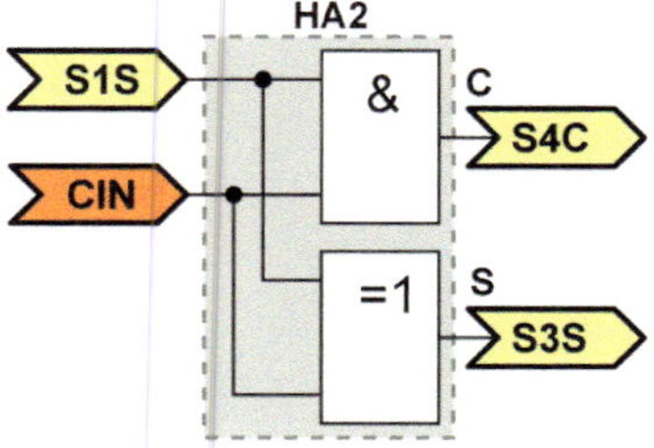

Die einzige Logik, die im übergeordneten Modul jetzt definiert werden muss, ist einerseits die ODER-Verknüpfung beider Summensignale von HA1 (S2C) und HA2 (S4C), was in Zeile 36 erfolgt und als Ergebnis das COUT-Signal bilden und andererseits das Summensignal S, was dem des internen Signals S3S entspricht und in Zeile 37 einfach übernommen werden kann:

```
35  ...
36      COUT <= S2C or S4C;
37      S <= S3S;
38  end architecture rtl;
```

Listing: Kap04_VA_Struktur.vhd - Teil 6

Kommen wir abschließend zu einem wichtigen Aspekt in der Projekt-Konfiguration von VHDPlus. Im Moment sieht es im Projekt-Explorer so aus:

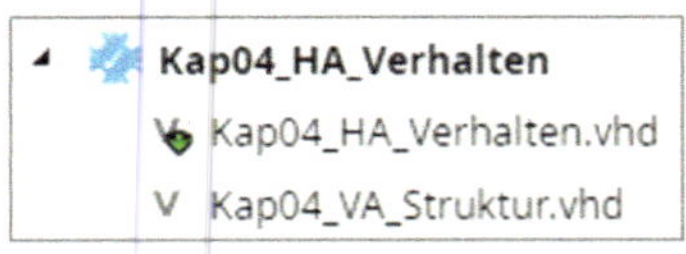

Es ist am kleinen Symbol vor der Projekt-Datei Kap04_HA_Verhalten.vhd zu sehen, dass diese einen besonderen Status einnimmt und in diesem Fall als sogenannte Startup-Datei markiert ist. Das ist für uns jedoch die falsche Konfiguration, denn diese Datei ist lediglich als untergeordnete Komponente für unser Projekt wichtig. Die neu erstellte Datei Kap04_HA_Struktur.vhd soll als sogenannte TOP-Level-Datei in Erscheinung treten.

Was bedeutet TOP-Level?

Über das Top-Level-Design wird eine Instanz einer Funktionslogik implementiert. Es kommt zur Verknüpfung von weiteren VHDL-Modulen über eine strukturelle Beschreibung.

Eine hierarchische Struktur ist auf der folgenden Abbildung zu sehen:

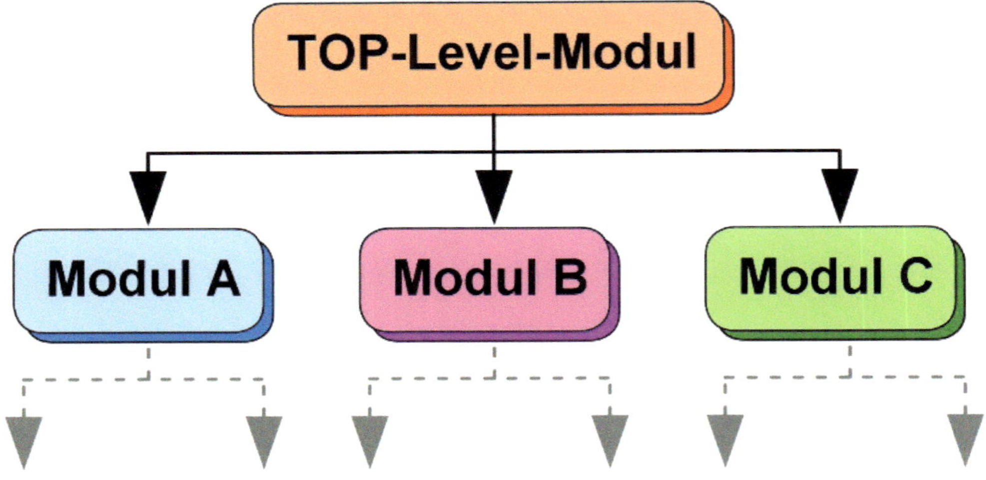

Abbildung 33: Die hierarchische Struktur eines TOP-Level-Designs

Zur Korrektur muss die Datei über das Kontext-Menü als TOP-Level konfiguriert werden. Der Menü-Punkt Set top HDL File ist auszuwählen.

Abbildung 34: Die Konfiguration als TOP-Level-Datei

Das Ergebnis sieht dann im Process Explorer wie folgt aus:

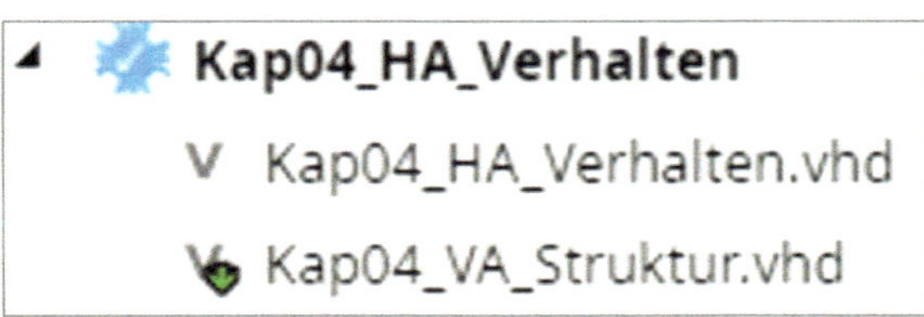

Im Anschluss kann das Compiling wie gewohnt gestartet werden. Der Connect and Compile-Dialog sieht in diesem Fall wie folgt aus:

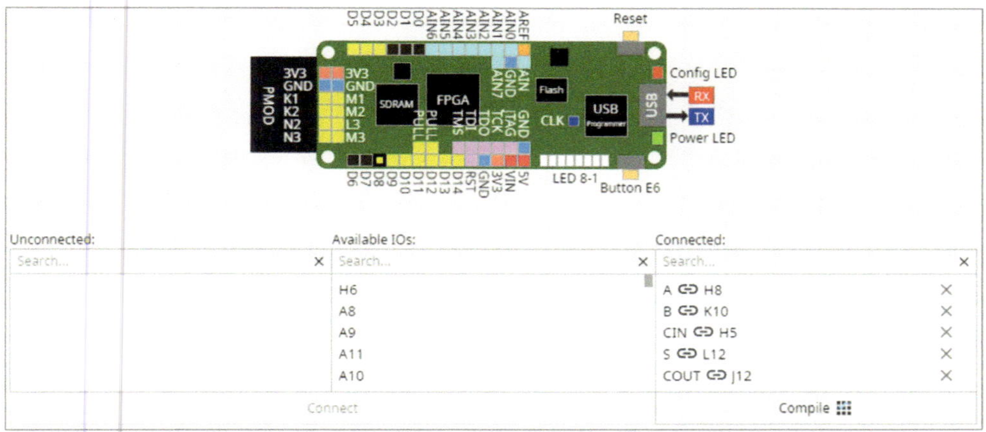

Abbildung 35: Der Connect and Compile-Dialog

Wir werden das Prinzip der Anwendung des Strukturmodells später noch weiter vertiefen. Bei einigen folgenden Projekten werde ich jedoch weiter auf das Verhaltensmodell zurückgreifen, was kein Problem darstellt, denn die Notwendigkeit für ein Strukturmodell ist dafür einfach nicht gegeben.

Ein 4-Bit-Volladdierer

Als Krönung dieses Kapitels wollen wir das Wissen dazu nutzen, eine 4-Bit-Volladdierer-Schaltung zu entwickeln. Das Schema dieser Schaltung sieht wie folgt aus:

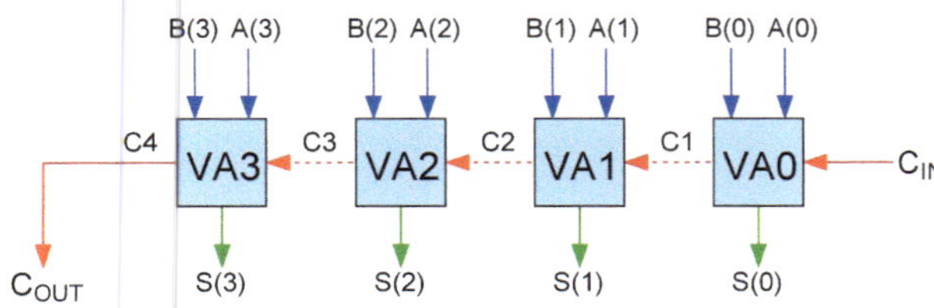

Abbildung 36: Eine 4-Bit Addier-Blockschaltung mit CIN und einem Übertrag auf die fünfte Stelle (COUT)

Man sieht, dass wir mit Arrays arbeiten müssen. Jeder Volladdierer wird mit seinen Signalen später über den entsprechenden Index angesprochen, wobei natürlich wieder bei 0 begonnen werden muss, was im vorangegangenen Beispiel nicht der Fall und auch nicht unbedingt erforderlich war. Zudem ist es wichtig zu erkennen, dass es ein Signal geben muss, das einen möglichen Übertrag von einer Stelle zur nächsten leitet. Dazu werden später die internen

Signale C1 bis C4 verwendet. Einleitend möchte ich den Schaltplan zur späteren Umsetzung zeigen.

Der Schaltplan

Der Schaltplan zeigt, dass fast alle GPIO-Pins verwendet werden. Es wird also später recht voll auf dem Discoveryboard und es ist eine gewisse Sorgfalt bei der Verkabelung geboten.

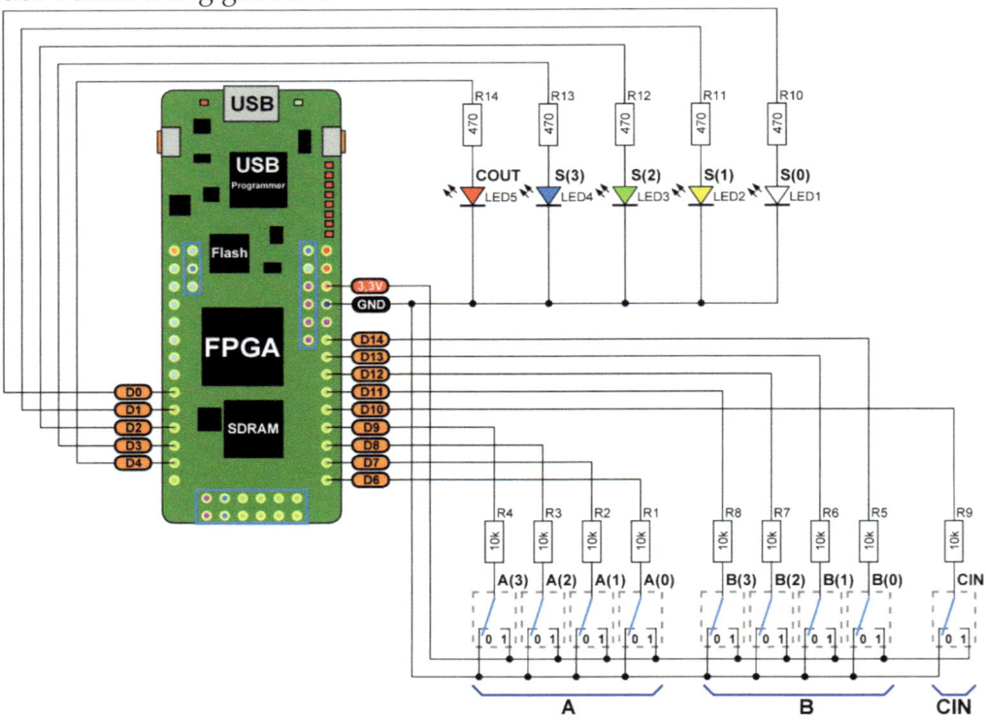

Abbildung 37: Der Schaltplan für den 4-Bit-Volladdierer

Folgende GPIO-Pins werden verwendet:

GPIO-Pin	MAX1000-Signal	Modus	Signal-Bezeichnung
D0	H8	out	S(0)
D1	K10	out	S(1)
D2	H5	out	S(2)
D3	H4	out	S(3)
D4	J1	out	COUT
D6	L12	in	A(0)
D7	J12	in	A(1)
D8	J13	in	A(2)
D9	K11	in	A(3)
D10	K12	in	CIN
D11	J10	in	B(3)
D12	H10	in	B(2)
D13	H13	in	B(1)
D14	G12	in	B(0)

Tabelle: Die verwendeten GPIO-Pins

Der Code für den 4-Bit-Volladdierer

Sehen wir uns die Vorgehensweise zur Umsetzung des Codes an. Den Screenshot zur Anlage einer neuen Datei innerhalb des Projekts hatte ich schon beim vorherigen Projekt gezeigt. Dazu muss wieder auf den Namen des Projekts geklickt und über das Kontext-Menü der Punkt New > New File ausgewählt werden. Ich habe die neue TOP-Level-Datei Kap04_VA_4Bit.vhd genannt und diese auch als solche konfiguriert. Im Projekt-Explorer sieht es wie folgt aus:

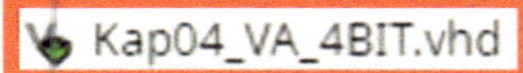

Abbildung 38: Der neue Dateiname mit Endung

Die Datei ist wiederum vollkommen leer und muss komplett neu mit Inhalt versehen werden. Es ist wieder wichtig zu verstehen, dass diese Datei jetzt hierarchisch gesehen ein übergeordnetes Modul darstellt. Es nutzt die Funktionalität des Volladdierers, der wiederum die Funktionalität des Halbaddierers nutzt. Das Ganze sieht wie folgt aus:

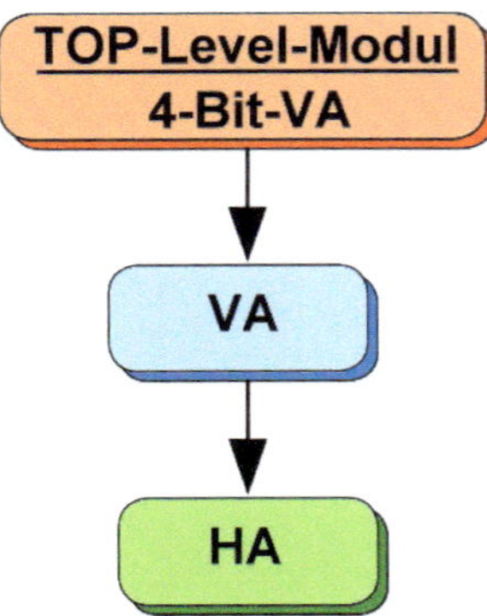

Abbildung 39: Die Modul-Hierarchie

Da es sich jetzt um einen 4-Bit-Volladdierer handelt, müssen gewisse Signale als Array angelegt werden, wobei andere als einzelnes Bit bestehen bleiben können. Wie auf der Abbildung der 4-Bit-Addier-Blockschaltung (Abbildung 36) wo zu erkennen ist, müssen die Eingangssignale A und B und das Ausgangssignal S pro Volladdierer als Array deklariert sein, wogegen das zu berücksichtigende Carry-In-Signal (CIN) und das Carry-Out-Signal (COUT) als einzelnes Bit deklariert werden muss. Mit diesen Informationen können wir beginnen, den Entity-Block des 4-Bit-Volladdierers zu definieren:

```
01 library IEEE;
02 use IEEE.std_logic_1164.all;
03 use IEEE.numeric_std.all;
04
05 entity Kap04_VA_4BIT is
06     port(
07         A :  in std_logic_vector(3 downto 0); -- Eingänge
08         B :  in std_logic_vector(3 downto 0); -- Eingänge
09         CIN  : in std_logic := '0'; -- Übertrags-Eingang
10         S    : out std_logic_vector(3 downto 0); -- Summensignale
11         COUT : out std_logic -- Übertrags-Ausgang
12     );
13 end entity Kap04_VA_4BIT;
14 ...
```

Listing: Kap04_VA_4BIT.vhd - Teil 1

Fahren wir mit dem Architecture-Block fort. Hier werden in Zeile 16 die vier internen Signale für das Carry-Out pro Volladdierer deklariert. Wie später die Zuordnung erfolgt, werden wir gleich sehen:

```
14 ...
15 architecture rtl of Kap04_VA_4BIT is
16     signal C1, C2, C3, C4: std_logic;
17 ...
```

Listing: Kap04_VA_4BIT.vhd - Teil 2

Kommen wir wieder zur Einbindung der schon fertigen Komponente des Volladdierers, was in Zeile 17 mit dem Schlüsselwort component erfolgt. Auch hier hilft die VHDPlus-Entwicklungsumgebung mit der Vervollständigung des Codes nach dem Eintippen der ersten drei Buchstaben von component. Es muss der Listeneintrag Kap04_VA_Struktur ausgewählt werden, denn dieser steht für die Port-Deklaration des Volladdierers:

```
16 ...
17 component Kap04_VA_Struktur is
18         port
29         (
30             A     : in std_logic;
21             B     : in std_logic;
22             CIN   : in std_logic;
23             S     : out std_logic;
24             COUT  : out std_logic
25         );
26     end component;
27 ...
```

Listing: Kap04_VA_4BIT.vhd - Teil 3

Kommen wir jetzt zu den einzelnen Instanziierungen der Volladdierer VA0 bis VA3, die für eine 4-Bit-Realisierung benötigt werden.

```
...
begin
    VA0: Kap04_VA_Struktur port map(
        A    => A(0),
        B    => B(0),
        CIN  => CIN,
        S    => S(0),
        COUT => C1);
...
```

Listing: Kap04_VA_4BIT.vhd - Teil 4

Ich möchte das anhand einer zuvor gezeigten Abbildung wieder etwas verdeutlichen. Auf der linken Seite der Zuweisungszeichen => befinden sich wieder die externen Signale des Volladdierers. Auf der rechten Seite befinden sich die zugeordneten Signale laut Diagramm. Sehen wir uns das im Detail an.

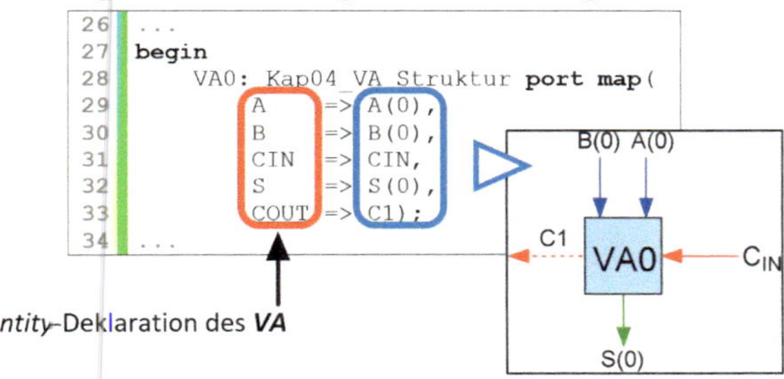

Abbildung 40: Port-Mapping VA0 im Detail

Genauso wird mit den restlichen Volladdierern verfahren:

```
...
    VA1: Kap04_VA_Struktur port map(
        A    => A(1),
        B    => B(1),
        CIN  => C1,
        S    => S(1),
        COUT => C2);
    VA2: Kap04_VA_Struktur port map(
        A    => A(2),
        B    => B(2),
        CIN  => C2,
        S    => S(2),
        COUT => C3);
    VA3: Kap04_VA_Struktur port map(
        A    => A(3),
        B    => B(3),
        CIN  => C3,
        S    => S(3),
        COUT => C4);
    COUT <= C4;
end architecture rtl;
```

Listing: Kap04_VA_4BIT.vhd - Teil 5

Abschließend für das Compiling noch der Connect and Compile-Dialog, der akkurat umgesetzt werden muss, denn man kann sich sehr schnell vertun:

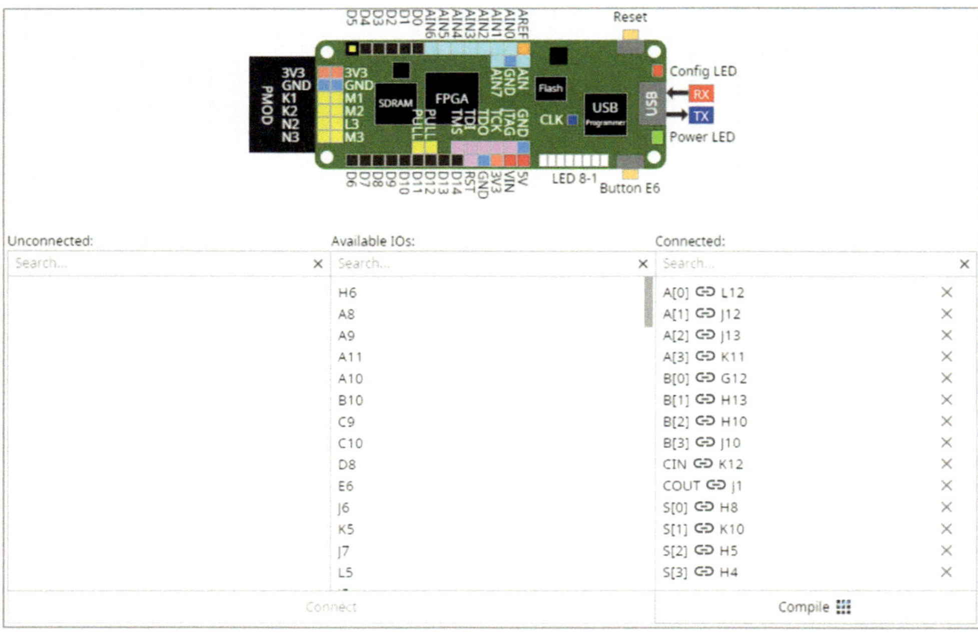

Abbildung 41: Das Mapping für den 4-Bit-Volladdierer

Der Schaltungsaufbau

Man sieht beim Schaltungsaufbau, dass sehr viele Kabel verwendet werden, was sehr schnell unübersichtlich werden kann. Ich rate also, sehr sorgfältig vorzugehen:

Abbildung 42: Der Schaltungsaufbau des 4-Bit-Volladdierers

Die verwendeten Werte

Bei diesem Beispiel habe ich die folgenden Werte für die Eingangssignale verwendet und wir wollen sehen, ob die Schaltung korrekt funktioniert; ich verwende dafür die schon zu Beginn des Kapitels gezeigten Werte, die ich hier erneut zeige:

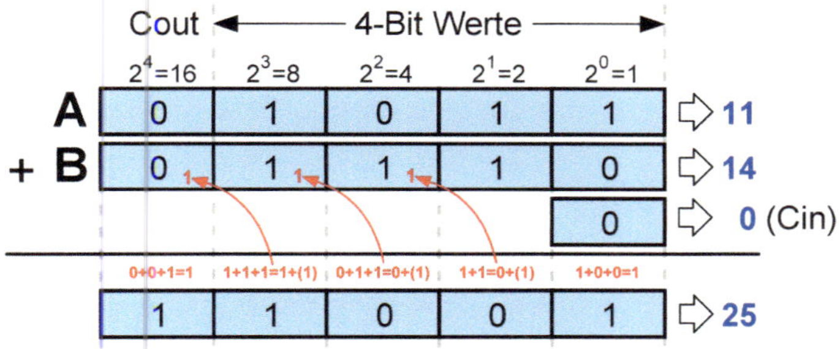

Abbildung 43: Die binäre Addition von 11 und 14

Es ist auf beim Schaltungsaufbau bei der Verwendung der gezeigten Eingangspegel zu sehen, dass die Ausgangspegel genau der binären Addition entsprechen. Ich empfehle, das Ganze noch mit unterschiedlichen Binärkombinationen zu überprüfen.

Wie schon beim Halbaddierer erwähnt, wird die Simulation des Volladdierers im nächsten Projekt erwähnt.

5. Die Simulation

Im vorherigen Kapitel gab es schon einige einleitende Worte über die Simulation. Jetzt möchte ich zeigen, wie das zu bewerkstelligen ist. Bei komplexen Entwicklungen wird normalerweise zu jedem Modul eine sogenannte Testbench (Prüfstand) erstellt. Im FPGA-Kapitel hatte ich die einzelnen Schritte des Workflows aufgezeigt und bei Schritt 2 erfolgte die Analysis, bei der der Code für die Schaltungsbeschreibung auf korrekte Syntax hin überprüft wird. Bevor es zum nächsten Schritt, der Synthese geht, kann eine Simulation des Codes erfolgen. Genau hier wollen wir einsteigen und das Modul zuvor mittels Simulation überprüfen. Mit der Testbench können sämtliche Eingangssignale, auch Testvektoren genannt, simuliert werden, um die Resultate zu analysieren.

Es gibt wieder unzählige Programme, mit denen Simulationen durchgeführt werden können. Einige sind kostenpflichtig, andere Teil von Entwicklungsumgebungen, die dann wieder entweder frei oder kostenpflichtig sind und eben freie Versionen, wie zum Beispiel GHDL, das ich hier verwenden möchte. GHDL ist ein vollständiger VHDL-Simulator, der die GCC-Technologie verwendet und auf dem populären GNU-Compiler basiert. Das Ergebnis kann dann mit dem GTKWave-Programm, das zum Anzeigen der Waveforms (Signalverläufe) genutzt wird, angeschaut werden und sieht ähnlich wie ein Logic-Analyzer aus, in dem die logischen Pegel im zeitlichen Verlauf betrachtet werden. Das Schöne ist, dass GHDL von der VHDPlus-Entwicklungsumgebung unterstützt und nach Wunsch eingebunden wird.

Um die Simulation von VHDL-Code zu nutzen, müssen bestimmte Voraussetzungen erfüllt und zusätzlicher Code für die erwähnte Testbench bereitgestellt werden. Wie schon erwähnt, möchte ich den Halbaddierer aus dem vorherigen Kapitel dazu nutzen, eine kleine Einführung in das Thema Simulation zu starten.

Die Simulation des Halbaddierers

Um zu beginnen, zeige ich als Ausgangsbasis noch einmal die Schaltung des HAs mit der zugehörigen Wertetabelle. Wir haben es mit zwei Eingangssignalen und zwei Ausgangssignalen zu tun, die in irgendeiner Weise an der Simulation beteiligt sein müssen.

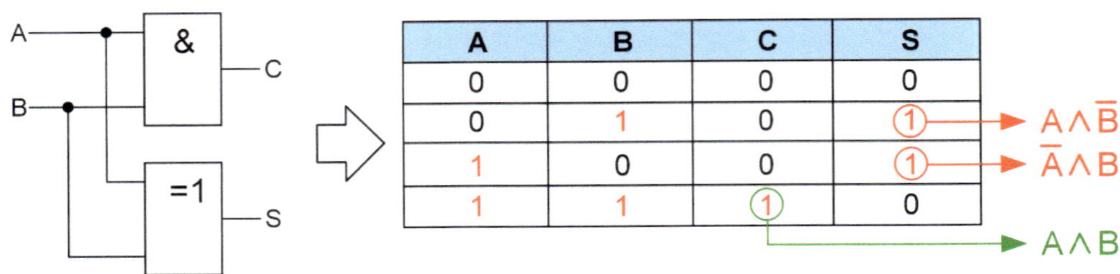

A	B	C	S
0	0	0	0
0	1	0	1
1	0	0	1
1	1	1	0

Abbildung 1: Die Schaltung und Wertetabelle des Halbaddierers

Das untere XOR-Gatter ist zur Bildung der Summe S verantwortlich, wobei die folgende boolesche Formel zugrunde liegt; damit S=1 ist, müssen entweder (A=1 und B=0) oder (A=0 und B=1) sein:

$$S = \left(A \wedge \overline{B}\right) \vee \left(\overline{A} \wedge B\right)$$

Das obere UND-Gatter ist zur Bildung des Übertrags (Carry) C verantwortlich, wobei die folgende boolesche Formel zugrunde liegt; damit C=1 ist, müssen A=1 und B=1 sein:

$$C = A \wedge B$$

Starten wir mit dem Code zur Umsetzung der Simulation des Halbaddierers. Es müssen dazu zwei Dateien vorliegen und ich habe das Projekt der Einfachheit wegen ha genannt:

- ha.vhd
- ha_tb.vhd

Die erste Datei mit Namen ha.vhd beinhaltet den ganz normalen Code zur Realisierung der Hardware des FPGAs, wobei die zweite Datei ha_tb.vhd im Namen den Zusatz _tb für Testbench besitzt. Dieser Namenszusatz ist mit den genannten Zeichen nicht zwingend erforderlich und könnte auch anders lauten, hat sich aber als Quasi-Standard durchgesetzt. Beide Dateien werden in VHDPlus nach der Wahl des richtigen VHDL + Simulation-Projekts mit einem Grundgerüst an Inhalten automatisch generiert:

New Project
Name
ha
Template
VHDL Project with Simulation

Hier nun der erste Code, der die Logik des Halbaddierers beinhaltet:

```
library IEEE;
use IEEE.std_logic_1164.all;
use IEEE.numeric_std.all;

entity ha is
    port(
        a: in   std_logic; -- Eingang A
        b: in   std_logic; -- Eingang B
        s: out  std_logic; -- Ausgang Summe
        c: out  std_logic  -- Ausgang Carry
    );
end entity ha;

architecture rtl of ha is
begin
    s <= a xor b; -- Summenbildung
    c <= a and b; -- Carry-Bildung
end architecture rtl;
```

Listing: Der Code für den Halbaddierer

Kommen wir jetzt zur Datei für die Testbench. Sie sorgt dafür, dass das eigentliche Design eingebunden wird und mit gewünschten Eingangssignalen versorgt wird. Ich gehe die Schritte einzeln durch und kommentiere sie.

Schritt 1: Library und Entity-Block

Im ersten Schritt wird die bekannte Library-Definition in den Zeilen 01 bis 03 eingefügt. Der Entity-Block in den Zeilen 05 und 06 bleibt leer, da es für die Testbench keine eigenen Ein- und Ausgänge, also Signale, gibt und auch keine neue Hardware beschrieben werden soll. Sie werden aus der ursprünglichen Datei des eigentlichen Designs übernommen. Eine derartige Testbench-Datei ergibt somit für sich alleine gesehen keinen Sinn und kann nur im Kontext einer Simulation nützlich sein:

```
01 library IEEE;
02 use IEEE.std_logic_1164.all;
03 use IEEE.numeric_std.all;
04
05 entity ha_tb is    -- Leere Entity
06 end entity ha_tb; -- ...
07 ...
```

Die Aufgabe der Testbench ist es ja, aus diesem Modul heraus Signale zu generieren, um diese als Simulationsgrundlage zu nehmen und in Form von Eingangssignalen (alle gewünschten Kombinationen) an das eigentliche Design zu versenden:

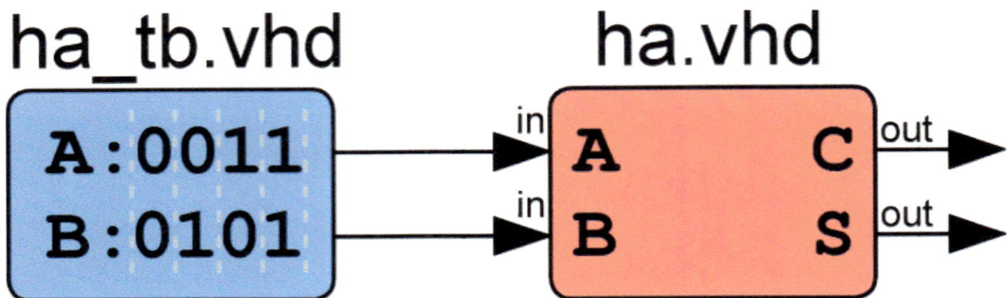

Abbildung 2: Das Simulationsmodul schickt Signale an das HA-Modul

Im nächsten Schritt wird eine Komponente hinzugefügt, die der Testbench mitteilt, was zu tun ist.

Schritt 2: Eine Component

Eine Komponente, Component genannt, wird benötigt, um Bezug auf eine schon bestehende Hardware-Definition zu nehmen, die im eigentlichen Design innerhalb des Entity-Blocks beziehungsweise des Port-Blocks schon hinterlegt wurde. Der Port-Block wird hier eins zu eins übernommen und in den Component-Block eingefügt, wobei dieser Block unmittelbar hinter den Schlüsselwörtern architecture und begin zu finden sein muss, der vorher leer war.

```
library IEEE;
use IEEE.std_logic_1164.all;
use IEEE.numeric_std.all;

entity ha_tb is
end entity ha_tb;

architecture rtl of ha_tb is
    component ha is
        port(
            a: in     std_logic;
            b: in     std_logic;
            s: out    std_logic;
            c: out    std_logic
        );
    end component ha;
...
```

Die Bindung der Komponente zum eigentlichen Design erfolgt über den vergebenen Namen ha. Zur Verdeutlichung hier noch einmal die Gegenüberstellung beziehungsweise das Übernehmen des Port-Blocks:

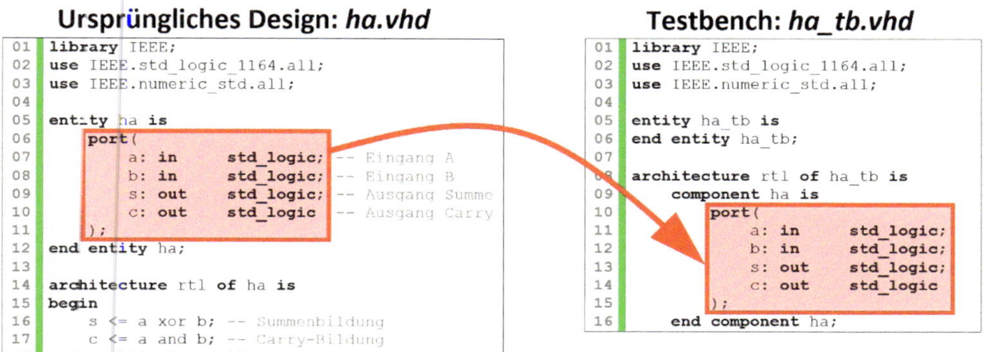

Abbildung 3: Die Übernahme des Port-Blocks aus Entity

Beide Port-Signaturen, also die Signalauflistung des Ports, müssen übereinstimmen, damit es zu keinen Problemen kommt.

Schritt 3: Die Signale

Jetzt geht es darum, welche Signale innerhalb der Testbench genutzt werden. Dazu werde ich die (fast) gleichen Bezeichnungen verwenden, die jedoch mit dem Präfix sig_ versehen sind. Es könnten auch die gleichen Signalnamen wie innerhalb der Port-Definition verwendet werden, was ich jedoch nicht empfehle, denn die Übersichtlichkeit und das Verständnis würden enorm darunter leiden. Wie die Definition von Signalen erfolgen muss, wurde schon besprochen. Die Definition der Signale erfolgt in Zeile 18, sie sind vom selben Datentyp wie die Schnittstellensignale:

```
01 library IEEE;
02 use IEEE.std_logic_1164.all;
03 use IEEE.numeric_std.all;
04
05 entity ha_tb is
06 end entity ha_tb;
07
08 architecture rtl of ha_tb is
09     component ha is
10         port(
11             a: in  std_logic;
12             b: in  std_logic;
13             s: out std_logic;
14             c: out std_logic
15         );
16     end component ha;
17
18     signal sig_a, sig_b, sig_s, sig_c : std_logic;
19 ...
```

Schritt 4: Die Port-Map

Jetzt kommt es zum Verbinden der Signale aus dem ursprünglichen Design mit den Signalen aus der Testbench, was über die Erstellung einer Instanz des ursprünglichen Designs ha erfolgt:

```
01 library IEEE;
02 use IEEE.std_logic_1164.all;
03 use IEEE.numeric_std.all;
04
05 entity ha_tb is
06 end entity ha_tb;
07
08 architecture rtl of ha_tb is
09     component ha is
10         port(
11             a: in   std_logic;
12             b: in   std_logic;
13             s: out  std_logic;
14             c: out  std_logic
15         );
16     end component ha;
17
18     signal sig_a, sig_b, sig_s, sig_c : std_logic;
19
20 begin
21     half_adder : ha port map(a=>sig_a, b=>sig_b, s=>sig_s, c=>sig_c);
22 ...
```

In Zeile 20 taucht jetzt das Schlüsselwort begin des Architecture-Blocks auf. In der nachfolgenden Zeile 21 wird jetzt die angesprochene Instanz über eine Port-Map erstellt, die auf ha weist und die Testbench-Signale mit den Signalen von den Zeilen 11 bis 14 verbunden. Es wird hier nicht die Zuweisungszeichenfolge <= verwendet, sondern =>. Die allgemeine Syntax zur Erstellung einer Port-Map lautet wie folgt, wobei das hier vergebene Label half_adder später in GTKWave zu sehen ist:

Schritt 5: Ein Prozess

```
[Label] : Entity port map(
    <entity_signal_name> => <local_signal_name>,
    <entity_signal_name> => <local_signal_name>,
    ...);
```

Letztendlich geht es uns darum, die Eingangssignale für das ursprüngliche Design aus der Testbench heraus zu generieren. Da diese sequenziell und nicht gleichzeitig bereitgestellt werden müssen, ist hier ein Prozess erforderlich. Innerhalb des Prozesses werden die Logikpegel definiert und schrittweise mit kleinen Pausen versendet:

```
01 library IEEE;
02 use IEEE.std_logic_1164.all;
03 use IEEE.numeric_std.all;
04
05 entity ha_tb is
06 end entity ha_tb;
07
08 architecture rtl of ha_tb is
09     component ha is
10         port(
11             a: in     std_logic;
12             b: in     std_logic;
13             s: out    std_logic;
14             c: out    std_logic
15         );
16     end component ha;
17
18     signal sig_a, sig_b, sig_s, sig_c : std_logic;
19
20 begin
21     half_adder : ha port map(a=>sig_a, b=>sig_b, s=>sig_s, c=>sig_c);
22     process
23     begin
24         sig_a <= '0';
25         sig_b <= '0';
26         wait for 1 ns;
27
28         sig_a <= '0';
29         sig_b <= '1';
30         wait for 1 ns;
31
32         sig_a <= '1';
33         sig_b <= '0';
34         wait for 1 ns;
35
36         sig_a <= '1';
37         sig_b <= '1';
38         wait for 1 ns;
39         wait; -- Für immer hier warten!
40     end process;
41 end architecture rtl;
```

Listing: Kompletter Code für Simulationsdatei

Entscheidend für die einzelnen Logikpegel gemäß der Wertetabelle für die Eingangssignale A und B sind die Zeilenpaare 24/25, 28/29, 32/33 und 36/37 mit nachfolgendem wait for zur Angabe der Wartezeit in Nanosekunden. Abgeschlossen beziehungsweise unterbrochen wird der Prozess mit einem endgültigen wait in Zeile 39.

Durch die wait-for-Anweisungen werden entsprechende Pausen aufgrund des nachfolgenden Arguments eingelegt. Die allgemeine Syntax sieht folgen-

```
wait for <time_value> <time_unit>;
```

Hinsichtlich der Zeiteinheit time_unit gibt es die folgenden Angabemöglichkeiten:

Einheit	Sekunden	Bezeichnung
fs	1 x 10-15s	Femtoseconds
ps	1 x 10-12s	Picoseconds
ns	1 x 10-9s	Nanoseconds
us	1 x 10-6s	Microseconds
ms	1 x 10-3s	Milliseconds
sec	1s	Seconds
min	10s	Minutes
hr	3600s	Hours

Tabelle: Einheiten für wait for

Der Aufruf der Simulation

Nach der Kompilierung des ursprünglichen Designs kann jetzt über das Kontext-Menü der Testbench-Datei ha_tb.vhd die GHDL-Simulation gestartet werden, die mit GTKWave zusammenarbeitet und die grafische Oberfläche von GTKWave öffnet.

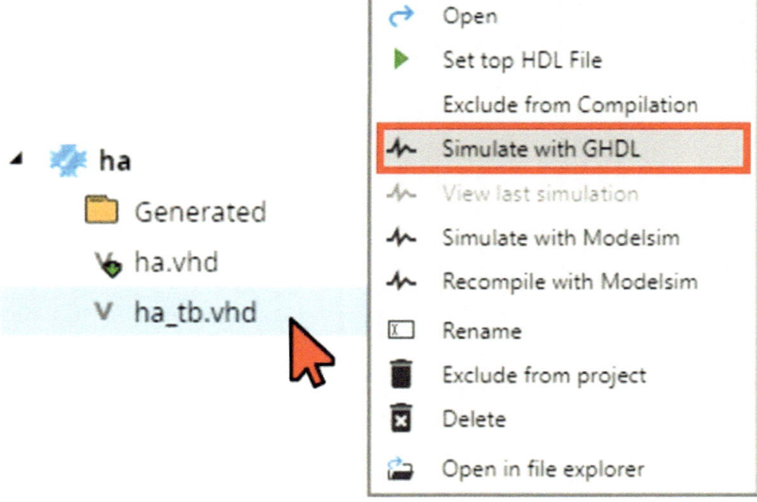

Abbildung 4: Der Aufruf der GHDL-Simulation

Im Anschluss öffnet sich das GTKWave-Fenster.

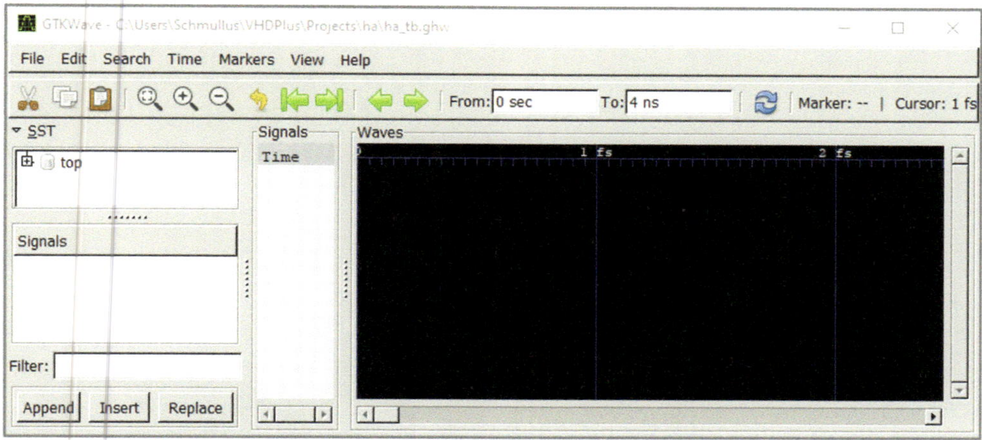

Abbildung 5: Die GTKWave-Oberfläche

Irgendwie ist hier nicht viel zu sehen. Ist etwas schiefgelaufen? Sehen wir erst einmal nach, was links unter SST der Eintrag top an Informationen zu bieten hat und klicken auf das kleine Pluszeichen davor, um darüber die Baumstruktur weiter aufzuklappen. Ich habe das so weit fortgeführt, bis die Baumstruktur gänzlich ausgeklappt ist.

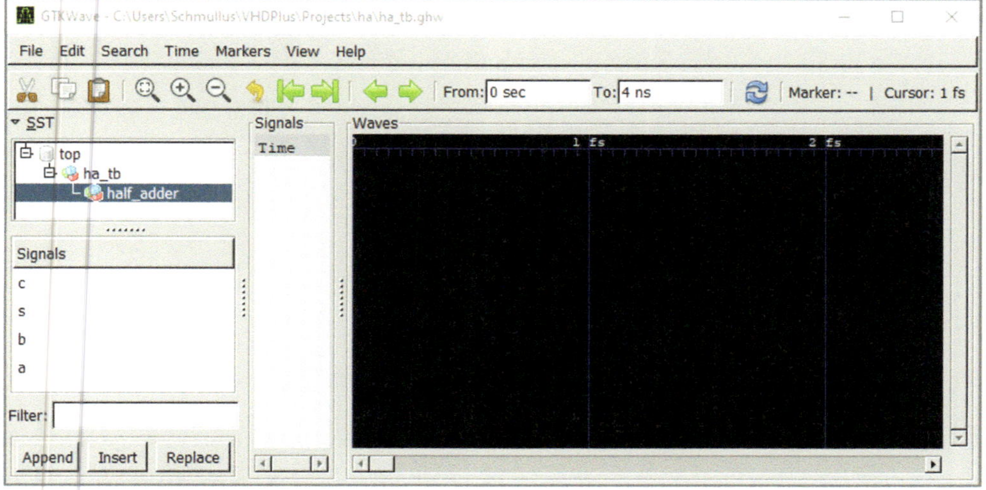

Abbildung 6: Die GTKWave-Oberfläche mit mehr Informationen

Und siehe da, dort ist das angesprochene Port-Map-Label mit der Bezeichnung half_adder aufgetaucht. Es hat sich also anscheinend doch etwas getan. Nach Anklicken des Labels wurden im Signals-Fenster die vier Signale a, b, s und c sichtbar und stehen dort für irgendetwas bereit.

Was ist als Nächstes zu tun? Nun, im Signals-Fenster stehen die zur Verfügung stehenden Signale zum Abholen bereit, sodass sie im rechten Waves-Bereich hinsichtlich ihres zeitlichen Verlaufs interpretiert werden. Doch da ist im Moment noch alles dunkel. Über Drag-and-Drop können jetzt die gewünschten Signale aus der Liste in den Bereich rechts davon abgelegt werden, der ebenfalls mit Signals beschriftet ist; kürzer und schneller geht es auch mit einem Doppelklick auf das entsprechende Signal.

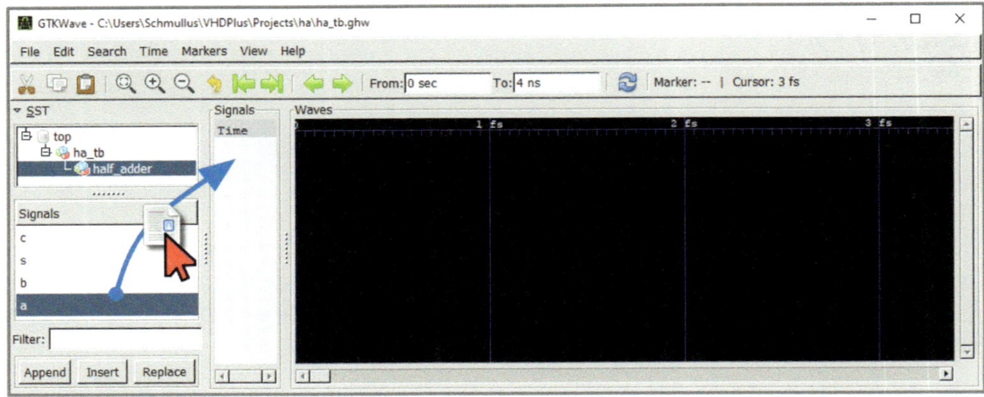

Abbildung 7: Die zur Verfügung stehenden Signale auswählen und ablegen

Ich habe das mit allen vier Signalen nacheinander gemacht, wobei ich die gezeigte Reihenfolge a, b, s, und c eingehalten habe.

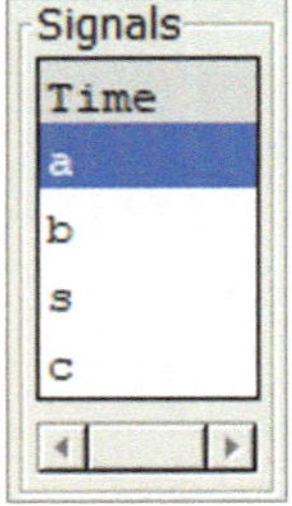

Abbildung 8: Die Signale, die im Waves-Fenster angezeigt werden sollen

Nach diesen Aktionen ist im Waves-Fenster immer noch keine Reaktion zu sehen. Lediglich vier waagerechte Linien sind zu erkennen, die jedoch keine Spur von irgendwelchen Pegelwechseln erkennen lassen. Ganz schön stur die Anwendung, oder? Das hat folgenden Hintergrund; werfen wir einen Blick auf den oberen Bereich des Fensters, sind dort senkrechte Zeitlinien zu sehen, die mit einer Beschriftung wie 1fs, 2fs und 3fs versehen sind.

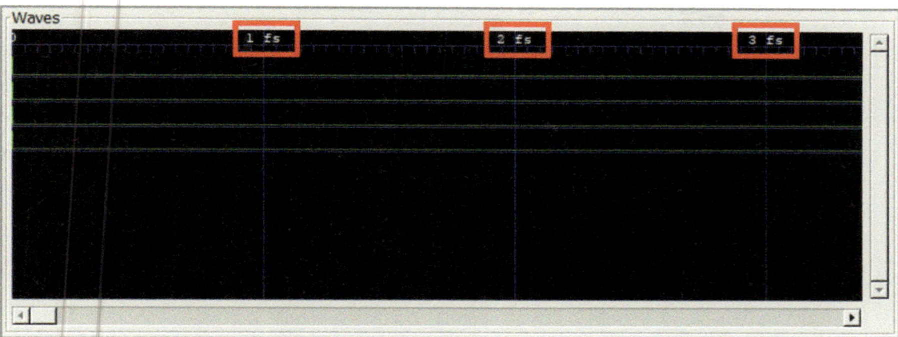

Abbildung 9: Die Zeitskalierung

Die Buchstaben fs stehen für Femtoseconds und das ist eine verdammt kleine Maßeinheit. Eine einzige Femtosekunde ist 1x10-15 Sekunden lang, also eine sehr kurze Zeiteinheit. Um den Anzeigebereich auf ps (Picosekunden) zu erhöhen, muss bei gedrückt gehaltener Strg-Taste das Mausrad nach unten gerollt werden, bis folgender Bereich zu sehen ist:

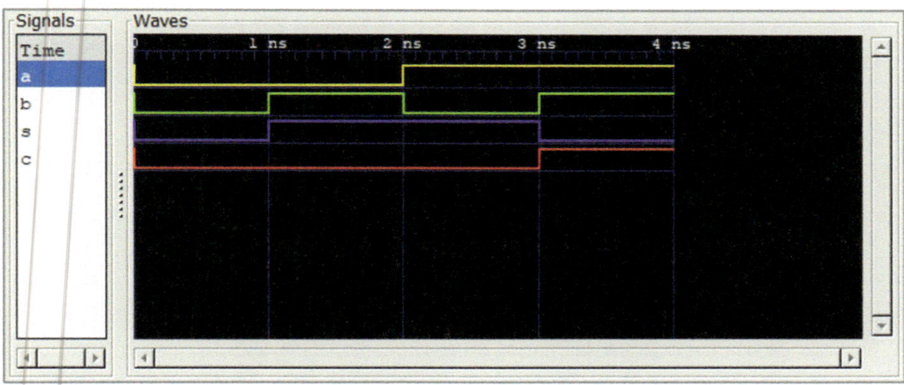

Abbildung 10: Die vier Signalpegel a, b, s und c

Hier ist wunderbar zu erkennen, dass je Pegel, ganz wie im Code vorgesehen, 1ns Pause eingelegt wird, bevor der nächste Pegel erreicht ist. Um ein schnelles Zoomen in den für uns wichtigen Bereich zu bewirken, muss lediglich auf die Zoom Fit-Schaltfläche in der Symbolleiste geklickt werden:

Aber stimmt denn das Diagramm überhaupt mit der Logik des Halbaddieres überein? Wir sehen mal nach. Ich habe zu diesem Zweck die booleschen Ausdrücke unterhalb der betreffenden Pegel kopiert.

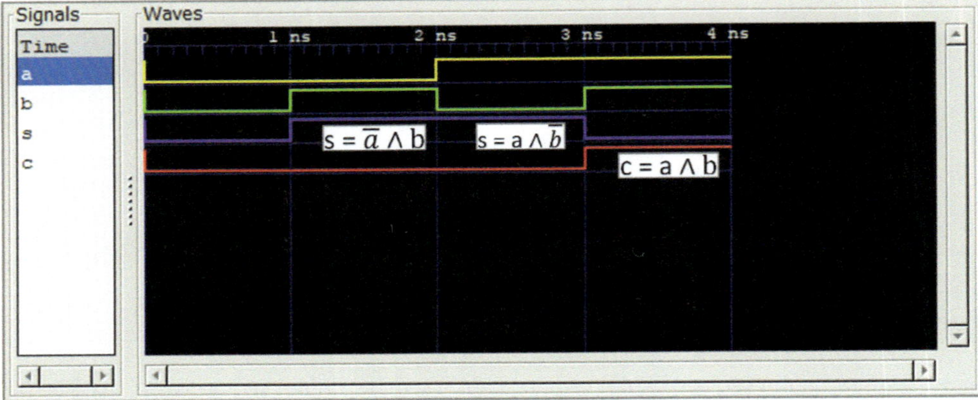

Abbildung 11: Die Logikpegel und die booleschen Ausdrücke

Wie es aussieht, ist wohl alles korrekt verlaufen. Ebenso ist gut zu erkennen, dass nach 4 ns Schluss ist und keine weiteren Pegel mehr zu erkennen sind, was durch wait am Ende des Prozesses erreicht wurde. Eine weitere interessante Möglichkeit besteht im Positionieren eines senkrechten Zeitmarkers mit dem Mauszeiger an einer beliebigen Stelle im Diagramm.

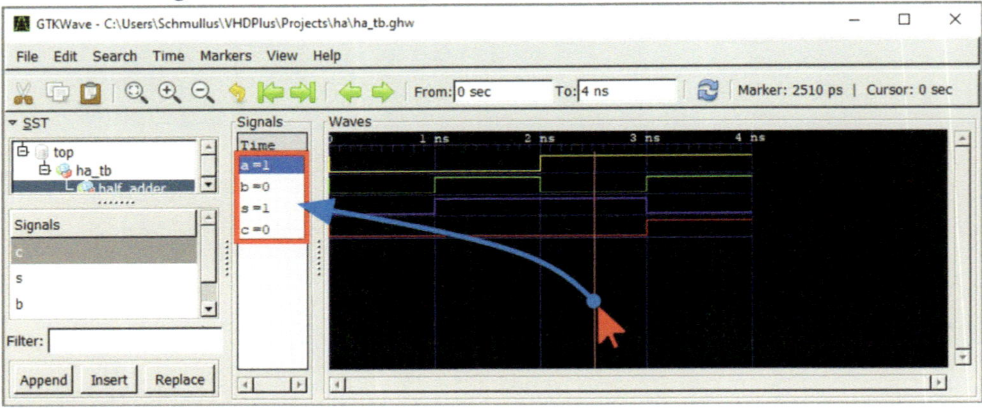

Abbildung 12: Der Zeitmarker wird positioniert

Im Signals-Fenster sind dann die jeweiligen Logikpegel zu dem Zeitpunkt abzulesen, an dem sich die Markierung gerade befindet. Der genaue Zeitstempel des Markers ist rechts über dem Diagramm abzulesen und befindet sich bei mir bei 2510ps (Picosekunden), was 2,51 ns entspricht.

Eine andere Art der Simulation

Wir haben gesehen, wie die Simulation der Eingangssignale A und B innerhalb eines Prozesses vonstattengeht. Aber benötigen wir dafür überhaupt einen Prozess? Folgender leicht abgewandelter Code führt zum gleichen Ergebnis und zeigt einen etwas anderen Ansatz. Die Pegeländerungen der Signale werden anhand eines Zeitstrahls berechnet. Um den gleichen Pegelwechsel von A und B wie zuvor gezeigt zu erhalten, sieht das auf dem Zeitstrahl wie folgt aus:

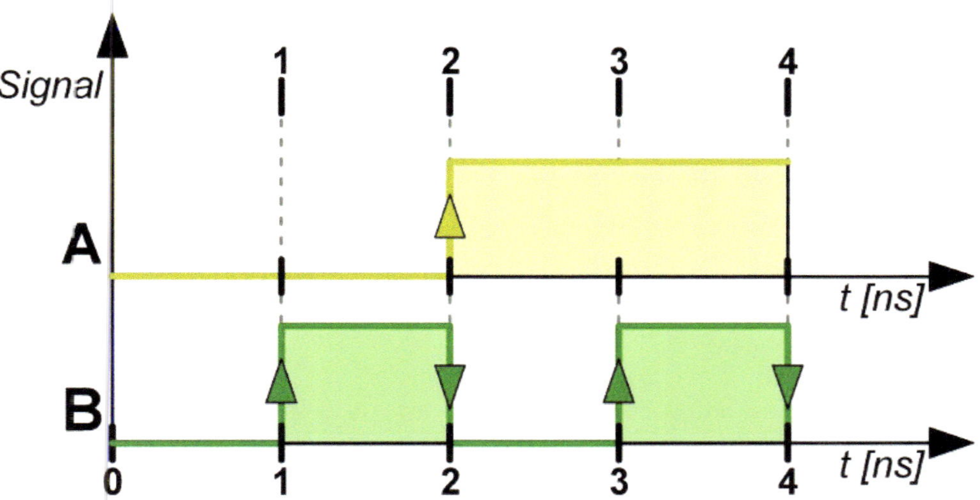

Abbildung 13: Die zeitlichen Pegeländerungen von A und B

Beide Signale beginnen bei 0ns mit einem LOW-Pegel. Nachfolgend sind bei Signal A eine einzige und bei Signal B vier Pegeländerungen zu sehen. Die Formulierung könnte dann wie folgt lauten, wobei die Zeitangaben der Pegelwechsel immer vom Beginn bei 0ns gesehen werden:

- Signal A: Beginne mit einem LOW-Pegel bei 0ns und setze einen HIGH-Pegel nach 2ns.
- Signal B: Beginne mit einem LOW-Pegel bei 0ns, setze einen HIGH-Pegel bei 1ns, setze einen LOW-Pegel bei 2ns, setze einen HIGH-Pegel bei 3ns und setze einen LOW-Pegel bei 4ns.

Der entsprechende Code sieht wie folgt aus, wobei er gegenüber dem Listing Kompletter Code für Simulationsdatei lediglich in den Zeilen 22 und 23 Änderungen erfahren hat:

```
library IEEE;
use IEEE.std_logic_1164.all;
use IEEE.numeric_std.all;

entity Kap05_Ha2_tb is
end entity Kap05_Ha2_tb;

architecture rtl of Kap05_Ha2_tb is
    component Kap05_Ha2 is
        port(
            a: in     std_logic;
            b: in     std_logic;
            s: out    std_logic;
            c: out    std_logic
        );
    end component Kap05_Ha2;

    signal sig_a, sig_b, sig_s, sig_c : std_logic;

begin
    half_adder : Kap05_Ha2 port map(a=>sig_a, b=>sig_b, s=>sig_s, c=>sig_c);
    sig_a <='0', '1' after 2 ns;
    sig_b <='0', '1' after 1 ns, '0' after 2 ns, '1' after 3 ns, '0' after 4 ns;
end architecture rtl;
```

Listing: Kap05_Ha2_tb.vhd

Das von der Simulation erzeugte Diagramm unterscheidet sich nicht vom vorherigen Diagramm.

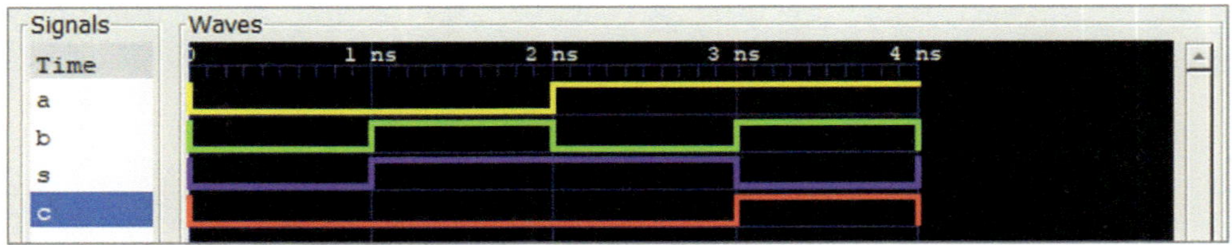

Abbildung 14: Die vier Signalpegel a, b, s und c

Diese Variante der Pegeländerungen ist etwas schwerer zu lesen und die Vorgängerversion stellt sich hinsichtlich der korrespondierenden Pegel klarer dar.

Als kleiner Einstieg in die Simulation mit GTKWave soll uns das hier vorerst genügen.

Die Simulation des Volladdierers

Wie im vorangegangenen Kapitel angekündigt folgt auch hier die Simulation des Volladdierers. Da die Vorgehensweise bei der Simulation des Halbaddierers nun bekannt ist, zeige ich an dieser Stelle lediglich den Code der Testbench, denn der eigentliche Code bleibt ja unangetastet und kann unverändert übernommen werden:

```
01 library IEEE;
02 use IEEE.std_logic_1164.all;
03 use IEEE.numeric_std.all;
04
05 entity Kap05_Volladdierer_tb is
06 end entity Kap05_Volladdierer_tb;
07
08 architecture rtl of Kap05_Volladdierer_tb is
09     component Kap05_Volladdierer is
10         port(
11             S    : out std_logic := '0'; -- Summe
12             COUT : out std_logic := '0'; -- Carry OUT
13             A    : in  std_logic;        -- Taster für Eingang A
14             B    : in  std_logic;        -- Taster für Eingang B
15             CIN  : in  std_logic         -- Taster für Carry IN
16         );
17     end component Kap05_Volladdierer;
18     signal sig_a, sig_b, sig_cin, sig_s, sig_cout : std_logic;
19 begin
20     half_adder : Kap05_Volladdierer port map(a=>sig_a, b=>sig_b,
   cin=>sig_cin, s=>sig_s, cout=>sig_cout);
21     process
22     begin
23         sig_cin <= '0'; sig_b <= '0'; sig_a <= '0'; wait for 1 ns;
24         sig_cin <= '0'; sig_b <= '0'; sig_a <= '1'; wait for 1 ns;
25         sig_cin <= '0'; sig_b <= '1'; sig_a <= '0'; wait for 1 ns;
26         sig_cin <= '0'; sig_b <= '1'; sig_a <= '1'; wait for 1 ns;
27         sig_cin <= '1'; sig_b <= '0'; sig_a <= '0'; wait for 1 ns;
28         sig_cin <= '1'; sig_b <= '0'; sig_a <= '1'; wait for 1 ns;
29         sig_cin <= '1'; sig_b <= '1'; sig_a <= '0'; wait for 1 ns;
30         sig_cin <= '1'; sig_b <= '1'; sig_a <= '1'; wait for 1 ns;
31         wait;
32     end process;
33 end architecture rtl;
```

Listing. Kap05_Volladdierer_tb.vhd

In den Zeilen 23 bis 30 müssen alle acht Bit-Kombinationsmöglichkeiten der drei Eingangssignale A, B und CIN aufgeführt werden. Nach dem Aufruf der Volladdierer-Simulation sieht das Ergebnis im GTKWave folgendermaßen aus:

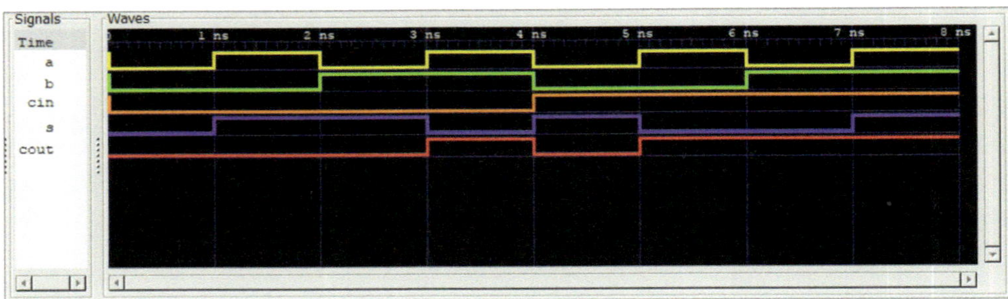

Abbildung 15: Die fünf Signalpegel a, b, cin und cout des Volladdierers

Die Simulation spielt eine wichtige Rolle in der FPGA-Programmierung mit VHDL, da sie es ermöglicht, das Verhalten des Designs zu überprüfen, bevor es auf dem FPGA implementiert wird. Die Simulation kann verwendet werden, um das Verhalten von Schaltungen und Komponenten zu modellieren und zu testen, indem Eingangssignale auf das Design angewendet werden und die Ausgangssignale analysiert werden.

Durch die Simulation können Entwickler Fehler im Design identifizieren und korrigieren, bevor es auf dem FPGA implementiert wird, was Zeit und Kosten sparen kann. Darüber hinaus kann die Simulation auch zur Verifikation der Funktionalität des Designs verwendet werden, indem verschiedene Szenarien und Eingabeparameter simuliert werden, um sicherzustellen, dass das Design den Anforderungen entspricht.

In der FPGA-Programmierung mit VHDL können verschiedene Simulationswerkzeuge verwendet werden, wie zum Beispiel ModelSim, Aldec Active-HDL oder Xilinx ISim, um nur einige zu nennen. Diese Werkzeuge bieten eine Vielzahl von Funktionen, einschließlich der Möglichkeit, Waveform-Diagramme anzuzeigen, um das Verhalten des Designs zu visualisieren, sowie der Möglichkeit, verschiedene Simulationsszenarien und Testbenches zu erstellen.

Im kommenden Projekt befassen wir uns schwerpunktmäßig mit Prozessen in der VHDL-Programmierung.

6. Blinkende LEDs

In diesem Projekt geht es nicht bloß um eine einfache Blinkschaltung, wie man das zum Beispiel vom Arduino-Blink-Sketch als klassisches Hello World-Programm kennt. Es wird weitaus spannender. Wir starten mit einem weiteren sehr wichtigen Teilbereich, bei dem es um einen Prozess (Process) geht.

Was ist ein Prozess?

Bisher wurden im Architecture-Block lediglich Anweisungen hinterlegt, die dafür sorgten, dass die logischen Strukturen gleichzeitig (englisch concurrent) ausgeführt wurden. In VHDL gibt es jedoch zusätzlich die Möglichkeit, bestimmte Anweisungen hintereinander, also sequenziell abzuarbeiten. Das VHDL-Konstrukt, das dieses Verhalten erlaubt, wird Process genannt.

Ein Prozess ist der klassischen Programmiersprache sehr ähnlich, wo der Code innerhalb der Prozessanweisung sequenziell ausgeführt wird. Die Prozessanweisung wird im Architecture-Block deklariert, sodass zum Beispiel zwei verschiedene Prozesse gleichzeitig ausgeführt werden können. Die allgemeine Syntax lautet wie folgt:

```
[process_label :] process[(sensitivity_list)]
  -- declarations
begin
  -- sequential statements
end process [process_label];
```

Man kann den Process mit einem Label, also einem aussagekräftigen Namen versehen, was jedoch optional ist. Hinter dem Schlüsselwort process wird eine optionale Parameterliste genannt, die Sensitivity List genannt wird. Dort werden Signale aufgeführt, die bei einer Zustandsänderung des jeweiligen Signals der Liste den Prozess aufruft. Jeder Prozess tut solange nichts, bis er durch eine Änderung angestoßen wird. Es handelt sich in diesem Fall um einen getakteten Prozess. Diese Änderungen stellen eine Art Trigger für den Prozess dar, um zum Beispiel eine neue Berechnung durchzuführen. Es ist möglich, mehrere Prozesse zu definieren, die auch gleichzeitig aktiv sein können. Beginnen wir dieses Thema mit einem einfachen Beispiel, mit der Definition eines einzigen Prozesses.

Der Prozess wird angestoßen

Was könnte für das Anstoßen eines Prozesses im einfachsten Fall verwendet werden und was kommt als Trigger für einen Pegelwechsel in Frage? Genau, ein Taster, der entweder gedrückt oder auch wieder losgelassen wird:

```
Button: process(BTN)
    begin
        -- Jetzt kann ich loslegen

    end process Button;
```

Abbildung 1: Das Triggern des Prozesses

Also sehen wir uns dazu ein einfaches Beispiel an, bei dem ich den Taster auf dem MAX1000-Board nutzen möchte, um damit die acht LEDs in einem bestimmten Muster abhängig vom Tasterstatus leuchten zu lassen. Es soll der Einfachheit halber zwischen den beiden Mustern (Patterns) hin und her geschaltet werden:

Abbildung 2: Die beiden LED-Patterns

Nun reicht es aber im einfachsten Fall nicht aus, dass der Prozess beim Drücken des Tasters aufgerufen wird, sondern es muss innerhalb der Prozessverarbeitung ermittelt werden, welchen Status der Tasten besitzt. Er kann die beiden Werte 0 oder 1 haben, was über eine bestimmte Codestruktur ausgewertet werden muss. Wer sich mit der Programmierung schon ein wenig auskennt, dem ist die if-then-else-Struktur bekannt, was übersetzt so viel wie „wenn-dann-sonst" bedeutet. Der else-Zweig ist hierbei optional, wird aber dennoch benötigt. In einem Flussdiagramm würde diese Abfrage wie folgt aussehen:

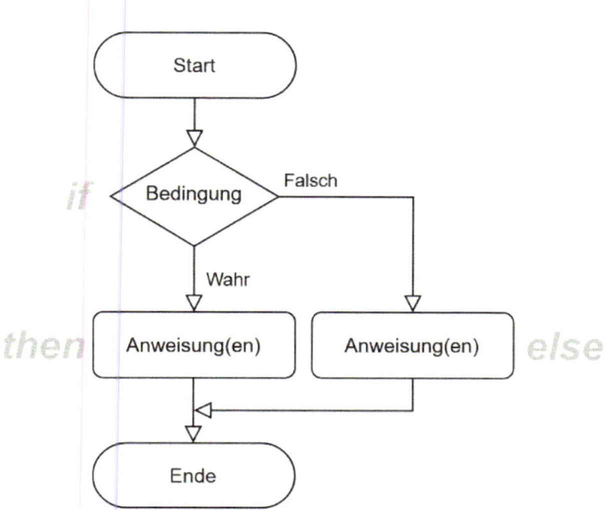

Abbildung 3: Das Flussdiagramm für if-then-else

Eine if-Anweisung kann nur innerhalb eines Prozesses angewendet werden, weil es innerhalb von if-then-else zur sequenziellen Abarbeitung von Befehlen kommt. Im Architecture-Block ohne einen Prozess könnte eine if-Anweisung niemals einen Sinn ergeben, weil dort alles gleichzeitig erfolgt. Sehen wir uns jetzt den entsprechenden Code zur Realisierung des Vorhabens an. In VHDL läuft wieder eine Blockbildung ab:

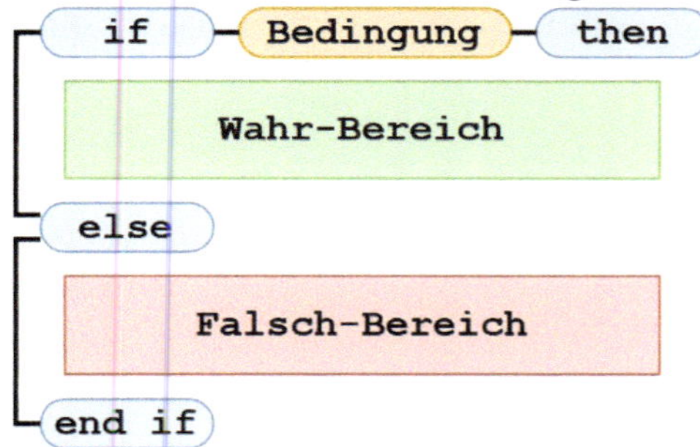

Abbildung 4: Die if-then-else Blockbildung in VHDL

Anfangs erfolgt eine Bewertung des Wahrheitsgehalts des Ausdrucks. Liefert die Bewertung ein logisches wahr (true) zurück, wird der Code zwischen then und else ausgeführt. Kommt es zu einer Bewertung, die ein logisches falsch (false) zurückliefert, wird der Code zwischen else und end if ausgeführt. Ich wende diese Form der if-Abfrage im kommenden Beispiel an. Zur Vervollständigung der Thematik möchte ich an dieser Stelle noch andere if-Abfragen kurz zeigen.

Die if-then-Anweisung

Bei der if-then-Anweisung wird bei der Erfüllung der Bedingung wahr nur ein Block mit Anweisungen ausgeführt. Wird die Bedingung nicht erfüllt (falsch), kommt es zu keiner Ausführung von Anweisungen innerhalb dieser Struktur:

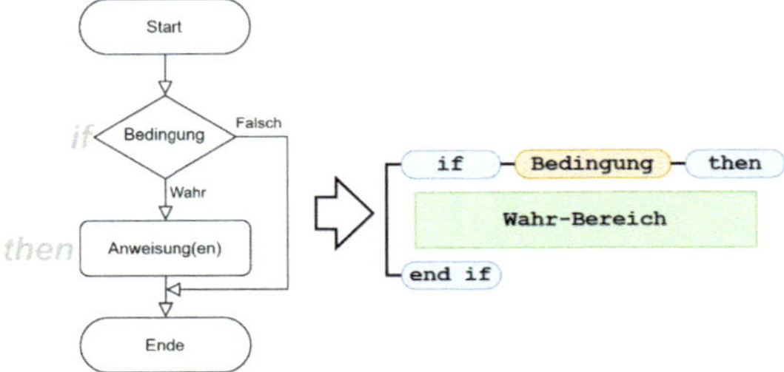

Abbildung 5: Die if-then-Anweisung

Die if-then-elsif-Anweisung

Bei der if-then-elsif-Anweisung (Achtung: else wird ohne e am Ende geschrieben) kommt es zu einer kaskadierenden Abfrage von Bedingungen. Wird die erste nicht erfüllt, kommt es zur Bewertung der zweiten und so weiter und so fort. Wird keine Bedingung erfüllt, kommt es zur Ausführung des else-Blocks. Wird jedoch eine Bedingung erfüllt, werden die entsprechenden Anweisungen ausgeführt und der if-then-elsif-Block unmittelbar verlassen, sodass keine weiteren folgenden Bedingungen auf ihren Wahrheitsgehalt hin untersucht werden:

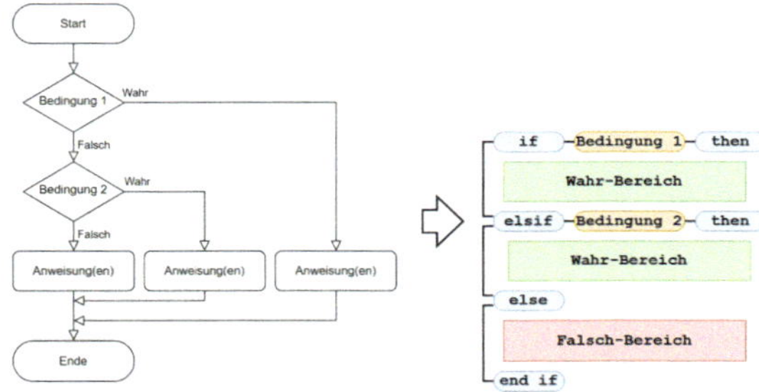

Abbildung 6: Die if-then-elsif-Anweisung - mit zwei Bedingungen

Abschließend eine Zusammenfassung der Merkmale einer if-Anweisung:

- Sie darf nur innerhalb eines Prozesses zum Einsatz kommen.
- Sie kann mehrere Bedingungen verarbeiten.
- Sie kann als Ergebnis mehrere Anweisungen ausführen.

Der Code zur Process-Steuerung

Ich verwende zur Ansteuerung der acht LEDs wieder das Array, weil es darüber viel einfacher ist. Und hier wird die if-then-else-Anweisung genutzt, denn es muss entschieden werden, was passieren soll, wenn der Taster gedrückt und wieder losgelassen wird:

```
library IEEE;
use IEEE.std_logic_1164.all;
use IEEE.numeric_std.all;

entity Kap06_Button_Pattern is
    port(
        BTN : in     std_logic;
        LED : out std_logic_vector(7 downto 0)
    );
end entity Kap06_Button_Pattern;

architecture rtl of Kap06_Button_Pattern is
begin
    Button: process(BTN)
    begin
        if BTN = '1' then
            LED <= "10101010"; -- LED-Pattern 1
        else
            LED <= "01010101"; -- LED-Pattern 2
        end if;
    end process Button;
end architecture rtl;
```

Listing: Kap06_Button_Pattern.vhd - Die Process-Steuerung der LEDs

Die Einstellungen im Connect and Compile-Dialogfenster sehen wie folgt aus:

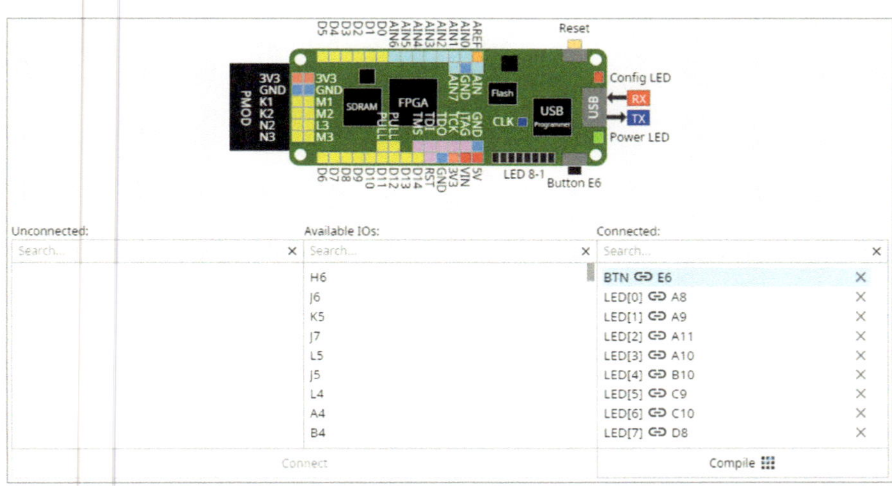

Abbildung 7: Das Mapping für die Process-Steuerung der LEDs

Nach dem Download des Codes sollte nach unserem Wissenstand also welches LED-Muster zu sehen sein? Muster 1 oder Muster 2? Wir erinnern uns, wie das mit dem Pullup-Widerstand am besagten Taster ist: Bei nicht gedrücktem Taster wird eine logische 1 zurückgeliefert, die in der if-then-Abfrage dazu führt, dass das LED-Muster 1 zu sehen ist, wie es im Bit-String "10101010" hinterlegt ist. Wird der Taster losgelassen, kommt es zur Ausführung des else-Blocks und das LED-Muster 2 "01010101" wird angezeigt. Möchte man das Verhalten umkehren, um den Pullup-Widerstand mit seinem vorgegebenen Logikpegel entgegenzuwirken, muss man ... stopp, ich hatte die Lösung schon einmal genannt.

Ein Lauflicht

Im nächsten Schritt möchte ich die genannten Grundlagen dazu nutzen, ein Lauflicht zu implementieren. Zuerst werden wir mit einer manuellen Version über das Drücken eines Tasters starten und dann im nächsten Schritt das Ganze automatisch ablaufen lassen. Dieser Automatismus ist möglich, weil sich auf dem Board ein Clock-Generator befindet, den wir anzapfen können. Es wird also wieder spannend.

Ein manuelles Lauflicht

Ein manuelles Lauflicht ist zwar nicht der Bringer, doch an diesem Beispiel lassen sich sehr gut ein paar essenzielle Dinge verdeutlichen. Ziel ist es, die acht LEDs auf dem MAX1000-Board so geschickt anzusteuern, dass es aussieht, als würde sich beim Druck auf den kleinen Taster eine leuchtende LED bewegen. Ich möchte zu Beginn die LED1 rechts außen aufleuchten lassen. Solange der Taster nicht gedrückt wird, soll auch nichts weiter geschehen. Wenn er dann gedrückt wird, soll LED1 erlöschen und LED2 links davon aufleuchten. Bei jedem weiteren Tastendruck soll die Ansteuerung der LED eine Position nach links wandern.

Was ist ein Shift-Register?

Ein Shift-Register, deutsch Schieberegister, ist eine Schaltung aus mehreren in Reihe geschalteten Flipflops, die bei jedem Takt ihren Speicherinhalt ein Flipflop weiterschieben.

Dazu sind ein paar neue Grundlagen erforderlich. Da wir das Standardsignal für die LEDs, das wir bisher im Entity-Block als out deklariert haben, nicht so ändern können, um da die Bits zu verschieben, nutzen wir ein zweites Signal, das ich Shift-Register (im Code: shift_reg) nenne. Was ist eigentlich ein Shift-Register?

Ich sprach gerade von einem zusätzlichen Signal, dessen Inhalt sich wie eine Reihe von hintereinander geschalteten Flipflops verhalten soll. Also wird dieses Signal am besten wieder ein Array sein, das aus genau so vielen Elementen besteht wie unser altbekanntes LED-Array. Die allgemeine Syntax einer Signal-Deklaration sieht wie folgt aus, was wir schon im Entity-Block gesehen haben:

```
signal signal_name : <Type> [:= init_value];
```

Nun sollten wir uns überlegen, wo denn dieses Signal im Code am besten unterzubringen ist. Wir erinnern uns an das VHDL-Kapitel mit der Aufzählung der unterschiedlichen Strukturen. Hier eine kurze Auffrischung. Ich habe den für uns relevanten Bereich rot markiert:

```
architecture architecture_name of entity_name is
-- Declarations region
-- ...
begin
    -- Architecture region
    -- ...
end [architecture] [architecture_name];
```

Im Architecture-Block zwischen den beiden Schlüsselwörtern is und begin können die Signal-Deklarationen eingefügt werden und so machen wir es auch mit unserem Signal:

```
signal shift_reg : std_logic_vector (7 downto 0) := "00000001";
```

Somit liegt also ein Array mit den folgenden Elementen und deren Inhalten vor, die 1 an Index-Position 0 ist rot markiert:

Index:	7	6	5	4	3	2	1	0
shift_reg:	0	0	0	0	0	0	0	1

Abbildung 8: Das Schieberegister mit seiner Initialisierung

Jetzt ist es ein Leichtes, den Inhalt dieses Signals dem LED-Signal zuzuweisen, das über die gleiche Dimensionierung verfügt. Man könnte Folgendes schreiben:

```
LED <= shift_reg;
```

Wenn wir jetzt die 1 im Schieberegister an Indexposition 0 nach links zu Indexposition 1 wandern lassen und dann eine erneute Zuweisung an das LED-Signal vornehmen, erkennt man, wie das Lauflicht realisiert werden kann. Das Ganze müsste durch irgendeine Steuerung in Gang gesetzt werden. Wir verwenden dafür den Taster in Verbindung mit dem schon gezeigten Prozess. Der Befehl, der das Wandern der 1 bewirkt, könnte wie folgt aussehen; wir werden sehen, ob er korrekt arbeitet:

```
shift_reg <= shift_reg(6 downto 0) & '0';
```

Auf den ersten Blick sieht das etwas merkwürdig aus, doch sehen wir uns das wieder im Detail an. Dem Schieberegister shift_reg wird sein eigener Inhalt zugewiesen, doch nicht komplett, sondern nur von Indexposition 6 bis 0, sozusagen ein verkleinerter und verschobener Bereich. Damit aber die ursprüngliche Größe des Arrays mit acht Elementen wieder erreicht wird, wird durch den &-Operator (nicht zu verwechseln mit einer UND-Verknüpfung!) eine 0 am rechten Ende angehängt, sodass in Summe wieder acht Elemente erreicht werden. Auf der folgenden Abbildung ist das Verhalten etwas deutlicher zu sehen:

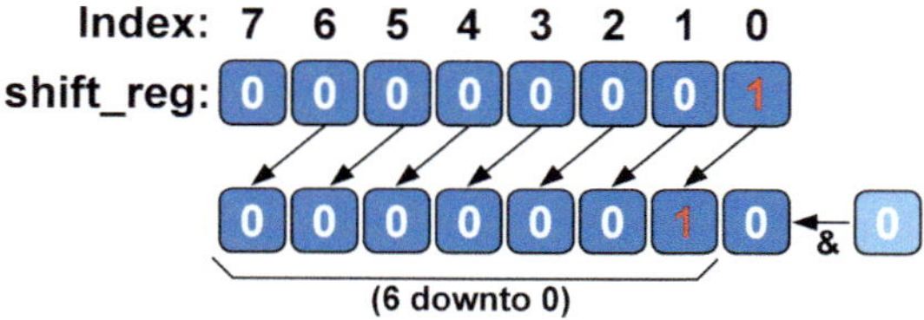

Abbildung 9: Die Array-Zuweisung und Erweiterung

Würde man die einzelnen Elemente schrittweise neu zuweisen, könnte das auch wie folgt aussehen:

```
shift_reg(7) := shift_reg(6);
shift_reg(6) := shift_reg(5);
shift_reg(5) := shift_reg(4);
shift_reg(4) := shift_reg(3);
shift_reg(3) := shift_reg(2);
shift_reg(2) := shift_reg(1);
shift_reg(1) := shift_reg(0);
shift_reg(0) := '0';
```

Doch was würde passieren, wenn die letzte 1 links aus dem Array-Index 7 rausfliegen würde? Sie wäre weg, und da auf der rechten Seite nur Nullen angefügt werden, hätten wir es mit einem Einmal-Lauflicht zu tun, was im Anschluss dunkel wäre. Diese Funktion würde einer sogenannten Shift-Operation gleichkommen. Das wollen wir aber nicht! Der Code müsste also so angepasst werden, dass die auf der linken Seite hinausgeschobene 1 wieder auf der rechten Seite hereingeschoben wird. Die gewünschte Funktion würde einer sogenannten Rotations-Operation gleichkommen. Der angepasste Code sieht wie folgt aus:

```
shift_reg <= shift_reg(6 downto 0) & shift_reg(7);
```

Jetzt wird auf der rechten Seite keine 0 angefügt, sondern immer der Inhalt des Array-Werts auf der linken Seite mit dem Index-Wert 7. An dieser Stelle sollte ich noch kurz auf den Verkettungsoperator durch das kaufmännische Und & eingehen. Dieser kann verwendet werden, um zwei oder mehrere Elemente miteinander zu verbinden beziehungsweise zu verketten (concatenate). Da VHDL stark typisiert ist, müssen alle involvierten Werte für eine Verkettung vom gleichen Typ sein. Außerdem muss das Ergebnis der Verkettung genau der Breite der verketteten Eingangssignale entsprechen, wie wir das mit den unterschiedlich breiten Arrays gesehen haben und durch das Anhängen eines zusätzlichen Elements am rechten Rand wieder ausgeglichen und korrigiert werden.

Um das nun zu implementieren, muss ein weiterer wichtiger Aspekt beachtet werden. Würde man den Code in der jetzigen Form in den Process-Block schreiben, käme es zum Aufruf der Rotationsfunktionalität, solange der Taster gedrückt würde, was aber nicht erwünscht ist. Die LED soll je Tastendruck unabhängig von dessen Dauer nur um eine Position wandern. Hier kommt die Flankensteuerung ins Spiel. Was können wir uns darunter vorstellen? Zuerst müssen wir uns darüber klar sein, was überhaupt eine Flanke in Bezug auf ein Signal ist.

Was ist eine Flanke?

Bei digitalen Signalen sind Signalflanken die Übergänge zwischen den beiden Signalzuständen HIGH und LOW.

Das bringt uns zu der eigentlich gestellten Frage.

Was ist eine Flankensteuerung?

Bei der Bewertung einer Flanke wird ermittelt, ob ein Signal den Zustand zum vorherigen Programmzyklus verändert hat. Wenn das Signal den Pegel von LOW auf HIGH wechselt, liegt eine positive Flanke vor. Bei einer Signalveränderung von HIGH auf LOW liegt eine negative Flanke vor.

Sehen wir uns dazu die genannten Pegelwechsel noch einmal in der folgenden Abbildung an:

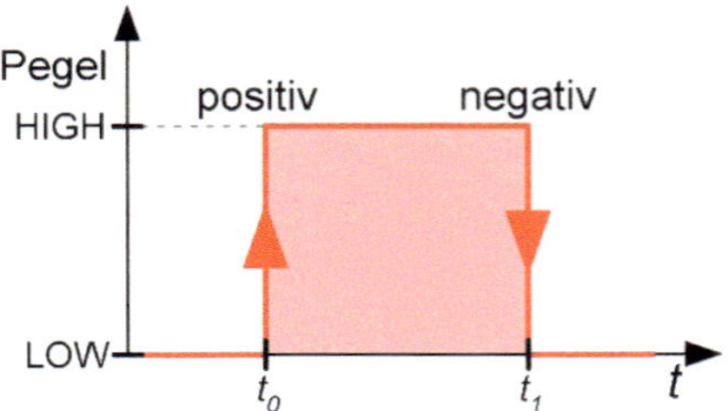

Abbildung 10: Eine positive und negative Flanke

Zum Zeitpunkt t0 wechselt der Pegel von LOW auf HIGH und stellt damit eine positive Flanke dar. Etwas später, zum Zeitpunkt t1 wechselt der Pegel von HIGH auf LOW, was eine negative Flanke bedeutet. Diese beiden Ereignisse können im Code berücksichtigt werden. Hier die allgemeine if-then-Abfrage, ob es sich um eine steigende Flanke (rising_edge) oder eine fallende Flanke (falling_edge) handelt.

```
Button: process(BTN)
    begin
        if rising_edge|falling_edge (BTN) then
            -- Tue etwas
        end if;
    end process Button;
```

Mit diesen Informationen ist es nun möglich, den endgültigen Code zu schreiben:

```
library IEEE;
use IEEE.std_logic_1164.all;
use IEEE.numeric_std.all;

entity Kap06_Button_Schiftregister is
    port(
        BTN : in  std_logic;
        LED : out std_logic_vector(7 downto 0)
    );
end entity Kap06_Button_Schiftregister;

architecture rtl of Kap06_Button_Schiftregister is
    signal shift_reg : std_logic_vector (7 downto 0) := "00000001";
begin
    Button: process(BTN)
    begin
        if rising_edge(BTN) then
            shift_reg <= shift_reg(6 downto 0) & shift_reg(7);
        end if;
    end process Button;
    LED <= shift_reg;
end architecture rtl;
```

Listing: Kap06_Button_Shiftregister.vhd - Die Schieberegister-Steuerung

Nun ist wiederum zu beachten, dass der Taster über einen Pullup-Widerstand im nicht gedrückten Zustand einen HIGH-Pegel liefert und im gedrückten einen LOW-Pegel. Wie verhält es sich dann in meinem Fall mit der Pegelabfrage in Zeile 17?

Doch Stopp! Beim Testen der Schaltung prellt der Taster, wie auch im Taster-Kapitel erwähnt. Beim Drücken des Tasters springt die leuchtende LED manchmal nicht nur um eine, sondern gleich um mehrere Positionen. Ein eindeutiges Zeichen für ein sogenanntes Bouncing. Da muss noch ein Debouncing her, das wir uns etwas später ansehen werden.

Der RTL-Viewer für das Schieberegister

Sehen wir uns den RTL-Viewer in Quartus Prime Lite an:

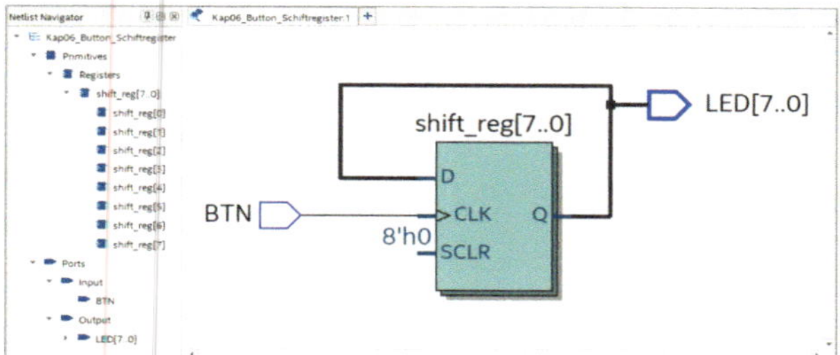

Abbildung 11: Das Ergebnis des Schieberegisters im RTL-Viewer von Quartus Prime Lite

Hier ist wunderbar das taktgesteuerte D-Flipflop zur Realisierung eines Schieberegisters zu sehen, auf das im Flipflop-Kapitel detaillierter eingegangen wird. Ich möchte an dieser Stelle nur so viel sagen, dass bei jeder ansteigenden Taktflanke, die durch den BTN-Taster ausgelöst wird, das Signal von einem zum nächsten Schieberegister weitergeleitet wird.

Ein manuelles Lauflicht mit Reset

Im nächsten Beispiel möchte ich den vorherigen Code mit einer Reset-Funktionalität ausstatten. Dazu wird ein zweiter Taster benötigt und ich möchte diesen mit einem Taster des Discoveryboards verbinden. Doch zuvor einige Grundüberlegungen. Der bisherige Prozess besitzt in seiner Sensitivity List lediglich den Taster, der das Schieberegister beeinflusst. Nun soll noch ein weiterer hinzukommen, denn der Taster für den Reset soll ebenfalls den Prozess aufrufen, um dort entsprechend abgefragt zu werden. Die Sensitivity List kann erweitert werden, indem man ein Komma hinter das letzte Signal setzt und dann den Namen des neuen Signals anfügt. Werfen wir zunächst einen Blick auf den Schaltplan:

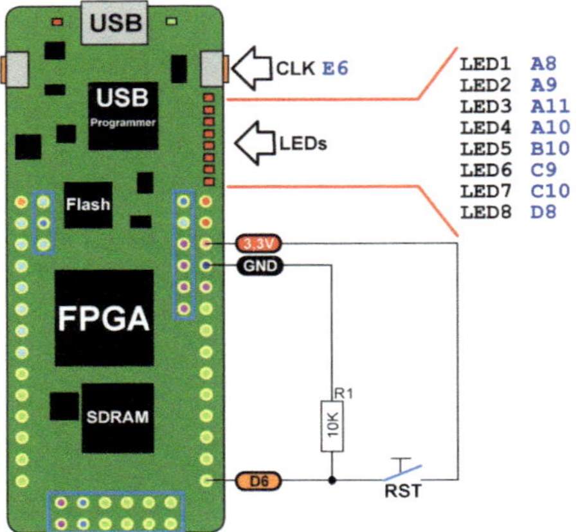

Abbildung 12: Der Schaltplan zur Ansteuerung des Schieberegisters mit Reset-Taster

Folgender GPIO-Pin wird angewendet:

GPIO-Pin	MAX1000-Signal	Modus	Signalbezeichnung
D6	L12	in	CLR

Tabelle: Der verwendete GPIO-Pin

Und nun der Code, der den zusätzlichen Taster RST abfragt, um darüber das Schieberegister mit seinem Start-Pattern zu initialisieren:

```
library IEEE;
use IEEE.std_logic_1164.all;
use IEEE.numeric_std.all;

entity Kap06_Shiftregister_Reset is
    generic(BITS : integer := 8); -- Anzahl der Bits
    port(CLK, CLR : in std_logic := '0';
         LED : out std_logic_vector (BITS-1 downto 0));
end entity Kap06_Shiftregister_Reset;

architecture rtl of Kap06_Shiftregister_Reset is
    signal shift_reg  : std_logic_vector (BITS-1 downto 0):= "00000001";
begin
    process(CLR, CLK)
    begin
        if CLR = '1' then
            shift_reg  <= "00000001";
        elsif rising_edge(CLK) then
            shift_reg  <= shift_reg (6 downto 0) & shift_reg (7);
        end if;
    end process;
    LED <= shift_reg ;
end architecture rtl;
```

Listing: Kap06_Button_Shiftregister_Reset.vhd - Schieberegister-Steuerung mit Reset-Taster

In Zeile 14 ist die Sensitivity List mit den beiden Signalen CLR und CLK zu sehen, die dann innerhalb des Process-Blocks innerhalb der if-then-elsif-Abfrage entsprechend ausgewertet werden. Wird der CLR-Taster gedrückt, wird Zeile 17 ausgeführt und das Schieberegister auf seinen Startwert gesetzt. Wird der CLK-Taster gedrückt (steigende Flanke), wird das Schieberegister in Zeile 19 um eine Position nach links verschoben.

Die Taktgenerierung

Kommen wir zur Realisierung eines voll automatischen Lauflichts, das über den internen Takt (Clock) getriggert wird. Zur Einführung in die Clock-Thematik wollen wir erst einmal eine einzige LED in unterschiedlichen Taktraten blinken lassen. Haben wir das verstanden, können wir fortfahren mit der eigentlichen Aufgabe der Realisierung eines automatischen Lauflichts. Werfen wir noch einmal einen Blick auf das MAX1000-Board und sehen, was sich dort noch für Komponenten befinden, die noch nicht besprochen wurden. Wir sehen, dass sich etwas rechts oberhalb des Flash-Speichers eine Oszillatorkomponente befindet, die für die Taktgenerierung zuständig ist:

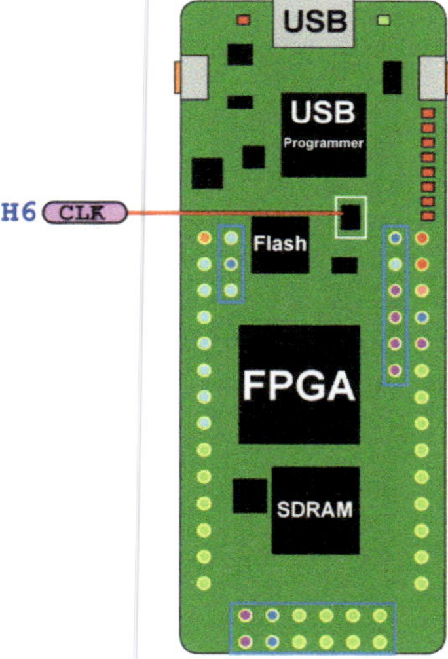

Abbildung 13: Die Taktgenerierung auf dem MAX1000-Board

Wenn man einen digitalen Signalpegel immer zwischen LOW und HIGH wechseln lassen möchte, was auch Toggeln genannt wird, dann kommt in den meisten Fällen ein NOT-Operator zum Einsatz. Dieser kehrt den aktuellen logischen Pegel einfach um. Man könnte meinen, dass der folgende Code funktionieren wird, um eine LED, wenn auch sehr schnell (6MHz), bei der ansteigenden Flanke des Takts blinken zu lassen:

```
library IEEE;
use IEEE.std_logic_1164.all;
use IEEE.numeric_std.all;

entity Blink_Problem is
    port(
        CLK : in  std_logic;
        LED : out std_logic := '0'
    );
end entity Blink_Problem;

architecture rtl of Blink_Problem is
begin
    blink: process(CLK)
    begin
        if rising_edge(CLK) then
            LED <= not LED;
        end if;
    end process blink;
end architecture rtl;
```

Listing: Das Toggeln der LED - Fehlerhafter Code!

Doch bevor es losgehen kann, möchte ich noch zeigen, wie Clock auf dem Board in das Mapping mit eingebunden wird. Wir klicken also auf die Compile-Schaltfläche und wählen dort das CLK-Signal in der Unconnected-Liste aus:

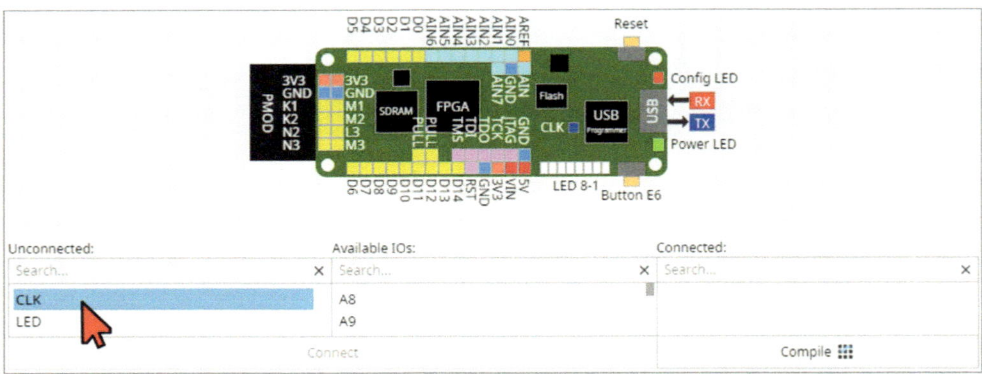

Abbildung 14: Das Auswählen des CLK-Signals

Nun erfolgt die Zuordnung zum Oszillator mit der Beschriftung CLK auf dem Board:

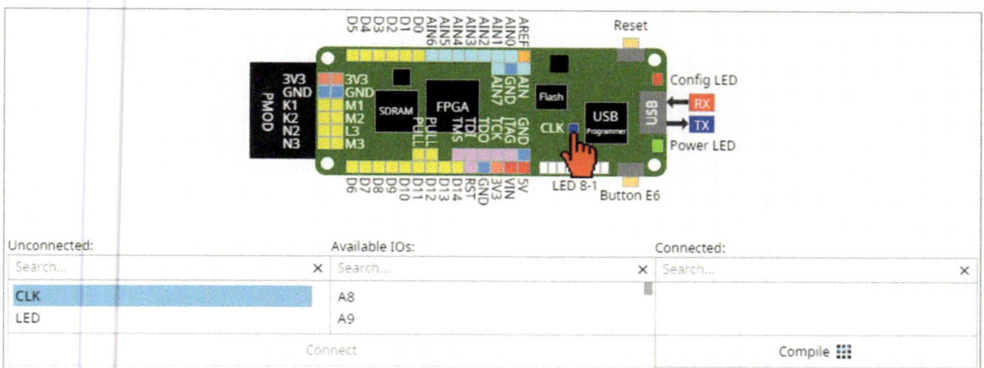

Abbildung 15: Das Auswählen des Oszillators

Um später leicht auf das Ausgangssignal zugreifen zu können, um es an ein Oszilloskop zu versenden, habe ich den digitalen Ausgang D5 für die LED verwendet. Der Dialog sieht wie folgt aus:

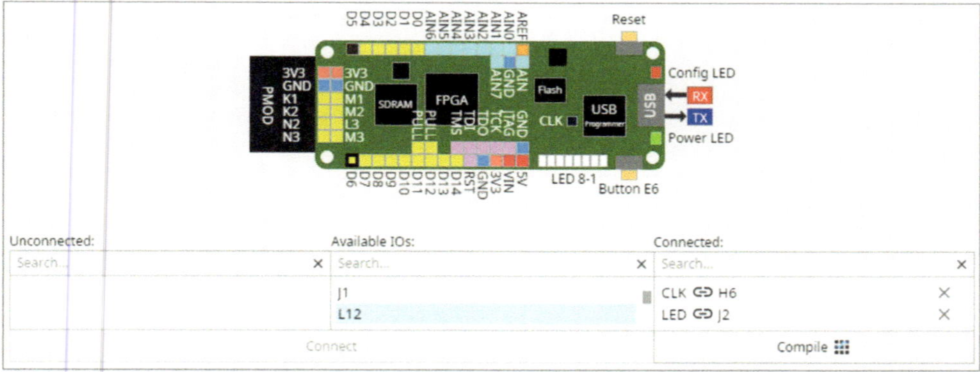

Abbildung 16: Das fertige Mapping

Nach dem Compiling erscheint folgende Fehlermeldung:

```
Interface object "LED" of mode out cannot be read. Change object
mode to buffer.
```

Ist diese Meldung verständlich? Sie besagt, dass das Signal LED nicht gelesen werden kann, da der Mode auf out steht. Es ist in dem Fall nur möglich, das Signal über eine Zuweisung zu beeinflussen, zum Beispiel so:

```
LED <= '1';
```

Warum funktioniert also unsere Zeile nicht?

```
LED <= not LED;
```

Der NOT-Operator muss zur Umkehr des LED-Pegels diesen erst einmal ermitteln, also lesen, was aus genannten Gründen nicht möglich ist. Was also tun? Die Lösungsmöglichkeiten sind vielfältig. Ich möchte zwei davon zeigen. Zum einem zeigt das Standard-Template beim Öffnen eines VHDL-Projektes einen Signaltypen, der sich Buffer nennt. Wird dieser anstelle von out verwendet, klappt auch das Compiling. Die Modifikation in Zeile 08 sieht wie folgt aus:

```
04 ...
05 entity Blink_Problem is
06     port(
07         CLK : in     std_logic;
08         LED : buffer std_logic := '0'
09     );
10 end entity Blink_Problem;
11 ...
```

Ports, die als *buffer* deklariert sind, werden verwendet, wenn ein bestimmter Anschluss gelesen und auch geschrieben werden muss. Dieser Modus unterscheidet sich vom Inout-Modus. Die Quelle des Ports kann dabei nur intern sein. Ich möchte nicht weiter in die Thematik einsteigen. An dieser Stelle sei nur so viel gesagt, dass dieser Typ vom Entwickler und Hersteller Xilinx nicht empfohlen wird, weil bei es bei der Synthese zu Problemen führen kann. Darum zeige ich eine zweite Möglichkeit über die Verwendung eines zusätzlichen Signals, um dieses Problem zu beseitigen. Sehen wir uns dazu den Code weiter unten an. Mein Ziel ist es, ein Signal mit einer Frequenz von 10Hz am Pin D5 zu generieren, um dort eine LED und auch den Eingang meines Oszilloskops anzuschließen. Nun müssen wir herausfinden, mit welcher Frequenz der Oszillator auf dem MAX1000-Board arbeitet. Dort steht unter anderem:

Oscillator (DSC6011ME2A): - 12 MHz

Es sind also 12 MHz, was 12x106 Hz entspricht. Das sind demnach 12 Millionen Pulse in der Sekunde. Ich möchte mit dem folgenden Code eine Frequenz von 10 Hz erzeugen. Der Process-Block wird gemäß der vorherrschenden Taktrate durchlaufen. Zur Taktreduzierung verwendet man am besten einen Zähler, der zum Beispiel bei 0 beginnt und immer um den Wert 1 erhöht wird und beim Erreichen eines bestimmten Grenzwerts ein Ereignis auslöst. Anschließend muss der Zähler wieder auf 0 gesetzt werden, um das Spiel von vorne beginnen zu lassen. Das Toggeln des Ausgangs für den Frequenzabgriff erreichen wir über das schon angesprochene zusätzliche Signal, das über den NOT-Operator zwischen 0 und 1 hin und her schwankt. Gehen wir das Vorhaben Schritt für Schritt durch.

Schritt 1: Die Schnittstellensignale deklarieren

Im ersten Schritt muss innerhalb des Entity-Blocks der Clock des Oszillators als in deklariert werden, da sein Signal in die Schaltung hineingeleitet wird. Des Weiteren wird das LED-Signal als out deklariert und mit dem Wert 0 initialisiert. An diesem Ausgang wird später der gewünschte Takt abgegriffen:

```
library IEEE;
use IEEE.std_logic_1164.all;
use IEEE.numeric_std.all;

entity Kap06_LED_Blink is
    port(
        CLK : in  std_logic;
        LED : out std_logic := '0'
    );
...
```

Schritt 2: Architecture-Block mit Signalen hinzufügen

Im zweiten Schritt werden im Architecture-Block die zusätzlichen Signale definiert, wobei clk_counter für den Zähler und flag für das Toggeln zuständig ist:

```
library IEEE;
use IEEE.std_logic_1164.all;
use IEEE.numeric_std.all;

entity Kap06_LED_Blink is
    port(
        CLK : in   std_logic;          -- Clock-Signal-Oszillator
        LED : out  std_logic := '0' -- Clock-Signal-Ausgang
    );
end entity Kap06_LED_Blink;

architecture rtl of Kap06_LED_Blink is
    signal clk_counter : integer range 0 to 6000000 := 0;
    signal flag : std_logic := '0';
...
```

Warum habe ich für den Zähler den Bereich 6.000.000 angegeben? Das hängt mit der Taktgeschwindigkeit von 12 MHz zusammen, wobei der Wert noch einmal halbiert wurde, um die An- und Ausphase des Rechtecksignals zu berücksichtigen. Würde ich diesen Wert später auch bei der Festlegung des Grenzwerts nutzen, um zu Toggeln und den Wert wieder mit 0 zu initialisieren, ergäbe sich eine Taktfrequenz von 1 Hz. Wir wollen jedoch eine höhere

Frequenz von 10 Hz erreichen. Dazu muss der Grenzwert kleiner sein, damit ein schnelleres Toggeln erreicht wird. In Zeile 13 wird ein Zählersignal (clk_counter) deklariert, das vom Typ Integer ist, den genannten Bereich von 0 bis 6.000.000 abdeckt und mit dem Wert 0 initialisiert wird. Das Flag-Signal (flag) wird in Zeile 14 vom Type std_logic deklariert und mit dem logischen Wert 0 initialisiert.

Schritt 3: Prozess definieren

Im dritten Schritt wird der Prozess mit seiner Logik definiert, um den Zähler zu beeinflussen und die LED anzusteuern. Hier zeige hier nur den hinzugekommenen Code:

```
14 ...
15 begin
16     blink: process(CLK)
17     begin
18         if rising_edge(CLK) then
19             clk_counter <= clk_counter + 1;
20             if clk_counter >= 600000 then
21                 flag <= not flag;
22                 clk_counter <= 0;
23             end if;
24         end if;
25     end process blink;
26     led <= flag;
27 end architecture rtl;
```

Der Prozess in Zeile 16 wird hinsichtlich der Sensitivity-List (CLK) nur bei einer Änderung des Clocks aufgerufen. Die Blockbildung über begin und end sorgt dafür, dass alle Anweisungen, die sich dazwischen befinden, sequenziell ausgeführt werden. In Zeile 19 wird der Zähler immer um den Wert 1 erhöht. Die if-Abfrage sorgt dafür, dass über die formulierte Bedingung schon beim Erreichen des Wertes 600.000 das Flag toggelt (Zeile 21) und anschließend der Zähler (Zeile 22) wieder auf den Wert 0 zurückgesetzt wird. Anschließend kommt es dann in Zeile 26 zur Zuweisung des Flag-Signals an die LED. Der gewünschte Takt wird generiert. Nachfolgend ist das Oszillogramm zu sehen:

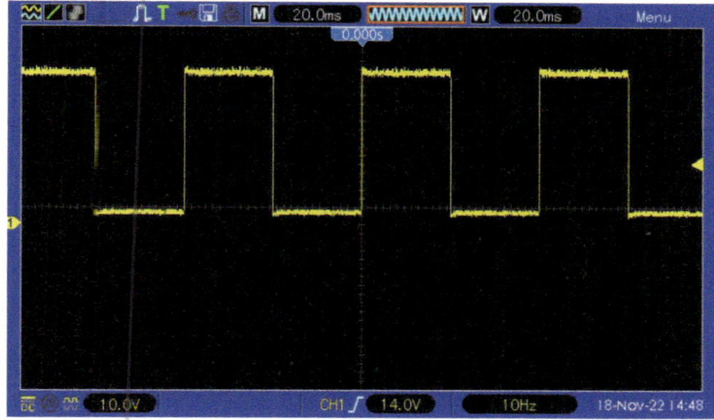

Abbildung 17: Das Oszillogramm des Ausgangssignals – Frequenz = 10Hz

Stimmt denn die Frequenz? Zum einen sieht man rechts unten, dass die Software des Oszilloskops das Signal analysiert hat und gibt die Frequenz mit 10 Hz an. Das passt also sehr gut. Man kann sich die Frequenz auch anhand des Oszillogramms ausrechnen. Hier ein kleiner Exkurs dazu: Die Zeitbasis des Oszilloskops ist auf 20ms eingestellt, was bedeutet, dass jeder Teilstrich in der Vertikalen einen zeitlichen Abstand von 20ms zum nächsten besitzt. Die Periodendauer T erstreckt sich genau über fünf Teilstriche je 20ms, was insgesamt eine einzige Periodendauer von 100ms ergibt. Die Frequenz f berechnet sich aus der gezeigten Formel ist der Kehrwert der Periodendauer:

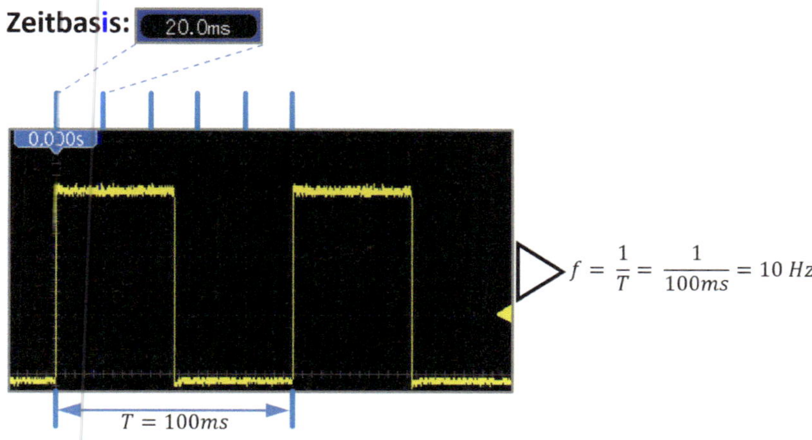

Abbildung 18: Die Berechnung der Frequenz

Das Ergebnis der Berechnung ergibt die erwarteten 10 Hz, die am Ausgang von Pin D5 anliegen. Nun kommen wir zum eigentlichen Ziel dieses Themenbereichs, nämlich der automatischen Ansteuerung des Lauflichts über den generierten Takt.

Ein automatisches Lauflicht

Jetzt müssen wir bestimmte Codebereiche aus der manuellen Steuerung des Lauflichts und der Taktgenerierung geschickt miteinander kombinieren. Die Weiterschaltung der einzelnen LEDs soll ja nun nicht mehr durch den Taster, sondern durch den Takt erfolgen. An der Stelle der einzelnen LED aus der vorigen Taktgenerierung muss wieder das LED-Array stehen. Zudem fällt das Flag für das Toggeln der einzelnen LED weg und an diese Stelle muss der Aufruf des Schieberegisters in Zeile 21 stehen, um dieses um eine Position nach links zu verschieben. Im Grunde genommen wäre es das schon. In Zeile 26 wird dann das Schieberegister dem LED-Array zugewiesen. Ich zeige nachfolgend den

```
01 library IEEE;
02 use IEEE.std_logic_1164.all;
03 use IEEE.numeric_std.all;
04
05 entity Kap06_Lauflicht is
06     port(
07         CLK : in  std_logic;
08         LED : out std_logic_vector(7 downto 0)
09     );
10 end entity Kap06_Lauflicht;
11
12 architecture rtl of Kap06_Lauflicht is
13     signal clk_counter : integer range 0 to 6000000 := 0;
14     signal shift_reg : std_logic_vector (7 downto 0)  := "00000001";
15 begin
16     blink: process(CLK)
17     begin
18         if rising_edge(CLK) then
19             clk_counter <= clk_counter + 1;
20             if clk_counter >= 600000 then
21                 shift_reg <= shift_reg(6 downto 0) & shift_reg(7);
22                 clk_counter <= 0;
23             end if;
24         end if;
25     end process blink;
26     LED <= shift_reg;
27 end architecture rtl;
```

Listing: Kap06_Lauflicht.vhd – Das automatische Lauflicht

Sehen wir uns abschließend das zeitliche Verhalten der LED-Ansteuerung in einem Logic-Analyzer an. Es ist wunderbar zu erkennen, dass bei jedem Taktimpuls der HIGH-Pegel von einem zum nächsten Ausgang wandert und am Schluss alles wieder von vorne beginnt:

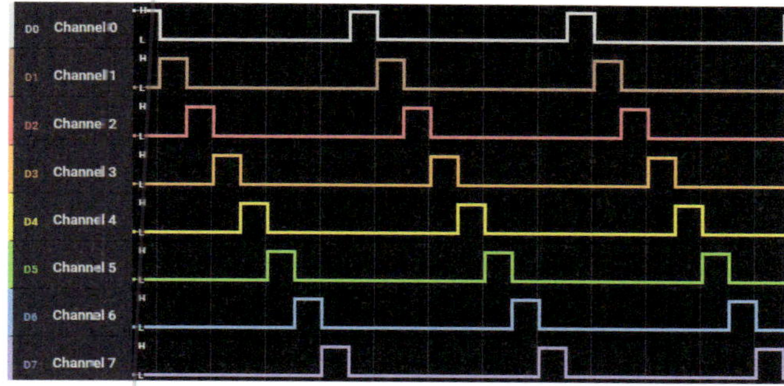

Abbildung 19: Der zeitliche Verlauf der LED-Ansteuerung

Allgemeine Taktgenerierung

Abschließend zum Thema blinkende LEDs und Lauflichter, wo es ja um die Nutzung des Takts auf dem MAX1000-Board ging, hier ein kurzer Code, der die Taktgenerierung mit einstellbarer Frequenz zeigt:

```
library IEEE;
use IEEE.std_logic_1164.all;
use IEEE.numeric_std.all;

entity Kap06_Taktgenierung is
    generic(
        CLK_Freq : integer := 12000000; -- 12MHz (Board-Takt)
        MUX_Freq : integer := 100       -- 100Hz (gewünschte Freq.)
    );
    port(
        CLK : in  std_logic;
        LED : out std_logic := '0'
    );
end entity Kap06_Taktgenierung;

architecture rtl of Kap06_Taktgenierung is
    signal clk_counter : integer range 0 to (CLK_Freq/MUX_Freq/2)
:=0;
    signal flag : std_logic := '0';
begin
    proc: process(CLK)
    begin
        if rising_edge(CLK) then
            clk_counter <= clk_counter + 1;
            if clk_counter = CLK_Freq/MUX_Freq/2 then
                clk_counter <= 0;  -- Zähler-Reset
                flag <= not flag;  -- Flag toggeln
            end if;
        end if;
    end process proc;
    LED <= flag;  -- Flag-Signal an Ausgang schicken
end architecture rtl;
```

Listing: Kap06_Taktgenierung.vhd

Es ist eine Frequenz von 100Hz gewünscht und diese wird an Pin D5 geleitet, an dem normalerweise auch eine LED angeschlossen ist. Die in den Generics definierten Konstanten (Zeilen 07 und 08) legen fest, wie weit später ein Zähler inkrementiert werden soll. Beim Erreichen des Grenzwerts (er muss zudem innerhalb der if-then-Abfrage noch durch 2 dividiert werden) erfolgen zwei Dinge:

- Das Rücksetzen des Zählers auf 0 (Zeile 25)
- Die Umschaltung (Toggeln) des Flags (Zeile 26)

Über das Oszillogramm sehen wir, dass der Frequenzwert des Rechtecksignals korrekt angezeigt wird:

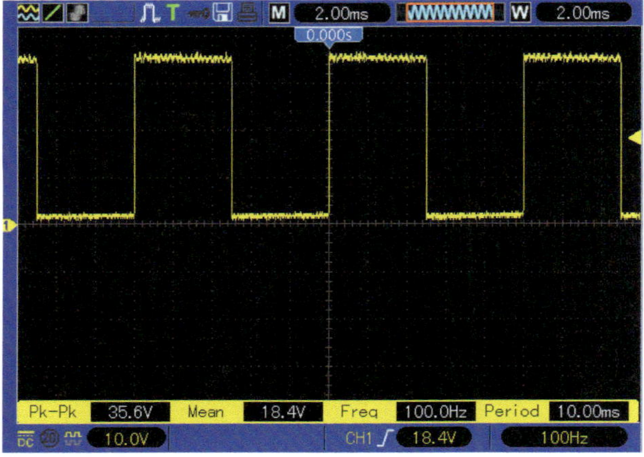

Abbildung 20: Das Oszillogramm des Ausgangssignals – Frequenz = 100Hz

Diesen Code zur Taktgenerierung habe ich aus dem Grund einmal separat gezeigt, weil er später im Kapitel zur Ansteuerung von mehrstelligen Siebensegmentanzeigen verwendet wird. Es geht im Speziellen darum, zwischen den einzelnen Stellen der Anzeige im Multiplexverfahren zu wechseln. Doch dazu später mehr.

Im kommenden Projekt geht es um das wichtige Thema Variablen und Signale.

7. Variablen und Signale

In der FPGA-Programmierung gibt es zwei grundlegende Konzepte: Variablen und Signale. Variablen sind Speicherbereiche, die Werte speichern und ändern können. Sie werden verwendet, um Werte zwischen verschiedenen Teilen des Codes zu übertragen oder um Zwischenergebnisse zu speichern. In der FPGA-Programmierung werden Variablen normalerweise als Register oder Speicherblöcke im FPGA implementiert. Signale hingegen sind elektrische Signale, die innerhalb des FPGAs fließen und die Verbindung zwischen verschiedenen Komponenten herstellen. Signale werden normalerweise verwendet, um Steuerinformationen oder Daten zwischen verschiedenen Teilen des FPGA-Codes zu übertragen.

In der FPGA-Programmierung ist es wichtig, zwischen Variablen und Signalen zu unterscheiden, da sie unterschiedliche Eigenschaften haben. Variablen können zum Beispiel Wertänderungen speichern, während Signale Änderungen in Echtzeit durchleiten. Wenn beispielsweise eine Schaltung entwickelt wird, die auf eine bestimmte Eingabe reagiert, sollten Signale verwendet werden, um die Eingabe an die Schaltung weiterzuleiten. Wenn jedoch ein Zwischenergebnis gespeichert werden soll, sollte eine Variable verwendet werden.

Dieses Kapitel soll die Unterschiede zwischen den VHDL-Objekten Variablen und Signalen verdeutlichen.

Variablen

Variablen sind temporäre Speicher, in denen Werte abgelegt und gelesen werden können und die ausschließlich innerhalb eines Prozesses existieren. Nach dem Abarbeiten des betreffenden Prozesses hört eine Variable auf zu existieren. Das Verhalten ist vergleichbar mit zum Beispiel einer lokalen Variablen der Programmiersprache C/C++ innerhalb einer Funktion. Wird innerhalb eines Funktionsblocks eine Variable definiert, dann spricht man von einer lokalen Variablen. Sie wird deklariert und initialisiert, wenn die Funktion ausgeführt wird. Außerhalb der Funktion ist der Zugriff auf diese Variable jedoch nicht möglich. Ist die Funktion abgearbeitet und wurde verlassen, wird die Variable aus dem Speicher (es handelt sich dabei um den Stack) unmittelbar entfernt und freigegeben.

Was bedeutet Iteration?

Iteration beschreibt allgemein den Prozess der mehrfachen Wiederholung und Abarbeitung von gleichen Aufgaben zum Erreichen eines bestimmten Ziels.

Variablen kommen meist dann zum Einsatz, wenn es darum geht, innerhalb von Schleifen die Anzahl der Schleifendurchläufe (Iterationen) zu zählen.

Die allgemeine Syntax lautet:

```
variable <name> : <type> [:= <initial_value>];
```

Die Initialisierung erfolgt über die Zeichenfolge := mit nachfolgendem Wert:

```
var1 := var1 + 1;
```

Zeitpunkt der Variablenaktualisierung

Bei einer Variablenaktualisierung erfolgt die Zuweisung eines neuen Werts innerhalb eines Prozesses unmittelbar. Das ist immer dann sinnvoll, wenn auf berechnete Ergebnisse sofort zugegriffen werden muss.

Signale

Signale sind äquivalent zu realen und physikalischen Signalverbindungen innerhalb des FPGA. Außerdem hat jedes Signal eine Historie von Werten, auf die zugegriffen werden kann. Signale können im deklarativen Teil definiert werden. Die in einem Paket deklarierten Signale sind für alle Entwurfsentitäten, die das Paket verwenden, sichtbar und es kann darauf zugegriffen werden. Werden Signale innerhalb der Architektur deklariert, sind diese nur für diesen spezifischen Block sichtbar. Allgemein können Signale sowohl innerhalb als auch außerhalb von Prozessen deklariert werden.

Die allgemeine Syntax lautet:

```
signal <name> : <type> [:= <initial_value>];
```

Die Initialisierung erfolgt über die Zeichenfolge <= mit nachfolgendem Wert:

```
sig1 <= sig1 + 1;
```

Zeitpunkt der Signalaktualisierung

Bei einer Signalzuweisung innerhalb eines Prozesses erfolgt diese nicht unmittelbar beim Erreichen der jeweiligen Anweisung, sondern erst beim folgenden Process-Zyklus mit der nächsten Taktflanke. Wird also zum Beispiel ein Signal innerhalb eines Prozesses hinsichtlich seines momentanen Werts abgefragt, so ist das nicht der gerade aktualisierte beziehungsweise neu berechnete, sondern der vor der anstehenden Taktflanke beim nächsten Durchlauf. Der Wert eines Signals wird also innerhalb eines Zyklus festgehalten. Werden einem Signal innerhalb eines einzigen Zyklus mehrfach unterschiedliche Werte zugewiesen, dann ist immer die letzte Änderung wirksam. Um einen gestarteten Prozess mittendrin zu beenden, muss dies durch eine Wait-Anweisung erfolgen. Wir werden dazu gleich eine interessante und aufschlussreiche Testbench starten, wobei es um die Unterschiede zwischen Variablen und Signalen hinsichtlich der Aktualisierung geht.

Eine Testbench der Aktualisierungen

Ich möchte eine Testbench erzeugen, die das Aktualisierungsverhalten der beiden Objekte, also Variablen und Signale aufzeigt. Zuvor jedoch ein paar Vorüberlegungen und neue Konstrukte, die uns innerhalb des Prozesses behilflich sind, das umzusetzen, was erforderlich ist. Ich fange sehr allgemein an. Auf der folgenden Abbildung sehen wir, an welchen Stellen die beiden Objekte Variable und Signal innerhalb des Architecture-Blocks definiert werden:

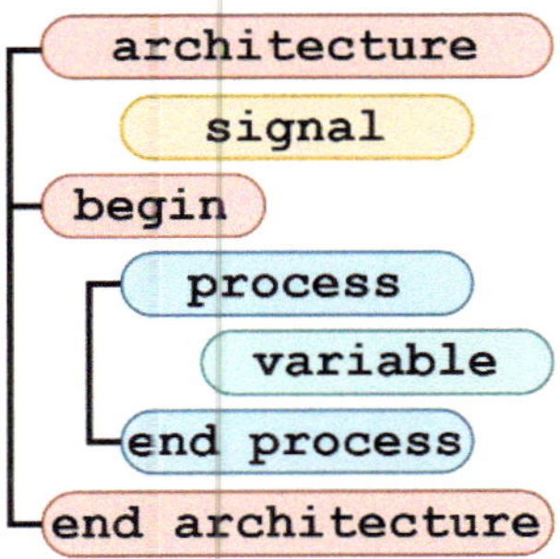

Abbildung 1: Eine Variable und ein Signal innerhalb des Architecture-Blocks

Da es um das Aktualisierungsverhalten der beiden Objekte geht, werden diese innerhalb des Process-Blocks verändert und der Inhalt in irgendeiner Form angezeigt. Dazu wird die Simulation benötigt und GHDL beziehungsweise GTKWave verwendet. Doch wie stellen wir das an?

Die for-Schleife

Ich fange mit dem zuerst genannten Punkt, der inhaltlichen Veränderung der beiden Objekte an, wobei beide innerhalb einer Schleife einfach um den Wert 1 erhöht werden. Dazu kommt ein neues Konstrukt zur Anwendung, die for-Schleife:

Was ist eine for-Schleife?

Eine for-Schleife ist eine Kontrollstruktur, mit der eine Anzahl von Anweisungen innerhalb eines Blocks mehrfach wiederholt ausgeführt werden können. Die Anzahl der Schleifendurchläufe wird im Schleifenkopf mit einem Start- und Endwert definiert.

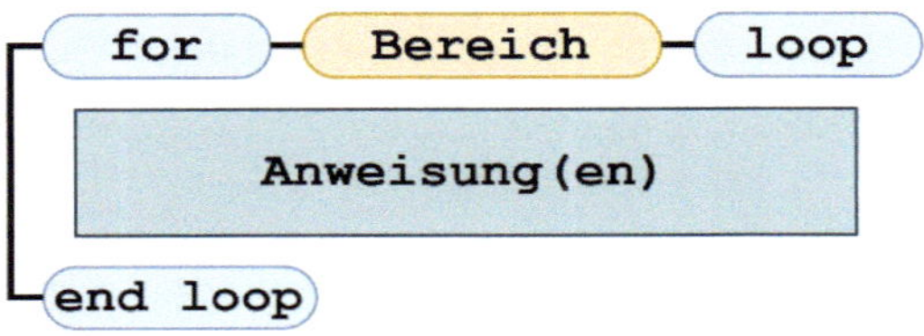

Abbildung 2: Die allgemeine for-Schleife

Wer schon mit anderen Programmiersprachen in Berührung gekommen ist, der kennt diese Schleife. Die allgemeine Syntax lautet:

```
for <v> in <range> loop
    -- Anweisung(en)
end loop;
```

Zuerst wird ein beliebiger Name für eine lokale Variable v (auch Laufvariable genannt) vergeben, die nur innerhalb der Schleife verfügbar sein wird. Diese Variable wird einen bestimmten Bereich mit Start- und Endwert durchlaufen, der über range definiert wird. Es kann sich hierbei nur um Ganzzahlen handeln, die entweder inkrementiert (erhöht) oder dekrementiert (vermindert) werden. Nachfolgend zwei Beispiele für das Rauf- und Runterzählen:

Die Laufvariable nimmt schrittweise die Werte von 0 bis 9 an:

```
for i in 0 to 9 loop
    -- Anweisung(en)
end loop;
```

Die Laufvariable nimmt schrittweise die Werte von 9 bis 0 an:

```
for i in 9 downto 0 loop
    -- Anweisung(en)
end loop;
```

Die Report-Anweisung

Damit wir die Änderungen der Inhalte während der Simulation auch nachvollziehen können, gibt es eine Möglichkeit, Nachrichten an das Ausgabefenster von VHDPlus zu senden, in dem sonst auch die zahlreichen Statusmeldungen während des Compilings auflaufen:

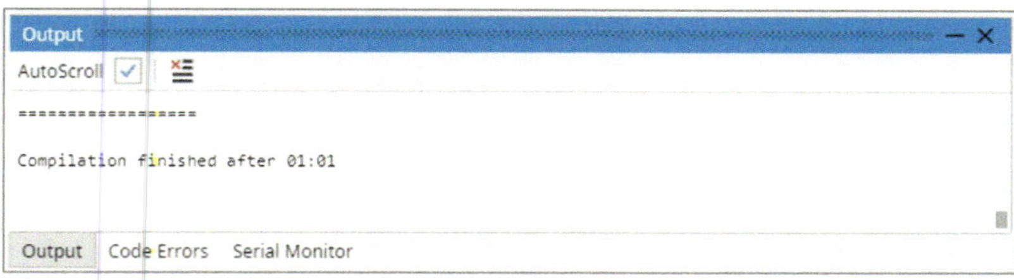

Abbildung 3: Das VHDPlus-Output-Fenster

Um eine Nachricht an dieses Output-Fenster zu versenden, was nur über eine Simulation möglich ist und nicht aus dem eigentlichen Synthesecode, wird die Report-Anweisung verwendet und eine Zeichenkette als Argument übergeben.

Die allgemeine Syntax lautet:

```
report <message> [severity <severity_level>];
```

Über die optionale Angabe des Schweregrads (Severity) der Meldung kann die Textfarbe beeinflusst werden, die ohne Angabe in der Regel weiß ist. Wird warning verwendet, erscheint der Text gelb/orange, bei error wird er rot ausgegeben. Hier ein kleiner Hinweis: Wird der Zusatz severity error angehängt, öffnet sich das GTKWave-Fenster nicht.

Nun möchten wir aber nicht einfach einen Text ausgeben, sondern zusätzlich noch Informationen über den Inhalt der beiden Objekte, die vom Datentyp gesehen keine Zeichenketten sind. Das ist ein Problem, das es zu lösen gilt. Ich hatte schon einmal den Concatenate-Operator & erwähnt, über den man Zeichenketten miteinander verbinden kann. Dieser kommt jetzt zum Einsatz, doch man muss beachten, dass man Zeichenketten untereinander mit & verbinden kann, doch wenn eine Zeichenkette und ein anderer Datentyp wie zum Beispiel ein Integer vorliegt, geht das so nicht. Zur Verbindung beider muss der Datentyp des zweiten Arguments klar sein und das Attribut image verwendet werden. Hier ein Beispiel zur Verbindung einer Zeichenkette mit einer Variablen var vom Datentyp integer:

```
report "Variable=" & integer'image(var);
```

Somit sind alle Informationen zur Umsetzung der Testbench vorhanden und wir können beginnen.

Die Umsetzung der Testbench

Ich habe in VHDPlus ein Projekt mit Simulation erstellt, wobei der eigentliche Inhalt der VHDL-Datei ohne Bedeutung ist. Ich zeige daher nur den Inhalt der Kap07_Variables_Signals_tb.vhd-Datei, die zur Simulation herangezogen wird. Hier nun der Code, der anschließend erläutert wird:

```
01 library IEEE;
02 use IEEE.std_logic_1164.all;
03 use IEEE.numeric_std.all;
04
05 entity Kap07_Variables_Signals_tb is
06 end entity Kap07_Variables_Signals_tb;
07
08 architecture rtl of Kap07_Variables_Signals_tb is
09     signal sig1 : integer := 0;
10 begin
11     proc: process
12     variable var1 : integer :=0;
13     begin
14         report "Simulation Start...";
15         for i in 1 to 5 loop
16             var1 := var1 + 1;
17             sig1 <= sig1 + 1;
18             report "Variable=" & integer'image(var1) &
19             ", Signal=" & integer'image(sig1);
20             wait for 10 ms;
21         end loop;
22         report "Simulation Stop...";
23         wait;
24     end process;
25 end architecture rtl;
```

Listing: Kap07_Variables_Signals_tb.vhd

Die Deklaration der beiden Objekte erfolgt innerhalb des Architecture-Blocks. In Zeile 09 wird das Signal sig1 deklariert und ist innerhalb des gesamten Blocks sichtbar. Die Variable var1 ist dagegen nur innerhalb des Prozesses sichtbar und wird in Zeile 12 deklariert. Beide sind mit dem Wert 0 initialisiert worden. Wenn wir uns die for-Schleife anschauen, deren Blockbildung sich von Zeile 15 bis Zeile 21 erstreckt, sieht man leicht, dass in dieser Kontrollstruktur beide Objekte, also sig1 und var1, in den Zeilen 16 und 17 bei jedem Durchlauf um den Wert 1 erhöht werden. In den Zeilen 18 beziehungsweise 19 werden dann über die Report-Anweisung beide Inhalte ausgegeben und können analysiert werden. Um eine kleine Pause einzulegen, ist in Zeile 20 eine Wait-Anweisung mit einer Zeitangabe platziert worden. Die Ausgabe des Reports im Output-Fenster wird von entsprechenden Meldungen in Zeile 14 und Zeile 22 kommentiert, die den Anfang und das Ende dokumentieren.

Ohne die schon erwähnten Unterschiede im Verhalten zwischen Variablen und Signalen sollte man vermuten, dass beide Inhalte mehr oder weniger synchron um den Wert 1 erhöht werden. Doch sehen wir uns die Ausgabe des Reports genauer an, wobei ich den Inhalt auf das Wesentliche gekürzt habe:

```
@0ms:  (report note): Simulation Start...
@0ms:  (report note): Variable=1, Signal=0
@10ms:(report note): Variable=2, Signal=1
@20ms:(report note): Variable=3, Signal=2
@30ms:(report note): Variable=4, Signal=3
@40ms:(report note): Variable=5, Signal=4
@50ms:(report note): Simulation Stop...
```

Sehen wir uns die einzelnen Zeilen mit den Zeitstempeln von 0ms bis 50ms an, bemerken wir bei den Objektinhalten Folgendes: Der Inhalt der Variablen wird, wie erwartet, bei jedem Iterationsschritt sofort um den Wert 1 erhöht und die Werte von 1 bis 5 angezeigt. Beim Signal ist das jedoch nicht der Fall. Hier werden die Werte 0 bis 4 angezeigt, sodass es immer eine Differenz von 1 zwischen Variable und Signal gibt. Das betrachten wir genauer.

Wie ich schon einleitend zur Signalaktualisierung erwähnt hatte, erfolgt bei einer Signalzuweisung innerhalb eines Prozesses diese nicht unmittelbar beim Erreichen der jeweiligen Anweisung, sondern erst mit der nächsten Taktflanke.

Man kann sich das wie folgt vorstellen: Wird der Wert eines Signals innerhalb des Prozesses verändert, kommt das der Vormerkung einer Transaktion gleich. Alle Signale, die inhaltlich derart modifiziert werden, kommen auf eine Transaktionsliste, die erst beim nächsten Durchlauf des Prozesses – nach der kompletten Abarbeitung der for-Schleife – umgesetzt werden.

Die for-Schleife innerhalb des Prozesses ist eigentlich unschön und ich wollte sie vermeiden. Doch VHDPlus hängt sich auf, wenn der Ablauf endlos und ohne dieses Konstrukt erfolgt. Aber so konnte gezeigt werden, dass das Signal immer erst beim erneuten Durchlauf des Prozesses aktualisiert wird.

Im kommenden Projekt geht es um Flipflops. Sehr wichtig!

8. Flipflops

Ich hatte Flipflops bereits im Einleitungskapitel schon erwähnt. Ein Flip-Flop kann einen Zustand speichern und diesen Zustand zu einem späteren Zeitpunkt ausgeben, wenn ein bestimmtes Steuersignal anliegt. Flip-Flops sind in der FPGA-Programmierung wichtig, da sie die grundlegenden Bausteine sind, aus denen sequenzielle Logikschaltungen aufgebaut werden, die aufgrund ihrer Fähigkeit, Zustände zu speichern, eine Vielzahl von Anwendungen haben.

Der einfachste Vertreter dieser Gattung ist das RS-Flipflop. Es besitzt einen Setz- und einen Rücksetzeingang und hat das genannte Problem, wenn es um die Tatsache geht, dass es einen unerlaubten Zustand gibt, wenn Setz- und Rücksetzeingang gleichzeitig einen HIGH-Pegel vorweisen. Wir kommen gleich noch einmal darauf zu sprechen. Dann gibt es noch das D-Flipflop, das dieses Problem in einer speziellen Variante behebt, in dem der Rücksetzeingang über einen Inverter mit dem Setzeingang verbunden ist, sodass beide niemals den gleichen Pegel vorweisen können.

Ein RS-Flipflop

Wenn es darum geht, einen Speicher zu realisieren, dann stellt ein RS-Flipflop die einfachste Form dar. Ein HIGH-Pegel am Setzeingang führt dazu, dass der Ausgang Q ebenfalls auf einen HIGH-Pegel wechselt und dieser bleibt dort gespeichert, auch wenn der Setzeingang zurück auf einen LOW-Pegel wechselt. Bei einem kurzen HIGH-Pegel am Rücksetzeingang geht der Ausgang Q wieder zurück auf einen LOW-Pegel. Nachfolgend ist noch einmal das Schaltzeichen eines RS-Flipflops zu sehen:

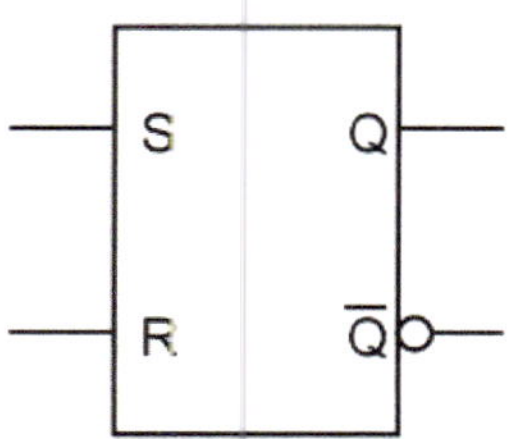

Abbildung 1: Das Schaltzeichen eines RS-Flipflops

Wir wollen das Verhalten nachstellen und nutzen zwei verschiedene Ansätze. Werfen wir zunächst einen Blick auf den Schaltplan.

Der Schaltplan

Der folgende Schaltplan zeigt die beiden Taster für den Setz- und Rücksetzeingang und die Ausgänge Q und Q-Nicht:

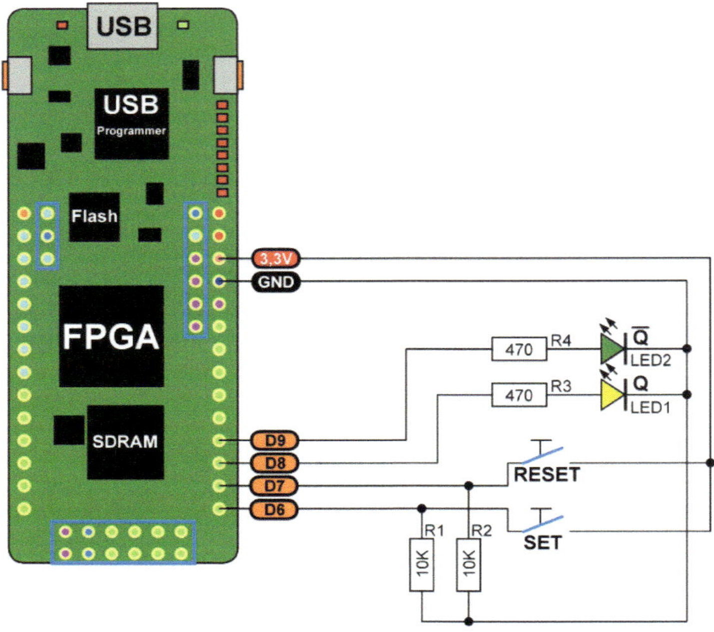

Abbildung 2: Der Schaltplan für das RS-Flipflop

Folgende GPIO-Pins werden verwendet:

GPIO-Pin	MAX1000-Signal	Modus	Signalbezeichnung
D6	L12	in	S
D7	J13	in	R
D8	J13	out	Q
D9	K11	out	QNOT

Tabelle: Die verwendeten GPIO-Pins

Nun gibt es zwei verschiedene Möglichkeiten, das Verhalten zu realisieren. Ich möchte mit der Umsetzung über einen Prozess beginnen, in dem über eine if-then-else-Abfrage die Ausgangspegel gesetzt werden. Dieser Ansatz entspricht nicht der klassischen Variante über die NAND-Gatter mit Rückkopplung aus dem Einführungskapitel. Diesen werde ich dann gleich als zweite Möglichkeit, jedoch mit NOR-Gattern, vorstellen. Für beide Varianten gilt der gezeigte Schaltplan.

Der Code für das RS-Flipflop (über Process-Logik)

Beginnen wir also mit dem Prozess und der if-then-else-Abfrage und sehen uns zuerst den Entity-Block für die Ein- und Ausgangssignale an:

```
library IEEE;
use IEEE.std_logic_1164.all;
use IEEE.numeric_std.all;

entity Kap08_RSFlipflop is
    port(
        R, S     : in  std_logic;         -- Eingänge
        Q, QNOT  : out std_logic := '0'   -- Ausgänge
    );
end entity Kap08_RSFlipflop;
...
```

Listing: Kap08_RSFlipflop – Teil 1

Im Architecture-Block ist der Prozess definiert, der immer dann aufgerufen wird, wenn eines der beiden Signale (R oder S) eine Änderung erfahren. Dementsprechend werden die Ausgänge Q beziehungsweise Q-Nicht gesetzt:

```
...
architecture rtl of Kap08_RSFlipflop is
begin
    RS_FF : process(R, S)
    begin
        if R = '1' then     -- Reset
            Q    <= '0';
            QNOT <= '1';
        elsif S = '1' then -- Set
            Q    <= '1';
            QNOT <= '0';
        end if;
    end process RS_FF;
end architecture rtl;
```

Listing: Kap08_RSFlipflop – Teil 2

Es ist interessant, dass es beim Drücken beider Tasten (R und S) nicht zu einem undefinierten Zustand kommt. Warum ist das so? Ganz einfach, wenn die if-Bedingung erfüllt wurde, kommt es nicht mehr zur Abfrage des else-Zweigs. Es leuchtet also beim Drücken beider Tasten die LED für den Q-Nicht-Ausgang, weil R = '1' zuerst erkannt und ausgewertet wird. Ich schlage vor, die Abfragereihenfolge zu vertauschen und sich dann das Ergebnis anzuschauen.

Der Code für das RS-Flipflop (über NOR-Gatter)

Jetzt komme ich zur angekündigten Variante der Realisierung des RS-Flipflops über die zwei NOR-Gatter. Der Logikschaltplan dazu sieht wir folgt aus; man beachte, dass der Setzeingang sozusagen überkreuz von links unten nach rechts oben zum Ausgang Q geleitet ist:

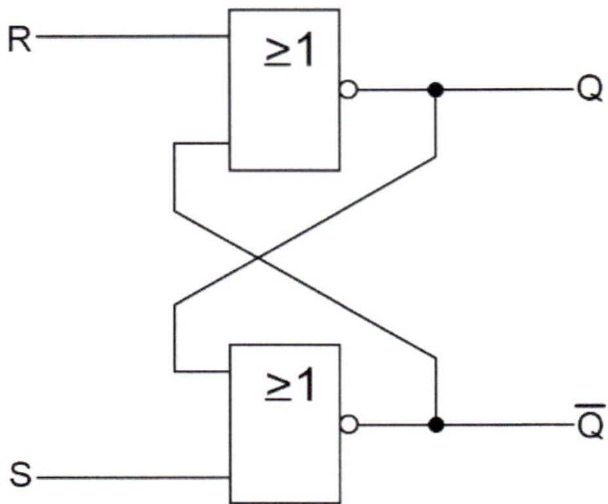

Abbildung 3: Ein RS-Flipflop über NOR-Gatter

Es gibt auch hier die bereits erwähnten irregulären Zustände er beiden Eingangssignale:

S	R	Q	Q-Nicht	Bemerkung
0	0	1	1	Speicherfall
0	1	1	0	Rücksetzen
1	0	0	1	Setzen
1	1	X	X	Irregulär

Tabelle: Die Ansteuerung des einfachen RS-Flipflops über NOR-Gatter

Sehen wir uns dazu den Code an. Es besteht gerade für Anfänger die Gefahr, ihn wie folgt zu schreiben, wobei hier die nor-Funktion verwendet wird, um das NOR-Gatter abzubilden; die Signale R und S sind als in und die Signale Q und QNICHT als out deklariert:

Es wird in beiden Zeilen versucht, von einem Ausgangssignal zu lesen, um darüber die Zuweisung zu ermöglichen. Das ist jedoch aus bekannten Gründen nicht möglich. Wir müssen also mit internen Signalen arbeiten:

```
Q      <= R nor QNICHT;
QNICHT <= S nor Q;
```

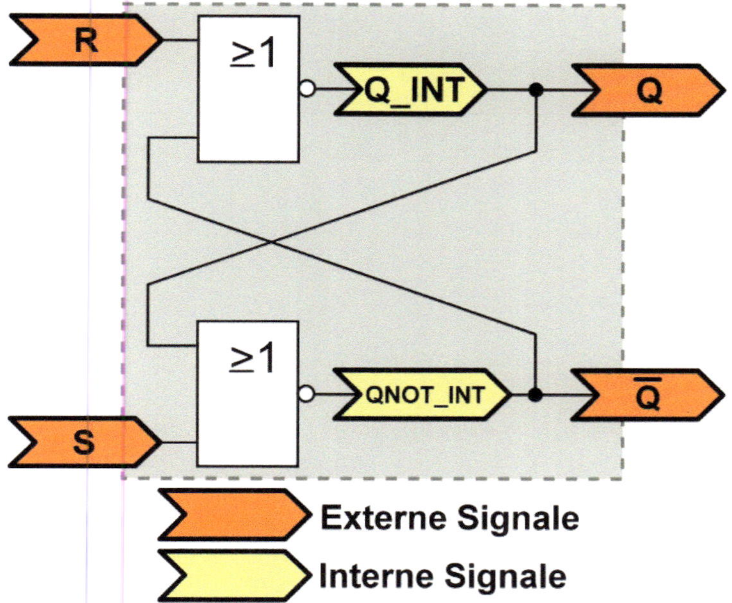

Abbildung 4: Ein RS-Flipflop über NOR-Gatter mit internen und externen Signalen

Sehen wir uns also jetzt den korrekten Code in voller Länge an:

```
library IEEE;
use IEEE.std_logic_1164.all;
use IEEE.numeric_std.all;

entity Kap08_RSFlipflop_NOR is
    port(
        R, S    : in std_logic; -- Eingänge
        Q, QNOT : out std_logic -- Ausgänge
    );
end entity Kap08_RSFlipflop_NOR;

architecture rtl of Kap08_RSFlipflop_NOR is
    signal Q_INT, QNOT_INT : std_logic;
begin
    Q_INT    <= R nor QNOT_INT;
    QNOT_INT <= S nor Q_INT;
    Q     <= Q_INT;
    QNOT <= QNOT_INT;
end architecture rtl;
```

Listing: Kap08_RSFlipflop_NOR.vhd – RS-Flipflop

Werden jetzt beide Taster gedrückt, gehen auch beide Ausgänge auf einen LOW-Pegel und besitzen damit im Kontext des RS-Flipflops einen irregulären Zustand. Abschließend noch der Connect and Compile-Dialog:

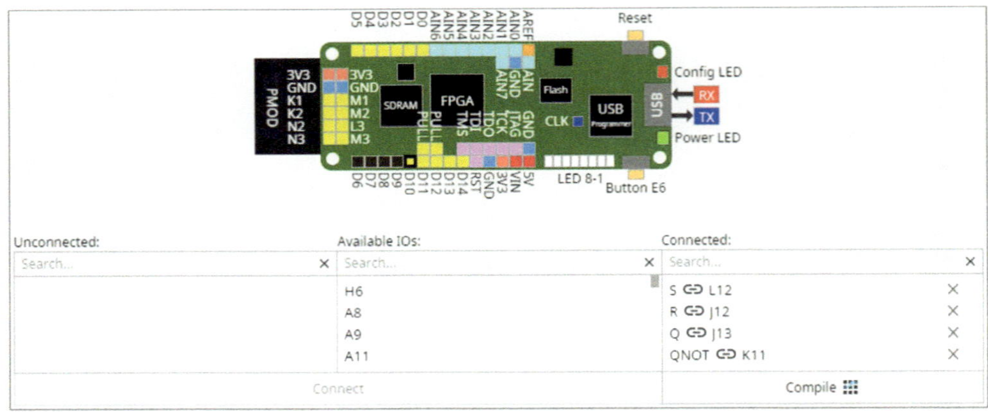

Abbildung 5: Der Connect and Compile-Dialog für das RS-Flipflop

Ein D-Flipflop

Nun haben wir bereits im Einleitungskapitel allgemein etwas über Flipflops gehört und im Speziellen auch über das D-Flipflop. Dieses Flipflop besitzt einen Dateneingang D, einen Datenausgang Q und einen Takt- beziehungsweise Clock-Eingang Q. Ich habe von zustandsgesteuerten und taktflankengesteuerten D-Flipflops gesprochen und möchte die Taktflankensteuerung aufgreifen und vertiefen. Erwähnt hatte ich die Taktflankensteuerung für eine steigende Flanke. Das wäre zwar auch mit einer negativen Flanke möglich, darauf gehe ich jedoch nicht ein.

Wir erinnern uns, dass sich das Ausgangssignal Q nur dann ändern kann, wenn eine steigende Flanke des Takts an C anliegt, um das Eingangssignal, das an D anliegt, zum Ausgang Q durchzuschalten und zu speichern. Zu allen anderen Zeiten bleibt das Ausgangssignal an Q unverändert und stabil. Da habe ich schon den entscheidenden Hinweis gegeben, als ich speichern erwähnte. Ein D-Flipflop ist in der Lage, einen Speicher mit der Datenbreite 1 Bit bereitzustellen. Hier noch einmal das Schaltsymbol des D-Flipflops:

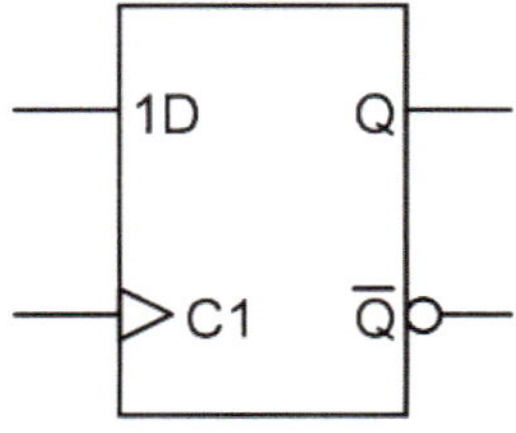

Abbildung 6: Das Schaltzeichen eines flankengesteuerten D-Flipflops

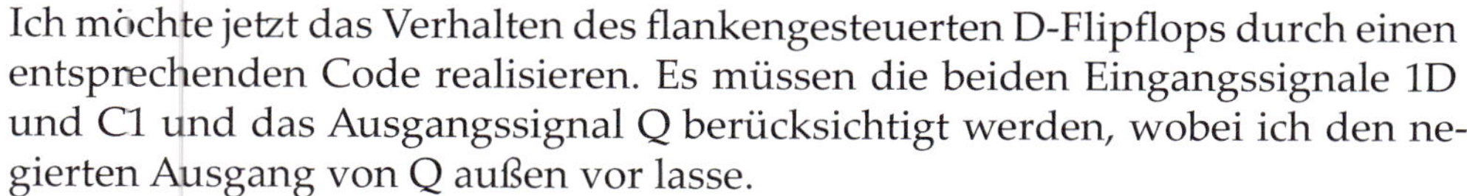

Ich möchte jetzt das Verhalten des flankengesteuerten D-Flipflops durch einen entsprechenden Code realisieren. Es müssen die beiden Eingangssignale 1D und C1 und das Ausgangssignal Q berücksichtigt werden, wobei ich den negierten Ausgang von Q außen vor lasse.

Der Code für das D-Flipflop

Gehen wir schrittweise vor und sehen uns zuerst den Entity-Block für die Ein- und Ausgangssignale an:

```
01 library IEEE;
02 use IEEE.std_logic_1164.all;
03 use IEEE.numeric_std.all;
04
05 entity Kap08_DFlipflop is
06     port(
07         CLK : in std_logic;   -- Taktsignal
08         D   : in std_logic;   -- Dateneingang
09         Q   : out std_logic   -- Datenausgang
10     );
11 end entity Kap08_DFlipflop;
12 ...
```

Listing: Kap08_DFlipflop.vhd – Teil 1

Kommen wir zum Architecture-Block, der ohne einen Process-Block nicht auskommt. Warum? Nun, der Takt muss ja in irgendeiner Weise ausgewertet werden, was eine zeitliche Komponente darstellt, die nur dort erfolgen kann. Hier also der Rest des Codes:

```
12 ...
13 architecture rtl of Kap08_DFlipflop is
14 begin
15     process(CLK)
16     begin
17         if rising_edge(CLK) then
18             Q <= D; -- Der Eingang D an den Ausgang Q geleitet
19         end if;
20     end process;
21 end architecture rtl;
```

Listing: Kap08_DFlipflop.vhd – Teil 2

Das Eingangssignal D in Zeile 18 wird nur beim Ereignis steigende Taktflanke an den Ausgang Q geleitet.

Das Erstellen einer Testbench

Wir möchten den Code nun auch testen beziehungsweise simulieren. Dazu wird ein bestimmter Takt benötigt. Wir bauen den ganzen Ablauf wieder schrittweise und logisch aufeinander auf. Fangen wir also mit der Taktgenerierung an. Doch zuvor muss etwas Wichtiges klargestellt werden. Innerhalb einer Simulation gibt es für einen Prozess etwas zu beachten. Zum einen muss die Process-Anweisung eine Sensitivity List besitzen oder falls nicht, zum anderen mindestens eine Wait-Anweisung haben. Eine Wait-Anweisung innerhalb eines Prozesses der „normalen" VHDL-Datei führt in der Regel zu einem Syntaxfehler.

Die Taktgenerierung

Der Takt soll nicht innerhalb eines Prozesses generiert werden, sondern über ein Signal, das in bestimmten Zeitabständen den Pegel toggelt. Der folgende Testbench-Code nutzt den eigentlichen Code von Kap08_DFlipflop.vhd, der zuvor gezeigt wurde, was aber erst einmal nebensächlich ist. Es geht hier lediglich um die Generierung des Takts:

```
01 library IEEE;
02 use IEEE.std_logic_1164.all;
03 use IEEE.numeric_std.all;
04
05 entity Kap08_DFlipflop_ClockGen_tb is
06 end entity Kap08_DFlipflop_ClockGen_tb;
07
08 architecture rtl of Kap08_DFlipflop_ClockGen_tb is
09     constant clock_periode   : time := 20 ms; -- Periodendauer T
10     signal clk : std_logic := '0';
11 begin
12     clk <= not clk after clock_periode/2;
13 end architecture rtl;
```

Listing: Kap08_DFlipflop_ClockGen_tb.vhd

In Zeile 09 wird die Konstante clock_periode definiert und mit dem Wert 20ms initialisiert. Dieser Wert entspricht der Periodendauer eines Takts. Hier tritt ein neuer Datentyp time in Erscheinung, der ähnlich wie Integer ein Ganzzahltyp ist:

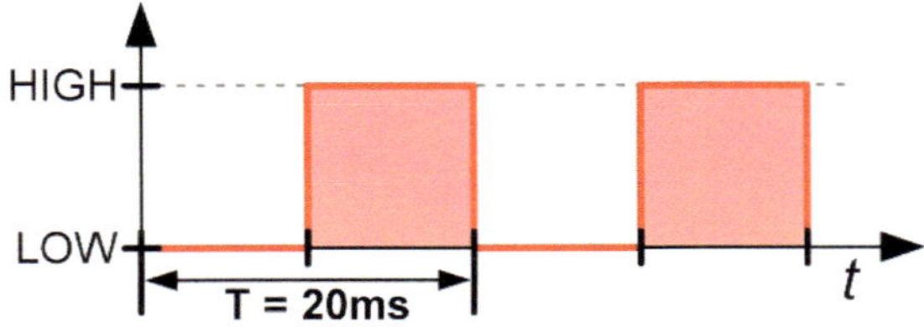

Abbildung 7: Die Periodendauer T von 20ms

Das Signal, das den Takt erzeugen soll, ist in Zeile 10 mit dem Namen clk zu sehen und wurde mit dem Wert 0 initialisiert. In Zeile 12 wird dieser nun über den not-Operator getoggelt, was aber nicht unmittelbar erfolgt, sondern mithilfe des Schlüsselworts after auf 10ms verzögert, was der Hälfte der Periodendauer entspricht. Nach dem Starten der Testbench sieht das Pegeldiagramm folgendermaßen aus, wobei ich das einzige Signal aus der Liste ausgewählt und den Marker auf das Ende der ersten Periode gesetzt habe: es wird genau 20ms angezeigt:

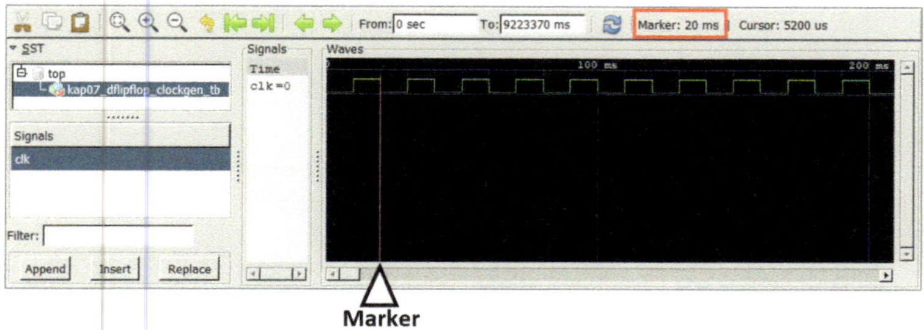

Abbildung 8: Das Taktsignal

Gehen wir nun weiter vor und sehen uns den Rest des Codes an, der die D-Flipflop-Signale D und Q enthält.

Die D-Flipflop-Signale D und Q

Hier der erste Teil des Codes für die Testbench zur Simulation des D-Flipflops:

```
library IEEE;
use IEEE.std_logic_1164.all;
use IEEE.numeric_std.all;

entity Kap08_DFlipflop_tb is
end entity Kap08_DFlipflop_tb;

architecture rtl of Kap08_DFlipflop_tb is
    constant clock_periode : time := 20 ms;
    component Kap08_DFlipflop is
        port(
            CLK : in std_logic;
            D   : in std_logic;
            Q   : out std_logic
        );
    end component Kap08_DFlipflop;
    signal sig_clk : std_logic :='0';
    signal sig_d, sig_q: std_logic;
begin
    DFF : Kap08_DFlipflop port map(clk=>sig_clk, d=>sig_d, q=>sig_q);
    sig_clk <= not sig_clk after clock_periode / 2;
...
```

Listing: Kap08_DFlipflop_tb – Teil 1

Die Definition des Component-Blocks wurde im Signal-Kapitel schon erläutert. Zeile 20 mit den Signalen innerhalb des Port-map-Blocks sollte kein Hindernis mehr darstellen. In Zeile 21 ist das Toggeln des Takts zu sehen, das zuvor zur Einleitung besprochen wurde. Wie können wir aber jetzt das D-Flipflop testen und nachsehen, ob es auch wie besprochen funktioniert? Die Antwort lässt sich wieder über GTKWave ermitteln, doch zuvor muss innerhalb der Testbench der zeitliche Signalverlauf des D-Flipflop-Eingangssignals definiert werden. Wie machen wir das? Wir müssen uns zuvor in Abhängigkeit des eingestellten Takts ein sinnvolles Signal-Pattern, also ein Muster, ausdenken. Ich habe mich für folgendes entschieden (ich sage nur ein Wort: Prellen):

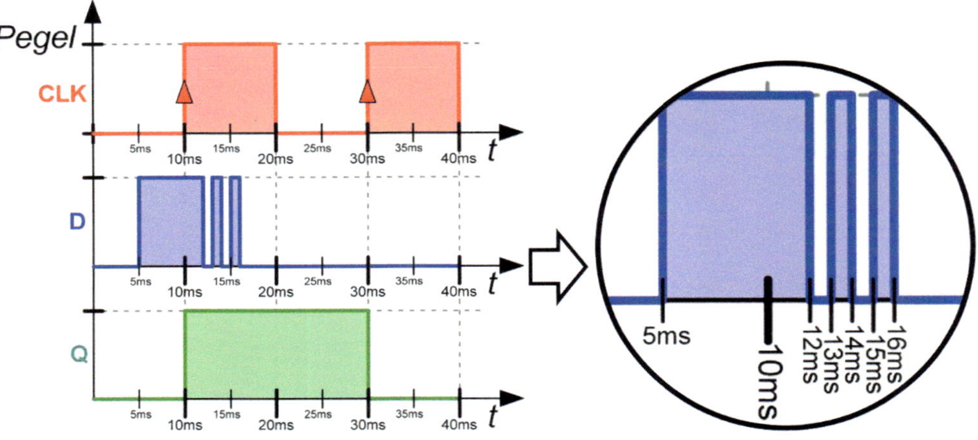

Abbildung 9: Das Testbench-Signal für den Eingang D

Wir sollten unser Augenmerk auf das Eingangssignal D richten. Folgende zeitlichen Punkte sind dabei zu beachten:

Zeitpunkt(e)	Erklärung
5ms	Das Eingangssignal D geht von einen LOW- auf einen HIGH-Pegel. Am Ausgang Q wird dieser Pegel jedoch noch nicht übernommen, da noch keine ansteigende Flanke des CLK-Taktsignals vorliegt.
10ms	Das Eingangssignal D ist weiterhin auf einem HIGH-Pegel und währenddessen ist eine ansteigende Flanke des Taktsignals zu bemerken, was bedeutet, dass das Eingangssignal D an den Ausgang Q weitergeleitet wird.
12ms	Das Eingangssignal D geht zurück auf einen LOW-Pegel, doch die Speicherfunktionalität des D-Flipflops sorgt dafür, dass der Ausgang Q unverändert auf einem HIGH-Pegel bleibt.
13ms und 14ms	Das Eingangssignal D zeigt für 1ms einen sehr kurzen HIGH-/LOW-Pegelwechsel, was jedoch keinen Einfluss auf das Ausgangssignal Q hat, da keine steigende Flanke am Takteingang vorliegt.
15ms und 16ms	Das Eingangssignal D zeigt erneut für 1ms einen sehr kurzen HIGH-/LOW-Pegelwechsel, was jedoch wiederum keinen Einfluss auf das Ausgangssignal Q hat, da ebenfalls keine steigende Flanke am Takteingang vorliegt.
30ms	Erst jetzt, da das Eingangssignal D schon etwas länger einen LOW-Pegel vorweist, kommt es erneut zu einer ansteigenden Flanke des Taktsignals und der Ausgang Q übernimmt diesen LOW-Pegel.

Tabelle: Die verschiedenen Zeitstempel mit Erklärungen

Es ist also sehr schön zu erkennen, dass das Ausgangssignal Q nicht den kurzen Signalschwankungen des Eingangssignals D folgt und einen klaren Impuls liefert. Das geht nur dann, wenn das Verhältnis von Taktsignal zu Eingangssignal hinsichtlich der Taktraten ungefähr so ist, wie ich es hier gezeigt habe. Bei einer noch höheren Taktrate werden auch die unschönen und sehr kurzen Pegelwechsel zwischen 13ms und 16ms berücksichtigt und an den Ausgang Q geleitet.

Nun zurück zu unserem Code, denn mithilfe der hier verwendeten Zeitstempel ist es sehr einfach, eine sogenannte Testbench Sequence zu erstellen. Hier also die entsprechenden Codezeilen:

```
22 ...
23     -- Testbench-Signal-Sequence
24     d_proc: process
25     begin
26         sig_d <= '0';
27         wait for 5 ms;  -- 5ms warten, bevor D auf 1 geht
28         sig_d <= '1';   -- .............................
29         wait for 7 ms;  -- bei 12ms geht D auf 0
30         sig_d <= '0';   -- .............................
31         wait for 1 ms;  -- bei 13ms geht D auf 1
32         sig_d <= '1';   -- .............................
33         wait for 1 ms;  -- bei 14ms geht D auf 0
34         sig_d <= '0';   -- .............................
35         wait for 1 ms;  -- bei 15ms geht D auf 1
36         sig_d <= '1';   -- .............................
37         wait for 1 ms;  -- bei 16ms geht D auf 0
38         sig_d <= '0';   -- .............................
39         wait;
40     end process d_proc;
41 end architecture rtl;
```

Listing: Kap08_DFlipflop_tb – Teil 2

Wird die Simulation über GHDL gestartet und werden die Signale in GTKWave entsprechend ausgewählt erhalten wir folgendes Ergebnis:

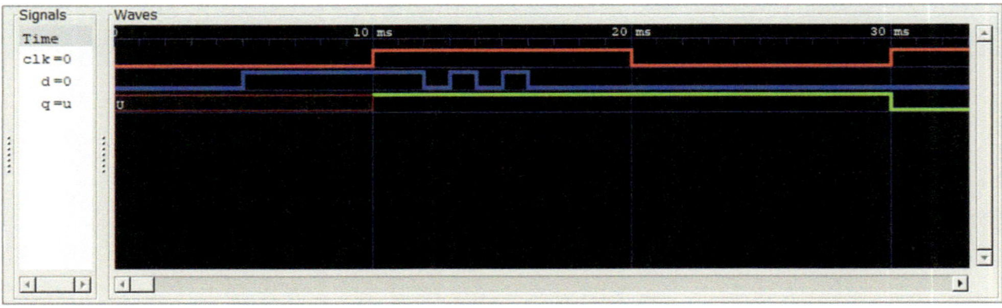

Abbildung 10: Die Simulation des D-Flipflops im GTKWave

Beim Ausgangssignal Q spielt sich etwas zwischen 0ms und 10ms ab und ich habe es absichtlich so belassen. Wurde einem Signal wie hier noch kein eindeutiger Pegel zugewiesen, wird es in dieser Weise mit einem U für unknown, also unbekannt, markiert. Erst nach 10ms wird das Ausgangssignal Q mit einem definierten Pegel (hier HIGH) versehen. Um das zu vermeiden, kann das Signal, wie auch das Taktsignal sig_clk in Zeile 17 mit einem gewünschten Pegel initialisiert werden.

Ein Schieberegister mit einem D-Flipflop

Im Kapitel über die blinkende LED habe ich das erste Mal den Ausdruck Schieberegister erwähnt. Ich möchte das in diesem Kapitel mit dem D-Flipflop vertiefen, denn die beiden gehören irgendwie zusammen. Ein Flipflop stellt ein einzelnes Register dar, das in der Lage ist, ein Bit zu speichern. Durch das Hintereinanderschalten mehrerer Flipflops entsteht ein Schieberegister, sodass die Ausgabe bei jedem Takt von einem Flipflop zum Eingang des nächsten Flipflops weitergereicht wird. Auf der folgenden Abbildung sind vier D-Flipflops hintereinandergeschaltet, wobei das erste Flipflop D-FF1 mit der niedrigsten Wertigkeit links zu sehen ist. Dort wird die am Eingang D anliegende Information bei jeder ansteigenden Flanke des Taktsignals CLK an den Ausgang Q1 weitergeleitet. Da alle Takteingänge der D-Flipflops parallel angesteuert werden, kommt es zur Übernahme der jeweiligen Eingänge zu den Ausgängen. Liegt also am Anfang eine Eins am Eingang D von D-FF1, wird sie nach dem erfolgten Takt an den Ausgang Q1 geleitet. Diese Eins steht nun am Eingang D des nächsten Flipflops D-FF2 bereit und wird bei der nächsten ansteigenden Taktflanke wiederum übernommen und an den Ausgang Q2 von D-FF2 geleitet. Beim zweiten Takt wird geschaut, was am Eingang D von D-FF1 für ein Pegel anliegt und dieser beim Schieben berücksichtigt.

Auf der folgenden Abbildung ist ein 4-Bit-Schieberegister mit D-Flipflops zu sehen, die über einen asynchronen Rücksetzeingang verfügen. Asynchron bedeutet in diesem Fall, dass ein Reset unabhängig vom Takteingang erfolgen kann. Das ergibt immer dann einen Sinn, wenn ein oder mehrere Flipflops zu jedem beliebigen Zeitpunkt, ohne auf einen Takt zu warten in einen definierten Zustand gebracht werden müssen, was zum Beispiel ein Startzustand eines Zählers sein kann. Flipflops besitzen die Eigenart, dass sie nach dem Versorgen mit der Betriebsspannung keinen definierten Ausgangspegel besitzen, der also entweder 0 oder 1 sein kann. Keine schöne Situation also.

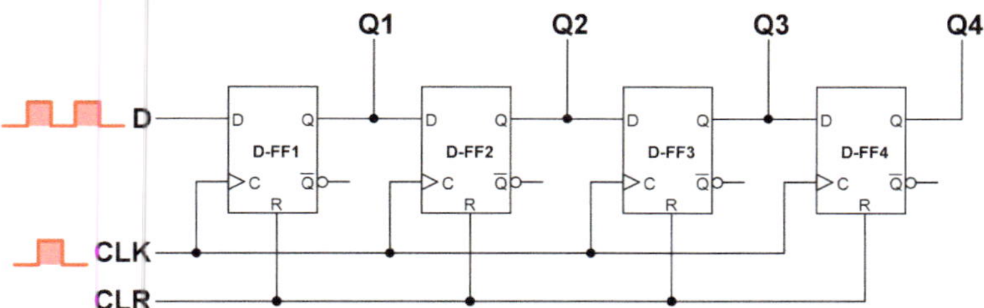

Abbildung 11: Ein 4-Bit-Schieberegister mit D-Flipflops und Reset-Eingang (asynchron)

Hinsichtlich des Resets werden wir gleich noch Experimente und Simulationen durchführen, die das Verhalten noch deutlicher machen.

Die Simulation mit Logisim

Bevor wir zur Umsetzung mit unserem FPGA kommen, kann dieses Verhalten sehr leicht mit der schon erwähnten Software Logisim simuliert werden. Der Schaltungsaufbau ist auf der folgenden Abbildung zu sehen:

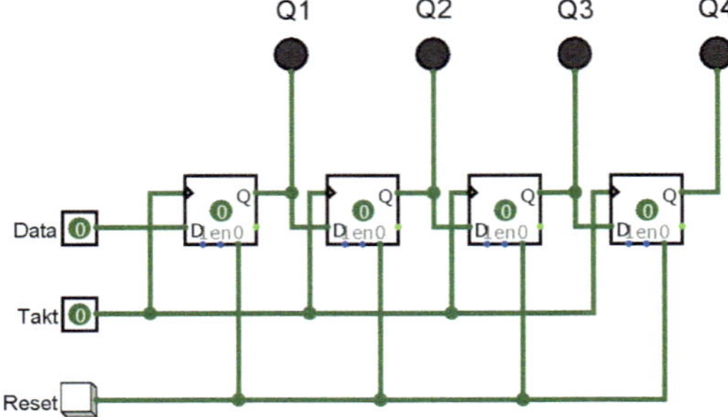

Abbildung 12: Kap08_ShiftRegister001.circ – Vier D-Flipflops mit asynchronem Reset-Eingang in Logisim

Ich habe in der folgenden Simulation den Eingang Data mit 1 versehen und zweimal einen Takt am Eingang simuliert. Man sieht, dass die beiden Ausgänge Q1 und Q2 diese 1 übernommen haben und für einen parallelen Abgriff dort bereitstehen:

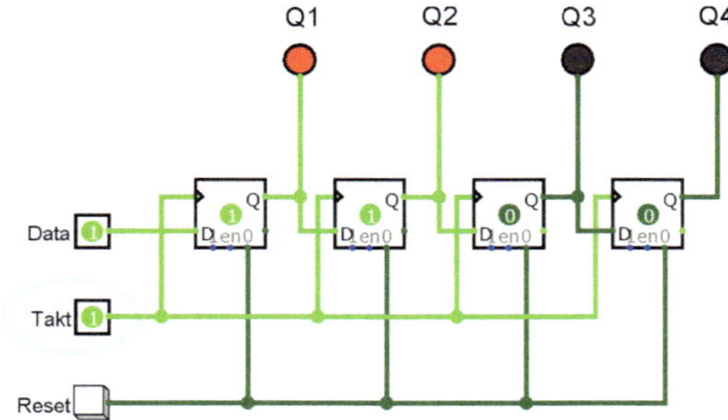

Abbildung 13: Kap08_ShiftRegister001.circ – Die Ausgänge nach zwei Takten

Der Code

Kommen wir zur Umsetzung des Codes, der ja schon einmal gezeigt wurde. Abweichend zur vorgestellten Schaltung erfolgt nachfolgend das Einschieben der Informationen (Data) von rechts statt von links. Der erzeugte Takt sorgt dafür, dass die Informationen pro Sekunde einmal weitergeschoben werden. Im ersten Teil werden das Taktsignal und das LED-Array zur späteren Anzeige deklariert:

```
library IEEE;
use IEEE.std_logic_1164.all;
use IEEE.numeric_std.all;

entity Kap08_DFlipflop_Shiftregister is
    generic(BITS : integer := 8) ; -- Anzahl Bits
    port(
        CLK : in std_logic;
        LED : out std_logic_vector(BITS-1 downto 0)
    );
end entity Kap08_DFlipflop_Shiftregister;
...
```

Listing: Kap08_DFlipflop_Shiftregister.vhd – Teil 1

Als Nächstes werden ein Zähler count, das Schieberegister d, der Daten-Input daten und das Freischaltsignal enable deklariert beziehungsweise initialisiert:

```
...
architecture rtl of Kap08_DFlipflop_Shiftregister is
    signal count : integer range 0 to 12000000 := 0;
    signal d      : std_logic_vector(BITS-1 downto 0) :="00000000";
    signal data   : std_logic :='1'; -- Daten zum Einschieben
    signal enable : std_logic :='0'; -- Freischalten des Taktes
...
```

Listing: Kap08_DFlipflop_Shiftregister – Teil 2

Innerhalb des Prozesses wird der Zähler count bei jeder steigenden Taktflanke erhöht und beim Erreichen des Werts 12.000.000 zurückgesetzt, was das Freischaltsignal enable auf '1' setzt. Erst dann kommt es in Zeile 29 zum Weiterschieben der Informationen der D-Flipflops. Die Anzeige der acht D-Flipflop-Informationen erfolgt in Zeile 33:

```
17 ...
18 begin
19     proc: process(CLK)
20     begin
21         if rising_edge(CLK) then
22             if count >=12000000 then
23                 count <= 0;
24                 enable <= '1';
25             else
26                 count <= count + 1;
27                 enable <= '0';
28             end if;
29             if enable = '1' then
30                 d <= d(BITS-2 downto 0) & data; -- schieben
31             end if;
32         end if;
33     end process proc;
34     LED <= d; -- Anzeige des Schieberegisterinhaltes
35 end architecture rtl;
```

Listing: Kap08_DFlipflop_Shiftregister – Teil 3

Da der Dateneingang in diesem Beispiel konstant den Wert '1' besitzt, kommt es bei jeder weiteren Taktflanke zum Einschieben dieses Werts, was in der Anzeige bedeutet, dass die acht LEDs nacheinander von LED1 bis LED8 aufleuchten. Wir können das Verhalten ein wenig anpassen und dynamischer gestalten, indem zum Beispiel der einzuschiebende Wert toggelt, sodass im Wechsel '1' beziehungsweise '0' eingeschoben werden. Dazu muss lediglich der hervorgehobene Code in Zeile 24 eingefügt werden, der das Signal bei jedem erneuten Durchlauf toggelt:

```
21  ...
22      if count >=12000000 then
23          count <= 0;
24          enable <= '1';
25          data <= not data; -- Toggeln von data
26      else
27  ...
```

Der Connect and Compile-Dialog zu diesem Experiment sieht wie folgt aus:

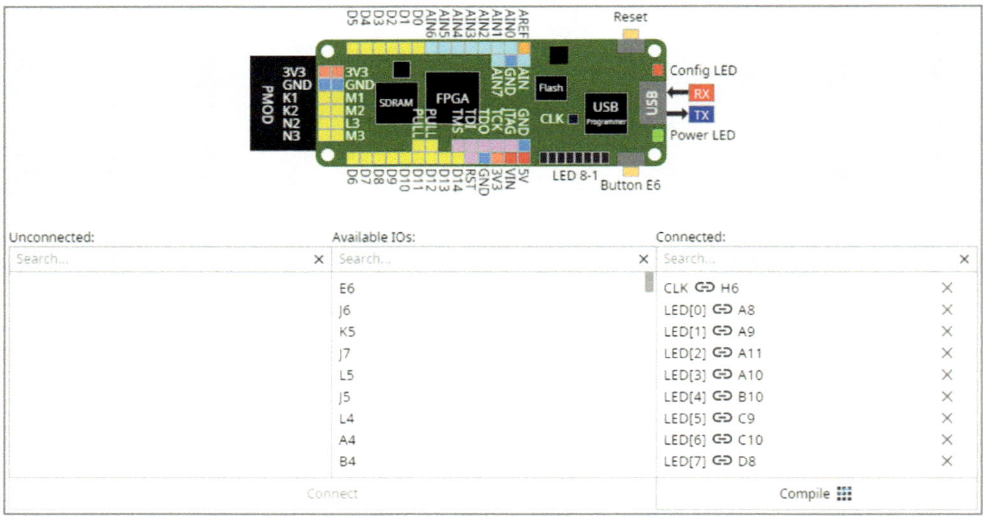

Abbildung 14: Der Connect and Compile-Dialog

Ein D-Flipflop mit Reset-Eingang – asynchron

Wie versprochen, wenden wir uns jetzt dem Verhalten von Schaltungen zu, bei denen das Flipflop mit einem Reset-Eingang versehen ist. Im Detail wollen wir uns ansehen, worin der Unterschied zwischen einem asynchronen beziehungsweise synchronen Reset besteht. Fangen wir zuerst mit dem asynchronen Verhalten an.

Wie schon erwähnt, führt ein asynchroner Reset-Eingang R zu einem unmittelbaren Rücksetzen der Flipflops, ohne dass auf eine Taktflanke gewartet werden muss. Das Schaltsymbol dazu sieht wie schon bei der Logisim-Schaltung kurz gezeigt aus. Hier wurde es nun noch um den Set-Eingang S erweitert dargestellt, über das ein externes Setzen erfolgen kann. Die Setz- und Rücksetz-Eingänge befinden sich in der asynchronen Variante oben beziehungsweise unten, also in der Senkrechten des Schaltsymbols. Die Set- und Reset-Eingänge sind zusätzliche Eingänge, die den getakteten Betrieb des D-Flipflops außer Kraft setzen und Vorrang haben:

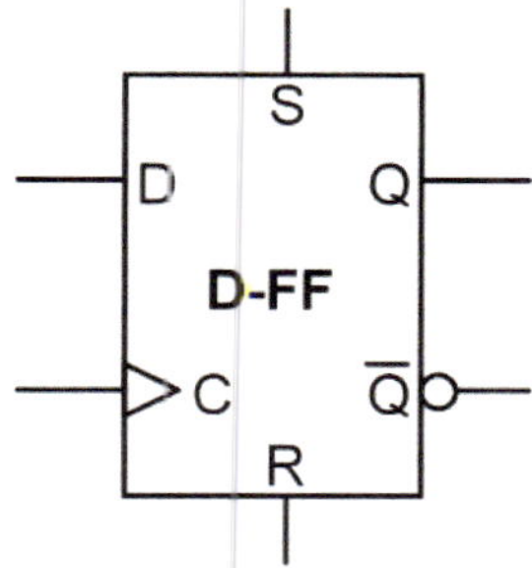

Abbildung 15: Das Schaltzeichen eines D-Flipflops – asynchroner Reset-Eingang

Ich greife das zuvor gezeigte Beispiel wieder auf, bei dem es darum ging, dass am Dateneingang D ständig 1 anlag und diese bei jeder ansteigenden Flanke in das nächste Flipflop weitergeschoben wurde. Diesmal ist jedoch über einen Taster ein Reset möglich, wobei wir nicht den Taster auf dem Board nutzen, sondern einen externen, der nur bei einem Tastendruck einen HIGH-Pegel für den Reset versendet. Ich fange diesmal mit dem Schaltplan an, der sich sehr einfach gestaltet, da die acht LEDs auf dem Board genutzt werden.

Der Schaltplan

Der folgende Schaltplan ist im Kapitel über die blinkende LED schon einmal gezeigt worden, aber ich möchte ihn hier in erweiterter Form wieder aufgreifen. Anstatt des manuellen Takts über den Taster (E6) wird dieser jetzt automatisch über den Board-Takt generiert. Der Reset-Impuls des externen Tasters erfolgt an Pin D6:

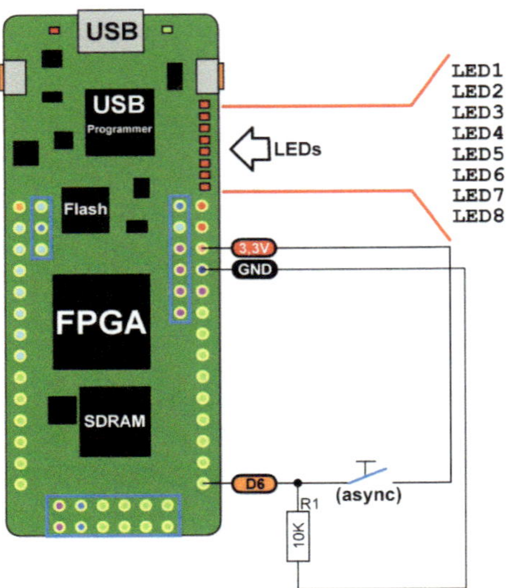

Abbildung 16: Der Schaltplan für das Schieberegister und den asynchronen Reset

Folgender GPIO-Pin wird verwendet:

GPIO-Pin	MAX1000-Signal	Modus	Signalbezeichnung
D6	L12	in	R_ASYNC

Tabelle: Der verwendete GPIO-Pin

Der Code

Wenn wir uns den folgenden Code anschauen, sehen wir, dass die für uns wichtigen Informationen ab Zeile 19 stehen. Hier die einzelnen Teile des Codes; zu Beginn die Initialisierung des Entity-Blocks:

```
01 library IEEE;
02 use IEEE.std_logic_1164.all;
03 use IEEE.numeric_std.all;
04
05 entity Kap08_DFlipflop_Reset_Asynchron is
06     generic(BITS : integer := 8) ; -- Anzahl Bits
07     port(
08         CLK     : in std_logic;
09         LED     : out std_logic_vector(BITS-1 downto 0);
10         R_ASYNC : in std_logic := '0'
11     );
12 end entity Kap08_DFlipflop_Reset_Asynchron;
13 ...
```

Listing: DFlipflop_Reset_Asynchron.vhd – Teil 1

Im Anschluss ist der Kopf des Architecture-Blocks zu sehen. Ich habe hier die Zeit für das Schieberegister in Zeile 15 von einer auf zwei Sekunden erhöht:

```
13 ...
14 architecture rtl of Kap08_DFlipflop_Reset_Asynchron is
15     signal count : integer range 0 to 24000000 := 0;
16     signal d : std_logic_vector(BITS-1 downto 0) :="00000000";
17     signal data : std_logic :='1';     -- Daten zum Einschieben
18     signal enable : std_logic := '0'; -- Freischalten des Taktes
19 ...
```

Listing: Kap08_DFlipflop_Reset_Asynchron.vhd – Teil 2

Nun wird es interessant, denn das Reset-Signal ist Teil der Sensitivity-Liste in Zeile 20, in der auch das Taktsignal CLK aufgeführt ist. Wichtig ist jedoch, dass das Reset-Signal unmittelbar in Zeile 22 abgefragt wird und nicht auf eine steigende Flanke des Taktsignals angewiesen ist und bei einem HIGH-Pegel einen Reset der Flipflops in Zeile 23 bewirkt. Der Rest ist wie gehabt:

```
18 ...
19 begin
20     proc: process(CLK, R_ASYNC)
21     begin
22         if R_ASYNC = '1' then
23             d <= (others =>'0'); -- D-FF rücksetzen
24         elsif rising_edge(CLK) then
25             if count >=24000000 then
26                 count <= 0;
27                 enable <= '1';
28             else
29                 count <= count + 1;
30                 enable <= '0';
31             end if;
32             if enable = '1' then
33                 d <= d(BITS-2 downto 0) & data;
34             end if;
35         end if;
36     end process proc;
37     LED <= d;
38 end architecture rtl;
```

Listing: Kap08_DFlipflop_Reset_Asynchron.vhd – Teil 3

Das Verhalten

Werden die einzelnen LEDs im Zweisekundentakt nacheinander angeschaltet, kann über einen Tastendruck ein unmittelbarer Reset erzwungen werden, der vom Takt unabhängig ist. Zu jeder beliebigen Zeit kann der Reset erfolgen.

Ein D-Flipflop mit Reset-Eingang – synchron

Im Gegensatz zum asynchronen Verhalten sehen wir uns jetzt das synchrone Verhalten an. Das Schaltzeichen dazu sieht ähnlich wie das vorherige aus, jedoch befindet sich der Anschluss des Reset-Eingangs diesmal nicht an der unteren Seite des Symbols, sondern links unterhalb des Takteingangs, was seine unmittelbare Nähe und Abhängigkeit vermitteln soll:

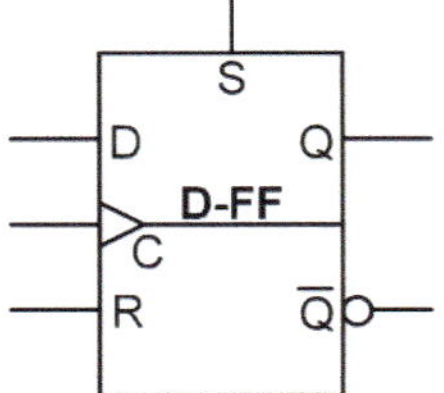

Abbildung 17: Das Schaltzeichen eines D-Flipflops – synchroner Reset-Eingang

Ich möchte wiederum aufbauend auf dem vorherigen Beispiel lediglich die Schaltung um einen zusätzlichen Taster erweitern, sodass der Unterschied zwischen beiden Varianten (asynchron und synchron) direkt sichtbar wird.

Der Schaltplan

Der folgende Schaltplan zeigt die beiden Taster; der asynchrone Reset-Impuls des externen Tasters erfolgt an Pin D6 und der des synchronen an Pin D7:

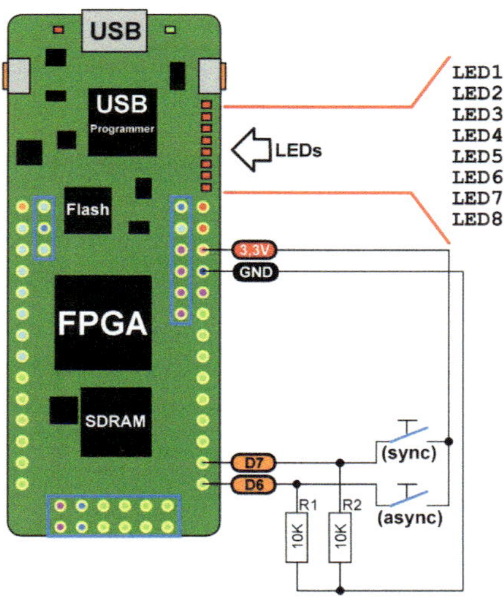

Abbildung 18: Der Schaltplan für das Schieberegister und asynchronen und synchronen Reset

Folgende GPIO-Pins werden verwendet:

GPIO-Pin	MAX1000-Signal	Modus	Signalbezeichnung
D6	L12	in	R_ASYNC
D7	J13	in	SYNC

Tabelle: Die verwendeten GPIO-Pins

Der Code

Den folgenden Code werde ich wieder in einzelne Bereiche unterteilen und zu Beginn wieder die Initialisierung des Entity-Blocks zeigen. In den Zeilen 10 und 11 werden die beiden Reset-Signale für den asynchronen und synchronen Reset deklariert und initialisiert. Ansonsten ist alles beim Alten:

```
01 library IEEE;
02 use IEEE.std_logic_1164.all;
03 use IEEE.numeric_std.all;
04
05 entity Kap08_DFlipflop_Reset_AsynchronSynchron is
06     generic(BITS : integer := 8) ; -- Anzahl Bits
07     port(
08         CLK : in std_logic;
09         LED : out std_logic_vector(BITS-1 downto 0);
10         R_ASYNC   : in std_logic := '0'; -- Asynchron
11         R_SYNC    : in std_logic := '0'  -- Synchron
12     );
13 end entity Kap08_DFlipflop_Reset_AsynchronSynchron;
14 ...
```

Listing. Kap08_DFlipflop_Reset_AsynchronSynchron.vhd – Teil 1

Im Anschluss ist der Kopf des Architecture-Blocks zu sehen, der aus dem vorigen Beispiel unverändert übernommen wurde. Die Erhöhung der Zeit für das Schieberegister von einer auf zwei Sekunden in Zeile 16 ist jetzt sinnvoller, wie man gleich beim Testen der Schaltung feststellen kann:

```
14 ...
15 architecture rtl of Kap08_DFlipflop_Reset_AsynchronSynchron is
16     signal count : integer range 0 to 24000000 := 0;
17     signal d : std_logic_vector(BITS-1 downto 0) :="00000000";
18     signal data : std_logic :='1';      -- Daten zum Einschieben
19     signal enable : std_logic := '0'; -- Freischalten des Taktes
20 ...
```

Listing: Kap08_DFlipflop_Reset_AsynchronSynchron.vhd - Teil 2

Nun kommen wir wieder zum interessanten Teil, der den Unterschied beider Reset-Impulse ihn ihren Auswirkungen verdeutlicht. Das Reset-Signal für den asynchronen Reset ist Teil der Sensitivity-Liste in Zeile 21, in der auch das Taktsignal CLK aufgeführt ist. Doch hier fehlt das Reset-Signal für den synchronen Reset. Warum kann das Reset-Signal für den synchronen Reset nur bei einer ansteigenden Flanke des Takts wirksam werden? Das ist so, weil die Abfrage des Signals sich innerhalb der Bedingung für rising_edge befindet, die in Zeile 25 eingeleitet wird. Die Abfrage dieses Reset-Signals erfolgt in Zeile 35 und kann nur dann greifen, wenn die ansteigende Flanke des Takts vorliegt:

```
19 ...
20 begin
21     proc: process(CLK, R_ASYNC)
22     begin
23         if R_ASYNC = '1' then
24             d <= (others =>'0'); -- D-FF rücksetzen
25         elsif rising_edge(CLK) then
26             if count >=24000000 then
27                 count  <= 0;
28                 enable <= '1';
29             else
30                 count  <= count + 1;
31                 enable <= '0';
32             end if;
33             if enable = '1' then
34                 d <= d(BITS-2 downto 0) & data;
35                 if R_SYNC = '1' then
36                     d <= (others =>'0'); -- D-FF rücksetzen
37                 end if;
38             end if;
39         end if;
40     end process proc;
41     LED <= d;
42 end architecture rtl;
```

Listing: Kap08_DFlipflop_Reset_AsynchronSynchron.vhd – Teil 3

Das Verhalten

Um einen synchronen Reset zu erwirken, muss die Taste an Pin D7 so lange gedrückt gehalten werden, bis ein LED-Sprung zur nächsten Stelle erfolgt ist. Ein kurzer Tastendruck bewirkt keinen Reset der Flipflops.

Gegenüberstellung beider Reset-Möglichkeiten

Wenn man das hier alles gelesen und noch nicht experimentell überprüft hat, kann man sicherlich erahnen, wie sich die Unterschiede der beiden Formen des Resets auswirken. Zum besseren Verständnis helfen dann Pegeldiagramme, die den zeitlichen Verlauf der Signale anzeigen. Aus diesem Grund werde ich jetzt eine Simulation einleiten, wobei zuerst das theoretische Verhalten gezeigt wird und später der Beweis der Richtigkeit anhand einer Simulation folgt. Darum habe ich mir den folgenden zeitlichen Ablauf der Eingangssignale Takt (CLK), D und Reset (R) und des Ausgangssignals Q überlegt:

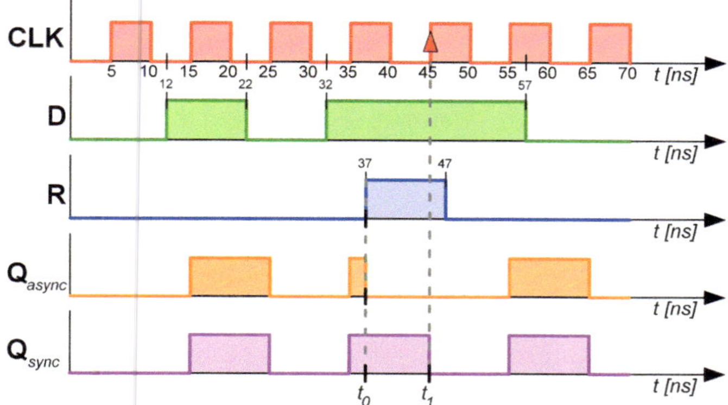

Abbildung 19: Das Pegelzeitdiagramm für asynchronen und synchronen Reset

Lassen wir uns aufgrund der vermeintlichen Komplexität nicht aus der Ruhe bringen und gehen schrittweise vor. Die drei Eingangssignale CLK, D und R befinden sich oben und die Ausgangssignale Q für ein asynchrones beziehungsweise synchrones Verhalten darunter. Die Zeitangaben für die wichtigen Punkte sind markiert und mit t0 und t1 versehen. Beginnen wir mit dem asynchronen Verhalten und dem Ausgangssignal Qasync. Es kommt, wie schon bekannt, zur Übernahme des Datenpegels D an den Ausgang Q immer dann, wenn die ansteigende Flanke des Takts CLK vorliegt. Nun funkt der Reset-Impuls R von Zeitmarkierung t0 (37ns bis 47ns) dazwischen und sorgt dafür, dass der Ausgang Q an dieser Stelle unmittelbar auf einen LOW-Pegel wechselt. Er kommt erst wieder bei 55ns bei einer ansteigenden Flanke des Takts auf einen HIGH-Pegel zurück, weil sich an dieser Stelle der Pegel von D auf einem HIGH-Pegel befindet. Wir können festhalten, dass der Reset unmittelbare Auswirkungen auf das Ausgangssignal hat.

Für das synchrone Verhalten sieht es anders aus, denn obwohl der Reset ab dem Zeitpunkt t0 bei 37ns erfolgt, bleibt das Ausgangssignal Q noch auf einem HIGH-Pegel. Erst bei der nächsten ansteigenden Flanke des Takts bei t1 von 45ns (das Reset-Signal ist weiterhin auf einem HIGH-Pegel) geht das Ausgangssignal Q auf einen LOW-Pegel. Wir können festhalten, dass der Reset an den Takt gebunden ist und erst dann Auswirkungen auf das Ausgangssignal hat.

Die Simulation mit GHDL

Hinsichtlich der geplanten Simulation der Signale kann es ein wenig unübersichtlich werden und jeder kann sich eine eigene Strategie zurechtlegen. Ich bin zuerst auch etwas durcheinandergekommen, habe mir dann aber die folgende Grafik überlegt, die eine Erweiterung des Pegeldiagramms darstellt. Ich habe dazu alle Pegelwechsel aller Eingangssignale zeitlich markiert und in Bereiche aufgeteilt und zusätzlich die Dauer daruntergeschrieben, wie lange die Eingangspegel in diesem Zustand verbleiben:

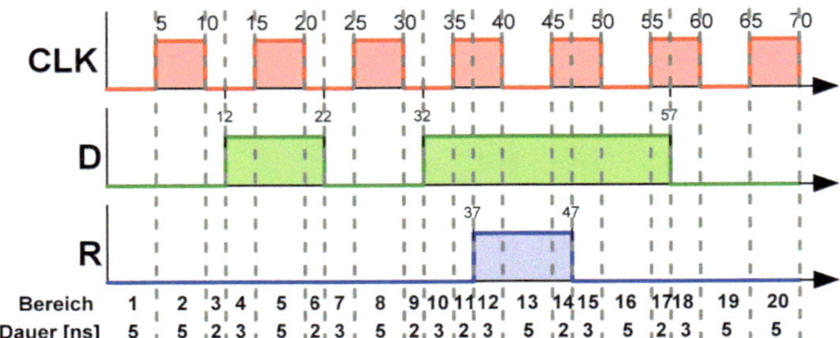

Abbildung 20: Das Pegeldiagramm der Eingangssignale mit Bereichen und Dauer

Als Beispiel zeige ich das an vier ersten Bereichen auf und entnehme die Daten direkt aus dem später gezeigten Simulationscode:

Bereich 1:

```
sig_CLK <= '0'; -- Bereich (1)
sig_D   <= '0';
sig_R   <= '0';
wait for 5 ns;  -- Dauer (5ns)
```

Bereich 2:

```
sig_CLK <= '1'; -- Bereich (2)
sig_D   <= '0';
sig_R   <= '0';
wait for 5 ns;  -- Dauer (5ns)
```

Bereich 3:

```
sig_CLK <= '0'; -- Bereich (3)
sig_D   <= '0';
sig_R   <= '0';
wait for 2 ns;  -- Dauer (2ns)
```

Bereich 4:

```
sig_CLK <= '0'; -- Bereich (4)
sig_D   <= '1';
sig_R   <= '0';
wait for 3 ns;  -- Dauer (3ns)
```

Das Prinzip und die Umsetzung müssten so klar geworden sein.

Der Synthesecode

Sehen wir uns jetzt den Code zur Simulation an, den ich für ein einziges D-Flipflop umgesetzt habe. Zuerst der Code für den asynchronen Reset:

```
library IEEE;
use IEEE.std_logic_1164.all;
use IEEE.numeric_std.all;

entity Kap08_DFlipflopSingle_Reset is
    port(
        CLK : in std_logic;  -- Taktsignal
        D   : in std_logic;  -- Dateneingang
        R   : in std_logic;  -- Reset
        Q   : out std_logic  -- Datenausgang
    );
end entity Kap08_DFlipflopSingle_Reset;

-- ASynchron
architecture rtl of Kap08_DFlipflopSingle_Reset is
begin
    process(CLK, R)
    begin
        if R = '1' then
            Q <= '0';
        elsif
        rising_edge(CLK) then
            Q <= D;
        end if;
    end process;
end architecture rtl;
```

Listing: Kap08_DFlipflopSingle_Reset.vhd – Asynchroner Reset

Und jetzt der Architecture-Block (der Entity-Block bleibt hier gleich) für den synchronen Reset:

```
...
-- Synchron
architecture rtl of Kap08_DFlipflopSingle_Reset is
begin
    process(CLK, R)
    begin
        if rising_edge(CLK) then
            if R = '1' then
                Q <= '0';
            else
                Q <= D;
            end if;
        end if;
    end process;
end architecture rtl;
```

Listing: Kap08_DFlipflopSingle_Reset.vhd – Synchroner Reset

Um die spätere Simulation zu starten, muss zuvor der gewünschte Synthesecode einem Compiling unterzogen werden. Kommen wir jetzt zur Definition des Simulationscodes.

Der Simulationscode

Der Simulationscode ist aufgrund der Komplexität etwas umfangreicher und ich unterteile diesen wieder in einzelne Bereiche:

```
library IEEE;
use IEEE.std_logic_1164.all;
use IEEE.numeric_std.all;

entity Kap08_DFlipflopSingle_Reset_tb is
end entity Kap08_DFlipflopSingle_Reset_tb;

architecture rtl of Kap08_DFlipflopSingle_Reset_tb is
    component Kap08_DFlipflopSingle_Reset is
        port(
            CLK : in std_logic;  -- Taktsignal
            D   : in std_logic;  -- Dateneingang
            R   : in std_logic;  -- Reset
            Q   : out std_logic  -- Datenausgang
        );
    end component Kap08_DFlipflopSingle_Reset;
    signal sig_CLK, sig_D, sig_R : std_logic;
    signal sig_Q : std_logic := '0';
begin
    DFF : Kap08_DFlipflopSingle_Reset port map(CLK=>sig_CLK, D=>sig_D, R=>sig_R, Q=>sig_Q);
...
```

Listing: Kap08_DFlipflopSingle_Reset_tb.vhd – Teil 1

Nun kommen die zahlreichen Pegelwechsel, die innerhalb des Prozesses definiert sind:
Die Bereiche 1 bis 4

```
...
process
    begin
        sig_CLK <= '0'; --(1)
        sig_D   <= '0';
        sig_R   <= '0';
        wait for 5 ns;
        ----------------------
        sig_CLK <= '1'; --(2)
        sig_D   <= '0';
        sig_R   <= '0';
        wait for 5 ns;
        ----------------------
        sig_CLK <= '0'; --(3)
        sig_D   <= '0';
        sig_R   <= '0';
        wait for 2 ns;
        ----------------------
        sig_CLK <= '0'; --(4)
        sig_D   <= '1';
        sig_R   <= '0';
        wait for 3 ns;
        ----------------------
```

Die Bereiche 5 bis 8

```
...
        sig_CLK <= '1'; --(5)
        sig_D   <= '1';
        sig_R   <= '0';
        wait for 5 ns;
        ----------------------
        sig_CLK <= '0'; --(6)
        sig_D   <= '1';
        sig_R   <= '0';
        wait for 2 ns;
        ----------------------
        sig_CLK <= '0'; --(7)
        sig_D   <= '0';
        sig_R   <= '0';
        wait for 3 ns;
        ----------------------
        sig_CLK <= '1'; --(8)
        sig_D   <= '0';
        sig_R   <= '0';
        wait for 5 ns;
        ----------------------
```

Die Bereiche 9 bis 12

```
...
        sig_CLK <= '0'; --(9)
        sig_D   <= '0';
        sig_R   <= '0';
        wait for 2 ns;
        ----------------------
        sig_CLK <= '0'; --(10)
        sig_D   <= '1';
        sig_R   <= '0';
        wait for 3 ns;
        ----------------------
        sig_CLK <= '1'; --(11)
        sig_D   <= '1';
        sig_R   <= '0';
        wait for 2 ns;
        ----------------------
        sig_CLK <= '1'; --(12)
        sig_D   <= '1';
        sig_R   <= '1';
        wait for 3 ns;
        ----------------------
```

Die Bereiche 13 bis 16

```
...
        sig_CLK <= '0'; --(13)
        sig_D   <= '1';
        sig_R   <= '1';
        wait for 5 ns;
        ----------------------
        sig_CLK <= '1'; --(14)
        sig_D   <= '1';
        sig_R   <= '1';
        wait for 2 ns;
        ----------------------
        sig_CLK <= '1'; --(15)
        sig_D   <= '1';
        sig_R   <= '0';
        wait for 3 ns;
        ----------------------
        sig_CLK <= '0'; --(16)
        sig_D   <= '1';
        sig_R   <= '0';
        wait for 5 ns;
        ----------------------
```

Die Bereiche 17 bis 20

```
...
        sig_CLK <= '1'; --(17)
        sig_D   <= '1';
        sig_R   <= '0';
        wait for 2 ns;
        ----------------------
        sig_CLK <= '1'; --(18)
        sig_D   <= '0';
        sig_R   <= '0';
        wait for 3 ns;
        ----------------------
        sig_CLK <= '0'; --(19)
        sig_D   <= '0';
        sig_R   <= '0';
        wait for 5 ns;
        ----------------------
        sig_CLK <= '1'; --(20)
        sig_D   <= '0';
        sig_R   <= '0';
        wait for 5 ns;
        ----------------------
```

Der Abschluss wird durch die folgenden Zeilen gebildet:

```
...
        wait; -- Für immer hier warten!
    end process;
end architecture rtl;
```

Der Aufruf von GTKWave

Nach dem Aufruf der Simulation und dem Hinzufügen der Signale in GTKWave sieht es folgendermaßen aus, wobei ich beide Ergebnisse direkt untereinander anordne:

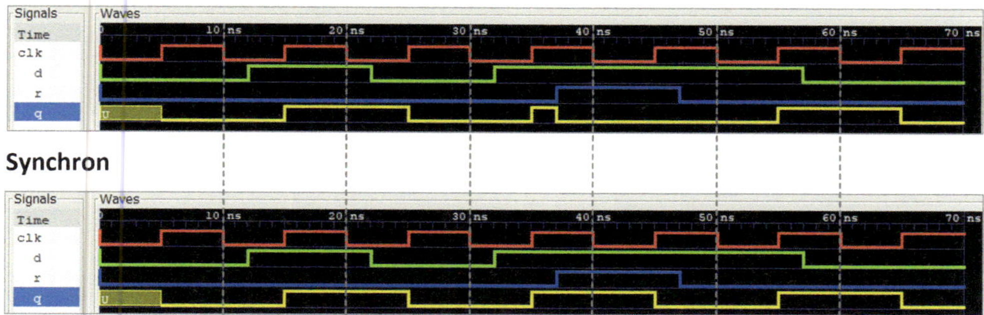

Abbildung 21: Die Simulationsergebnisse in GTKWave - asynchron und synchron

Wir sehen, dass die Theorie hier mit der Praxis über GHDL beziehungsweise GTKWave übereinstimmt.

In diesem Abschnitt haben wir uns mit dem umfangreichen Thema Flipflops beschäftigt; ein Thema, das den Leser immer bei der FPGA-Programmierung begleitet.

Im folgenden Projekt geht es um Zähler, beispielsweise das Raufzählen von Impulsen, und deren digitaltechnischen Grundlagen.

9. Zähler

Zähler sind wichtige Bausteine in der digitalen Elektronik und finden Anwendung in zahlreichen Schaltungen, beispielsweise bei digitalen Uhren, Zähleranzeigegeräten oder in Zählern zur Erfassung von Impulsen oder Ereignissen. Bevor wir das Thema im nachfolgenden Kapitel über die Siebensegmentanzeige weiter vertiefen, behandele ich in diesem Kapitel die Grundlagen dazu.

Da ein Computer nur mit Nullen und Einsen arbeitet, müssen diese Werte in irgendeiner Form gespeichert und verarbeitet werden. Als Ausgangsbasis und kleinste Informationseinheit ist dabei das Bit. Ich hatte im Einleitungskapitel schon einen Informationskasten, der die Frage beantwortete, was binär bedeutet: Es handelt sich um paarweise Informationen und im Binärsystem werden nur die Werte 0 und 1 verwendet.

Was bedeutet Bit?

Der Ausdruck Bit kommt aus dem Englischen und wird aus den beiden Wörtern binary und digit gebildet, was zweiwertige Ziffer bedeutet.

Um aber zum Beispiel ein einzelnes Zeichen wie den Buchstaben A zu kodieren, kann ein Bit nicht verwendet werden, denn das Bit kennt nur zwei Zustände: An oder Aus. Für diesen Fall ist es also erforderlich, dass mehrere Bits zu einer Einheit zusammengefasst werden und zum Beispiel einen Verbund von vier einzelnen Bits darstellen. Dieser Zusammenschluss mehrerer Bits wird Datenmenge genannt und eine Datenmenge von vier Bits trägt die Bezeichung Nibble. Um ein Alphabet mit 26 Buchstaben zu speichern, ist eine entsprechend dimensionierte Datenmenge erforderlich. Wie weit kommt man also mit einem Nibble, das vier Bits beinhaltet? Die folgende Formel wird benutzt, um das zu berechnen::

$$Anzahl\ der\ Kombinationen = 2^{Anzahl\ Bits}$$

Für die Anzahl der Bits muss der Wert 4 eingesetzt werden. Das Ergebnis lautet dann wie folgt:

$$Anzahl\ der\ Kombinationen = 2^4 = 16$$

Mit einem einzelnen Nibble können also 16 unterschiedliche Kombinationen erzielt werden. Für die Speicherung eines ganzen Alphabets mit 26 Buchstaben (es wurde auch nicht zwischen Groß- und Kleinbuchstaben unterschieden) ist das ein wenig zu knapp bemessen. Okay, dann wird also das Nibble nun verdoppelt und wir untersuchen, was dabei herauskommt:

$$Anzahl\ der\ Kombinationen = 2^8 = 256$$

Das sieht doch schon mal ganz ordentlich aus. Übrigens ergeben zwei Nibble ein sogenanntes Byte, das aus acht einzelnen Bits besteht. Ein derartiges Byte, auch manchmal als Bit-Oktett bezeichnet, ist in der Informationsverarbeitung und der Digitaltechnik sozusagen zum Standard geworden und man hört es an jeder Ecke der Gespräche zwischen Programmierern. Auf der folgenden Abbildung sind diese grundlegenden Dinge noch einmal abgebildet:

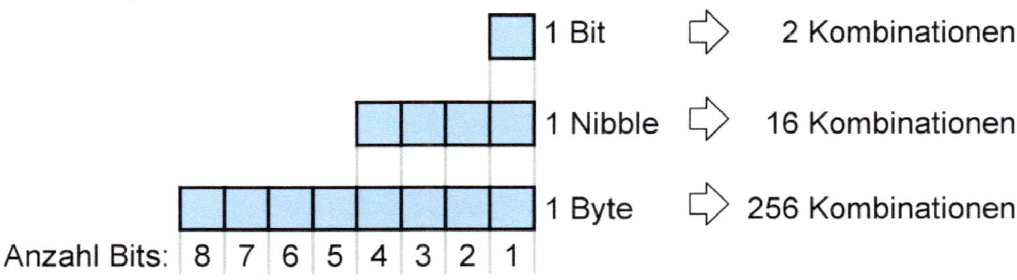

Abbildung 1: Ein Bit, ein Nibble, ein Byte

Es können noch größere Datenmengen aus mehreren Bytes erstellt werden. Meistens geht es dann wieder um eine Verdopplung der zugrunde liegenden Menge. Also 2 Bytes, 4 Bytes, 8 Bytes, 16 Bytes und so weiter. Doch für die Grundlagen zum Verständnis der Digitaltechnik ist es wichtig, erst einmal mit einem einzigen Byte, also 8 Bits, zurechtzukommen. Alles Weitere ist eine einfache Skalierung in höhere Dimensionen. Es ist bei 8 Bits wichtig zu verstehen, dass es 256 unterschiedliche Bitkombinationen gibt, die im Bereich von 0 bis 255 angesiedelt sind, nicht von 0 bis 256! Hinsichtlich der einzelnen Bits sollte noch einmal ein Augenmerk auf den Index gelegt werden, denn sonst kommt es unweigerlich zu Problemen. Bit 1 ist nicht das erste Bit, denn die Indexnummerierung beginnt mit der Ziffer 0. Somit ist die Positionierung der einzelnen Bits wie folgt:

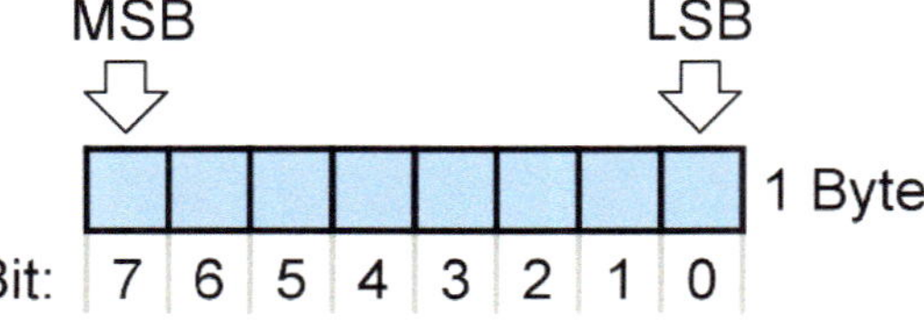

Abbildung 2: Ein Byte

Wir sehen, dass der Index von rechts bei 0 beginnt und nach links bei 7 endet. Das am niedrigsten wertige Bit wird LSB (Least Significant Bit) und das Bit mit dem höchsten Wert wird MSB (Most Significant Bit) genannt. Diese Bezeichnungen sind wichtig zu wissen, denn sie treten in der Literatur immer wieder auf. Üblicherweise werden heutzutage die Speicherkapazitäten im Computerumfeld in Potenzen von Byte angegeben. Das Ergebnis ist dann Kilobyte, Megabyte, Gigabyte oder auch Terabyte.

Hinsichtlich dieser Bezeichnungen kommt es immer wieder zu Missverständnissen, denn die Verwendung der Bezeichnungen Kilobyte, Megabyte, Gigabyte, Terabyte ist teilweise etwas unterschiedlich. Nimmt man es genau, dann sind die Zehnerpotenzen der Bytes gemeint. Ein Kilobyte sind demnach 1.000 einzelne Bytes. Richtigerweise wird das Kilobyte aber aus einer Zweierpotenz berechnet und zwei hoch zehn entspricht in diesem Fall nicht 1.000, sondern 1.024 einzelnen Bytes. Zum besseren Verständnis hier noch ein paar weitere Erläuterungen, warum 1.000 nicht gleich 1.024 ist. Die Bezeichnungen Kilo, Mega, Giga und Tera sind ein Vielfaches von 10 hoch 3, was 1.000 entspricht. Die Potenzen sind in der folgenden Tabelle zu sehen:

Potenzen	**Anzahl Bits**	**Bezeichnung**	**Abkürzung**
103	1.000	Kilobit	kBit
106	1.000.000	Megabit	MBit
109	1.000.000.000	Gigabit	GBit
1012	1.000.000.000.000	Terabit	TBit

Tabelle: Unterschiedliche Größenordnungen

In der Informatik werden diese Werte aber auch in einem Atemzug für ein Vielfaches von 2 hoch 10, was 1.024 entspricht, verwendet. Bezüglich eines Kilobits ist also zwischen einem dezimalen und einem binären Kilobit zu differenzieren. Das dezimale Kilobit besitzt 1.000 Bit und das binäre Kilobit etwas mehr, nämlich 1.024 Bit. Wir müssen im Kopf behalten, dass es Unterschiede in den Zahlensystemen gibt, die der Mensch verwendet und die im Computer verwendet werden. Der Mensch rechnet im Dezimalsystem mit den Ziffern von 0 bis 9 auf der Basis 10 und der Computer verwendet intern nur die Ziffern beziehungsweise Zustände 0 und 1 und rechnet im Binärsystem, das auf der Basis 2 fußt.

Beim uns bekannten dezimalen Zahlensystem besitzt jede einzelne Stelle der Ziffer eines Werts eine Zehnerpotenz. Wie sieht eine Potenzzahl noch mal aus und wie lauten die einzelnen Elemente?

Was sind Zahlensysteme?

Bei den gängigen Zahlensystemen handelt es sich meistens um sogenannte Stellenwertsysteme, bei denen jeder einzelnen Stelle der einzelnen Ziffern eines Werts ein besonderer Vervielfachungsfaktor in Form einer Potenz zugeordnet ist.

Exponent

$10^2 = 100$ ⇦ Potenzwert

Basis

Das ist aus dem Mathematikunterricht sicher in Erinnerung geblieben. Eine Dezimalzahl mit mehreren Ziffern ist wie folgt zu interpretieren; die Basis ist der Wert 10 und der Exponent wird von rechts nach links je Stelle, beginnend bei 0, um den Wert 1 erhöht:

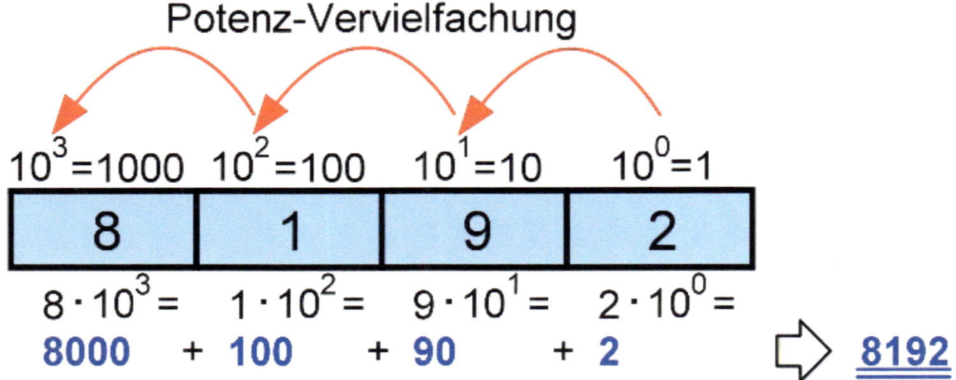

Abbildung 3: Das Dezimalsystem

Zum Vergleich nun ein Byte mit seinen Stellenwertigkeiten. Eine Binärzahl mit mehreren Ziffern ist wie folgt zu interpretieren; die Basis ist jetzt der Wert 2 und der Exponent wird von rechts nach links je Stelle, beginnend bei 0, um den Wert 1 erhöht:

$2^7=128$	$2^6=64$	$2^5=32$	$2^4=16$	$2^3=8$	$2^2=4$	$2^1=2$	$2^0=1$	
1	0	0	1	1	1	0	1	
$1 \cdot 2^7 =$	$0 \cdot 2^6 =$	$0 \cdot 2^5 =$	$1 \cdot 2^4 =$	$1 \cdot 2^3 =$	$1 \cdot 2^2 =$	$0 \cdot 2^1 =$	$1 \cdot 2^0 =$	
128	+ 0	+ 0	+ 16	+ 8	+ 4	+ 0	+ 1	⇨ 157

Abbildung 4: Das Dualsystem

Um eine Binärzahl zu kennzeichnen, gibt es unterschiedliche Schreibweisen:

- 10011101_2
- %10011101
- 10011101b (sollte vermieden werden, da Verwechslung mit Hexadezimalzahlen besteht)

Ein Logisim-Decoder-Experiment

An dieser Stelle können wir ein interessantes Logisim-Experiment durchführen. Die nun folgende Decoder-Schaltung besitzt die folgende Funktionalität, wobei zu Beginn eine Blackbox gezeigt wird, die lediglich drei Ein- und acht Ausgänge besitzt.

Was ist ein Decoder?

Unter einem Decoder wird ein Umsetzer beziehungsweise Konverter verstanden, der Eingangssignale in Ausgangssignale wandelt und sich dabei einer Vorschrift beziehungsweise einem Protokoll bedient.

Wie der Inhalt der Blackbox aussieht, ist erst einmal nicht von Bedeutung. Die drei Eingänge stellen die Bitkombination einer Binärzahl dar, deren Wertebereich sich, siehe Formel, von 0 bis 7 erstreckt. Ausgangsseitig soll dann die entsprechende Zahl in Form einer aufleuchtenden LED angezeigt werden:

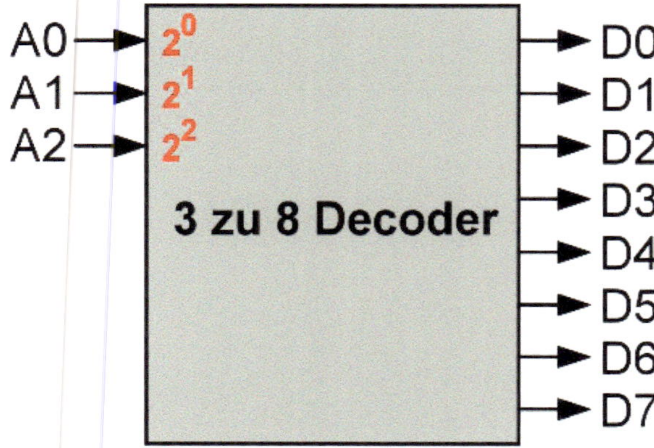

Abbildung 5: Die Blackbox des 3-zu-8-Decoders

Wie kann aber realisiert werden, dass aus bestimmten Kombinationen von Eingangssignalen nur ein einziges Ausgangssignal generiert wird? Da sind mehrere Logik-Gatter erforderlich. Die entsprechende Logiktabelle für die Ein- und Ausgänge sieht wie folgt aus:

Eingänge			Ausgänge							
A2	A1	A0	D7	D6	D5	D4	D3	D2	D1	D0
0	0	0	0	0	0	0	0	0	0	1
0	0	1	0	0	0	0	0	0	1	0
0	1	0	0	0	0	0	0	1	0	0
0	1	1	0	0	0	0	1	0	0	0
1	0	0	0	0	0	1	0	0	0	0
1	0	1	0	0	1	0	0	0	0	0
1	1	0	0	1	0	0	0	0	0	0
1	1	1	1	0	0	0	0	0	0	0

Tabelle: Die Ein- und Ausgänge des 3-zu-8-Decoders

Bezüglich der booleschen Algebra sieht die Blackbox erweitert dann wie folgt aus, wobei die logischen UND-Verknüpfungen rechts angefügt wurden:

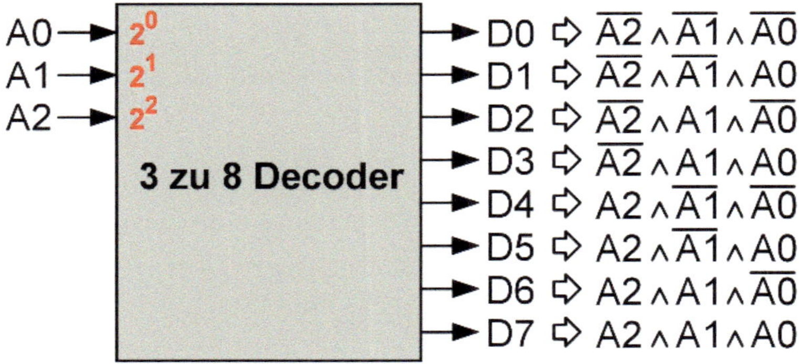

Abbildung 6: Die Blackbox des 3-zu-8-Decoders mit booleschen Werten

Nun gilt es, diese logischen Verknüpfungen in eine Gatter-Matrix zu überführen. Es wurden eingangsseitig A0 und A1 (binärer Wert 3) mit einem HIGH-Pegel versehen und dies ausgangsseitig mit dem Aufleuchten der LED 3 quittiert:

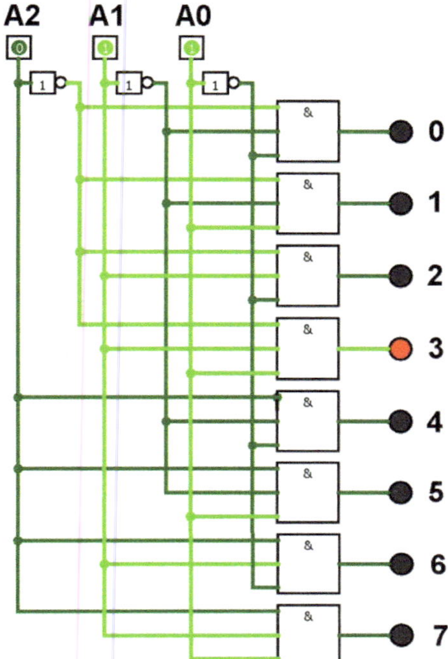

Abbildung 7: Die Umsetzung des 3-zu-8-Decoders mit Logisim

Eine 3-Bit-Kombination (A0, A1 und A2), die sozusagen als eine Adresse arbeitet, bringt eine bestimmte und eindeutige LED zum Leuchten. Eine leichte Abwandlung dieses Verhaltens stellt ein sogenannter Dekadenzähler dar, der jedoch eingangsseitig nicht über eine Adresse anhand einer Bitkombination verfügt, sondern einen Takteingang bereitstellt. Bei jedem erneuten Takt wird ausgangsseitig der Ausgang weitergeschaltet. Soviel zu diesem Thema, denn es geht jetzt darum, einen Binärzähler in VHDL zu realisieren.

Ein Binärzähler

Wenn wir zum Beispiel mit den Fingern zählen, beginnen wir bei 0 und fahren fort mit 1, 2, 3, 4und so weiter. Ein Binärzähler zählt jedoch mithilfe des binären Systems und es kommen nur Nullen und Einsen zum Einsatz. Ich möchte das Zählen wieder mit einem kurzen Logisim-Projekt beginnen, das aus D-Flipflops besteht.

Die Simulation mit Logisim: ein Binärzähler

Ich möchte die Simulation auf vier Bits beschränken, was auch vollkommen ausreichend ist. Die zugrunde liegende Schaltung sieht folgendermaßen aus:

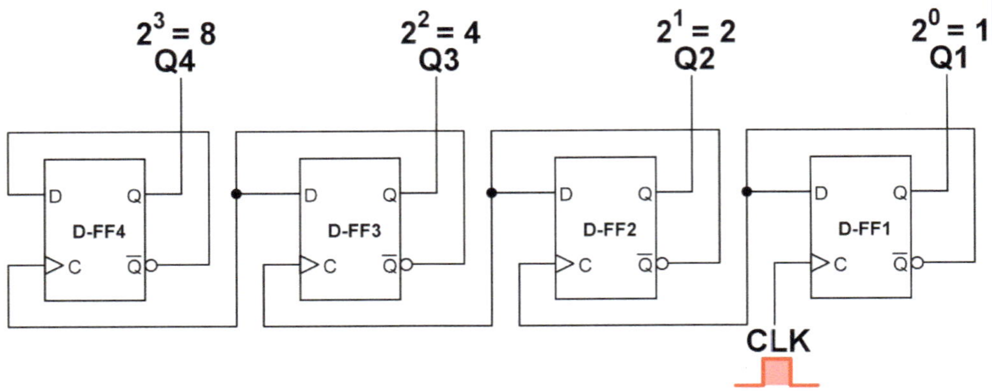

Abbildung 8: 4-Bit-Zähler mit D-Flipflops

Es ist ein vierstufiger Binärzähler, bestehend aus vier D-Flipflops zu sehen, deren invertierter Ausgang jeweils auf den Eingang zurückgekoppelt ist. Der invertierte Ausgang stellt den Takt für das darauffolgende Flipflop zur Verfügung. Derartige Schaltungen mit einzelnen D-Flipflops werden eher selten aufgebaut und sollen lediglich der Anschauung und dem Verständnis dienen. Interessant ist zudem das Verhalten, dass es pro höherwertige Stelle jeweils zu einer Frequenzhalbierung kommt. Hier nun die Umsetzung in Logisim:

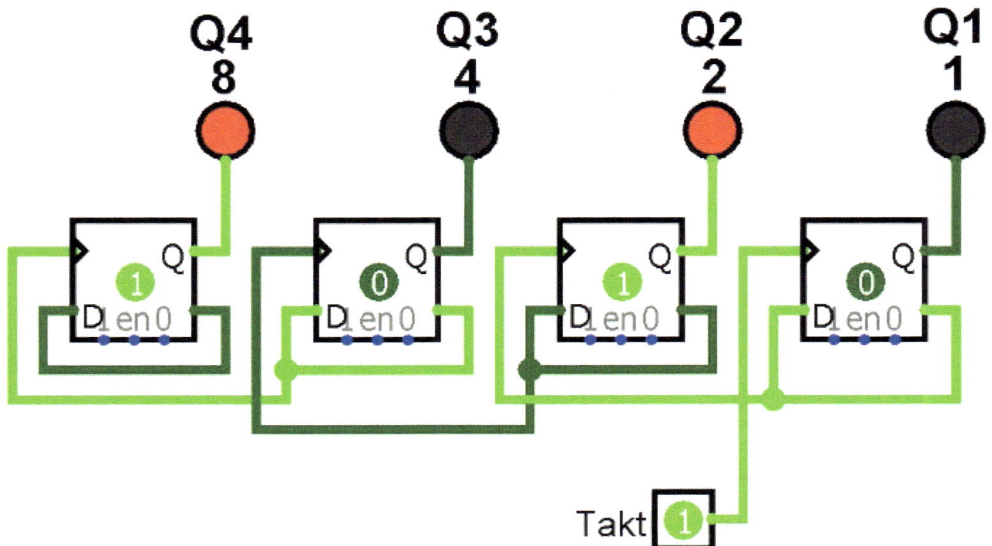

Abbildung 9: Die Umsetzung des 4-Bit-Binärzählers in Logisim

Sehen wir uns dazu die Wertetabelle an:

Dezimalwert	Q4	Q3	Q2	Q1
0	0	0	0	0
1	0	0	0	1
2	0	0	1	0
3	0	0	1	1
4	0	1	0	0
5	0	1	0	1
6	0	1	1	0
7	0	1	1	1
8	1	0	0	0
9	1	0	0	1

Tabelle: Dezimal- und Binärwerte

Wenn wir schon bei der Besprechung unterschiedlicher Zahlensysteme sind, darf der hexadezimale Zahlenraum auf gar keinen Fall fehlen. Im Hexadezimalsystem werden Zahlen beziehungsweise Werte in einem Stellenwertsystem zur Basis 16 dargestellt. Der Ausdruck Hexadezimal ist ein Mischwort aus den Einzelwörtern hexa für griechisch „sechs" und decem für lateinisch „zehn". Zur Darstellung von Hexadezimalzahlen werden sechzehn unterschiedliche Ziffern beziehungsweise Symbole benötigt. Da unser Dezimalsystem lediglich die Ziffern von 0 bis 9 kennt, sind zusätzliche Symbole erforderlich und aus diesem Grund nimmt man die ersten sechs Buchstaben aus dem Alphabet (A, B, C, D, E und F). Dieses System hat einen entscheidenden Vorteil: Zur Darstellung von Werten im Bereich von 0 bis 255 werden im Binärsystem acht Stellen benötigt, wobei im Gegensatz dazu im hexadezimalen System lediglich zwei Stellen erforderlich sind und diese Werte für den Menschen zudem noch besser lesbar sind. Auch hier können wir wieder eine sehr anschauliche Simulation mit Logisim durchführen.

Die Simulation mit Logisim: ein Hexadezimalzähler

Die Basis zur Umsetzung dieser Simulation für die Anzeige von Hexadezimalzahlen liefert der vorherige Binärzähler. Es wurde der Schaltung lediglich ein Anzeigeelement in Form einer Siebensegmentanzeige für HEX-Werte hinzugefügt und die Eingänge über einen 4-Bit-Bus mit den 4-Bit-Ausgängen der D-Flipflops verbunden:

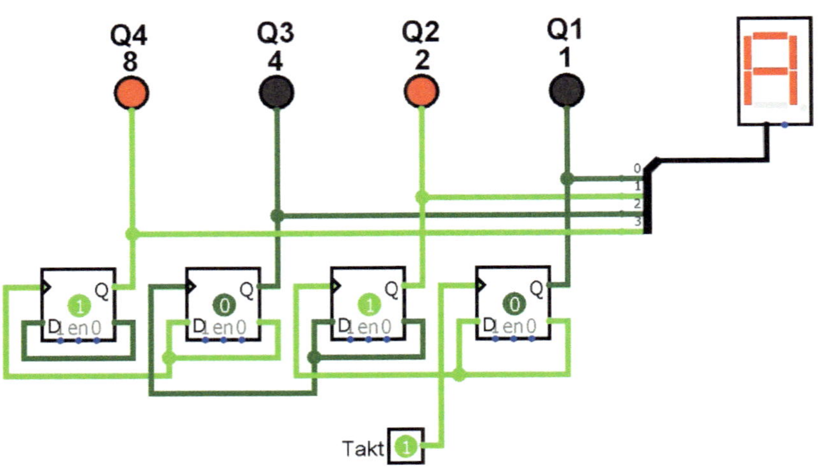

Abbildung 10: Die Umsetzung des 4-Bit-Binär-Hex-Zählers in Logisim

Nachfolgend ist die Tabelle mit Dezimal- und den korrespondierenden HEX-Werten zu sehen:

Dezimalwert	Binär	HEX
0	0000	0
1	0001	1
2	0010	2
3	0011	3
4	0100	4
5	0101	5
6	0110	6
7	0111	7
8	1000	8
9	1001	9
10	1010	A
11	1011	B
12	1100	C
13	1101	D
14	1110	E
15	1111	F

Tabelle: Dezimal-, Binär- und Hexadezimalwerte

Wenn es um die Umrechnung von Binärzahlen in Hexadezimalzahlen geht, dann ist das recht einfach, da die Basis 16 selbst eine Zweierpotenz (16 = 24) darstellt. Wenn man zum Beispiel die Dualzahl 0110 1101 nimmt, braucht man im Hexadezimalsystem nur 6D anzugeben. Im Dualsystem werden die Ziffernfolgen häufig in 4-Bit-Gruppen zusammengefasst, um darüber eine übersichtliche Darstellung großer Ziffernfolgen zu erhalten. Die Dualzahl 1110 1011 0001 0111 ist in jeweils 4-Bit-Einheiten zusammengefasst und entspricht der Hexadezimalzahl EB17:

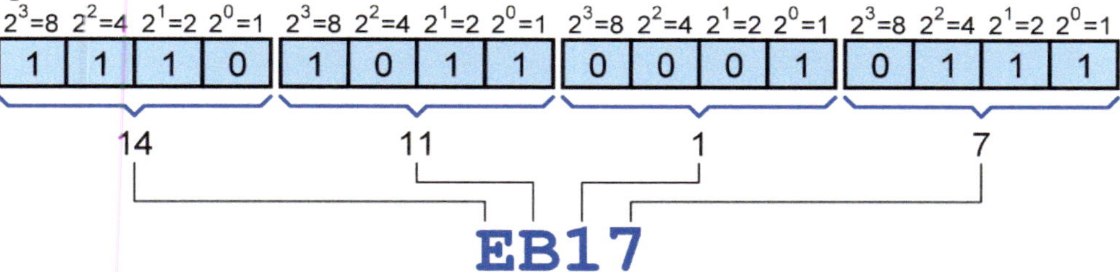

Um eine Hexadezimalzahl zu kennzeichnen, gibt es unterschiedliche Schreibweisen, beispielhaft am Wert EB17 gezeigt:

- $EB17_{16}$
- $EB17
- 0xEB17
- EB17h (gängig, aber zu vermeiden)

Kommen wir nun nach dieser etwas längeren Vorrede und den Experimenten mit Logisim endlich zur Umsetzung des Codes, der jedoch noch einige Vorbereitung erfordert.

Ganzzahlige Datentypen

Der schon mehrfach zum Einsatz gekommene Datentyp für Bit-Vektoren std_logic_vector eignet sich hervorragend zum Beispiel für Daten-Busse, wie wir bereits bei der Ansteuerung der LEDs gesehen haben. Wenn es aber darum geht, arithmetische Operationen durchzuführen, ist er unbrauchbar. Aus diesem Grund gibt es zusätzliche Datentypen für Bit-Vektoren, die mit und ohne Vorzeichen existieren. Die allgemeine Syntax lautet wie folgt:

Mit Vorzeichen:

```
signal <name> : signed(<BITS> downto 0) := <initial_value>;
```

Ohne Vorzeichen:

```
signal <name> : unsigned(<BITS> downto 0) := <initial_value>;
```

Es sei noch einmal darauf hingewiesen, dass die Zählung beim LSB (Least Significant Bit) bei 0 beginnt und wenn zum Beispiel acht Bits erforderlich sind, die Deklaration BITS - 1 lauten muss, wie wir gesehen haben.

Erste Gehversuche mit dem Code

Dann wollen wir ein paar einleitende Versuche mit der Deklarierung und Initialisierung eines Unsigned-Bit-Vektors machen. Sehen wir uns zunächst den folgenden fehlerhaften Code an und was er für Meldungen beim Compiling produziert. Es sieht nicht allzu kompliziert aus, denn es ist geplant, die acht LEDs auf dem Board mit einem HEX-Wert zu versehen. Das Signal counter in Zeile 12 wird entsprechend deklariert und mit dem HEX-Wert 3 initialisiert, was am Präfix x zu erkennen ist und in doppelte Anführungszeichen eingeschlossen ist:

```
01 library IEEE;
02 use IEEE.std_logic_1164.all;
03 use IEEE.numeric_std.all;
04
05 entity Kap09_CounterTest is
06     port(
07         LED : out std_logic_vector(7 downto 0)
08     );
09 end entity Kap09_CounterTest;
10
11 architecture rtl of Kap09_CounterTest is
12     signal counter: unsigned(7 downto 0) := x"3";
13 begin
14     -- spätere Zuweisung an die LEDs
15 end architecture rtl;
```

Listing: Kap09_CounterTest.vhd – fehlerhafter Code

Das Ergebnis des Compilings gestaltet sich wie folgt:

```
VHDL Expression error at  Kap09_CounterTest.vhd(12):
expression ""0011"" has 4 elements ; expected 8 elements.
```

Der Wert 3 ist schon einmal auf binärer Ebene richtig erkannt worden, doch da der Bit-Vektor counter mit acht Bits deklariert wurde und nur vier Bits bei der Initialisierung übergeben wurden, kommt es zu diesem Fehler. Wir müssen zur Behebung des Problems also eine führende 0 bei der Initialisierung mit angeben:

```
12     signal counter: unsigned(7 downto 0) := x"03";
```

Um jetzt den Inhalt an die LEDs zu übertragen, nutzen wir den folgenden Code, der jedoch wieder einen Fehler beinhaltet. Ich habe zur Ansteuerung der LEDs die Zeile 14 mit einer entsprechenden Zuweisung versehen:

```
01 library IEEE;
02 use IEEE.std_logic_1164.all;
03 use IEEE.numeric_std.all;
04
05 entity Kap09_CounterTest is
06     port(
07         LED : out std_logic_vector(7 downto 0)
08     );
09 end entity Kap09_CounterTest;
10
11 architecture rtl of Kap09_CounterTest is
12     signal counter: unsigned(7 downto 0) := x"03";
13 begin
14     LED <= counter;
15 end architecture rtl;
```

Listing: Kap09_CounterTest.vhd – fehlerhafter Code

Das Ergebnis des Compilings sieht diesmal so aus:

```
Kap09_CounterTest.vhd(14): type of identifier "counter" does not
agree with its usage as "std_logic_vector" type
```

Der Datentyp des Signals counter (unsigned) passt nicht mit dem Datentyp des Signals LED (std_logic_vector) zusammen. Hier muss eine Umwandlung in den Zieldatentyp erfolgen, was mit der folgenden Ergänzung möglich ist:

```
14     LED <= std_logic_vector(counter);
```

Nach dem Download des Codes sehen die acht LEDs wie folgt aus:

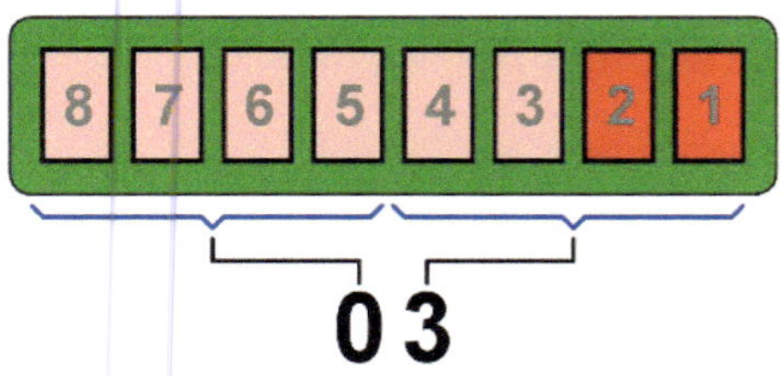

Aufgrund des Präfixes x für Hexadezimalzahlen ist es auch möglich, diese in der Initialisierung anzugeben. Dies ist die Zeile für den HEX-Wert CA:

```
12     signal counter: unsigned(7 downto 0) := x"CA";
```

Damit werden die folgenden LEDs aufleuchten:

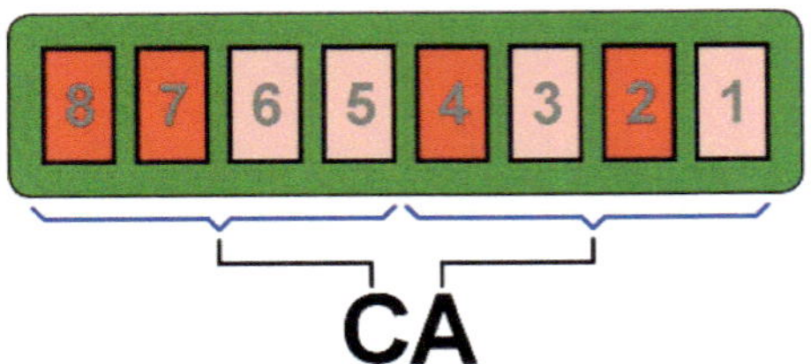

Schauen wir in der Tabelle für Dezimal- und HEX-Werte nach, sehen wir, dass das stimmt. Mit diesen anfänglichen Problemen und deren Lösungen können wir uns einen Zähler realisieren, denn der Unsigned-Bit-Vektor kann ja für arithmetische Operationen genutzt werden. Es wird lediglich der schon bekannte Taktgenerator benötigt, der den Vektor inkrementiert.

Der Code

Der entsprechende Code für die Umsetzung des Binärzählers sieht wie folgt aus:

```
library ieee;
use ieee.std_logic_1164.all;
use ieee.numeric_std.all;

entity Kap09_Counter is
    generic(BITS : integer := 8);
    port(CLK : in std_logic;
         LED : out std_logic_vector(BITS - 1 downto 0)
    );
end Kap09_Counter;

architecture rtl of Kap09_Counter is
    signal counter: unsigned(BITS - 1 downto 0) :=x"00";
    signal clk_count : integer range 0 to 12000000 := 0;
    signal enable : std_logic :='0'; -- Freischalten des Taktes
begin
    process(CLK)
    begin
        if rising_edge(CLK) then
            if clk_count >=12000000 then
                clk_count <= 0;
                enable <= '1';
            else
                clk_count <= clk_count + 1;
                enable <= '0';
            end if;
            if enable = '1' then
                counter <= counter + x"1"; -- Inkrementierung
            end if;
        end if;
    end process;
    LED <= std_logic_vector(counter);
end rtl;
```

Listing: Kap09_Counter.vhd – ein Binärzähler

In Zeile 28 sieht man, dass das Signal counter um den HEX-Wert 1 hochgezählt wird. Die LED-Anzeige verläuft also wie folgt, wobei ich nur einen kleinen Ausschnitt zeige:

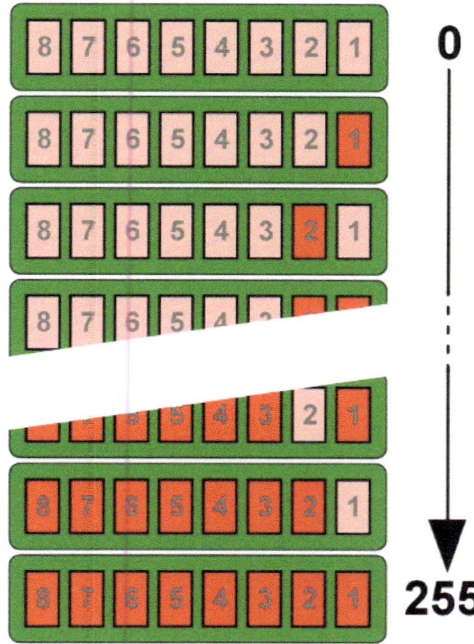

Abbildung 11: Die LEDs des Binärzählers

Der Zähler ist übrigens wirklich ein Binärzähler und kein HEX-Zähler, denn sonst würde zum Beispiel bei der zweistelligen Zahl 24 der Binärwerts 0010 0100 angezeigt.

Ein Universalzähler

Bisher konnte der Binärzähler lediglich raufzählen. Wir wollen das jetzt etwas flexibler gestalten und ihn mit der Möglichkeit versehen, einen Reset durchzuführen und entscheiden zu können, ob er rauf- oder runterzählt. Dazu werden wir einen Taster für den Reset und einen Schiebeschalter für den Modus (rauf/runter) hinzufügen. Sehen wir uns zunächst den Schaltplan an.

Der Schaltplan

Der Schaltplan ist wieder möglichst einfach gehalten und zeigt nur den Reset-Taster an Pin D7 und den Schiebeschalter für den Modus an Pin D6:

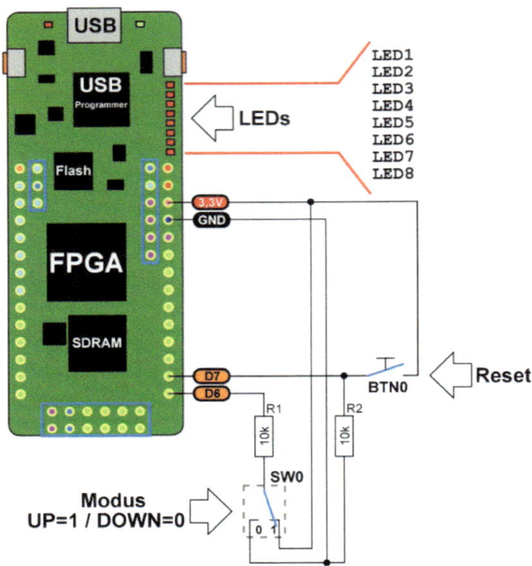

Abbildung 12: Der Schaltplan für den Rauf-/Runterzähler

Folgende GPIO-Pins werden verwendet:

GPIO-Pin	MAX1000-Signal	Modus	Signalbezeichnung
D6	L12	in	UP_DOWN
D7	J12	in	RESET

Tabelle:Die verwendeten GPIO-Pins

Kommen wir zum Code, der die beiden Eingabeelemente abfragt und entsprechend reagiert.

Der Code

Beginnen wir mit dem Entity-Block:

```
entity Kap09_CounterUpDown is
    generic(BITS  : integer := 8);
    port(CLK      : in std_logic;
        LED       : out std_logic_vector(BITS - 1 downto 0);
        RESET     : in std_logic := '0';
        UP_DOWN   : in std_logic := '1' -- 1 => UP
    );
end Kap09_CounterUpDown;
...
```

Listing: Kap09_CounterUpDown.vhd – Teil 1

Als Nächstes ist der Kopf des Architecture-Blocks an der Reihe:

```
...
architecture rtl of Kap09_CounterUpDown is
    signal counter: unsigned(BITS - 1 downto 0) :=x"00"; -- Startwert
    signal clk_count : integer range 0 to 12000000 := 0;
    signal enable : std_logic :='0'; -- Freischalten des Taktes
...
```

Listing: Kap09_CounterUpDown.vhd – Teil 2

Hier ist die Umsetzung der Logik zu sehen. Wird der Reset-Taster gedrückt, wird in Zeile 22 counter auf den Startwert 00 zurückgesetzt. In Abhängigkeit des Schiebeschalters für den Modus kommt es entweder in Zeile 33 zum Inkrementieren beziehungsweise in Zeile 35 zum Dekrementieren des Zählers:

```
17 ...
18 begin
19     process(CLK, RESET)
20     begin
21         if RESET = '1' then
22             counter <= x"00";
23         elsif rising_edge(CLK) then
24             if clk_count >=12000000 then
25                 clk_count <= 0;
26                 enable <= '1';
27             else
28                 clk_count <= clk_count + 1;
29                 enable <= '0';
30             end if;
31             if enable = '1' then
32                 if UP_DOWN = '1' then
33                     counter <= counter + x"1";
34                 else
35                     counter <= counter - x"1";
36                 end if;
37             end if;
38         end if;
39     end process;
40     LED <= std_logic_vector(counter);
41 end rtl;
```

Listing: Kap09_CounterUpDown.vhd – Teil 3

Der Connect and Compile-Dialog sieht wie folgt aus:

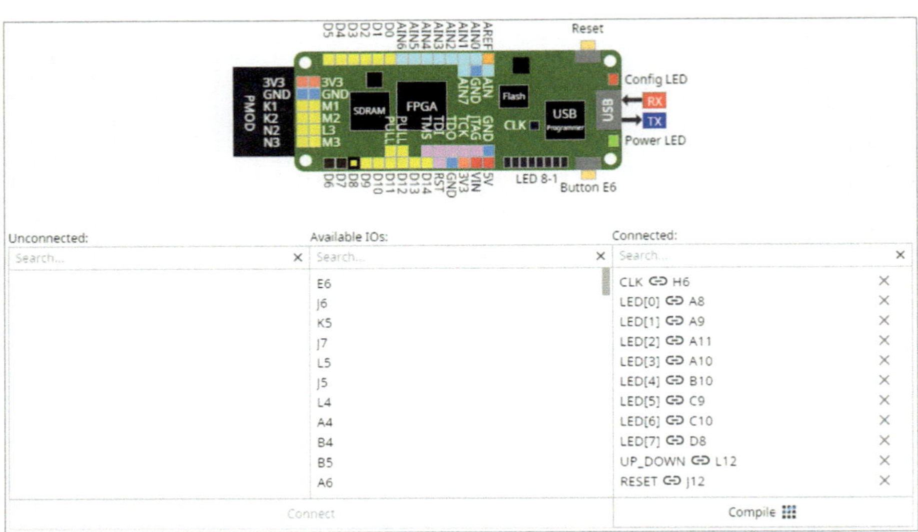

Abbildung 13: Der Connect and Compile-Dialog für den Universalzähler

Zähler sind ein wichtiger Bestandteil der FPGA-Programmierung und werden in vielen Anwendungen eingesetzt, um die gewünschte Funktionalität zu erreichen.

Im kommenden Projekt beschäftigen wir uns mit der Ansteuerung einer Siebensegmentanzeige.

10. Ansteuerung einer Siebensegmentanzeige

Wenn es darum geht, in elektronischen Schaltungen Werte dazustellen, dann ist sich das mit normalen Leuchtdioden echt schwierig. Man könnte möglicherweise zehn LEDs hintereinander platzieren, um darüber zum Beispiel Werte von 0 bis 10 abzubilden, was bei diesem eher kleinen Wertebereich durchaus machbar ist. Eine Pegel-Aussteuerungsanzeige für Audiosignale wird darüber realisiert. Doch zur Anzeige von mehrstelligen Werten ist das gänzlich ungeeignet. Darum wurden andere Anzeigeelemente in der Elektronik entwickelt, über die es möglich ist, unsere zehn Ziffern, also 0 bis 9, darzustellen. Wenn man die einzelnen Ziffern mit unscharfem Auge betrachtet, dann kann man sie bei korrekter Anordnung mit einzelnen Segmenten abbilden. Im einfachsten Fall reichen dafür sieben Segmente aus. Erst wurden darauf mechanisch dann elektronisch sogenannte Siebensegmentanzeigen hergestellt.

Die Segmente der Anzeige

Auf der folgenden Abbildung ist eine Anzeige, die sogar über einen Dezimalpunkt verfügt, sodass auch Fließkommawerte angezeigt werden können:

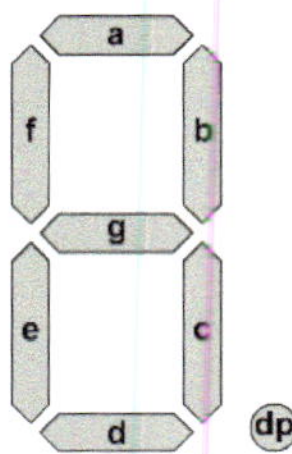

Abbildung 1: Eine Siebensegmentanzeige mit Dezimalpunkt

Jedes einzelne Segment besitzt zur Identifizierung einen Buchstaben, sdass die Zuordnung einfach ist. Die hier gezeigte Beschriftung hat sich im Allgemeinen durchgesetzt und fast alle Siebensegmentanzeigen besitzen die gezeigte Reihenfolge. Wenn wir die einzelnen Segmente geschickt ansteuern, können wir unsere Ziffern von 0 bis 9 und sogar ein paar Buchstaben gut abbilden. In der folgenden Tabelle ist die Ansteuerung der einzelnen Segmente zur Anzeige der Ziffern 0 bis 9 zu sehen. Die Buchstaben kommen etwas später hinzu.

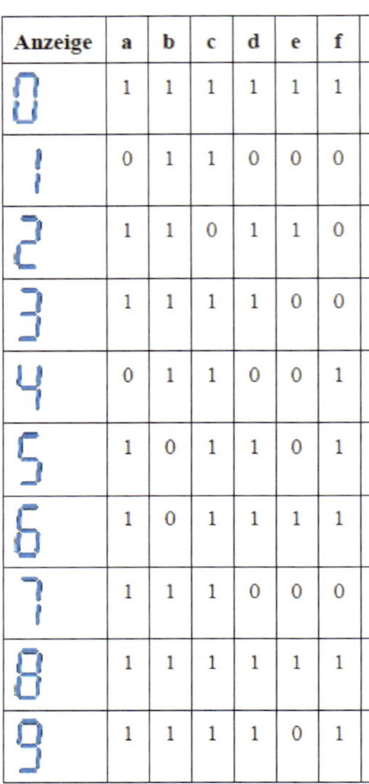

Anzeige	a	b	c	d	e	f
0	1	1	1	1	1	1
1	0	1	1	0	0	0
2	1	1	0	1	1	0
3	1	1	1	1	0	0
4	0	1	1	0	0	1
5	1	0	1	1	0	1
6	1	0	1	1	1	1
7	1	1	1	0	0	0
8	1	1	1	1	1	1
9	1	1	1	1	0	1

Tabelle: Die Ansteuerung der 7 Segmente (Ziffern 0 bis 9)

Der Wert 1 in unserer Tabelle bedeutet hier nicht notwendigerweise einen HIGH-Pegel, sondern es handelt sich um die Ansteuerung des betreffenden Segments. Das kann entweder mit dem schon genannten HIGH-Pegel (zum Beispiel +3,3V inklusive Vorwiderstand) oder auch mit einem LOW-Pegel (0V) erfolgen.

Die Ansteuerungsvarianten

Die Frage, die hier aufkommt, ist, wovon das abhängt, denn man muss sich ja für eine Ansteuerung entscheiden. Die Entscheidung wird uns durch den Typ der Siebensegmentanzeige abgenommen. Es gibt drei Ansätze:

- Gemeinsame Kathode
- Gemeinsame Anode
- Beide Varianten zur Auswahl

Ich werde mich auf die beiden ersten konzentrieren. Bei einer gemeinsamen Kathode (oder CC für Common Cathode) sind alle Kathoden der einzelnen

LEDs einer Siebensegmentanzeige intern zusammengeführt und werden extern mit Masse verbunden. Die Ansteuerung der einzelnen Segmente erfolgt über entsprechend dimensionierte Vorwiderstände, die zum Aufleuchten entsprechend mit einem HIGH-Pegel verbunden werden. Wir verwenden in unserem folgenden Beispiel aber eine Siebensegmentanzeige mit einer gemeinsamen Anode (oder CA für Common Anode). Hier ist es genau andersherum als beim vorigen Typ. Alle Anoden der einzelnen LEDs sind intern miteinander verbunden und sind mit einem HIGH-Pegel verbunden. Die Ansteuerung erfolgt über die schon erwähnten Vorwiderstände über die einzelnen Kathoden der LEDs, die nach außen geführt werden. Die nachfolgende Abbildung zeigt die Variante mit der gemeinsamen Anode:

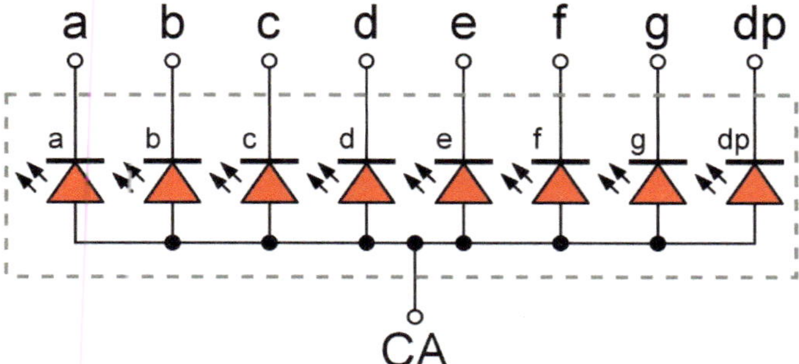

Abbildung 2: Eine Siebensegmentanzeige mit gemeinsamer Anode (CA)

Und hier die Variante mit der gemeinsamen Kathode, bei der die internen LEDs einfach umgepolt wurden:

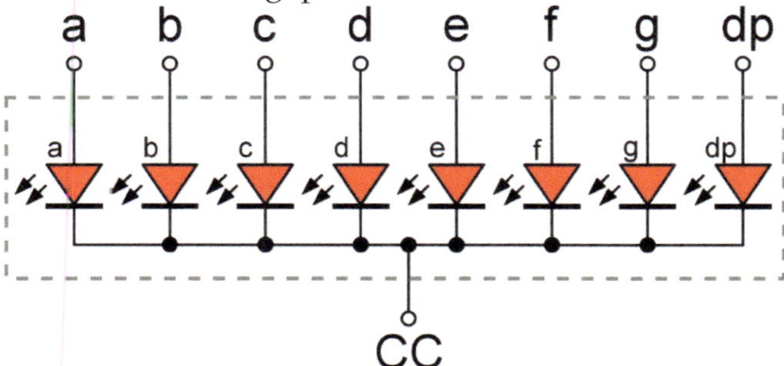

Abbildung 3: Eine Siebensegmentanzeige mit gemeinsamer Kathode (CC)

Wenn man sich das jetzt hinsichtlich der Ansteuerung einer einzigen Stelle anschaut, dann werden inklusive Dezimalpunkt acht Steuerleitungen benötigt. Eine einzige Stelle kann über eine einzige Siebensegmentanzeige realisiert werden. Es ist eine Anzeige von Kingbright mit der Typenbezeichnung SA 39-11 SRWA mit gemeinsamer Anode:

Abbildung 4: Eine einstellige Siebensegmentanzeige von Kingbright

Für jede weitere Stelle multipliziert sich das um den jeweiligen Faktor der Anzahl der Stellen. Auf dem MAX1000-Discoveryboard ist eine vierstellige Siebensegmentanzeige zu sehen und im Normalfall wären das 32 Ansteuerleitungen. Manche FPGAs verfügen über eine ganze Menge an I/O-Pins und das wäre sicherlich zu schaffen, doch beim MAX1000-Board gehen einem einfach die Pins aus. Was also tun? Die Lösungsmöglichkeiten sind hier vielfältig und es können externe Bausteine in Form von Schieberegistern, die schon erwähnten Shift-Register, zum Einsatz kommen, doch das würde zusätzliche Hardware bedeuten. Es gibt aber noch eine viel elegantere Lösung.

Das Multiplexing

Stellen wir uns vor, wir wollen vier oder mehr Siebensegmentanzeigen einzeln oder über Schieberegister ansteuern. Das wäre ein sehr großer Aufwand und es gibt wie gesagt eine viel bessere und elegantere Lösung, nämlich das sogenannte Multiplexing.

Auf dem MAX1000-Discoveryboard ist rechts oben eine vierstellige Siebensegmentanzeige zu sehen, die über ein Multiplexing angesteuert wird:

Was bedeutet Multiplexing?
Bei mehrstelligen Siebensegmentanzeigen bedeutet Multiplexing, dass nicht alle Stellen der vorhandenen Ziffern gleichzeitig angesteuert werden. Dies folgt nacheinander, wobei die Trägheit des menschlichen Auges, Änderungen wahrzunehmen, ausgenutzt wird, zwischen den einzelnen Stellen so schnell hin- und herzuschalten, dass ein stehendes Bild erscheint.

Abbildung 5: Die vierstellige Siebensegmentanzeige auf dem MAX1000-Discoveryboard

Diese Anzeige ist vom Typ CL5641BH mit gemeinsamer Anode und besitzt zwölf Anschluss-Pins, deren interne Verdrahtung auf der folgenden Abbildung zu sehen ist. Die vier Stellen sind von links nach rechts mit Dig1 bis Dig4 (Digit für „Ziffer") bezeichnet:

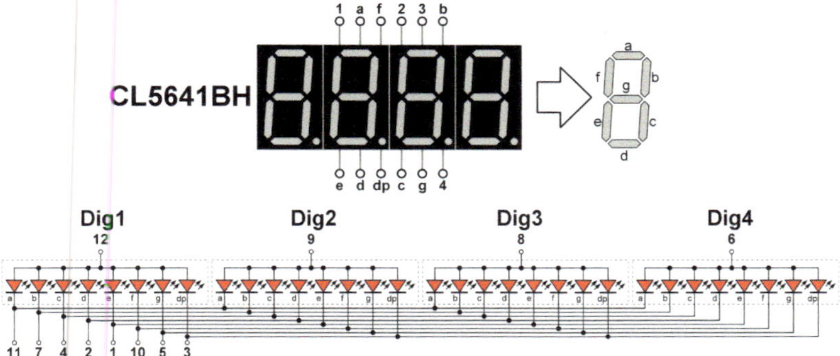

Abbildung 6: Die interne Beschaltung der Siebensegmentanzeige CL5641BH

Um für das Beispiel lediglich die Stelle Dig1 links freizuschalten, muss der Anoden-Pin 12 mit 3,3V verbunden werden. Die Ansteuerung der Segmente erfolgt dann mit geeigneten Vorwiderständen über ein Massepotenzial (GND). Alle anderen Stellen Dig2, Dig3 und Dig4 würden zwar über die Segmente (a bis g beziehungsweise dp) die gleiche Ansteuerung erfahren, denn sie sind ja alle parallel miteinander verbunden, sie blieben aber aufgrund der fehlenden Anodenspannung dunkel. Man muss zur individuellen Ansteuerung der vier Stellen lediglich unterschiedliche Segmentansteuerungen liefern und diese nacheinander über die Anodenansteuerungen freischalten. Erfolgt das schnell genug, entsteht der Eindruck eines stehenden Bilds mit vier unabhängigen Stellen.

Wir gehen es langsam an und beginnen mit der Ansteuerung einer einzigen Stelle. Wir werden dazu die vier Schiebeschalter verwenden, die in Kombina-

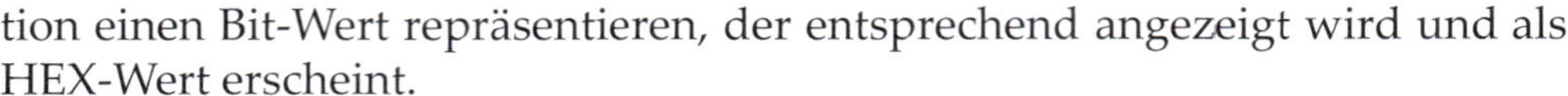

tion einen Bit-Wert repräsentieren, der entsprechend angezeigt wird und als HEX-Wert erscheint.

Die Ansteuerung einer einzelnen Siebensegmentanzeige

Die Grundlagen zur Ansteuerung der Siebensegmentanzeige und der Interpretation der Bit-Werte wurden im vorangegangenen Kapitel näher beleuchtet. Falls hier noch etwas unklar sein sollte, rate ich, dort noch einmal nachzuschlagen. Bevor wir mit dem Schaltplan beginnen, müssen zum Verständnis noch weitere Grundlagen aus der Elektronik behandelt werden. Die Ansteuerung beziehungsweise Freischaltung der einzelnen Stellen erfolgt in unserem Fall über die gemeinsame Anode, also über 3,3V. Würde man diese Ansteuerung direkt über einen Ausgangs-Pin des MAX1000 an die Stellen der Siebensegmentanzeige leiten, käme es zu einem hohen Stromfluss, wobei ich auf genauere Berechnungen an dieser Stelle verzichte. Diese Art der Ansteuerung würde den jeweiligen Pin hoch belasten, was nicht erwünscht ist.

Exkurs Transistor

Was ist ein Transistor?

Die Bezeichnung Transistor wird aus seiner Funktion hergeleitet, denn durch die Beeinflussung einer bestimmten internen Schicht wird auch der Widerstand einer anderen Schicht geändert. Daraus ergibt sich Transfer Resistor, was zu dem Begriff Transistor geführt hat.

Es gibt in der Elektronik ein Bauteil, das als Verstärker beziehungsweise elektronischer Schalter arbeiten kann. Das Bauteil wird Transistor genannt.

Hier wird nur die in unserem Kontext zugrundliegende Funktion beschrieben. Ein sogenannter bipolarer Transistor ist ein Halbleiterbauelement, der aus drei dünnen übereinandergelegten Halbleiterschichten besteht. Hinsichtlich der Schichtfolge wird zwischen NPN und PNP unterschieden. Exemplarisch werde ich nun den NPN-Transistor mit seinen drei Schichten kurz erläutern; bei einem PNP-Transistor sind die Polaritäten genau entgegengesetzt. Um die grundlegende Wirkungsweise eines bipolaren Transistors zu verstehen, kann man die beiden PN-Übergänge als zwei hintereinandergeschaltete Dioden ansehen, deren Durchlassrichtungen entgegengesetzt sind, wie auf der folgenden Abbildung inklusive entsprechender Schaltsymbole zu sehen:

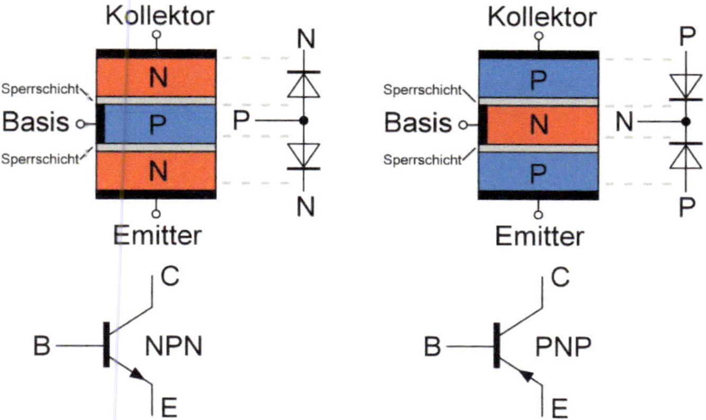

Abbildung 7: Die Gegenüberstellung des Schichtaufbaus bei einem NPN- und PNP-Transistor

Bei einem NPN-Transistor sind die Emitter- und die Kollektorzone N-dotiert. Die Basiszone ist P-dotiert. Aufgrund dieser drei Zonen bilden sich bei einem NPN-Transistor zwei Grenzflächen (Sperrschichten) aus. Bei einem PNP-Transistor sieht das vergleichbar aus. Das sind, ähnlich wie bei einer Diode, keine separaten Halbleitermaterialien, sondern es handelt sich um ein durchgehendes Atomgitter desselben Materials. Der zu steuernde Strom des Transistors bewegt sich immer zwischen dem Kollektor und dem Emitter, wobei die Richtung davon abhängt, ob es sich um einen NPN- oder um einen PNP-Transistor handelt. Wird ohne Basisansteuerung eine Spannung unabhängig der verwendeten Polung zwischen dem Kollektor und dem Emitter angelegt, dann arbeitet immer eine der beiden Diodenstrecken in Sperrrichtung. Es kommt zu keinem Stromfluss. Was beim Anlegen einer entsprechend hohen und richtig gepolten Spannungsquelle an der Basis passiert, wird nach der folgenden Abbildung erläutert, die das physikalische Prinzip eines NPN-Transistors zeigt:

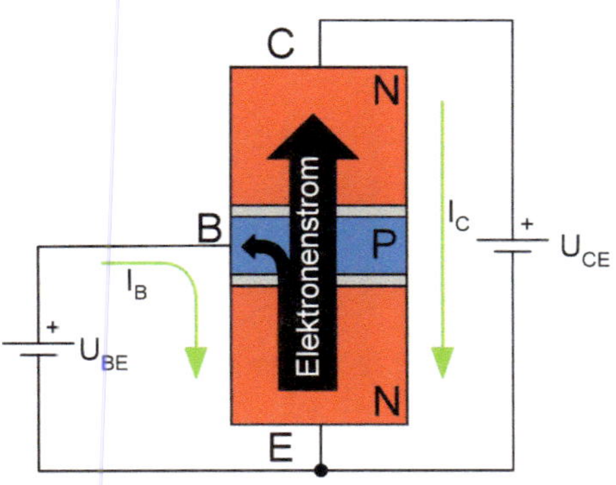

Abbildung 8: Das physikalische Prinzip eines NPN-Transistors

Bei der Funktionsweise des Transistors ist es wichtig, die Stromrichtung zu beachten. Im physikalischen Prinzip, was der Realität entspricht, spricht man vom Elektronenstrom oder der physikalischen Stromrichtung, die von Minus nach Plus geht. Die grünen Pfeile zeigen hingegen die technische Stromrichtung und weisen in die genau entgegengesetzte Richtung.

Die Spannungsverhältnisse der beiden Spannungsquellen sind so, dass es sich zwischen Basis und Emitter um eine recht kleine, zwischen Kollektor und Emitter dagegen um eine viel größere Spannung handelt. Durch das Anlegen einer Spannung UBE ab etwa 0,7V schaltet die untere Diode (PN-Schicht) in Durchlassrichtung. Die Elektronen wandern vom Emitter (emittieren bedeutet „aussenden“) in die P-Schicht der schwach dotierten Basis und werden vom Pluspol der Spannung UBE angezogen. Die P-Schicht ist in ihren Ausmaßen recht klein und dort wird nur ein sehr geringer Teil der Elektronen fließen, was eine schwache Rekombination (Wiederauffüllung) bedeutet. Der Kollektoranschluss ist gegenüber dem Potenzial an der Basis positiv, das bedeutet, dass sich das Gros der Elektronen durch die sehr dünne Basiszone in die obere Grenzschicht bewegt, die dadurch leitend wird, sodass der Pluspol der Spannung UCE diese Elektronen in den Kollektor zieht. Somit fließt ein Kollektorstrom IC. Der Transistor hat durchgeschaltet. Es machen sich etwa 99% der Elektronen in Richtung Kollektor auf den Weg und der Rest von 1% gelangt in die Basis. Das bedeutet, dass ein sehr geringer Basisstrom einen sehr viel höheren Kollektorstrom steuert, was man Stromverstärkung nennt.

Was zeigt der Pfeil in einem Transistorschaltzeichen an?

Der Pfeil in einem Transistorschaltzeichen zeigt immer die technische Stromrichtung an und nicht die Richtung, in der sich die Elektronen bewegen, wenn er durchsteuert.

Wie schon erwähnt, kann ein Transistor entweder als Schalter oder als Verstärker arbeiten. Kommt der Transistor als Schalter zum Einsatz, dann gibt es lediglich zwei Zustände: Der Transistor leitet (die CE-Strecke ist niederohmig) oder er sperrt (die CE-Strecke ist hochohmig). Anders sieht es beim Transistor als Verstärkungselement aus. Hier kann der Transistor jeden Zwischenwert annehmen, was bedeutet, dass der Stromfluss über die CE-Strecke stufenlos einstellbar ist. Der Widerstandswert der CE-Strecke ist dann variabel. Das Funktionsprinzip kann mit dem Wasserfluss gut verdeutlicht werden. Auf der folgenden Abbildung sind die drei Anschlüsse des Transistors zu sehen; von oben kommt der Wasserstrom vom Kollektor, doch die Basis auf der linken Seite verhindert ein Weiterströmen, der Emitter bleibt demnach trocken:

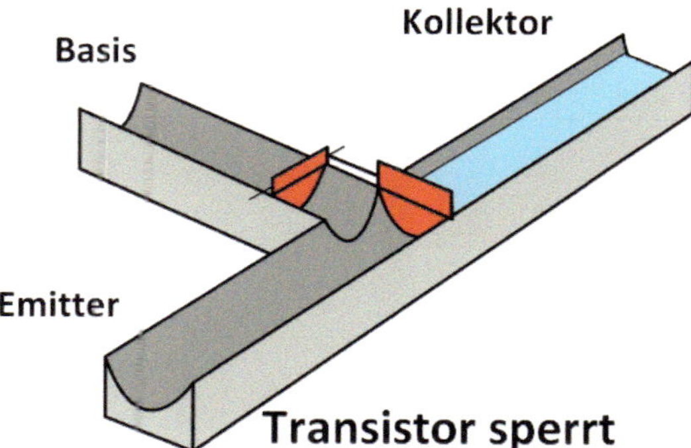

Abbildung 9: Das Funktionsprinzip eines Transistors in Analogie zum Wasserfluss – der Transistor sperrt

Auf der nächsten Abbildung wird die Basis auf der linken Seite angesteuert und sie öffnet ihre Pforten. Das bedeutet, dass sowohl der kleine Basisstrom als auch der größere Kollektorstrom fließen kann. Der Emitter wird geflutet und erhält den Strom von Basis und Kollektor:

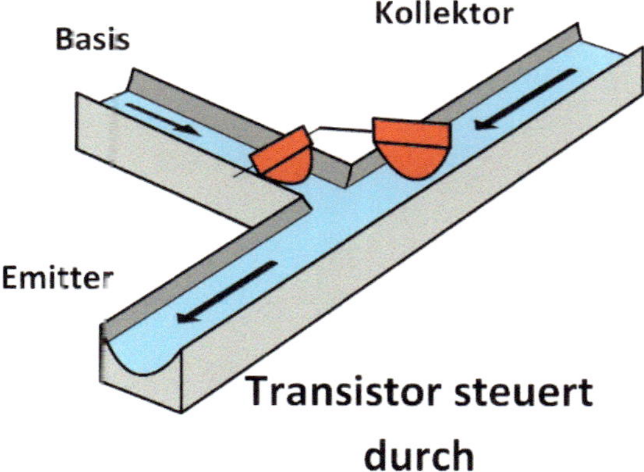

Abbildung 10: Das Funktionsprinzip eines Transistors in Analogie zum Wasserfluss – der Transistor steuert durch

Man beachte, dass das strömende Wasser nicht dem Elektronenfluss entspricht, sondern der technischen Stromrichtung. Abschließend zum Transistor möchte ich eine ganz einfache Schaltung zeigen, damit der spätere Einsatz zur Ansteuerung der Anoden der Siebensegmentanzeige leichter verständlich ist. Die Ansteuerung des Transistors erfolgt über den Schalter S und den Vorwiderstand R1, der einen Steuerstrom durch die Basis-Emitter-Diode des Transistors schickt:

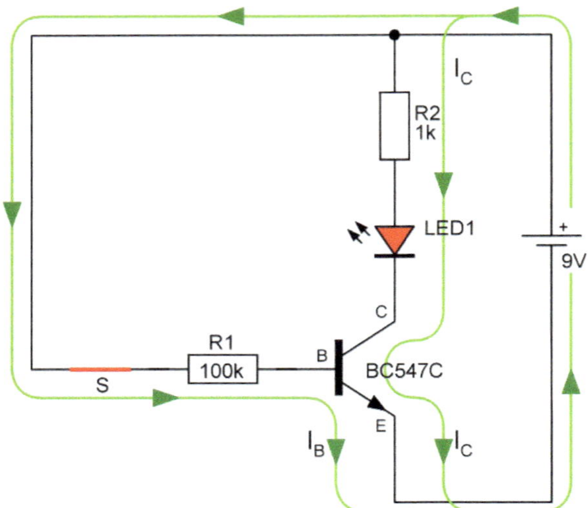

Abbildung 11: Der Transistor als Schalter – der Schalter ist geschlossen

Wurde der Schalter S geschlossen, fließt ein Steuerstrom über die BE-Strecke des Transistors, der dann leitend wird, weil sich diese Strecke wie eine normale Diode verhält, die bei einer Spannung größer/gleich 0,7V (bei einer Silizium-Diode) durchschaltet. Wenn es um den Schaltaspekt des Transistors geht, dann ist die CE-Strecke als das entscheidende Schaltelement anzusehen. Sperrt der Transistor, dann ist diese Strecke hochohmig. Steuert er durch, wird sie niederohmig. Bevor es aber in Richtung Schaltplan losgeht, fehlt noch die Pin-Belegung des verwendeten NPN-Transistors vom Typ BC547:

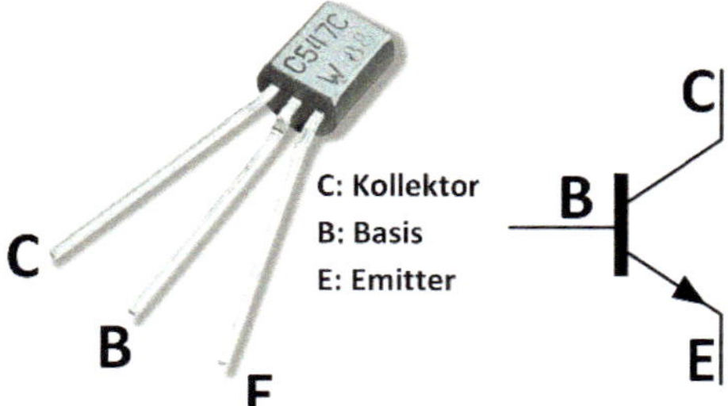

Abbildung 12: Der NPN-Transistor BC547 mit Schaltbild

Der Schaltplan

Mit dem folgenden Schaltplan steigen wir in die Multiplex-Thematik ein, die jedoch an dieser Stelle nicht zum Tragen kommt, da es erst einmal nur um die Ansteuerung einer einzigen Stelle geht. Wir werden das später auf die vier zur Verfügung stehenden Stellen der Anzeige erweitern:

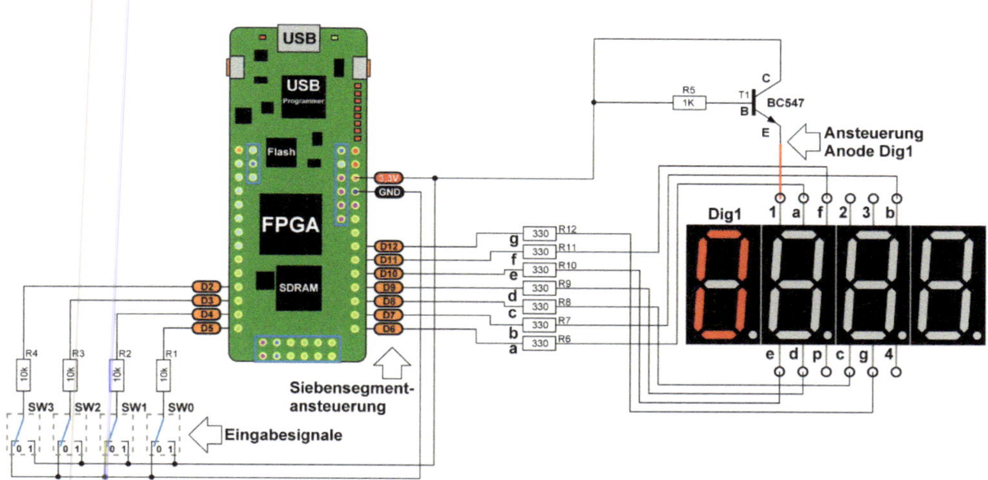

Abbildung 13: Der Schaltplan zur Ansteuerung eines Segments (Dig1)

Folgende GPIO-Pins werden verwendet:

GPIO-Pin	MAX1000-Signal	Modus	Signalbezeichnung
D2	H5	in	HEX[3]
D3	H4	in	HEX[2]
D4	J1	in	HEX[1]
D5	J2	in	HEX[0]
D6	L12	out	Siebensegment[0]
D7	J12	out	Siebensegment[1]
D8	J13	out	Siebensegment[2]
D9	K11	out	Siebensegment[3]
D10	K12	out	Siebensegment[4]
D11	J10	out	Siebensegment[5]
D12	H10	out	Siebensegment[6]

Tabelle: Die verwendeten GPIO-Pins

Wir haben auf der linken Seite an den Anschlüssen D2, D3, D4 und D5 die digitalen Eingänge, an denen die Bit-Kombination eingestellt wird. Es wird je nach Schalterstellung entweder Masse oder 3,3V über die Widerstände R1 bis R4 (10KΩ) weitergeleitet. Rechts an den Anschlüssen D6 bis D12 sind die digitalen Ausgänge zur Ansteuerung der sieben Segmente a bis g über die Vorwiderstände R6 bis R12 (330Ω) zu finden. Die Anode für die linke Siebensegmentanzeige Dig1 wird über den Transistor T1 (BC547) angesteuert und ist ständig freigeschaltet, da der Transistor über den Basisvorwiderstand R5 (1KΩ) direkt mit 3,3V verbunden ist und demnach immer durchsteuert.

Die Realisierung des Codes

Bevor wir mit dem Code loslegen, hier wieder ein paar Vorüberlegungen. Es soll also ein 4-Bit-Eingangssignal in einen hexadezimalen Wert überführt und angezeigt werden. Zusätzlich zu der schon anfänglich gezeigten Tabelle zur Ansteuerung der Ziffern 0 bis 9 ist hier die Tabelle der Buchstaben A bis F zu sehen. Auch hier bedeutet eine 1 lediglich eine Ansteuerung und keinen HIGH-Pegel:

Anzeige	a	b	c	d	e	f	g
0	1	1	1	1	1	1	0
1	0	1	1	0	0	0	0
2	1	1	0	1	1	0	1
3	1	1	1	1	0	0	1
4	0	1	1	0	0	1	1
5	1	0	1	1	0	1	1
6	1	0	1	1	1	1	1
7	1	1	1	0	0	0	0
8	1	1	1	1	1	1	1
9	1	1	1	1	0	1	1

Abbildung 14: Die Ansteuerung der sieben Segmente (Buchstaben A bis F)

Bevor ich den endgültigen Code zeige, sehen wir uns einige Kontrollstrukturen an, über die man in Abhängigkeit eines auszuwertenden Werts eine Zuweisung zum Beispiel an ein Signal vornehmen kann. Es gibt hier vielfältige Möglichkeiten.

Die With-Select-Anweisung

Mit der With-Select-Anweisung kann ein Auswahlsignal mehrfach hintereinander abgefragt werden und abhängig von der Bewertung können einem Signal beliebige Verknüpfungen zugewiesen werden. Es wird ein zu überprüfender Wert angegeben und je nach Inhalt erfolgt eine entsprechende Zuweisung an ein Signal. Die allgemeine Syntax lautet wie folgt:

```
with <s> select
    e <= <Wert1> when <auswahl1>,
         <Wert2> when <auswahl2>,
         <Wert3> when others;
```

Es wird der Wert des Signals s bewertet. Je nach Inhalt erfolgt eine abweichende Zuweisung an Signal e. Falls keine der aufgeführten Werte (auswahl1 oder auswahl2) zutreffen sollte, greift die letzte Anweisung über others und es erfolgt eine entsprechende Zuweisung. Eine Darstellung in einem Flussdiagramm könnte wie folgt ausschauen:

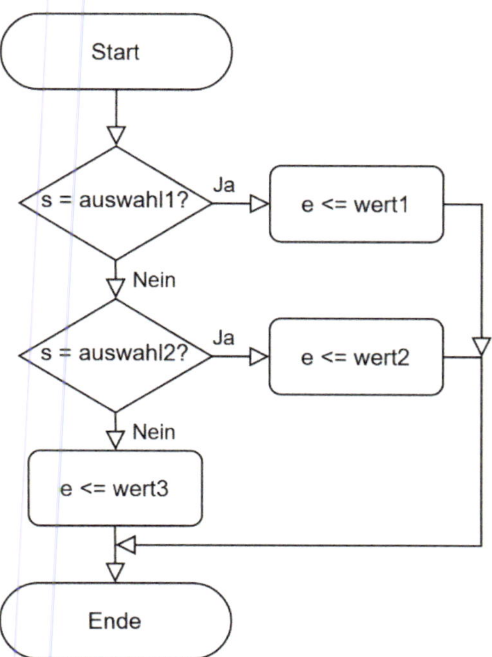

Abbildung 15: Das Flussdiagramm zu With-Select

Die When-Else-Anweisung

Die When-Else-Anweisung habe ich das erste Mal schon im zweiten LED-Kapitel erwähnt, und dieses Konstrukt kann für unser Vorhaben ebenfalls verwendet werden. Man kann dort gegebenenfalls noch einmal nachschlagen, um sich die Syntax wieder in Erinnerung zu rufen. Was aber ist genau der Unterschied zwischen den beiden sehr ähnlichen Konstrukten? Hier einmal die Gegenüberstellung:

With-Select

```
with h select
    s <= "1000000" when "0000", -- 0
         "1111001" when "0001", -- 1
         "0100100" when "0010", -- 2
         "0110000" when "0011", -- 3
         ...
         "0000110" when "1110", -- E
         "0001110" when "1111"; -- F
```

When-Else

```
s <= "1000000" when h = "0000" else -- 0
     "1111001" when h = "0001" else -- 1
     "0100100" when h = "0010" else -- 2
     "0110000" when h = "0011" else -- 3
     ...
     "0000110" when h = "1110" else -- E
     "0001110" when h = "1111";     -- F
```

Abbildung 16: Die Gegenüberstellung von With-Select und When-Else

Beides sieht ja sehr ähnlich aus und doch scheint das When-Else-Konstrukt der bedingten Signalzuweisung ein wenig allgemeiner zu sein. Für jede Option muss man eine Bedingung angeben, was bedeutet, dass jeder beliebige boolesche Ausdruck als Bedingung formuliert werden kann und es ein wenig mehr Freiheit gibt als die Gleichheitsprüfung bei With-Select. Es gilt also abzuwägen, welche Form zum Einsatz kommen soll. Abschließend eine Zusammenfassung der Merkmale beider Kontrollstrukturen:

With-Select

- Sie kann außerhalb eines Prozesses, also concurrently, verwendet werden.
- Sie hat eine Eingangsvariable.
- Sie liefert als Ergebnis einen Ausgangswert.
- Alle Eingangsmöglichkeiten müssen definiert sein.

When-Else

- Sie kann außerhalb eines Prozesses, also concurrently, verwendet werden.
- Sie kann mehrere Bedingungen verarbeiten.
- Sie liefert als Ergebnis einen Ausgangswert.

Der Code

Nun genug der Vorrede. Der folgende Code dürfte damit gut verständlich sein:

```
01 library IEEE;
02 use IEEE.std_logic_1164.all;
03 use IEEE.numeric_std.all;
04
05 entity Kap10_Hex2Siebensegment is
06     port(
07         HEX            : in  std_logic_vector(3 downto 0);
08         Siebensegment : out std_logic_vector(6 downto 0)
09     );
10 end Kap10_Hex2Siebensegment;
11
12 architecture rtl of Kap10_Hex2Siebensegment is
13 begin
14     with HEX select
15     Siebensegment <= "1000000" when "0000", -- 0
16                      "1111001" when "0001", -- 1
17                      "0100100" when "0010", -- 2
18                      "0110000" when "0011", -- 3
19                      "0011001" when "0100", -- 4
20                      "0010010" when "0101", -- 5
21                      "0000010" when "0110", -- 6
22                      "1111000" when "0111", -- 7
23                      "0000000" when "1000", -- 8
24                      "0010000" when "1001", -- 9
25                      "0001000" when "1010", -- A
26                      "0000011" when "1011", -- b
27                      "1000110" when "1100", -- C
28                      "0100001" when "1101", -- d
29                      "0000110" when "1110", -- E
30                      "0001110" when "1111"; -- F
31 end rtl;
```

Listing: Kap10_Hex2Siebensegment.vhd

Die vier Schiebeschalter sind mit dem Array HEX mit vier Elementen verknüpft. Alle Änderungen hinsichtlich der Pegel werden unmittelbar dort gespeichert und werden über die with-select-Anweisung in Zeile 14 ausgewertet. Die Zuweisung der Ansteuerungswerte an das Array Siebensegment erfolgt dann in Zeile 15 über die zahlreichen when-Klauseln. Abschließend zum Code sehen wir hier das Connect and Compile-Fenster mit den Zuordnungen:

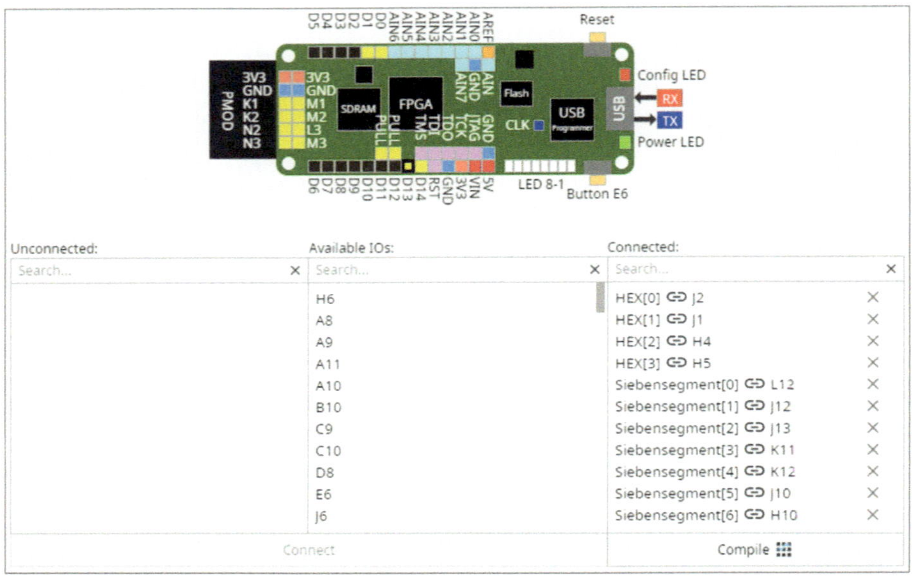

Abbildung 17: Der Connect and Compile-Dialog

Der Schaltungsaufbau

Der Aufbau auf dem Discoveryboard geht schnell und einfach von der Hand und mit den Schiebeschaltern ist das Einstellen der Bit-Kombinationen ein Kinderspiel:

Abbildung 18: Der Schaltungsaufbau für die Siebensegmentanzeige – einstellig

Der über die Schiebeschalter eingestellte Binärwert ist 11012, was einem Dezimalwert von 13 und einem HEX-Wert von d entspricht, der auch in der Anzeige zu erkennen ist. Um die Anzeige auf Digit2 zu ermöglichen, muss einfach die orange Verbindungsleitung 3,3V von 1 nach 2 (Anodenansteuerung) umgesteckt werden. Für jedes weitere Umstecken nach rechts wandert die Anzeige ebenfalls mit:

Eine mehrstellige Anzeige

Wenn wir schon über eine vierstellige Siebensegmentanzeige verfügen, sollten wir diese auch nutzen. Wir wollen jetzt das Multiplexing umsetzen. Gehen wir es wieder schrittweise an und beginnen einfach. Zunächst etwas Organisatorisches.

Die Orientierung der einzelnen Stellen (Digits)

Die verwendete vierstellige Siebensegmentanzeige CL5641BH fängt hinsichtlich der Orientierung der einzelnen Stellen leider links mit Dig1 an:

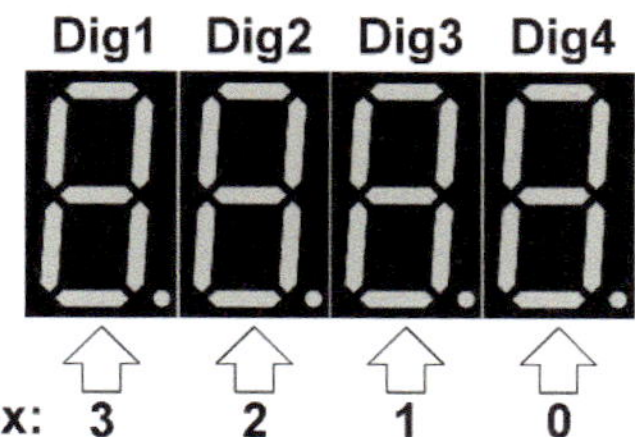

Abbildung 19: Die Beschriftung der einzelnen Stellen (Digits)

Wir sind es aber gewohnt, dass die erste beziehungsweise Einerstelle mit dem niedrigsten Wert auf der rechten Seite zu finden ist. Nun ist es nicht möglich, die Sache umzubenennen, doch bei der späteren Verdrahtung erfolgt die Anodenansteuerung über ein Array, dessen Element 0 auf Dig4 weist, wie das auf der Abbildung zu erkennen ist.

Die Ansteuerung der Anoden

Im Kapitel über die blinkende LED wurde zum Abschluss ein Code zur Taktgenerierung mit variabler Frequenz vorgestellt. Diesen verwenden wir jetzt. Das Multiplex-Verfahren zur Ansteuerung der vier Stellen der Siebensegmentanzeige wird durch die nacheinander folgende Freischaltung der einzelnen Stellen durchgeführt. Alle sieben Segmente der vier Stellen sind parallel miteinander verbunden und nur die Anoden sind separat herausgeführt und ansteuerbar:

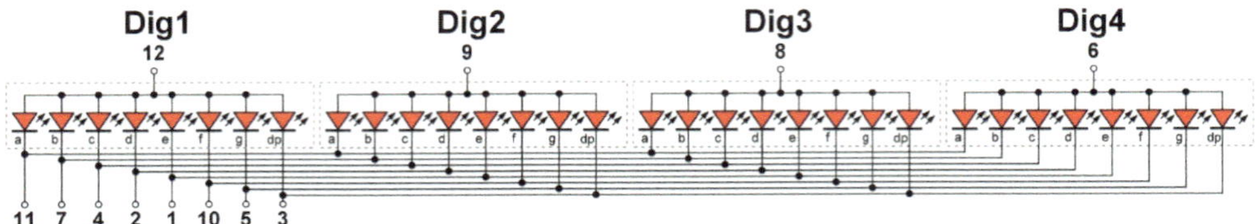

Abbildung 20: Die interne Beschaltung der Siebensegmentanzeige CL5641BH

Angenommen, wir möchten den Dezimalwert 0815 anzeigen, dann würde das wie folgt ablaufen, wobei die zeitliche Abfolge von oben nach unten gerichtet ist. Es sollte auch hier nicht vergessen werden, dass mit einer Eins bei den Segmenten kein HIGH-Pegel gemeint ist, sondern eine Ansteuerung. Die Eins bei den Stellen (Digits) hingegen bedeutet einen HIGH-Pegel zur Freischaltung der betreffenden Stelle:

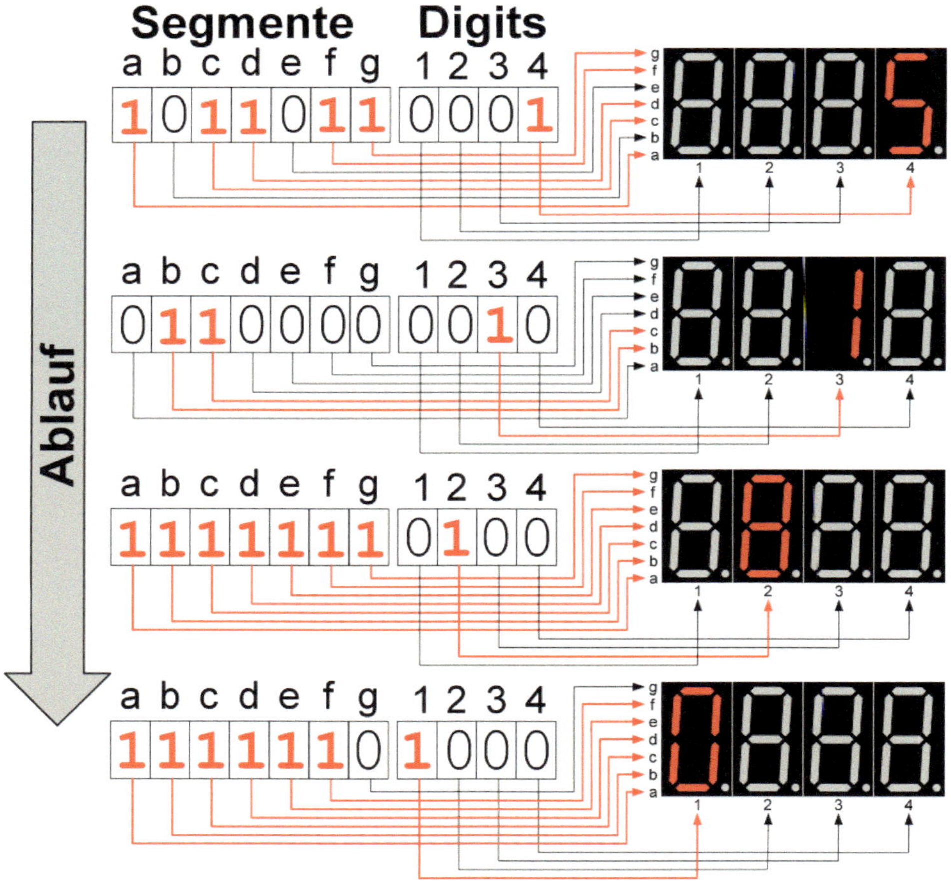

Abbildung 21: Die zeitliche Ansteuerung der Segmente und der Anoden

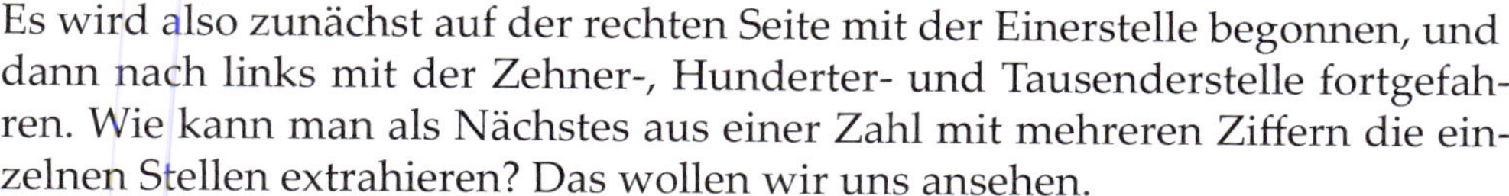

Es wird also zunächst auf der rechten Seite mit der Einerstelle begonnen, und dann nach links mit der Zehner-, Hunderter- und Tausenderstelle fortgefahren. Wie kann man als Nächstes aus einer Zahl mit mehreren Ziffern die einzelnen Stellen extrahieren? Das wollen wir uns ansehen.

Die einzelnen Stellen berechnen

Ich bleibe beim Beispiel der Zahl 0815 und möchte die Ziffern 5, 1, 8 und 0 berechnen. Dazu werden wir die folgenden Formeln nutzen. Es wird der sogenannte Modulo-Operator verwendet, der bei einer Ganzzahldivision den Restwert angibt:

Stelle	Formel	Ergebnis
Einer	wert mod 10	0815 mod 10 = 81 Rest 5
Zehner	(wert/10) mod 10	0815 / 10 = 81 mod 10 = 8 Rest 1
Hunderter	(wert/100) mod 10	0815 / 100 = 8 mod 10 = 0 Rest 8
Tausender	(wert/1000) mod 10	0815 / 1000 = 0 mod 10 = 0 Rest 0

Tabelle: Die Berechnung der einzelnen Stellen über den Modulo-Operator

Das Anlegen eines Segment-Arrays

Es wäre nun sinnvoll und hilfreich, könnten wir ein Zeichenketten-Array erstellen, wo mithilfe des Indexwerts die Ansteuerung der Segmente abgerufen werden kann. Wird also zum Beispiel der Stellenwert 5 ermittelt, soll das Array-Element mit dem Index 5 die Zeichenkette zur Ansteuerung liefern. Wir haben schon Arrays kennengelernt, doch es ging dabei um eine einzige Zeichenkette mit einzelnen Elementen. Wir benötigen jetzt ein mehrdimensionales Array. Leider ist die Definition eines derartigen Arrays in VHDL etwas umständlicher als zum Beispiel in der Programmiersprache C/C++. Hier muss zunächst das gewünschte Array als neuer Datentyp definiert werden und erst im Anschluss darf ein Signal oder auch eine Variable darüber deklariert werden. Die allgemeine Syntax zur Typendefinition sieht wie folgt aus:

```
type <type_name> is array (range) of <data_type>;
```

Wir möchten also ein Array aus zehn Werten des Datentyps std_logic_vector anlegen, wobei die Elemente für die Siebensegmentanzeige von 1 bis 7 reichen. Das würde wie folgt aussehen:

```
type arr_type is array (0 to 9) of std_logic_vector(1 to 7);
signal num : arr_type;
```

Im Anschluss können wir das Array mit den entsprechenden Informationen zur Ansteuerung der Segmente befüllen und hinterlegt sind die LOW-Pegel, um die Segmente mit Masse anzusteuern:

```
-- Array mit Segmentansteuerungen der Ziffern 0 bis 9
num(0)  <= "1000000"; num(1)  <= "1111001";
num(2)  <= "0100100"; num(3)  <= "0110000";
num(4)  <= "0011001"; num(5)  <= "0010010";
num(6)  <= "0000010"; num(7)  <= "1111000";
num(8)  <= "0000000"; num(9)  <= "0010000";
```

Die Verdrahtung der Anoden

Abschließend zu den Vorüberlegungen zeige ich die Ansteuerung der vier Anoden über vier Transistoren. Im ersten Beispiel wurde zur Ansteuerung nur einer Stelle die Basis des Transistors über den Basisvorwiderstand fest mit der Versorgungsspannung von 3,3V verbunden, sodass er immer durchschaltete und die betreffende Anode aktiv war. Das soll jetzt aufgrund des Multiplexings dynamisch erfolgen, sodass dazu weitere vier I/O-Pins erforderlich sind:

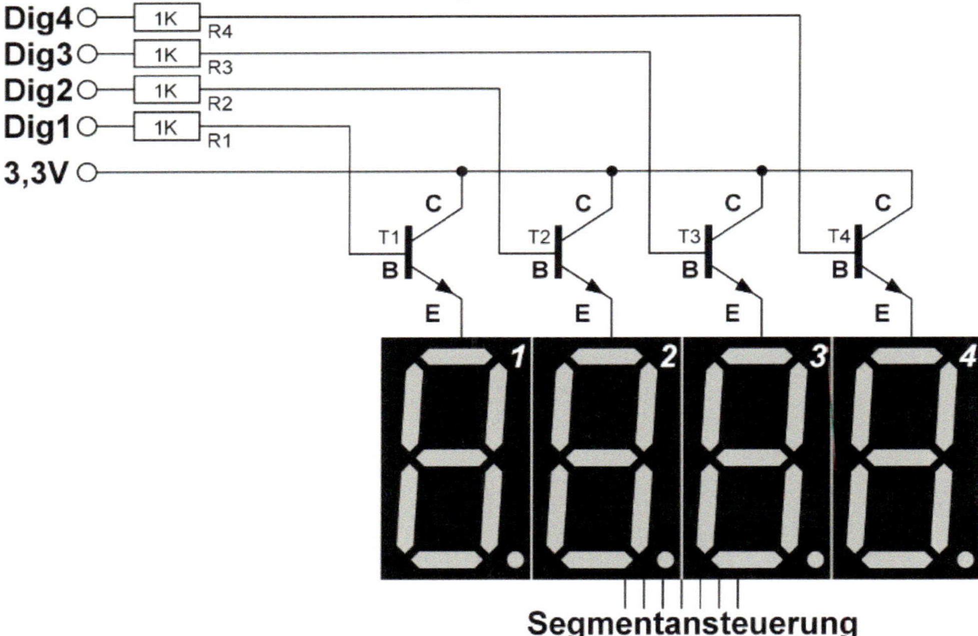

Abbildung 22: Die Ansteuerung der Transistoren für das Multiplexing (schematisch)

Der Schaltplan

Ich beginne die konkrete Umsetzung mit dem kompletten Schaltplan, sodass alle Steuerleitungen für den nachfolgenden Code ersichtlich sind:

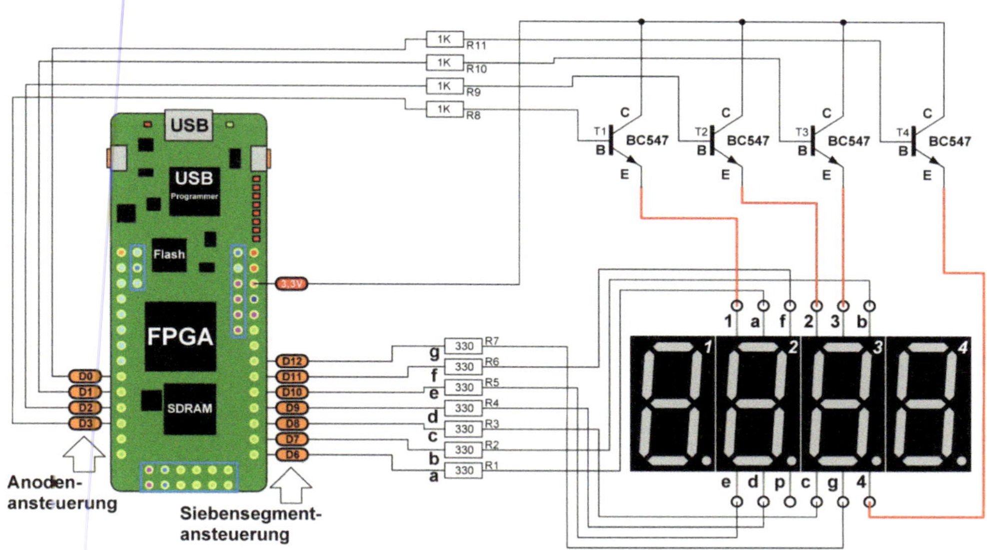

Abbildung 23: Der Schaltplan zur Ansteuerung der vier Siebensegmentanzeigen für das Multiplexing

Folgende GPIO-Pins werden verwendet:

GPIO-Pin	MAX1000-Signal	Modus	Signalbezeichnung
D0	H8	in	Digit[0]
D1	K10	in	Digit[1]
D2	H5	in	Digit[2]
D3	H4	in	Digit[3]
D6	L12	out	SSeg[0]
D7	J12	out	SSeg[1]
D8	J13	out	SSeg[2]
D9	K11	out	SSeg[3]
D10	K12	out	SSeg[4]
D11	J10	out	SSeg[5]
D12	H10	out	SSeg[6]

Tabelle: Die verwendeten GPIO-Pins

Wichtig ist also, dass sich die Ansteuerung in zwei Bereiche unterteilt:

- Die Ansteuerung der Anoden (Pin D0 bis D3)
- Die Ansteuerung der Segmente (Pin D6 bis D12)

Beginnen wir mit der schrittweisen Umsetzung des Codes.

Der Code

Anfangen möchte ich mit der Deklaration von Konstanten zur späteren Frequenzberechnung. Ein Takt von 12 MHz ist für das Umschalten im Multiplexing viel zu hoch und würde eine unscharfe Anzeige bewirken, bei der die einzelnen Segmente nicht alle gleich hell leuchten. Wir werden mit 100 Hz gut zurechtkommen:

```
01 library ieee;
02 use ieee.std_logic_1164.all;
03 use ieee.numeric_std.all;
04
05 entity Kap10_SiebensegmentVierstellig is
06     generic(
07         CLK_Freq : integer := 12000000; -- 12MHz
08         MUX_Freq : integer := 100       -- 100Hz
09     );
10     port(
11         SSeg:  out std_logic_vector(6 downto 0); -- Segment-Array
12         Digit: out std_logic_vector(3 downto 0); -- Digit-Array
13         CLK  : in std_logic                      -- Takt-Signal
14     );
15 end Kap10_SiebensegmentVierstellig;
16 ...
```

Listing: Kap10_SiebensegmentVierstellig.vhd – Teil 1

In den Zeilen 07 und 08 werden die schon bekannten Konstanten für den Multiplexing-Takt definiert. Das Siebensegment-Array wird in Zeile 11 mit dem Namen SSeg und das Digit-Array in Zeile 12 deklariert und der Takt des Boards wird über das CLK-Signal in Zeile 13 deklariert. Das wäre der Beginn des Codes und der Inhalt des Entity-Blocks. Kommen wir zum Architecture-Block, in dem das wirklich Bedeutsame geschieht.

```
16 ...
17 architecture rtl of Kap10_SiebensegmentVierstellig is
18     signal clk_counter : integer range 0 to (CLK_Freq/MUX_Freq/2)
   :=0;
19     signal dig_reg : std_logic_vector(3 downto 0):= "0001";
20     type arr_type is array (0 to 9) of std_logic_vector(1 to 7);
21     signal num : arr_type;
22     signal v : integer range 0 to 9999 :=1234; -- Anzuzeigender Wert
23 ...
```

Listing: Kap10_SiebensegmentVierstellig.vhd – Teil 2

In Zeile 18 wird das Signal mit dem Namen clk_counter für das spätere Hochzählen definiert, um auf 100 Hz zu gelangen. In Zeile 19 wird ein Signal-Array deklariert und auch initialisiert (0001), um später in der schon bekannten Form eines Shift-Registers aufzutreten:

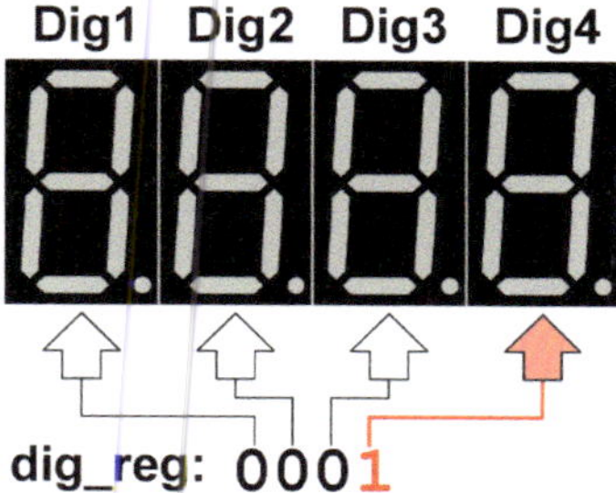

Durch das spätere kontinuierliche Nach-links-Schieben (Rotation) des Inhalts wandert die 1 immer um eine Position weiter und schaltet darüber die einzelnen Anoden frei. Die Deklaration des Segment-Arrays wurde schon besprochen und findet in den Zeilen 19 und 20 statt. In Zeile 22 wird ein Signal mit Namen v vom Typ Integer für den Bereich von 0 bis 9999 deklariert und mit dem Wert 1234 initialisiert. Dieser statische Wert soll später angezeigt werden. Nachfolgend sind die erwähnten Array-Initialisierungen der einzelnen Segmente (LOW-aktiv) zu sehen:

```
22 ...
23 begin
24     -- Array mit Segmentansteuerungen der Ziffern 0 bis 9
25     num(0) <= "1000000"; num(1) <= "1111001"; -- Ziffern 0 und 1
26     num(2) <= "0100100"; num(3) <= "0110000"; -- Ziffern 2 und 3
27     num(4) <= "0011001"; num(5) <= "0010010"; -- Ziffern 4 und 5
28     num(6) <= "0000010"; num(7) <= "1111000"; -- Ziffern 6 und 7
29     num(8) <= "0000000"; num(9) <= "0010000"; -- Ziffern 8 und 9
30 ...
```

Listing: Kap10_SiebensegmentVierstellig.vhd – Teil 3

Jetzt kommt Musik ins Spiel und es passiert so einiges, was genauer beleuchtet werden muss. Beginnend mit Zeile 32 wird ein taktgesteuerter Prozess definiert, der auf das CLK-Signal des Boards wartet. In Zeile 34 kommt es zur Einschränkung der Auswertung einer steigenden Flanke des Taktsignals:

```
29 ...
30     -- Prozess zur Ansteuerung der gemeinsamen Anoden
31     -- der vier Stellen (Dig1 bis Dig4) der Siebensegmentanzeige
32     proc_clk: process(CLK)
33     begin
34         if rising_edge(CLK) then
35             clk_counter <= clk_counter + 1;
36             if clk_counter = CLK_Freq/MUX_Freq/2 then
37                 clk_counter <= 0;
38                 dig_reg <= dig_reg(2 downto 0) & dig_reg(3);
39                 Digit <= dig_reg;
40 ...
```

Listing: Kap10_SiebensegmentVierstellig.vhd – Teil 4

Über die If-Then-Anweisung in Zeile 36 wird der eingeschlossene Code all 100 Hz aufgerufen. Durch das Nach-links-Schieben in bekannter Manier wird der Inhalt des Arrays in Zeile 38 entsprechend bearbeitet und in der darauffolgenden Zeile 39 dem Digit-Array (Deklaration siehe Zeile 12) zugewiesen, was ein Weiterschalten der Anodenspannung nach sich zieht. Jetzt muss noch dafür gesorgt werden, dass es im Zusammenspiel damit zur synchronen Ansteuerung der Segmente der betreffenden Stellen kommt:

```
39  ...
40                      if dig_reg(0) = '1' then
41                          SSeg <= num(v mod 10);
42                      end if;
43                      if dig_reg(1) = '1' then
44                          SSeg <= num((v/10) mod 10);
45                      end if;
46                      if dig_reg(2) = '1' then
47                          SSeg <= num((v/100) mod 10);
48                      end if;
49                      if dig_reg(3) = '1' then
50                          SSeg <= num((v/1000) mod 10);
51                      end if;
52                  end if;
53              end if;
54          end process proc_clk;
55  end rtl;
```

Listing: Kap10_SiebensegmentVierstellig.vhd – Teil 5

Über die vier aufeinanderfolgenden If-Then-Anweisungen werden die Einer-, Zehner-, Hunderter- und Tausenderstelle berechnet, wie ich das anhand des Modulo-Operator bereits gezeigt habe:

- Ist dig_reg(0) gleich 1, also aktiv, wird die Einerstelle berechnet und dem SSeg-Signal-Array (Deklaration siehe Zeile 11) zugewiesen, was über den Index der Berechnung in Verbindung mit dem num-Array (Segmentansteuerungen) erfolgt.
- Ist dig_reg(1) gleich 1, also aktiv, wird die Zehnerstelle berechnet und dem SSeg-Signal-Array zugewiesen.
- Ist dig_reg(2) gleich 1, also aktiv, wird die Hunderterstelle berechnet und dem SSeg-Signal-Array zugewiesen.
- Ist dig_reg(3) gleich 1, also aktiv, wird die Tausenderstelle berechnet und dem SSeg-Signal-Array zugewiesen.

Abschließend ist der Connect and Compile-Dialog zu sehen, was eine eindeutige Zuordnung der Signale ergibt und strikt eingehalten werden muss. Ich habe mich bei der Zuordnung der Digit-Signale einmal nicht konzentriert und das Ergebnis bestand in einer Darstellung der falschen Reihenfolge der einzelnen Ziffern, was aber sehr schnell erkannt und behoben werden konnte:

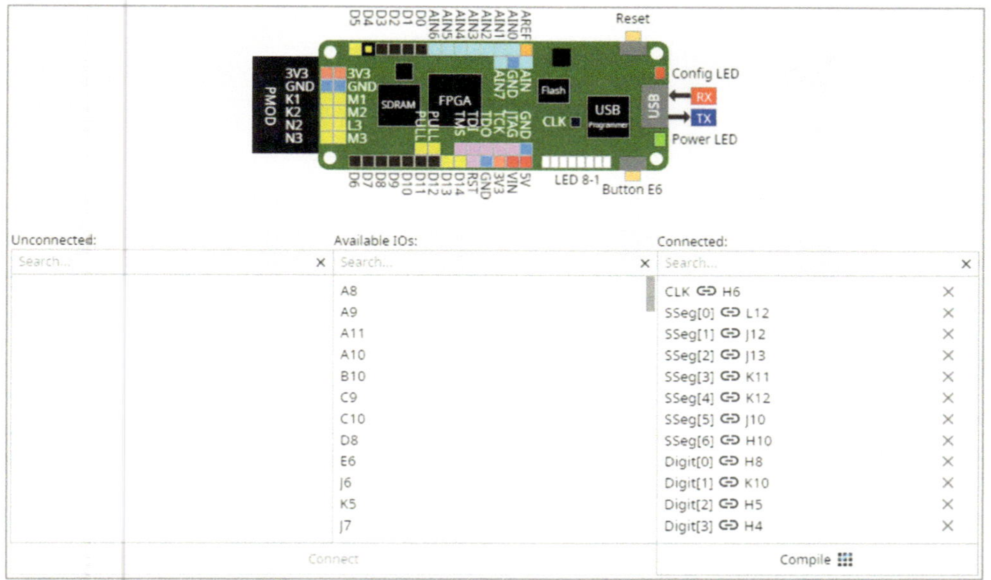

Abbildung 24: Der Connect and Compile-Dialog

Und hier noch der Schaltungsaufbau auf dem Discoveryboard:

Abbildung 25: Der Schaltungsaufbau für die Siebensegmentanzeige – 4-stellig

Ich empfehle, den Wert des Takts für die Umschaltung von 100 Hz auf zum Beispiel 2 Hz runterzusetzen. Dann ist das Umschalten der einzelnen Stellen nämlich gut zu erkennen.

Dieses Kapitel wollen wir damit abschließen, den Zähler mit einem Taster hochzuzählen, um so noch besser den Effekt des Tasterprellens zu verfolgen. Dann wird sichtbar, wie oft es bei einem einzigen Tastendruck zu mehrfachen Impulsen kommt. Interessant ist auch, dass es sogar beim Loslassen des Tasters zu Impulszählungen kommt. Schauen wir uns das genauer an.

Der Impulszähler

Der vorliegende Code ist leicht so zu modifizieren, dass ein Taster für das Zählen von Impulsen verwendet wird. Ich möchte aber nicht den gesamten Code noch einmal zeigen, sondern lediglich die erforderlichen Anpassungen.

Der Code

Nachfolgend ist in Zeile 14 das Taster-Signal BTN hinzugefügt worden:

```
01 library ieee;
02 use ieee.std_logic_1164.all;
03 use ieee.numeric_std.all;
04
05 entity Kap10_SiebensegmentVierstellig is
06     generic(
07         CLK_Freq : integer := 12000000; -- 12MHz
08         MUX_Freq : integer := 100       -- 100Hz
09     );
10     port(
11         SSeg:  out std_logic_vector(6 downto 0); -- Segment-Array
12         Digit: out std_logic_vector(3 downto 0); -- Digit-Array
13         CLK   : in std_logic;                    -- Takt-Signal
14         BTN   : in std_logic                     -- Taster-Signal
15     );
16 end Kap10_SiebensegmentVierstellig;
17 ...
```

In Zeile 34 wurde die Sensitivity-Liste des Prozesses um das BTN-Signal erweitert:

```
33 ...
34 proc_clk_btn: process(CLK, BTN)
35 ...
```

Nun muss das Signal für eine steigende Flanke entsprechend ausgewertet werden, wobei der Zähler v in Zeile 57 inkrementiert wird. Wird dieser Wert größer, als die zur Verfügung stehenden Stellen es vermögen darzustellen (>9999), wird der Zähler in Zeile 58 wieder auf 0 gesetzt:

```
...
if rising_edge(BTN) then
            v <= v + 1;
            if v > 9999 then v <= 0; end if;
        end if;
    end process proc_clk_btn;
end rtl;
```

Der Schaltplan

Nachfolgend ist der erweiterte Schaltplan mit dem BTN-Taster an Pin D13 zu sehen und natürlich ist auch wieder ein Pulldown-Widerstand von der Partie:

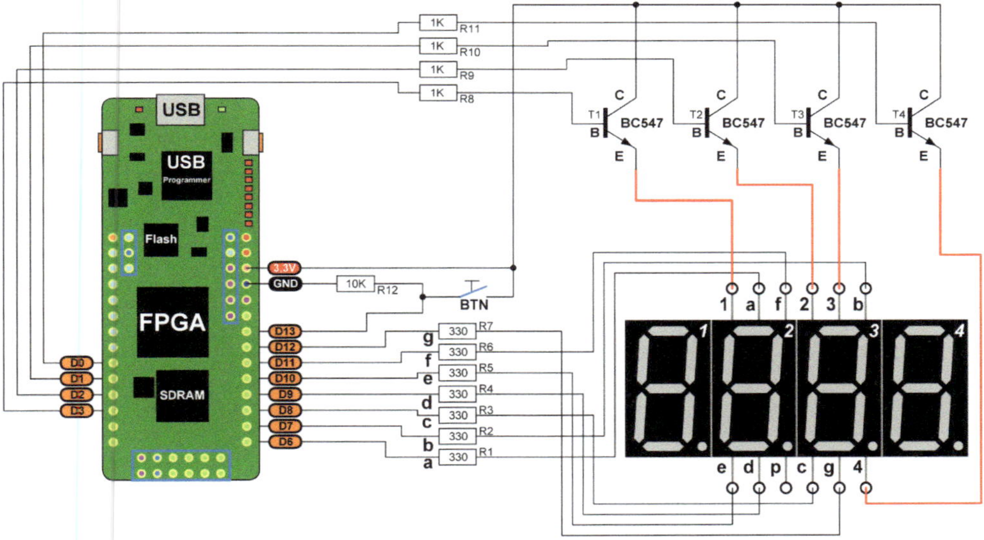

Abbildung 26: Der Schaltplan zur Ansteuerung der vier Siebensegmentanzeigen für das Multiplexing mit Zähler

Folgende GPIO-Pins werden verwendet:

GPIO-Pin	MAX1000-Signal	Modus	Signalbezeichnung
D0	H8	in	Digit[0]
D1	K10	in	Digit[1]
D2	H5	in	Digit[2]
D3	H4	in	Digit[3]
D6	L12	out	SSeg[0]
D7	J12	out	SSeg[1]
D8	J13	out	SSeg[2]
D9	K11	out	SSeg[3]
D10	K12	out	SSeg[4]
D11	J10	out	SSeg[5]
D12	H10	out	SSeg[6]
D13	H13	in	BTN

Tabelle: Die verwendeten GPIO-Pins

Abschließend noch der Connect and Compile-Dialog mit der Erweiterung des BTN-Tasters:

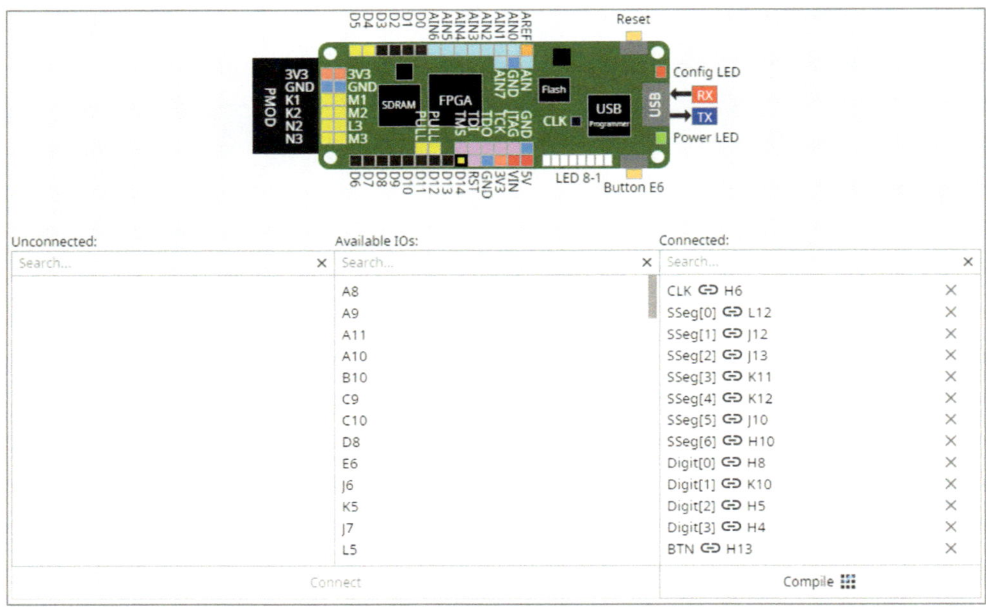

Abbildung 27: Der Connect and Compile-Dialog

Das Problem des Tasterprellens möchte ich nicht so stehen lassen und wir sehen uns die Lösung nun an.

Das Debouncing

Hinsichtlich der Entprellung eines Tasters gibt es unzählige Möglichkeiten, angefangen von prellfreien, prellarmen Tastern oder Hardware-Lösungen über RC-Glieder beziehungsweise Schmitt-Trigger, hintereinandergeschaltete D-Flipflops oder Software-Lösungen. Ich habe mich für die folgende Variante entschieden, die recht kurz und über einen Zähler realisiert ist, der nach dem Tastendruck raufzählt und erst beim Erreichen einer Schwelle, einem Timeout, bereit ist für das Erkennen eines weiteren Impulses. Der Schaltplan bleibt unverändert, denn es sollen ja die einzelnen Impulse gezählt werden. Sehen wir uns den Code genauer an. Ich zeige ihn komplett mit den erforderlichen Anpassungen. In Zeile 7 ist das erwähnte Timeout-Signal hinzugekommen, der Wert kann bis auf 1 reduziert werden, was ein schnelleres Reagieren für den nächsten Impuls ermöglicht. Dieser Wert wird später für den Zähler counter verwendet. Je größer er ist, umso mehr Zeit vergeht, bis der nächste Impuls registriert wird. Der Datentyp ist positive, was bedeutet, dass dieser lediglich positive Werte ohne 0 abdeckt. Ich empfehle, ein wenig mit dem Wert zu spielen, um das unterschiedliche Verhalten zu sehen:

```
01 library ieee;
02 use ieee.std_logic_1164.all;
03 use ieee.numeric_std.all;
04
05 entity Kap10_SiebensegmentDebounce is
06     generic(
07         CLK_Freq : integer  := 12000000; -- 12MHz
08         MUX_Freq : integer  := 100;      -- 100Hz
09         timeout  : positive := 10
10     );
11     port(
12         SSeg  : out std_logic_vector(6 downto 0);
13         Digit : out std_logic_vector(3 downto 0);
14         CLK   : in std_logic;
15         BTN   : in std_logic
16     );
17 end Kap10_SiebensegmentDebounce;
18 ...
```

Listing: Kap10_SiebensegmentDebounce.vhd – Teil 1

In Zeile 25 ist noch ein Signal debounced hinzugekommen, das später das entprellte Signal repräsentiert. In Zeile 26 wird der genannte Zähler für das Debouncing (es handelt sich nicht um den Zähler für die Anzeige!) im Bereich von 0 bis zum Timeout-Wert deklariert:

```
...
architecture rtl of Kap10_SiebensegmentDebounce is
    signal clk_counter : integer range 0 to (CLK_Freq/MUX_Freq/2)
:=0;
    signal dig_reg : std_logic_vector (3 downto 0):= "0001";
    type arr_type is array (0 to 9) of std_logic_vector(1 to 7);
    signal num : arr_type;
    signal v : integer range 0 to 9999 :=0; -- Anzuzeigender Wert
    signal debounced : std_logic;
    signal counter : integer range 0 to timeout;
...
```

Listing: Kap10_SiebensegmentDebounce.vhd – Teil 2

Nachfolgend kommt es zur Deklaration der Siebensegmentwerte:

```
...
begin
    -- Array mit Segmentansteuerungen der Ziffern 0 bis 9
    num(0)  <= "1000000"; num(1)  <= "1111001";
    num(2)  <= "0100100"; num(3)  <= "0110000";
    num(4)  <= "0011001"; num(5)  <= "0010010";
    num(6)  <= "0000010"; num(7)  <= "1111000";
    num(8)  <= "0000000"; num(9)  <= "0010000";
...
```

Listing: Kap10_SiebensegmentDebounce.vhd – Teil 3

Der folgende Part beinhaltet ab Zeile 57 den ersten Teil des Codes für das Debouncing, wobei hier eine neue Abfragestruktur in Zeile 59 hinzugekommen ist. Es geht um die Abfrage auf Ungleichheit über die Zeichenfolge /=:

```
...
    -- Prozess zur Ansteuerung der gemeinsamen Anoden
    -- der vier Stellen (Dig1 bis Dig4) der Siebensegmentanzeige
    proc_clk_btn: process(CLK, BTN)
    begin
        if rising_edge(CLK) then
            clk_counter <= clk_counter + 1;
            if clk_counter = CLK_Freq/MUX_Freq/2 then
                clk_counter <= 0;
                dig_reg <= dig_reg(2 downto 0) & dig_reg(3);
                Digit <= dig_reg;
                if dig_reg(0) = '1' then
                    SSeg <= num(v mod 10);
                end if;
                if dig_reg(1) = '1' then
                    SSeg <= num((v/10) mod 10);
                end if;
                if dig_reg(2) = '1' then
                    SSeg <= num((v/100) mod 10);
                end if;
                if dig_reg(3) = '1' then
                    SSeg <= num((v/1000) mod 10);
                end if;
                -- Debouncing
                if counter < timeout then
                    counter <= counter + 1;
                elsif BTN /= debounced then
                    counter <= 0;
                    debounced <= BTN;
                end if;
            end if;
        end if;
    end process proc_clk_btn;
...
```

Listing: Kap10_SiebensegmentDebounce.vhd – Teil 4

Der entprellte Zustand des debounced-Signals darf nur bei der ansteigenden Flanke ausgewertet werden, da es sonst zu einer zweimaligen Erhöhung des Werts v kommt. Aus diesem Grund wird die Auswertung in einen Prozess ausgelagert und auf die ansteigende Flanke gefiltert:

```
...
    proc_debounce : process(debounced) begin
        if rising_edge(debounced) then
            v <= v + 1;  -- Anzeige inkrementieren
        end if;
    end process proc_debounce;
end rtl;
```

Listing: Kap10_SiebensegmentDebounce.vhd – Teil 5

Diese Lösung des Entprellens ist lediglich für diesen einen Taster zu gebrauchen. Wenn es jedoch darum geht, mehrere Taster zu entprellen, muss dieser

Code immer wieder in leicht abgewandelter Form verwendet werden. Es wäre gut, wenn man einen Code hätte, der als Schablone oder in Form einer Bibliothek zu nutzen wäre. Im Kapitel über die Addierschaltung haben wir doch etwas kennengelernt, was hier hilfreich wäre. Es geht um die Instanziierung. Das Thema werden wir dann in einem späteren Kapitel über die Helligkeitssteuerung einer Leuchtdiode wieder aufgreifen.

Das Siebensegmentanzeigeprojekt war hoffentlich ein schön griffiges Projekt, um seine FGPG-Programmierungsfähigkeiten zu verbessern.

Im kommenden Projekt programmieren wir einen komplexe Ampelschaltung als ein Beispiel für eine Statemaschine.

11. Eine Statemachine

In diesem Projekt verwende ich eine vereinfachte Form einer Statemachine. Normalerweise sind noch Eingaben von außen erforderlich, die auf die Zustände einwirken. Eine Statemachine wird auch endlicher Automat genannt. Die Theorie dazu ist recht komplex. Dennoch sind die Grundlagen recht einfach und sogar beim Blinken einer einzelnen LED handelt es sich um eine Statemachine. Man könnte das wie folgt in ein Zustandsdiagramm übertragen:

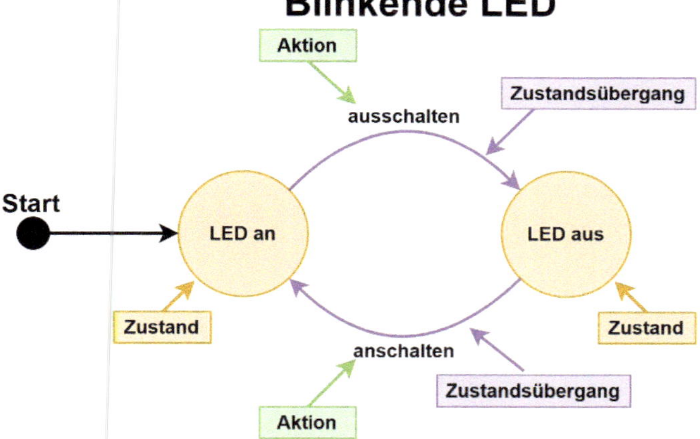

Abbildung 1: Das Zustandsdiagramm für eine blinkende LED

Ein endlicher Automat basiert auf einer endlichen Anzahl von Zuständen und bei einer blinkenden LED sind das die beiden Zustände LED an beziehungsweise LED aus. Um zwischen den beiden Zuständen zu wechseln, erfolgen Aktionen, die Zustandsänderungen nach sich ziehen. Im Englischen wird eine Zustandsmaschine auch Finit State Machine, kurz FSM genannt. Folgendes kann in Kürze festgehalten werden:

- *Zustände* speichern Informationen und repräsentieren einen Status.
- *Aktionen* verändern einen Zustand.
- *Zustandsübergänge* werden im Code durch Kontrollstrukturen wie zum Beispiel If-Then beschrieben und geben an, unter welchen Bedingungen ein Zustand in einen anderen wechseln soll.

Eine Ampelsteuerung

Als ein Bespiel für eine Statemaschine möchte ich jetzt eine Ampelsteuerung entwerfen, die es einem Fußgänger ermöglicht, sicher auf die andere Straßenseite zu gelangen. Der Einfachheit halber verzichten wir auf eine interaktive Steuerung. Die einzelnen Phasen für die Straße beziehungsweise den Fußgänger sind jedem geläufig. Man kann sehen, dass es sich bei einer Ampelsteuerung ebenfalls um eine Statemachine handelt, da eine endliche Anzahl von Zuständen vorliegt. Die Ampelsignale entsprechen den gerade beschriebenen Zuständen und die Phasenwechsel den genannten Zustandsübergängen:

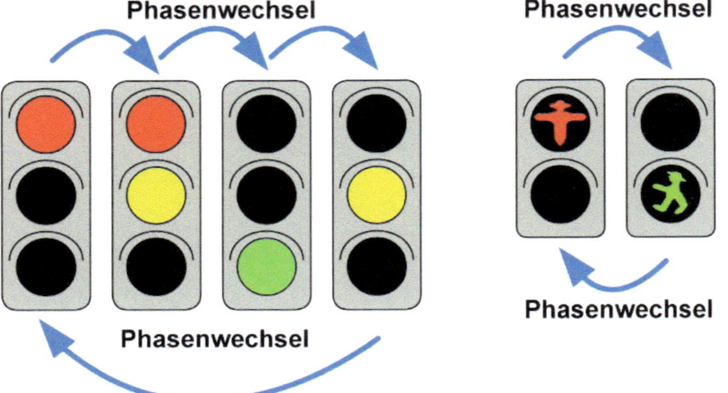

Abbildung 2: Die Phasenwechsel für die Straße beziehungsweise den Fußgänger

Damit es nicht zu Unfällen kommt, laufen die Phasenwechsel wie folgt ab:

Phase 1:

Auto	Fußgänger	Erläuterungen
		Die Straße bekommt grün und der hat Fußgänger rot. Dauer: 10 Sekunden

Phase 2:

Auto	Fußgänger	Erläuterungen
		Die Straße bekommt gelb und der Fußgänger hat weiterhin rot. Dauer: 2 Sekunden

Phase 3:

Auto	Fußgänger	Erläuterungen
		Die Straße bekommt rot und der Fußgänger hat weiterhin rot. Dauer: 2 Sekunden

Phase 4:

Auto	Fußgänger	Erläuterungen
		Die Straße behält rot und der Fußgänger bekommt grün. Dauer: 5 Sekunden (man muss sich schon beeilen!)

Phase 5:

Auto	Fußgänger	Erläuterungen
		Die Straße behält rot und der Fußgänger bekommt rot. Dauer: 2 Sekunden

Phase 6:

Auto	Fußgänger	Erläuterungen
		Die Straße bekommt rot und gelb und der Fußgänger behält rot. Dauer: 2 Sekunden

Im Anschluss beginnt der gezeigte Zyklus wieder mit Phase 1.

Einige Vorüberlegungen

Um eine derartige Steuerung zu realisieren, gibt es eine Menge Möglichkeiten. Ich habe mich dazu entschieden, die Ansteuerung der fünf Leuchtdioden über ein Array zu realisieren, das fünf Elemente besitzt, um die Leuchtdioden ein- oder auszuschalten:

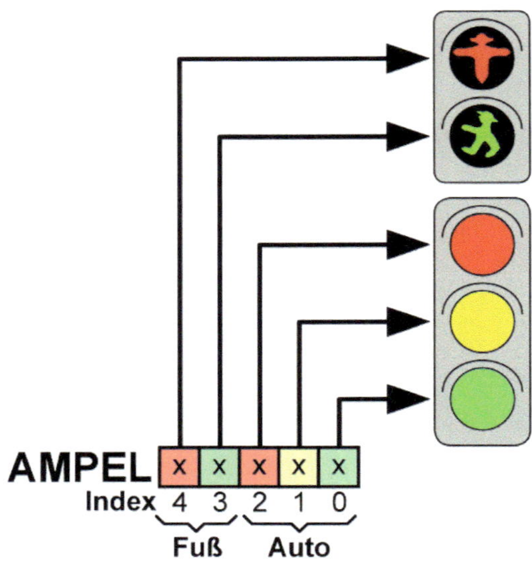

Abbildung 3: Das AMPEL-Array steuert beide Ampeln an

Wir sehen, dass die Indizes 4 und 3 zur Ansteuerung der Fußgänger- und die Indizes 2, 1 und 0 zur Ansteuerung der Autoampel vorgesehen sind. Die genannten sechs Phasen würden also die folgenden Array-Inhalte voraussetzen:

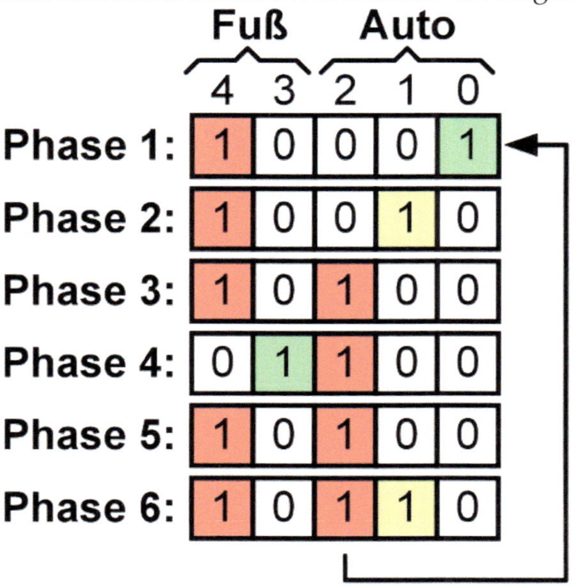

	Fuß		Auto		
	4	3	2	1	0
Phase 1:	1	0	0	0	1
Phase 2:	1	0	0	1	0
Phase 3:	1	0	1	0	0
Phase 4:	0	1	1	0	0
Phase 5:	1	0	1	0	0
Phase 6:	1	0	1	1	0

Abbildung 4: Die Array-Inhalte für die sechs Ampelphasen

Sehen wir uns den Schaltplan an.

Der Schaltplan

Zur Realisierung der Schaltung werden lediglich die fünf LEDs mit entsprechenden Vorwiderständen benötigt:

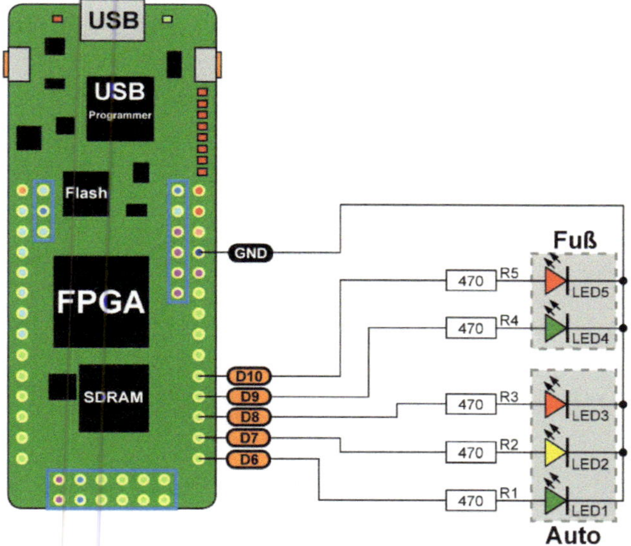

Abbildung 5: Der Schaltplan zur Ampelansteuerung

Folgende GPIO-Pins werden verwendet:

GPIO-Pin	MAX1000-Signal	Modus	Signalbezeichnung
D6	L12	out	AMPEL[0]
D7	J12	out	AMPEL[1]
D8	J13	out	AMPEL[2]
D9	K11	out	AMPEL[3]
D10	K12	out	AMPEL[4]

Tabelle: Die verwendeten GPIO-Pins

Wenden wir uns jetzt dem Code zu.

Der Code

Der Code ist einfach, da wir wieder die Taktgenerierung für die Taktfrequenz von 1 Hz verwenden und darüber einen Zähler inkrementieren, der zur Ansteuerung der einzelnen Phasen genutzt wird. Doch zuerst der Entity-Block mit dem Takt und dem Ampel-Bit-Array mit fünf Elementen:

```
01 library IEEE;
02 use IEEE.std_logic_1164.all;
03 use IEEE.numeric_std.all;
04
05 entity Kap11_Ampelsteuerung is
06     port(
07         CLK   : in  std_logic;
08         AMPEL : out std_logic_vector(4 downto 0)
09     );
10 end entity Kap11_Ampelsteuerung;
11 ...
```

Listing: Kap11_Ampelsteuerung.vhd – Teil 1

In Zeile 15 wird der gerade erwähnte Zähler phase deklariert und initialisiert. Er ist nicht zu verwechseln mit dem Zähler count, der für die Taktgenerierung verwendet wird:

```
11 ...
12 architecture rtl of Kap11_Ampelsteuerung is
13     signal count  : integer range 0 to 12000000 := 0;
14     signal enable : std_logic := '0'; -- Freischalten des Taktes
15     signal phase  : integer := 0;
16 ...
```

Listing: Kap11_Ampelsteuerung.vhd – Teil 2

Von Zeile 16 bis Zeile 27 dürfte alles soweit klar sein, denn dort geht es primär um die Taktgenerierung und beim Erreichen des Grenzwerts 12.000.000 wird jedes Mal das Enable-Signal freigeschaltet. Es kommt dann in Zeile 28 um die Erhöhung des Zählers phase, der jedoch beim Erreichen des oberen Werts 22 in Zeile 29 wieder zurückgesetzt wird, sodass der Phasendurchlauf von vorn beginnt:

```
15 ...
16 begin
17     proc: process(CLK)
18     begin
19         if rising_edge(CLK) then
20             if count >=12000000 then
21                 count <= 0;
22                 enable <= '1';
23             else
24                 count <= count + 1;
25                 enable <= '0';
26             end if;
27             if enable = '1' then
28                 phase <= phase + 1;
29                 if phase >= 22 then phase <= 0; end if;
30             end if;
31 ...
```

Listing: Kap11_Ampelsteuerung.vhd – Teil 3

Nun kommt der entscheidende Teil der Logik, die zur Ansteuerung der einzelnen LEDs verantwortlich ist. Auf den ersten Blick scheint die Abfrage über die If-Elsif-Anweisungen etwas verwirrend, doch ist sie durchaus sinnvoll. Man kann sich das wie einen Filter vorstellen, bei dem von oben nach unten abgearbeitet wird. Jedes Mal, wenn der Wert des Zählers phase größer wird, tritt irgendwann der Fall ein, dass eine zuvor definierte Bedingung auf die Überprüfung auf kleiner nicht mehr zutreffend ist. Dann wird die darauffolgende Bedingung auf den Wahrheitsgehalt hin überprüft und es erfolgt eine Abarbeitung von oben nach unten, bis das Ende erreicht wurde und ein Rücksetzen des Zählers erfolgt. Das Spiel beginnt von vorn beziehungsweise von oben:

```
...
            if phase < 10 then
                AMPEL <= "10001"; -- 10 Sek - FUSS:ROT/AUTO:GRÜN
            elsif phase < 12 then
                AMPEL <= "10010"; -- 2 Sek - FUSS:ROT/AUTO:GELB
            elsif phase < 14 then
                AMPEL <= "10100"; -- 2 Sek - FUSS:ROT/AUTO:ROT
            elsif phase < 19 then
                AMPEL <= "01100"; -- 5 Sek - FUSS:GRÜN/AUTO:ROT
            elsif phase < 21 then
                AMPEL <= "10100"; -- 2 Sek - FUSS:ROT/AUTO:ROT
            else
                AMPEL <= "10110"; -- 2 Sek - FUSS:ROT/AUTO:ROT,GELB
            end if;
        end if;
    end process proc;
end architecture rtl;
```

Listing: Kap11_Ampelsteuerung.vhd – Teil 4

Der Connect and Compile-Dialog sieht wie folgt aus:

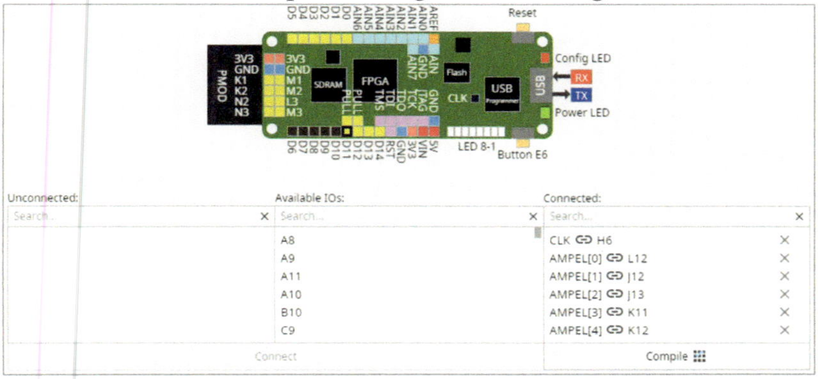

Abbildung 6: Der Connect and Compile-Dialog für die Ampelsteuerung

Wir sehen uns noch den Schaltungsaufbau an.

Der Schaltungsaufbau

Zur Realisierung habe ich der Anschaulichkeit wegen eine kleine Platine gebastelt, die die einzelnen LEDs in den richtigen Farben und Positionen besitzt und einfach auf das kleine Breadboard des Discoveryboards gesteckt wird:

Abbildung 7: Eine Ampelplatine

Das kann auch mit den vorhandenen LEDs des Discoveryboards gemacht werden, was ich aber nicht so schön finde. Oder es wird einfach das kleine Breadboard zur Aufnahme der LEDs mit den Vorwiderständen genutzt:

Abbildung 8: Der Schaltungsaufbau der Ampelsteuerung

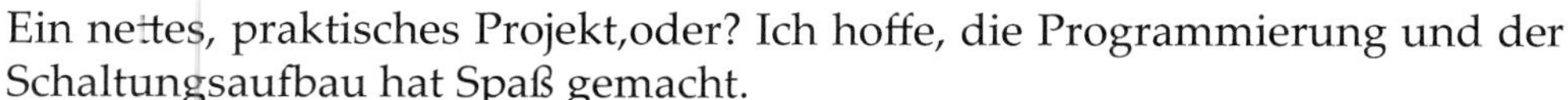

Ein nettes, praktisches Projekt,oder? Ich hoffe, die Programmierung und der Schaltungsaufbau hat Spaß gemacht.

Im nächsten Projekt beschäftigen wir uns mit einem weiteren großen Thema der Elektronik: die Pulsweitenmodulation.

12. Pulsweiten-Modulation

In diesem Abschnitt geht es um PWM. Aha, und was bedeuten diese drei Buchstaben? Hierzu eine kleine Einleitung. Die meisten Mikrocontroller besitzen, wenn es um die Ansteuerung von Verbrauchern geht, von Hause aus lediglich digitale Ausgänge. Damit kann man, wenn es um Themen der Digitaltechnik geht, einiges bewirken, um die Verbraucher an- beziehungsweise auszuschalten, also zum Beispiel Leuchtdioden, Lampen, Relais oder auch Motoren, um nur einige zu nennen.

Wenn wir aber zum Beispiel eine LED oder einen Motor nicht ausschließlich in ihren Grenzzuständen, an oder aus, betreiben möchten, wird es mit digitalen Ausgängen schwierig, das Vorhaben umzusetzen. Wir können damit entweder 0V oder die Betriebsspannung von 3,3V an den Verbraucher schicken. Es gibt keinerlei Abstufungen oder Zwischenwerte, damit die LED nur halb so hell leuchtet oder sich der Motor nur halb so schnell dreht. Wir benötigen also einen analogen Ausgang, der zum Beispiel den Verbraucher mit lediglich 1,5V versorgt. Das ist ungefähr die Hälfte des Betriebsspannungswerts und somit steht auch weniger Energie zum Betreiben eines Verbrauchers zur Verfügung. Doch es hilft alles nichts, ein derartiger analoger Ausgang steht uns nicht zur Verfügung. Und dennoch gibt es die Möglichkeit, über einen Trick einen Verbraucher mit regelbarer Energie zu versorgen.

Über diesen Trick wird beispielsweise die Steuerung der Geschwindigkeit eines Gleichstrommotors ermöglicht. Wir werden jetzt mit diesem Trick, es handelt sich um Pulse Width Modulation, die Helligkeit einer LED verändern.

Was bedeutet PWM?

PWM ist die Abkürzung für Pulse Width Modulation, „Pulsweiten-Modulation“, und beschreibt das Verhältnis zwischen der Einschaltzeit und Periodendauer eines Rechtecksignals bei einer konstanten Grundfrequenz, wobei das Verhältnis zwischen der Einschaltzeit und der Periodendauer als das Tastverhältnis bezeichnet wird. Darüber kann die mittlere Spannung gesteuert werden.

PWM im Detail

Das gerade erwähnte Tastverhältnis, auch Duty Cycle genannt, ist das Verhältnis von Impulsdauer zur Periodendauer. Sehen wir uns das anhand des folgenden Diagramms genauer an:

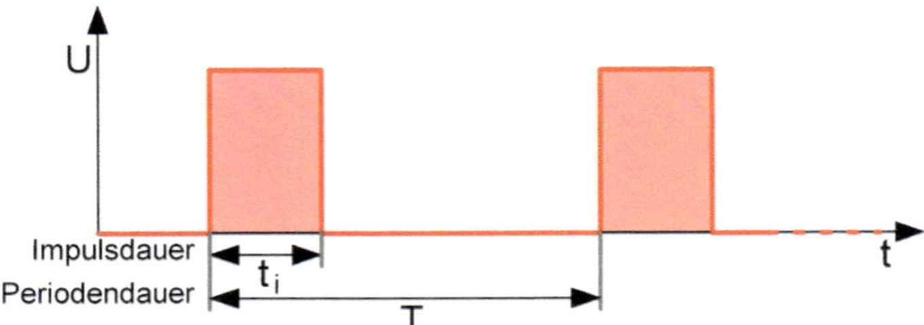

Abbildung 1: Impuls- und Periodendauer

Die Formel zur Berechnung des Tastverhältnisses lautet wie folgt:

$$Tastverhältnis = \frac{t_i}{T} \cdot 100\ [\%]$$

Wenn zum Beispiel die Impulszeit gleich der Pausenzeit ist, sieht das Signal wie folgt aus:

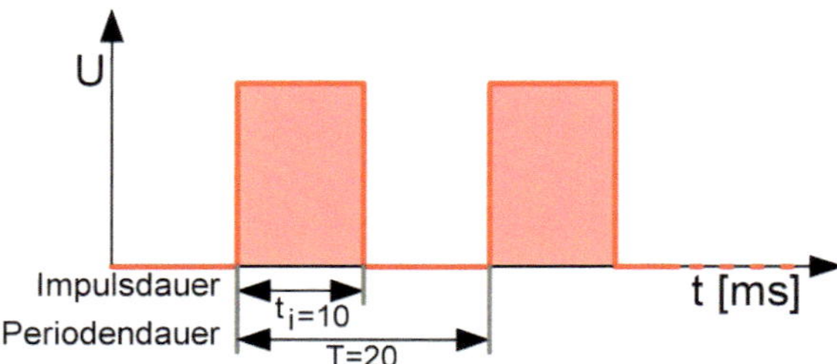

Abbildung 2: Impuls- und Pausenzeit sind gleich

Wir setzen die angegebenen Werte in die Formel ein:

$$Tastverhältnis = \frac{10ms}{20ms} \cdot 100\ = 50\%$$

Das ist auch sinnvoll, denn die Impulsdauer ist im Verhältnis zur Periodendauer nur halb so breit und das entspricht eben 50%. Angenommen, wir steuern eine LED über ein Rechtecksignal in einer bestimmten Frequenz an, wobei die Frequenz jedoch so hoch ist, dass die Trägheit des Auges diese stetigen An-aus-Phasen nicht mehr wahrnimmt und ein durchgehendes Leuchten zu sehen ist. Sehen wir uns dazu die folgenden Abbildungen mit einem Rechtecksignal an, die unterschiedliche Impulsdauern (t1 bis t3) und eine konstante Periodendauer T vorweisen. Je kürzer die Impulsdauer ist, desto geringer ist die Leuchtstärke der Lampe:

Pulsweiten-Modulation mit 50%

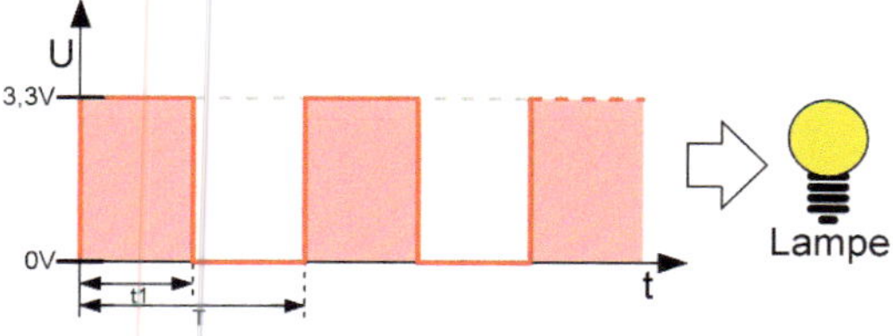

Pulsweiten-Modulation mit 35%

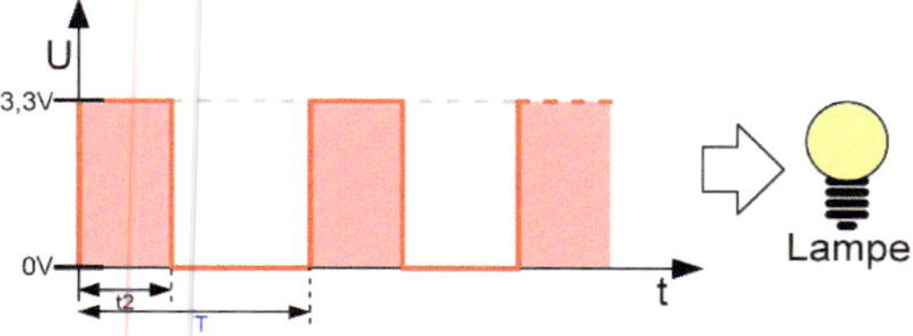

Pulsweiten-Modulation mit 25%

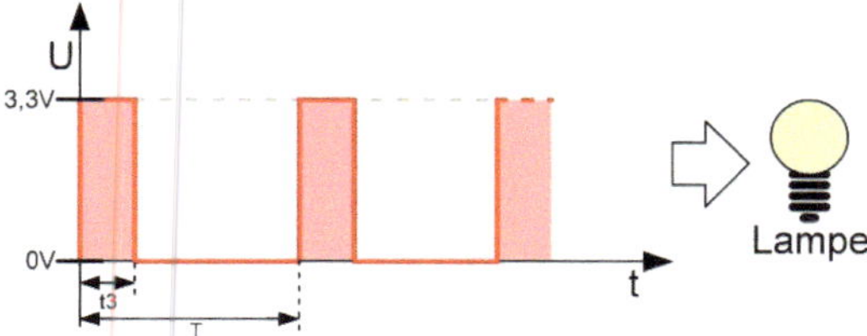

Wie kann man sich das mit der Energie vorstellen, die dem angeschlossenen Verbraucher zur Verfügung gestellt wird? Indem die Stromversorgung eines Verbrauchers mit einer hohen Frequenz ein- und ausgeschaltet wird, wird der durchschnittliche Strom, der durch das Gerät fließt, reguliert. Durch schnelles Hin- und Herschalten zwischen den beiden Extremwerten 0V und Versorgungsspannung ergibt sich der Mittelwert als Funktion der Zeit, die in jedem der beiden Zustände verbraucht wird. Man kann sagen: Je länger an, desto mehr Leistung steht in einem zeitlichen Bereich zur Verfügung.

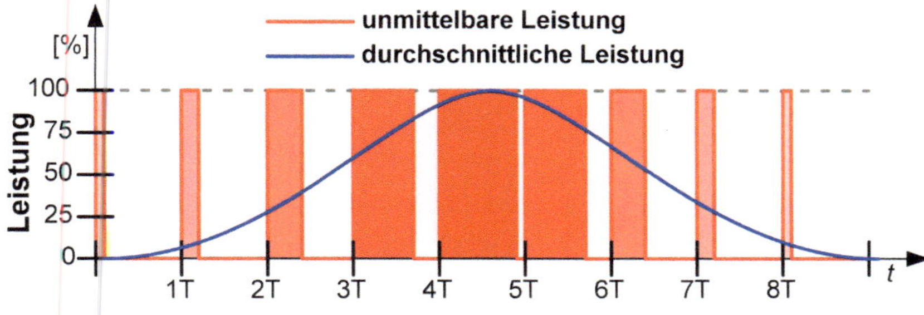

Abbildung 3: An- und Ausschalten der Versorgungsspannung

Ein fester PWM-Wert

Starten wir das erste Experiment mit festen Werten für die Impulsdauer und sehen danach weiter.

Der Schaltplan

Der Schaltplan ist so einfach, dass ich ihn kaum zeigen möchte. Es geht hierbei lediglich um die Ansteuerung einer einzigen LED über einen Vorwiderstand. Wer das nicht möchte, kann auch eine der acht Onboard-LEDs des MAX1000-Boards verwenden:

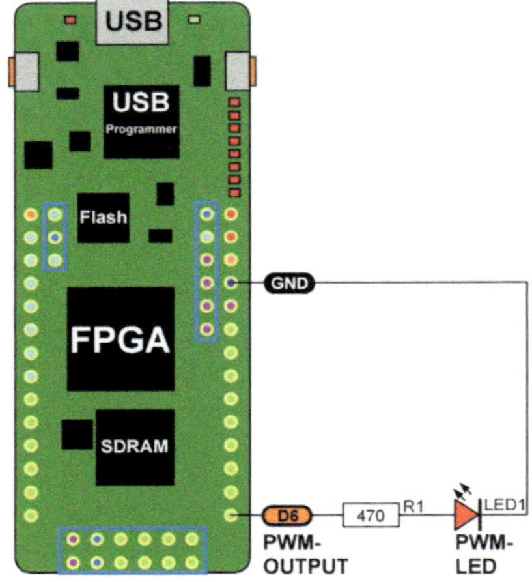

Abbildung 4: Der Schaltplan zur Ansteuerung der LED über ein PWM-Signal

Folgender GPIO-Pin wird verwendet:

GPIO-Pin	MAX1000-Signal	Modus	Signalbezeichnung
D6	L12	out	PWM

Tabelle: Der verwendete GPIO-Pin

Der Code

Ich möchte das Verhalten an einem ganz einfachen Code demonstrieren, der eine angeschlossene LED je nach eingestelltem Duty Cycle mehr oder weniger hell aufleuchten lässt. Zudem schauen wir uns die resultierenden Oszillogramme an, die ich erstellt habe. Doch zunächst der Code mit der einleitenden Deklaration des Entity-Blocks. Hier werden lediglich der Systemtakt CLK und das Ausgangssignal PWM deklariert:

```
01 library ieee;
02 use ieee.std_logic_1164.all;
03 use ieee.numeric_std.all;
04 entity Kap12_PWM is
05     port(
06         CLK : in std_logic; -- System-Takt
07         PWM : out std_logic -- PWM-Output
08     );
09 end Kap12_PWM;
10 ...
```

Listing: Kap12_PWM.vhd – Teil 1

Im nächsten Schritt kommt es zur Definition des Architecture-Blocks. Ich habe für die Auflösung des PWM-Signals einen Zähler PWMcounter in Zeile 12 deklariert, der eine Breite von acht Bits (7 downto 0) besitzt und mit dem hexadezimalen Startwert 00 initialisiert wird. Die Impulsdauer kann sich im Bereich von 1 bis maximal 254 bewegen, wobei der Wert 1 einen sehr schmalen Nadelimpuls und der Wert 254 einen nahezu stetigen HIGH-Pegel ergibt. Dieser Wert wird über die Signal-Deklaration ImpulsDauer in Zeile 13 festgelegt:

```
10 ...
11 architecture rtl of Kap12_PWM is
12     signal PWMcounter  : unsigned(7 downto 0) := X"00"; -- PWM-Zähler
13     signal ImpulsDauer : integer range 1 to 254 := 128;
14 begin
15     process(CLK)
16     begin
17         if rising_edge(CLK) then
18             PWMcounter <= PWMcounter + 1; -- PWM-Zähler hochzählen
19         end if;
20     end process;
21     PWM <= '1' when PWMcounter < ImpulsDauer else '0';
22 end rtl;
```

Listing: Kap12_PWM.vhd – Teil 2

In Zeile 18 wird der PWM-Zähler innerhalb des Prozesses im Systemtakt und bei steigender Taktflanke um den Wert 1 erhöht. Wenn der Wert von PWMcounter beim stetigen Inkrementieren den maximalen Wert seines Wertebereichs von 255 überschreitet, beginnt er wieder von vorne bei 0 zu zählen. Weiter braucht uns der Prozess nicht zu interessieren, denn er arbeitet im Hintergrund. Schauen wir uns jetzt die Generierung des PWM-Signals an, die in Zeile 21 erfolgt. Es wird ein HIGH-Pegel generiert, solange der PWMcounter kleiner als der vorgegebene Wert der Impulsdauer ist. Für den Rest der Zeit, also wenn der PWMcounter größer ist, bedeutet das einen LOW-Pegel für das PWM-Signal.

Der Connect and Compile-Dialog sieht wie folgt aus:

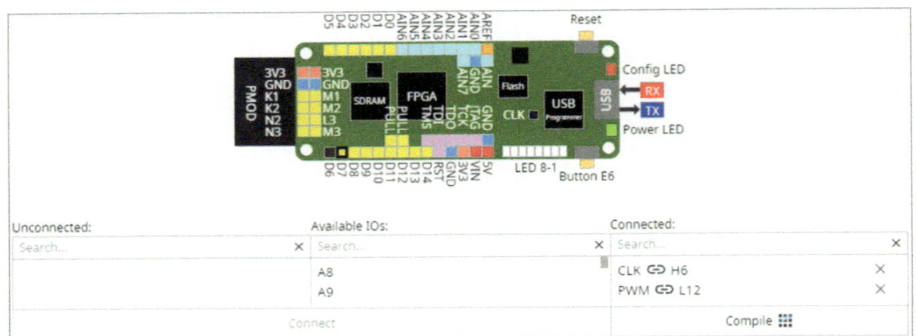

Abbildung 5: Der Connect and Compile-Dialog für die PWM-Ansteuerung

Sehen wir uns einige markante Werte des PWM-Signals an, wobei ich immer ein Vielfaches des Wertes 16 genommen habe. Man sieht, dass die Frequenz bei allen unterschiedlichen Impulswerten konstant bei ungefähr 46,9 KHz liegt:

PWM: 1

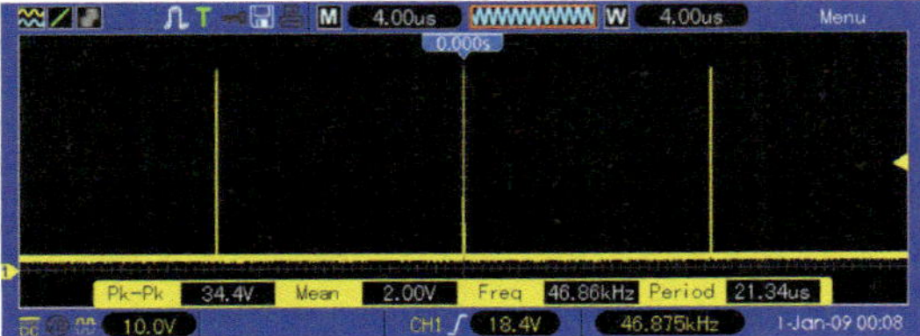

Abbildung 6: PWM-Scope-Signal mit Wert 1

PWM: 16

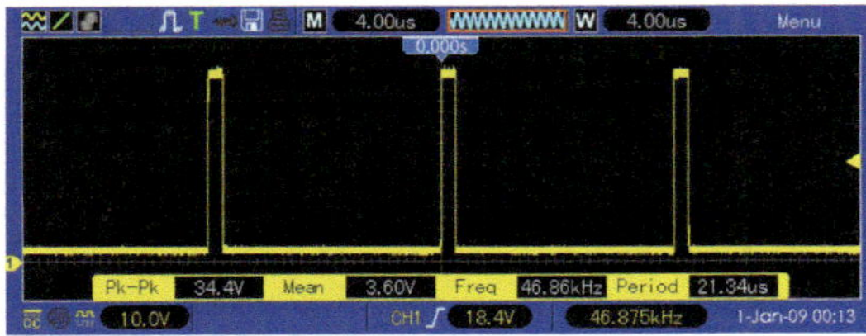

Abbildung 7: PWM-Scope-Signal mit Wert 16

PWM: 32

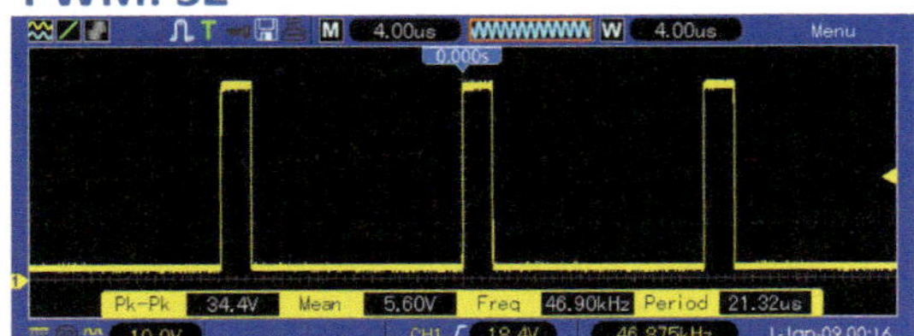

Abbildung 8: PWM-Scope-Signal mit Wert 32

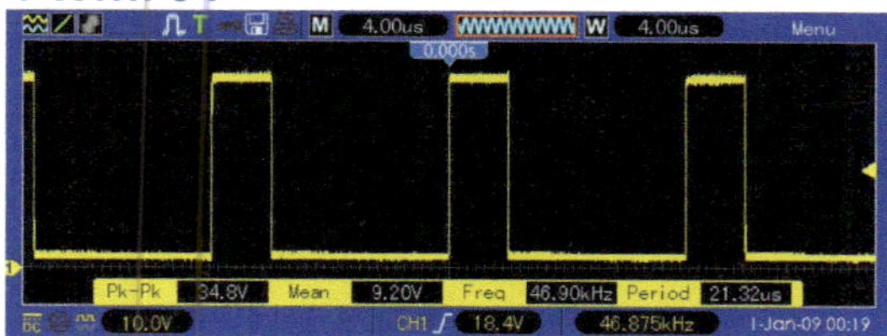

Abbildung 9: PWM-Scope-Signal mit Wert 64

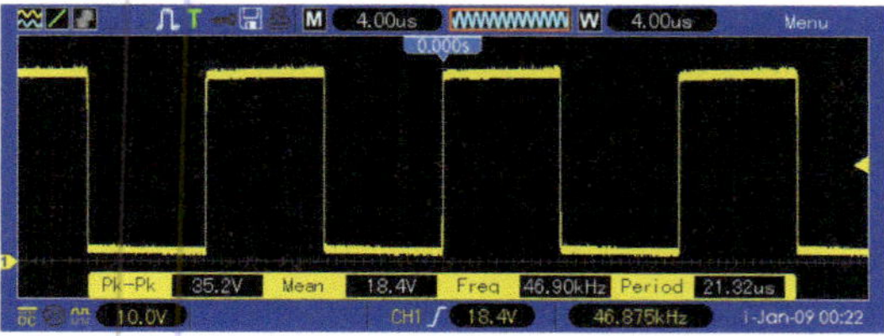

Abbildung 10: PWM-Scope-Signal mit Wert 128

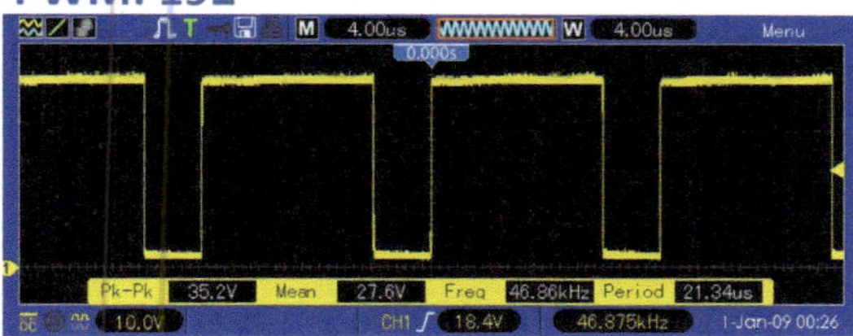

Abbildung 11: PWM-Scope-Signal mit Wert 192

Variable PWM-Werte

Im obigen Experiment kann man sehen, wie die Helligkeit der LED mit unterschiedlichen Impulsbreiten beeinflusst werden kann. Je höher der Wert des Signals ImpulsDauer in Zeile 13 definiert wurde, desto heller leuchtet die LED. Man sieht, dass schon bei einem Wert von 128, also bei einem Tastverhältnis von 50%, die LED mit maximal leuchtet. Also erscheint es sinnvoll, nur bis zu diesem maximalen Wert anzusteuern. Wir werden gleich sehen. Die im Moment recht statische Angelegenheit einer LED, deren Helligkeit sich nach dem Download nicht mehr ändert, ist wenig reizvoll, diente aber zum Verständnis der PWM-Grundlagen. Jetzt geht es darum, die LED auf- und abzublenden. Wie machen wir das? Richtig, indem ein weiterer Zähler implementiert wird, um den PWM-Wert beziehungsweise den Wert des ImpulsDauer-Signals in gewissen Grenzen zählen zu lassen. Ich habe den Schaltplan etwas erweitert und eine weitere LED hinzugefügt, die die Taktratenänderung für das ImpulsDauer-Signal anzeigt. Das muss nicht unbedingt erfolgen und hat keinen Einfluss auf die PWM-Verarbeitung, ist aber eine gute optische Rückmeldung.

Der Schaltplan

Der Schaltplan wurde im Gegensatz zum vorigen lediglich um eine LED erweitert:

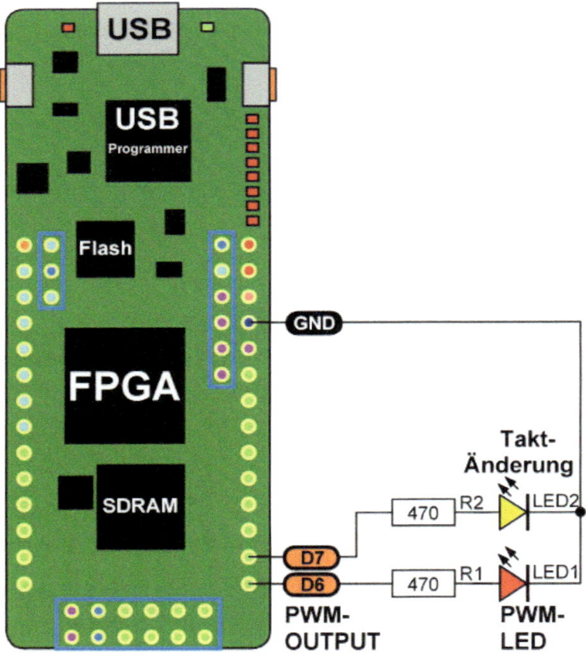

Abbildung 12: Der Schaltplan zur Ansteuerung der LED über ein PWM-Signal mit Taktanzeige

Folgende GPIO-Pins werden verwendet:

GPIO-Pin	MAX1000-Signal	Modus	Signalbezeichnung
D6	L12	out	PWM
D7	J12	out	LED

Tabelle: Die verwendeten GPIO-Pins

Der Code

Aufgrund der Vorgabe, dass die LED auf- und abgeblendet werde soll, muss es einige Anpassungen zum vorigen Code geben. Ich zeige ihn wieder komplett. Beginnen wir erneut mit dem Entity-Block. Innerhalb des Generic-Blocks werden wieder die Konstanten deklariert und initialisiert. Die Konstanten zur Steuerung des Takts sind schon bekannt. Es wird für dieses Beispiel eine Frequenz von 10 Hz verwendet, die nach Belieben angepasst werden kann. Hinzugekommen sind die Konstanten PWMSTART und PWMSTOP zur Kontrolle des PWM-Bereichs für die spätere Steuerung innerhalb dieser Grenzen. Zudem ist im Port-Block noch die LED hinzugekommen, die zum Anzeigen der Taktratenänderung für das ImpulsDauer-Signal benötigt wird:

```
library ieee;
use ieee.std_logic_1164.all;
use ieee.numeric_std.all;
entity Kap12_PWM_Up_Down is
    generic(
        CLK_Freq : integer := 12000000; -- 12MHz (Board-Takt)
        MUX_Freq : integer := 10;       -- 10Hz (gewünschte Freq.)
        PWMSTART : integer := 1;        -- PWM-Startwert
        PWMSTOP  : integer := 64        -- PWM-Stoppwert
    );
    port(
        LED : out std_logic := '0';
        CLK : in std_logic; -- Der System-Takt
        PWM : out std_logic -- PWM-Output
    );
end Kap12_PWM_Up_Down;
...
```

Listing: Kap12_PWM_Up_Down-vhd – Teil 1

Kommen wir zum Architecture-Block. Die Deklaration für die Taktsteuerung in den Zeilen 19 und 20 sind klar. Ebenso die Deklaration des ImpulsDauer-Signals in Zeile 21 zum Beeinflussen des PWM-Ausgangssignals. Hinzugekommen ist in Zeile 22 das Signal Richtung, das eine Steuerung des Auf- und Abblendens der LED regelt. Ist der Wert 1, erfolgt eine Inkrementierung des ImpulsDauer-Signals, ist der Wert -1, kommt es zur Dekrementierung. Das Signal Flag wird dazu genutzt, die LED im Takt der PWM-Änderung blinken zu lassen:

```
17 ...
18 architecture rtl of Kap12_PWM_Up_Down is
19     signal PWMcounter   : unsigned(7 downto 0) := X"00"; -- PWM-Zähler
20     signal CLKcounter   : integer range 0 to (CLK_Freq/MUX_Freq/2)
:=0;
21     signal ImpulsDauer : integer range 1 to 254 := 1;
22     signal Richtung     : integer range -1 to 1 := 1;
23     signal flag : std_logic := '0';
24 ...
```

Listing: Kap12_PWM_Up_Down-vhd – Teil 2

Der folgende Code ist für die Ansteuerung der LEDs zuständig:

```
23  ...
24  begin
25      process(CLK)
26      begin
27          if rising_edge(CLK) then
28              PWMcounter <= PWMcounter + 1; -- PWM-Zähler +1
29              CLKcounter <= CLKcounter + 1; -- CLK-Zähler +1
30              if CLKcounter = CLK_Freq/MUX_Freq/2 then
31                  CLKcounter <= 0;  -- Zähler-Reset
32                  flag <= not flag; -- Flag toggeln
33                  if(ImpulsDauer >= PWMSTOP) then
34                      Richtung <= -1; end if;
35                  if(ImpulsDauer = PWMSTART) then
36                      Richtung <= 1;  end if;
37                  ImpulsDauer <= ImpulsDauer + Richtung;
38              end if;
39          end if;
40      end process;
41      LED <= flag;  -- Flag-Signal an Ausgang schicken
42      PWM <= '1' when PWMcounter < ImpulsDauer else '0';
43  end rtl;
```

Listing: Kap12_PWM_Up_Down-vhd – Teil 3

Das automatische Rauf- und Runterzählen des ImpulsDauer-Signals erfolgt in Zeile 37, dabei spielt die Richtung eine entscheidende Rolle. Sie wird mithilfe der Logik in den Zeilen 33 bis 35 kontrolliert. Durch das Erreichen der festgelegten Grenzen kommt es zum Umschalten des Richtung-Signalwerts. Ein positiver Wert (1) bewirkt das Raufzählen und ein negativer Wert (-1) das Runterzählen.

Der Connect and Compile-Dialog schaut wie folgt aus:

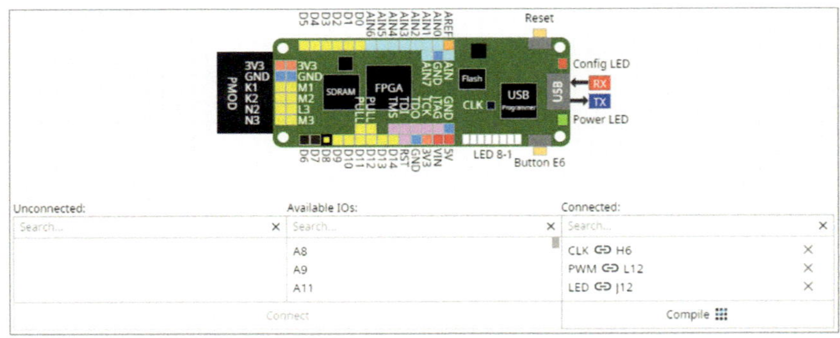

Abbildung 13: Der Connect and Compile-Dialog für die PWM-Up-Down-Ansteuerung

Als Vorbereitung für das nachfolgende Kapitel, bei dem es um die Ansteuerung eines Servos geht, wollen wir jetzt das Thema Debouncing aufgreifen, das ich im Kapitel über die Ansteuerung der Siebensegmentanzeige vorgestellt habe. In diesem Zusammenhang kann man einen universellen Code schreiben, der zu instanziieren ist, damit nicht nur ein einziger Taster entprellt werden kann.

Wir haben nun vor, die PWM-Steuerung über zwei Taster zu kontrollieren. Mit dem einen wird die LED auf- und mit dem anderen abgeblendet.

Manuelle PWM-Steuerung: Vorbereitung

Wir beginnen mit einem leicht abgewandelten Debouncing-Code, der schon gezeigt wurde. Als Vorbereitung möchte ich einen Binärzähler realisieren, der die acht LEDs des MAX1000-Boards ansteuert und über zweit Tasten rauf- und runterzählen lässt, bevor wir dann zum PWM-Thema überschwenken.

Der Schaltplan

Der Schalplan zeigt die beiden Taster für das Rauf- und Runterzählen des Binärzählers und die acht LEDs des Boards:

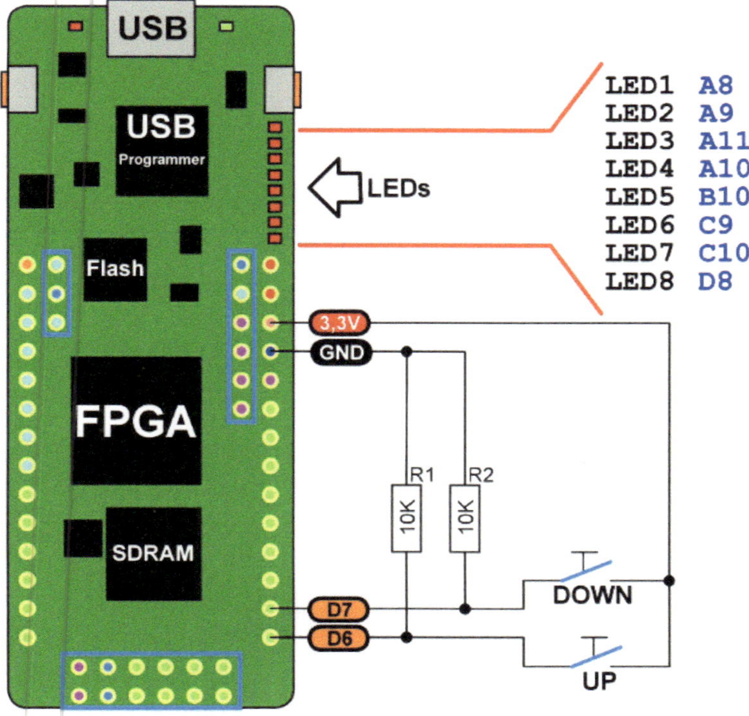

Abbildung 14: Der Schalplan zur PWM-Ansteuerung (Vorbereitung)

Der Code

Beginnen wir mit dem Entity-Block, in dem das Taktsignal und die beiden Taster-Zustände eines einzelnen Tasters zu finden sind:

```
library ieee;
use ieee.std_logic_1164.all;
use ieee.numeric_std.all;

entity Debounce is
    port (
        CLK     : in  std_logic; -- System-Clock
        BTN_IN  : in  std_logic; -- Eingangs-Signals
        BTN_OUT : out std_logic  -- Entprelltes Ausgangssignal
    );
end entity Debounce;
...
```

Listing: Debounce.vhd – Teil 1

Die beiden Zustände sind in der folgenden Abbildung zu sehen. Es handelt sich auf der linken Seite um das rohe Eingangssignal BTN_IN, das ungefiltert und mit Störimpulsen behaftet ist. Auf der rechten Seite ist das gefilterte und von Störimpulsen befreite Ausgangssignal BTN_OUT:

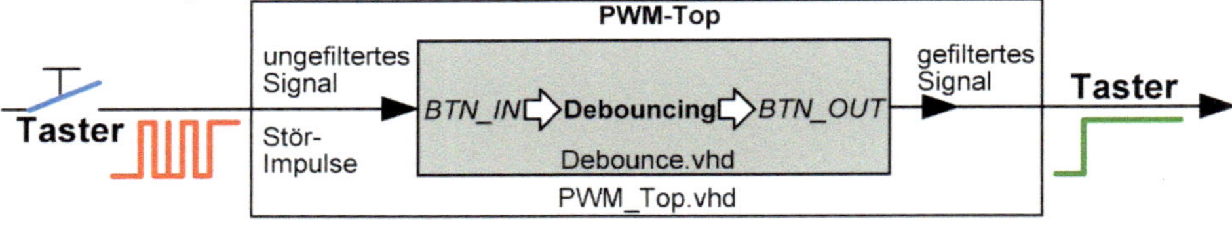

Abbildung 15: Die Entprellung eines einzelnen Tasters

Um die Möglichkeit der Instanziierung zu nutzen, kann das für zwei oder mehr Taster wie folgt aussehen:

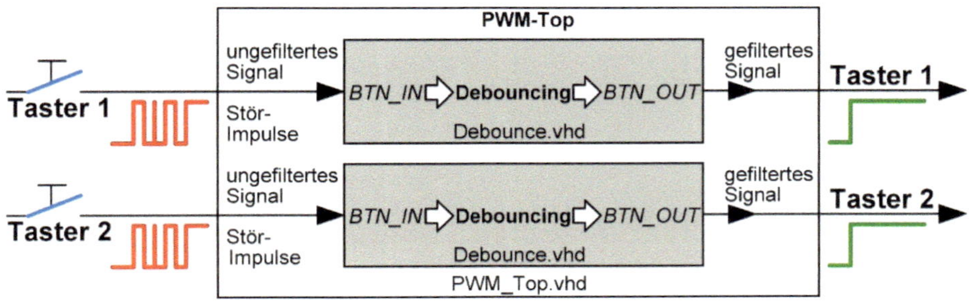

Abbildung 16: Die Entprellung von zwei Tastern

Kommen wir zum eigentlichen Code innerhalb des Architecture-Blocks, der das Entprellen bewirkt. Bei der Erstellung des Debouncing-Codes muss sichergestellt werden, dass der Impuls am Schalter für eine gewisse Zeit lang stabil ist und der Ausgang sich nur ändern darf, wenn der Eingang stabil ist:

```
...
architecture RTL of Debounce is
    constant DEBOUNCE_LIMIT : integer := 120000;
    signal Count : integer range 0 to DEBOUNCE_LIMIT := 0;
    signal State : std_logic := '0';
begin
    Debounce : process (CLK) is
    begin
        if rising_edge(CLK) then
            if (BTN_IN /= State and Count < DEBOUNCE_LIMIT) then
                Count <= Count + 1;
            elsif Count = DEBOUNCE_LIMIT then
                State <= BTN_IN;
                Count <= 0;
            else
                Count <= 0;
            end if;
        end if;
    end process Debounce;
    -- BTN_OUT ist debounced
    BTN_OUT <= State;
end architecture RTL;
```

Listing: Debounce.vhd – Teil 2

Mit diesem Code kann man jetzt mehrere Taster innerhalb eines TOP-Level-Modus instanziieren. Im nachfolgenden TOP-Level-Code möchte ich das realisieren. Innerhalb des Entity-Blocks werden der Systemtakt, die beiden Taster und die LEDs deklariert und initialisiert:

```
library IEEE;
use IEEE.std_logic_1164.all;
use IEEE.numeric_std.all;

entity Kap12_PWM_Top is
    port (
        CLK  : in  std_logic; -- System-Takt
        BTN1 : in  std_logic; -- Taster 1 (Raufzählen)
        BTN2 : in  std_logic; -- Taster 2 (Runterzählen)
        LED  : out std_logic_vector(7 downto 0) := (others => '0')
    );
end entity Kap12_PWM_Top;
...
```

Listing: Kap12_PWM_Top.vhd – Teil 1

Im nachfolgenden Architecture-Block müssen wir zur Einleitung etwas besprechen, denn die Vorgehensweise zur Erkennung einer ansteigenden Flanke der Taster wird hier nicht über das schon bekannte und vielfach verwendete rising_edge realisiert. Doch zunächst die Deklarationszeilen:

```
12 ...
13 architecture RTL of Kap12_PWM_Top is
14     signal BTN1_Deb : std_logic; -- Debounce 1
15     signal BTN2_Deb : std_logic; -- Debounce 2
16     signal BTN1_Reg : std_logic; -- letzten Wert Taster 1 sichern
17     signal BTN2_Reg : std_logic; -- letzten Wert Taster 2 sichern
18     signal Counter  : unsigned(7 downto 0) := (others => '0');
19 ...
```

Listing: Kap12_PWM_Top.vhd – Teil 2

In den Zeilen 14 und 15 werden die Tastersignale deklariert, die die gefilterten, also entprellten Signale repräsentieren. Die Signal-Deklarationen in den beiden Zeilen 16 und 17 werden dazu benutzt, einen zeitlichen Aspekt der Tastersignale zu berücksichtigen, indem der letzte erkannte Zustand zwischengespeichert wird. In Zeile 18 wird der 8-Bit-Zähler deklariert, der später rauf- und runtergezählt werden soll. Doch was hat es mit den Zwischenspeicherungen der Tastersignale auf sich? Es werden kontinuierlich im Takt der ansteigenden Flanke des Systemtakts der aktuelle Tasterstatus mit dem zuvor gespeicherten verglichen. Sind beide Werte gleich, wurde der Taster nicht gedrückt. Sind sie jedoch ungleich, ist ein Tastendruck erfolgt. Dieses Vorgehen ist aber nur der halbe Weg zum Ziel, denn es wird noch nicht berücksichtigt, ob beim Taster eine ansteigende Flanke vorliegt. Gehen wir schrittweise vor. Auf dem folgenden Diagramm ist das Verhalten zu sehen:

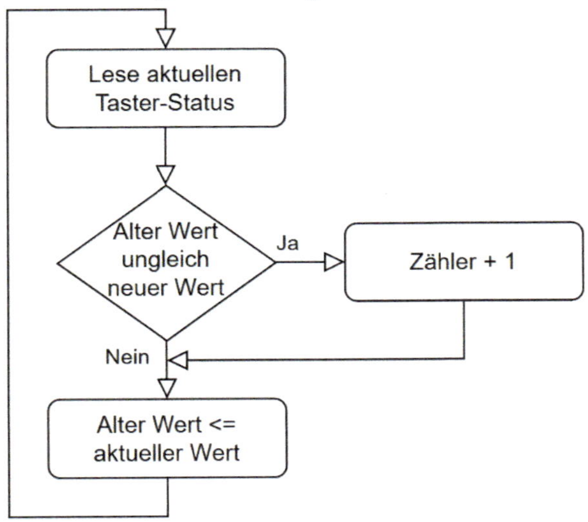

Abbildung 17: Das Abfragen des Tasterstatus

Immer dann, wenn der Taster seinen Status ändert, ist er zum zuvor gesicherten Status verschieden. So viel zu den Grundlagen zur Auswertung eines Tasterpegels. Doch sehen wir erst einmal, wie es im Code weitergeht. Damit die beiden Taster mit entprelltem Signal in unseren Code gelangen, wird der eben erstellte Debounce-Code instanziiert, was für jeden Taster separat erfolgen muss. Dies erfolgt in den Zeilen 22 bis 26 für Taster 1 und in den Zeilen 28 bis 32 für Taster 2. Die entprellten Signale besitzen den Zusatz _Deb für Debounced:

```
19 ...
20 begin
21   -- Instanziierung Debounce Filter 1
22     Debounce1 : entity work.Debounce
23     port map (
24         CLK     => CLK,
25         BTN_IN  => BTN1,
26         BTN_OUT => BTN1_Deb);
27     -- Instanziierung Debounce Filter 2
28     Debounce2 : entity work.Debounce
29     port map (
30         CLK     => CLK,
31         BTN_IN  => BTN2,
32         BTN_OUT => BTN2_Deb);
33 ...
```

Listing: Kap12_PWM_Top.vhd – Teil 3

Nun kommt es zur Auswertung der Signale, wobei dies noch nicht der endgültige Code ist, der, wie schon zuvor angesprochen, im Moment noch auf eine ansteigende und abfallende Flanke ausgerichtet ist:

```
32 ...
33 process(CLK)
34     begin
35         if rising_edge(CLK) then
36             if BTN1_Reg  /= BTN1_Deb then -- Änderung liegt vor
37                 Counter <= Counter + 1;   -- Increment
38             end if;
39             if BTN2_Reg /= BTN2_Deb then  -- Änderung liegt vor
40                 Counter <= Counter - 1;   -- Decrement
41             end if;
42             BTN1_Reg <= BTN1_Deb;
43             BTN2_Reg <= BTN2_Deb;
44         end if;
45     end process;
46     LED <= std_logic_vector(Counter);
47 end architecture RTL;
```

Listing: Kap12_PWM_Top.vhd – Teil 4 (vorläufige Version)

Man sieht, dass sowohl in Zeile 36 als auch in Zeile 39 nur darauf geschaut wird, ob der zuvor gespeicherte Wert ungleich dem aktuellen Wert ist, was für beide genannten Flanken der Fall ist. Die Speicherung der Tasterzustände für den kontinuierlichen Vergleich von Alt und Neu erfolgt in den Zeilen 42 und 43. In dieser ersten Version des Codes erfolgt ein Hoch- und Runterzählen pro Tastendruck also immer mit dem Wert 2. Um aber nur die ansteigende Flanke zu nutzen, muss der Code geringfügig angepasst werden. Immer, wenn der vorherige Wert gleich '0' und der aktuelle gleich '1' ist, liegt eine ansteigende Flanke vor. Beide Werte müssen demnach mit UND verknüpft werden. Hier der komplette Code:

```
32 ...
33 process(CLK)
34     begin
35         if rising_edge(CLK) then
36             if BTN1_Reg = '0' AND BTN1_Deb = '1' then --Rising Edge
37                 Counter <= Counter + 1; -- Increment
38             end if;
39             if BTN2_Reg = '0' AND BTN2_Deb = '1' then --Rising Edge
40                 Counter <= Counter - 1; -- Decrement
41             end if;
42             BTN1_Reg <= BTN1_Deb;
43             BTN2_Reg <= BTN2_Deb;
44         end if;
45     end process;
46     LED <= std_logic_vector(Counter);
47 end architecture RTL;
```

Listing: Kap12_PWM_Top.vhd – Teil 4 (endgültige Version)

In den Zeilen 36 und 39 werden die beiden Signale (BTNx_Reg und BTNx_Deb) mit UND verknüpft, um darüber die ansteigende Flanke zu filtern und nur dann ein Hoch- beziehungsweise Runterzählen zu bewirken.

Abschließend zu diesem Code hier noch der Connect and Compile-Dialog:

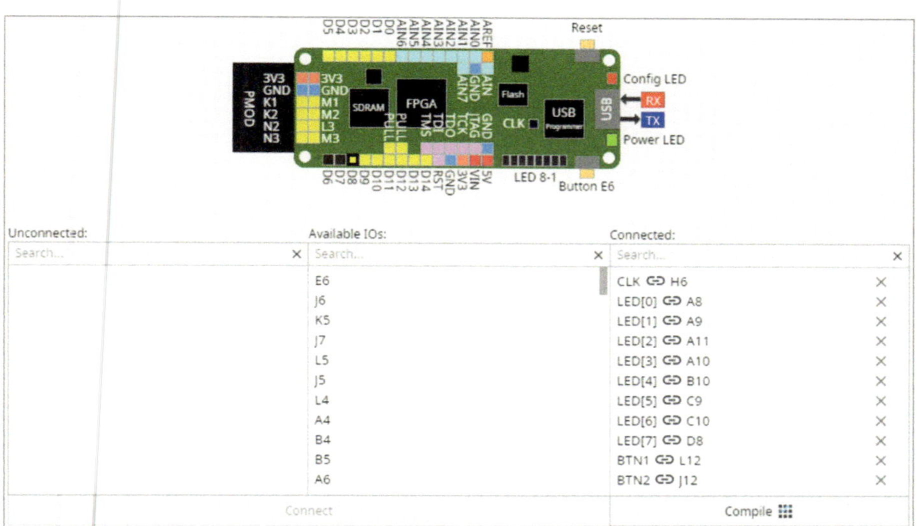

Abbildung 18: Der Connect and Compile-Dialog für die PWM-Ansteuerung (Vorbereitung)

Man mag sich fragen, warum das so realisiert wurde, denn man könnte doch sicherlich einen Prozess erstellen, der auf die ansteigende Flanke des Tasters 1 reagiert, um dann den Zählerwert hochzuzählen und einen weiteren Prozess, der auf die ansteigende Flanke des Tasters 2 reagiert, um den Zählerwert runterzuzählen. Es gibt hinsichtlich des Lesens und Schreibens eines Signals in unterschiedlichen Prozessen folgende Restriktionen:

- Ein Signal darf in beliebig vielen Prozessen gelesen werden.
- Ein Signal darf nur in einem Prozess geschrieben werden.

Somit kann in unserem Fall das Zählersignal Counter nicht in zwei Prozessen manipuliert werden, was zu einem Fehler im Compiling führen würde. Ich rate, es einfach einmal auszuprobieren, um zu sehen, was für Meldungen resultieren.

Nun können wir das neu hinzu gekommene Wissen dazu nutzen, die LED über die beiden Taster auf- beziehungsweise abzublenden. Sehen wir uns das im Detail an.

Manuelle PWM-Steuerung: Umsetzung

Nun ist es nicht allzu schwer, den Zählerwert als Wert für die Impulsbreite des PWM-Signals einzusetzen. Den Schaltplan übernehme ich vom vorigen Beispiel und wer möchte, kann eine separate LED des Discoveryboards neh-

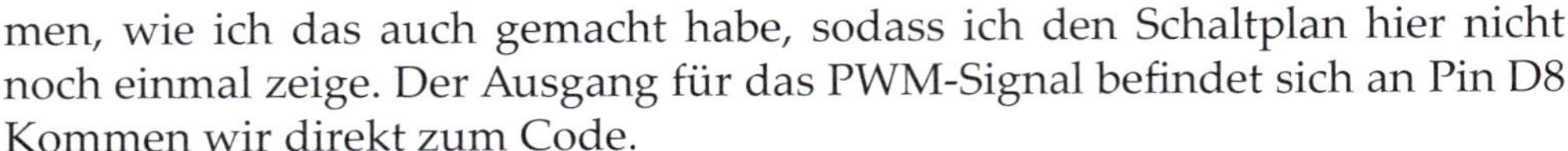

men, wie ich das auch gemacht habe, sodass ich den Schaltplan hier nicht noch einmal zeige. Der Ausgang für das PWM-Signal befindet sich an Pin D8. Kommen wir direkt zum Code.

Der Code

Der Code bedarf keiner Änderung an der Debounce.vhd-Datei und den späteren Instanziierungen in der TOP-Level-Datei. Lediglich der Wert des Counters, der jetzt als PWM-Signal genutzt wird, muss angepasst werden. Ich füge dem Projekt eine weitere Datei mit Namen Kap12_PWM_Manuell_Top.vhd hinzu und konfiguriere sie später als TOP-Level-Datei. Im Project Explorer sieht es wie folgt aus:

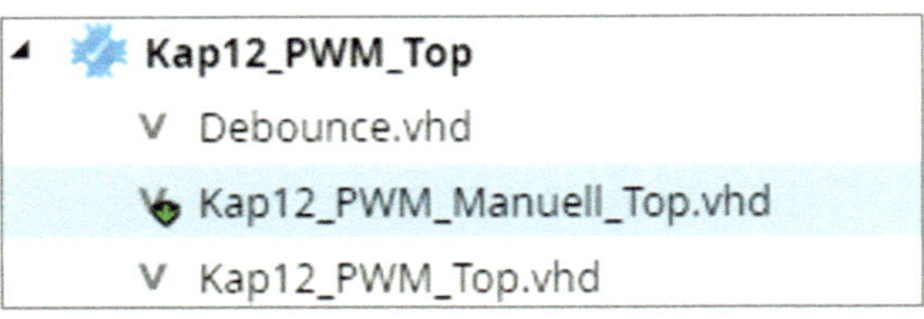

Abbildung 19: Die neue TOP-Level-Datei

Sehen wir uns den Entity-Block an. Hinzugekommen ist in Zeile 07 innerhalb des Generic-Blocks eine Konstante namens STEP, die die Schrittweite beim Rauf- beziehungsweise Runterzählen bestimmt. Zudem gibt es eine untere (MIN) und eine obere (MAX) Grenze, die jeweils in den Zeilen 08 und 09 definiert ist:

```
01 library IEEE;
02 use IEEE.std_logic_1164.all;
03 use IEEE.numeric_std.all;
04
05 entity Kap12_PWM_Manuell_Top is
06     generic(
07         constant STEP : integer := 10; -- Schrittweite
08         constant MIN  : integer := 10; -- Minimalwert
09         constant MAX  : integer := 60  -- Maximalwert
10     );
11     port (
12         CLK  : in  std_logic; -- System-Takt
13         BTN1 : in  std_logic; -- Taster 1 (Raufzählen)
14         BTN2 : in  std_logic; -- Taster 2 (Runterzählen)
15         PWM  : out std_logic  -- PWM-Output
16     );
17 end entity Kap12_PWM_Manuell_Top;
18 ...
```

Listing: Kap12_PWM_Manuell_Top.vhd – Teil 1

Im Architecture-Block wird der Zähler dafür verwendet, die Impulszeit für das PWM- Signal im gültigen Bereich zwischen 1 und 128 zu manipulieren, wobei beim Unter- oder Überschreiten dieser Grenzen die Grenzwerte über eine If-Then-Abfrage neu gesetzt werden. Zu Beginn sehen wir wieder die Deklaration, wobei im Gegensatz zum vorigen Beispiel in Zeile 24 das PWM-counter-Signal hinzugekommen ist, das wir schon vom Beginn dieses Kapitels her kennen. In Zeile 25 sehen wir das ImpulsDauer-Signal, das zum eigentlichen Beeinflussen des PWM-Signals verwendet wird:

```
18 ...
19 architecture RTL of Kap12_PWM_Manuell_Top is
20     signal BTN1_Deb : std_logic; -- Debounce 1
21     signal BTN2_Deb : std_logic; -- Debounce 2
22     signal BTN1_Reg : std_logic; -- letzten Wert Taster 1 sichern
23     signal BTN2_Reg : std_logic; -- letzten Wert Taster 2 sichern
24     signal PWMcounter  : unsigned(7 downto 0) := X"00"; -- PWM-Zähler
25     signal ImpulsDauer : integer range 1 to 128 := 10;
26 ...
```

Listing: Kap12_PWM_Manuell_Top.vhd – Teil 2

Die Instanziierung der Debounce-Datei wurde eins zu eins vom vorigen Beispiel übernommen, denn auch hier sollen die beiden Taster entprellt werden:

```
...
begin
  -- Instanziierung Debounce Filter 1
    Debounce1 : entity work.Debounce
    port map (
        CLK     => CLK,
        BTN_IN  => BTN1,
        BTN_OUT => BTN1_Deb);
    -- Instanziierung Debounce Filter 2
    Debounce2 : entity work.Debounce
    port map (
        CLK     => CLK,
        BTN_IN  => BTN2,
        BTN_OUT => BTN2_Deb);
...
```

Listing: Kap12_PWM_Manuell_Top.vhd – Teil 3

Jetzt folgt die schon bekannte Logik innerhalb des Prozesses mit den Anpassungen zur Generierung des PWM-Signals. Man sieht, dass es in Zeile 40 eine Deklaration einer Variablen v gibt, die den vorläufigen Wert für die Impulsbreite speichert. Dieser Wert wird nur dann an das ImpulsDauer-Signal weitergegeben, wenn sich der Wert innerhalb der definierten Grenzen von MIN bis MAX befindet:

```
...
    process(CLK)
    variable v : integer := 10;
    begin
        if rising_edge(CLK) then
            PWMcounter <= PWMcounter + 1;
            if BTN1_Reg = '0' AND BTN1_Deb = '1' then --Rising Edge
                v := v + STEP;
                if v > MAX then
                    v := MAX;
                else
                    ImpulsDauer <= v;
                end if;
            end if;
            if BTN2_Reg = '0' AND BTN2_Deb = '1' then --Rising Edge
                v := v - STEP;
                if v < MIN then
                    v := MIN;
                else
                    ImpulsDauer <= v;
                end if;
            end if;
            BTN1_Reg <= BTN1_Deb;
            BTN2_Reg <= BTN2_Deb;
        end if;
    end process;
    PWM <= '1' when PWMcounter < ImpulsDauer else '0';
end architecture RTL;
```

Listing: Kap12_PWM_Manuell_Top.vhd – Teil 4

Wie schon zu Beginn auf einem der Oszillogramme zu sehen war, konnten wir mit diesem Code eine Frequenz von ungefähr 46,9 KHz erzeugen. Der Connect and Compile-Dialog sieht wie folgt aus:

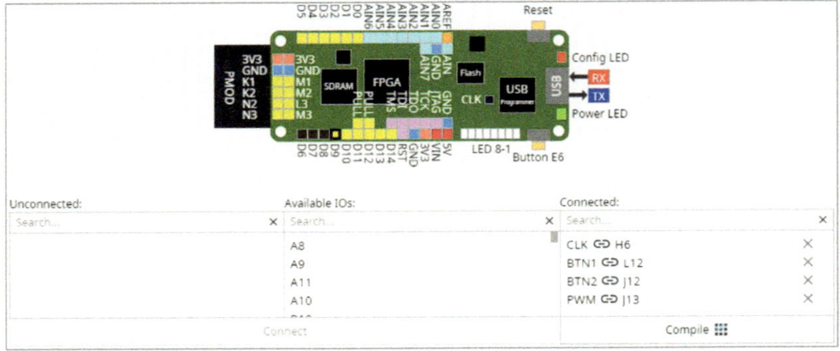

Abbildung 20: Der Connect and Compile-Dialog für die PWM-Ansteuerung über zwei Tasten

Einleitend zum folgenden Projekt, der Steuerung eines Servo-Motors, spielt diese Frequenz eine entscheidende Rolle, denn sie ist für unser Vorhaben, einen Servomotor anzusteuern, entschieden zu hoch. Ein derartiger Motor benötigt zur Ansteuerung eine ungefähre Periodendauer von 20 ms, was 50 Hz entspricht.

13. Einen Servo-Motor steuern

Bei Motoren handelt es sich um Bauteile, die mechanische Arbeit verrichten. Es geht hier um die Umwandlung von Energieformen, wobei meistens die elektrische Energie in Bewegungsenergie gewandelt wird. Es gibt die unterschiedlichsten Arten von Motoren und in diesem Projekt stelle ich den sogenannten Servomotor, kurz Servo, vor.

Was ist eine Servo-Motor?

Ein Servomotor ist ein präziser Motor, der in der Regel für die Positionierung und Steuerung von Bewegungen verwendet wird. Servo-Motor finden vielfältige Anwendungen: In der Robotik werden Servomotoren in Robotern eingesetzt, um ihre Gelenke und Arme zu bewegen und ihnen eine hohe Präzision bei der Steuerung zu ermöglichen. Servomotoren können in ferngesteuerten Modellen, wie Flugzeugen, Autos oder Booten eingesetzt werden, um die Steuerung zu verbessern und präzisere Bewegungen zu ermöglichen

Wie im Kasten erwähnt, besitzen Modellflugzeuge oder Modellschiffe zur Steuerung der unterschiedlichsten Funktionen wie Geschwindigkeit oder Kurs kleine Servos. Es handelt sich dabei meist um Gleichstrommotoren, die mit drei Anschlüssen versehen sind und deren Stellposition über die uns schon bekannte Pulsweitenmodulation (PWM) gesteuert wird. Die Schaltung, die wir gleich aufbauen werden, steuert die Position des Servos über die beiden Taster aus dem PWM-Kapitel. Auf der nachfolgenden Abbildung ist ein Klein-Servo vom Typ SG90 von Tower Pro zu sehen:

Abbildung 1: Der Servo SG90 von Tower Pro

Zunächst möchte ich einige Grundlagen erläutern, damit die Ansteuerung besser verstanden werden kann. Über die Länge des PWM-Pulses wird der gewünschte Winkel angesteuert, Aber Achtung: Servos können in der Regel keine 360-Grad-Drehung ausführen. Ihr Wirkungsbereich beschränkt sich auf maximal 0° bis 180°. Die Periodendauer einer Schwingung sollte konstant bei T = 20ms liegen, obwohl es da Toleranzen gibt und wir gleich sehen werden, dass das auch mit unserer Frequenz ganz gut funktioniert. Sie berechnet sich wie folgt:

$$f = \frac{1}{T} = \frac{1}{0{,}02\ s} = 50\ Hz$$

Auf der folgenden Abbildung sind drei markante Servo-Positionen zu sehen, die über die Impulsbreite angesteuert werden können:

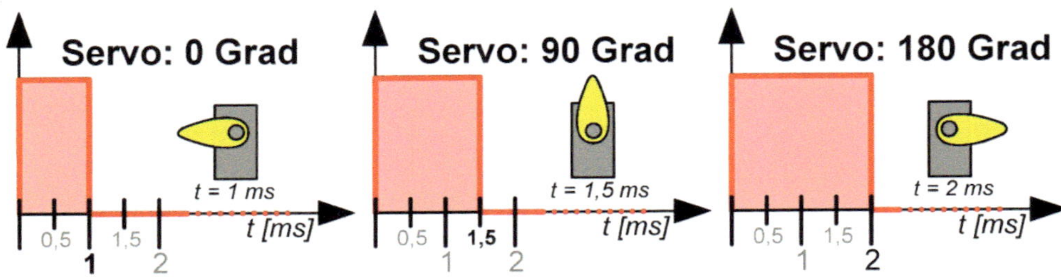

Abbildung 2: Drei markante Servo-Positionen

Hier noch ein paar grundlegende Spezifikationen des genannten Servos, bevor wir uns die Schaltung anschauen.

Die Anschlüsse:

- Orange: PWM-Signal
- Rot: 5V DC (Gleichstrom). Empfohlen: 4,8V bis 6,0V
- Braun: GND (Masse)

Der Schaltplan

Der Servo kann mit der Versorgungsspannung von 5V des MAX1000-Boards betrieben werden:

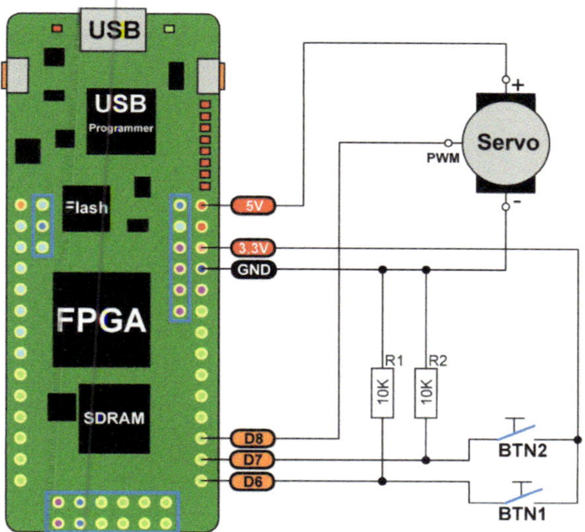

Abbildung 3: Der Schaltplan zur Ansteuerung des Servos über zwei Taster

Folgende GPIO-Pins werden verwendet:

GPIO-Pin	MAX1000-Signal	Modus	Signalbezeichnung
D6	L12	in	BTN1
D7	J12	in	BTN2
D8	J13	out	PWM

Tabelle: Die verwendeten GPIO-Pins

Sehen wir uns jetzt den Code an, der wieder auf dem aufbaut, der im vorangegangenen PWM-Kapitel ganz zum Schluss gezeigt wurde.

Der Code

Die hier eingesetzten Werte zur Initialisierung entsprechen denen der bekannten Taktsteuerung. In Zeile 08 wird ein Wert von 6400 verwendet, der später dafür sorgt, dass eine PWM-Frequenz von 50 Hz respektive eine Periodendauer von 20 ms vorhanden ist. Die Werte für MIN und MAX sorgen dafür, dass der Servo nur in bestimmten Grenzen angesteuert wird und nicht übers Ziel hinausschießt. Der Entity-Block sieht folgendermaßen aus:

```
library IEEE;
use IEEE.std_logic_1164.all;
use IEEE.numeric_std.all;

entity Kap13_Servo_Top is
     generic(
          CLK_Freq : integer := 12000000; -- 12MHz (Board-Takt)
          MUX_Freq : integer := 6400;     -- 50Hz (durch spätere
Teilung)
          constant STEP : integer := 1;   -- Schrittweite
          constant MIN  : integer := 7;   -- Minimalwert
          constant MAX  : integer := 50   -- Maximalwert
     );
     port (
          CLK  : in  std_logic; -- System-Takt
          BTN1 : in  std_logic; -- Taster 1 (Raufzählen)
          BTN2 : in  std_logic; -- Taster 2 (Runterzählen)
          PWM  : out std_logic  -- PWM-Output
     );
end entity Kap13_Servo_Top;
...
```

Listing: Kap13_Servo_Top.vhd – Teil 1

Kommen wir zum Architecture-Block, dessen Inhalt aus vorigen Kapiteln zusammengesetzt ist. Es geht wiederum um Taktgenerierung, Taktreduzierung und PWM-Ansteuerung.

```
...
architecture RTL of Kap13_Servo_Top is
     signal BTN1_Deb : std_logic; --Debounce 1
     signal BTN2_Deb : std_logic; --Debounce 2
     signal BTN1_Reg : std_logic; --letzten Wert Taster 1 sichern
     signal BTN2_Reg : std_logic; --letzten Wert Taster 2 sichern
     signal PWMcounter : unsigned(7 downto 0) := X"00"; -- PWM-Zähler
     signal CLKcounter : integer range 0 to (CLK_Freq/MUX_Freq/2):=0;
     signal ImpulsDauer : integer range 1 to 64 := 7; -- Startwert
...
```

Listing: Kap13_Servo_Top.vhd – Teil 2

Nachfolgend ist die Instanziierung des Debounce-Codes zu sehen:

```
...
     begin
     -- Instanziierung Debounce Filter 1
     Debounce1 : entity work.Debounce
     port map (
          CLK     => CLK,
          BTN_IN  => BTN1,
          BTN_OUT => BTN1_Deb);
     -- Instanziierung Debounce Filter 2
     Debounce2 : entity work.Debounce
     port map (
          CLK     => CLK,
          BTN_IN  => BTN2,
          BTN_OUT => BTN2_Deb);
...
```

Listing: Kap13_Servo_Top.vhd – Teil 3

Die Logik zur Ansteuerung und Beachtung der Grenzwerte ist etwas länger, sodass ich das in zwei Teile aufsplitte. Zuerst kommt der Bereich zur Abfrage des Tasters 1, der das PWM-Signal in Bezug auf die Impulsdauer vergrößert:

```
...
    process(CLK)
    variable v : integer := 7;
    begin
        if rising_edge(CLK) then
            CLKcounter <= CLKcounter + 1;
            if CLKcounter = CLK_Freq/MUX_Freq/2 then
                CLKcounter <= 0;   -- Zähler-Reset
                PWMcounter <= PWMcounter + 1;
                if BTN1_Reg = '0' AND BTN1_Deb = '1' then
                    v := v + STEP;
                    if v > MAX then
                        v := MAX;
                    else
                        ImpulsDauer <= v;
                    end if;
                end if;
...
```

Listing: Kap13_Servo_Top.vhd – Teil 4

Abschließend der Bereich zur Abfrage des Tasters 2, der das PWM-Signal in Bezug auf die Impulsdauer und die Ansteuerung des Servos über das PWM-Signal verringert:

```
...
                    if BTN2_Reg = '0' AND BTN2_Deb = '1' then
                    v := v - STEP;
                    if v < MIN then
                        v := MIN;
                    else
                        ImpulsDauer <= v;
                    end if;
                end if;
                BTN1_Reg <= BTN1_Deb;
                BTN2_Reg <= BTN2_Deb;
            end if;
        end if;
    end process;
    PWM <= '1' when PWMcounter < ImpulsDauer else '0';
end architecture RTL;
```

Listing: Kap13_Servo_Top.vhd – Teil 5

Der Connect and Compile-Dialog sieht wie folgt aus:

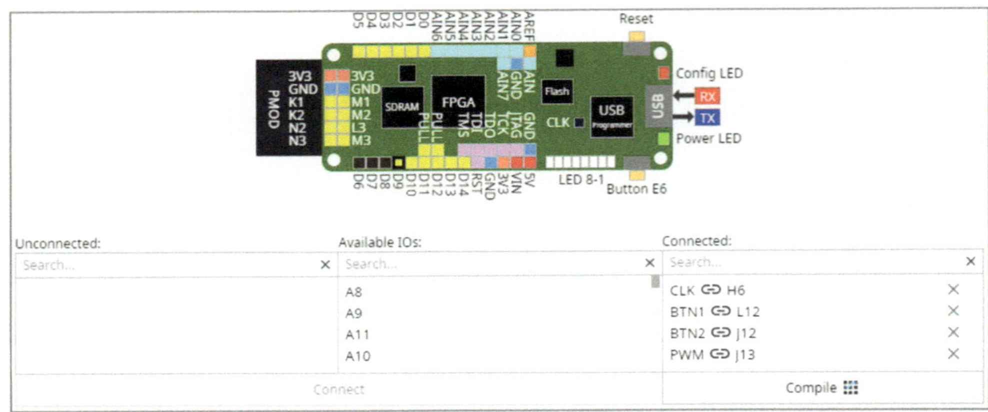

Abbildung 4: Der Connect and Compile-Dialog für die Servo-Ansteuerung

Das PWM-Signal im Scope

Ich zeige hier das Oszillogramm des PWM-Signals und die angezeigte Frequenz beziehungsweise die Periodendauer, die hundertprozentig stimmen, sodass der Servo mit optimalen Werten angesteuert wird:

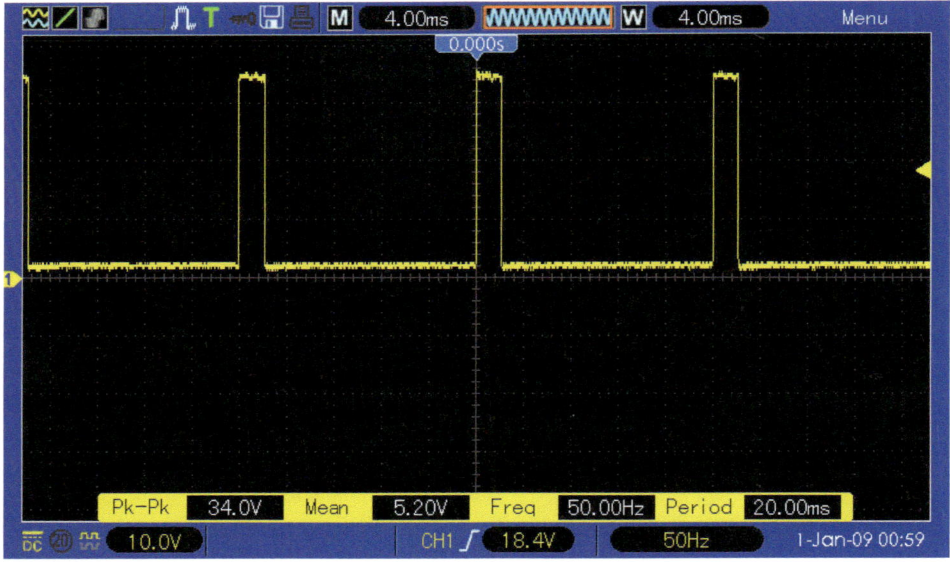

Abbildung 5: Das Oszillogramm des PWM-Signals

Der Schaltungsaufbau

Abschließend sehen wir den Schaltungsaufbau auf dem Discoveryboard:

Abbildung 6: Der Schaltungsaufbau zur Ansteuerung des Servos

Hier noch ein kleiner Tipp: Da die elektrischen Anschlüsse des Servos meistens in einer dreipoligen Buchsenleiste enden, die man so nicht auf das Breadboard aufstecken kann, kann man die bekannten Stiftleisten mit einem Seitenschneider auf drei Anschlüsse kürzen und diese dann zum Beispiel mit einer Spitzzange auf gleiche Länge bringen. Danach passen sie wunderbar sowohl in die Buchsenleiste des Servo-Anschlusses als auch auf das Breadboard:

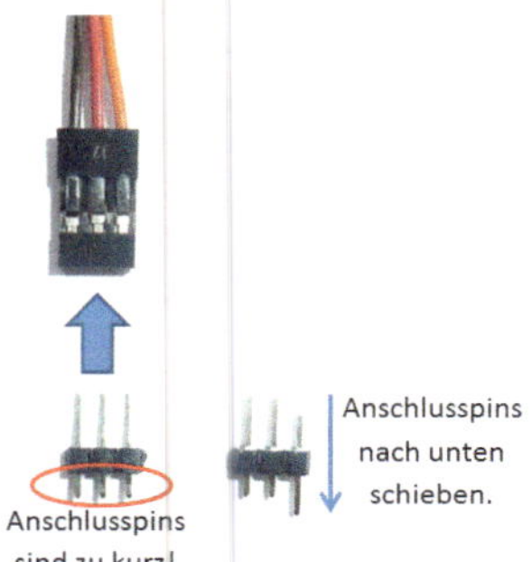

Abbildung 7: Die Modifikation der Stiftleisten

Die zweite Möglichkeit besteht darin, die Buchsenleiste einfach abzuschneiden und die Stiftleiste an die kleinen Kabel anzulöten:

Abbildung 8: Die angelötete Stiftleiste

Bei anderen Servos mit einer größeren Leistungsaufnahme, sollte man unbedingt einen entsprechenden Treiberbaustein zwischen dem MAX1000 und dem Servo platzieren. Doch das sollte an dieser Stelle nicht weiter erörtert werden.

Das ist bereits eine sehr anspruchsvolle Anwendung, die man mithilfe der Pulsweiten-Modulation erzielen kann. Im nächsten Projekt beschäftigen wir uns mit der Schaltungssynthese. Die Themen werden allmählich extwas komplexer.

14. Digitale Logik: Schaltungssynthese

Nun wurde schon einiges über digitale Logik gesagt und zahlreiche Logik-Gatter mit ein paar rudimentären Logikschaltungen gezeigt. In diesem Kapitel steigen wir tiefer in die Thematik ein. Wenn man eine bestimmte logische Schaltung entwirft, so folgt dieser einer Funktion, die erfüllt werden soll. Der Entwurf von digitalen Schaltungen wird Schaltungssynthese genannt. Die logische Funktion ist ein Abbild der Schaltung, die aus verschiedenen Logik-Gattern zusammengesetzt wurde. Es kommt jedoch nicht selten vor, dass eine komplexe Schaltung aus verschiedenen Logik-Gattern optimiert werden kann, sodass diese mit weniger Logik-Gattern auskommt, aber dennoch die gleiche logische Funktion erfüllt. Dieses Minimieren des Schaltungsentwurfs soll Teil dieses Kapitels sein.

Die Wertetabelle

Um eine digitale Logik und ihre dazugehörige Funktion zu verdeutlichen, kommen die schon gezeigten Wahrheitstabellen zum Einsatz. Sie verdeutlichen in der Regel alle möglichen Zustände, die eintreten können. Dieses Bit-Muster wird umso größer, je mehr Eingangsvariablen beteiligt sind. Die Anzahl lässt sich wie folgt berechnen:

$$Anzahl\ Möglichkeiten = 2^{Anzahl\ der\ Eingangsvariablen}$$

Als Beispiel nehmen wir eine Wertetabelle, auch Wahrheitstabelle genannt, mit drei Eingangsvariablen A, B und einem Ausgangssignal X:

A	B	X
0	0	1
0	1	0
1	0	1
1	1	1

Tabelle: Eine Wertetabelle mit drei Eingängen und einem Ausgang

Mit zwei Eingangssignalen A und B besteht die Möglichkeit von vier unterschiedlichen Binärkombinationen (00, 01, 10 und 11). Für uns ist es jetzt wichtig zu sehen, in welchen Zeilen beziehungsweise bei welchen Bit-Kombinationen der Eingangssignale das Ausgangssignal eine Eins besitzt. In diesem Zusammenhang möchte ich zwei Ansätze für die Auswertung zur Vereinfachung darstellen.

Minterme und Maxterme

Die Wertetabelle ist ein eindeutiges Abbild einer booleschen Funktion. Zur endgültigen Realisierung über Logik-Gatter gibt es jedoch unendlich viele verschiedene Realisierungsmöglichkeiten. Natürlich streben wir eine Lösung mit so wenig Gattern wie möglich an. Nun gibt es zwei unterschiedliche Ansätze für einen Schaltungsentwurf für kombinatorische Schaltungen. Bei einem sogenannten Minterm handelt es sich um eine UND-Verknüpfung, die jedes Eingangssignal nur einmal verwendet. Dabei kann diese invertiert oder nicht invertiert vorkommen. Für zwei Eingangssignale, wie in der gerade gezeigten Wertetabelle zu sehen, würde es vier Terme geben, die das Ausgangssignal beschreiben. Bei einem Minterm werden jedoch lediglich die Zeilen berücksichtigt, die als Ausgangssignal 1 ergeben:

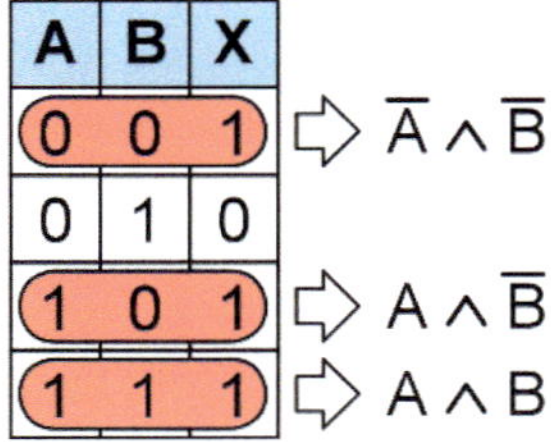

Abbildung 1: Die Berücksichtigung der Ausgangssignals nur bei Werten von 1

Die drei gezeigten Ergebnisse lauten also:

$$\overline{A} \wedge \overline{B}\,; A \wedge \overline{B}\,; A \wedge B$$

Wie aber stehen diese drei Ausdrücke in Form von Mintermen (die einzelnen Signale sind untereinander mit UND verknüpft) miteinander in Verbindung? Minterme werden mit ODER verknüpft, damit diese in der Gesamtschaltung als Ergebnis 1 ergeben. Diese Verknüpfung wird als disjunktive Normalform (DNF) bezeichnet. Der Ausdruck Disjunktion ist nur eine andere Bezeichnung für eine ODER-Verknüpfung. Das Ergebnis zur Beschreibung des Ausgangssignals X sieht also wie folgt aus, wobei ich die UND-Verknüpfungen lediglich zur besseren Übersichtlichkeit in runde Klammerpaare verpackt habe:

$$X = (\overline{A} \wedge \overline{B}) \vee (A \wedge \overline{B}) \vee (A \wedge B)$$

Um also das Ergebnis zu erzielen, muss die folgende Schaltung aufgebaut werden, die ich wieder mit Logisim realisiert habe:

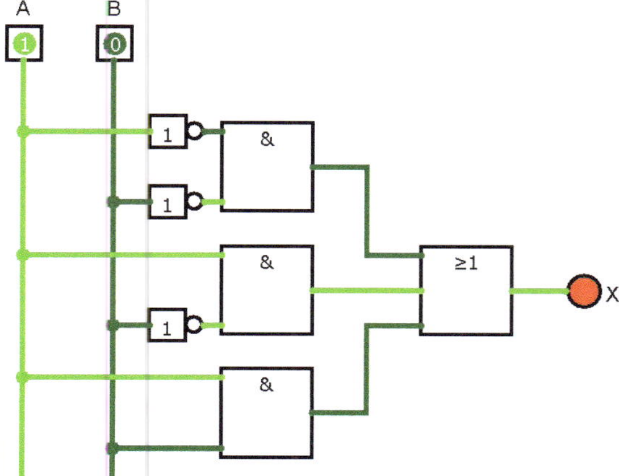

Abbildung 2: Die Schaltung in Logisim

Ich habe die Simulation schon gestartet und den Eingang A mit 1 versehen. Der Ausgang X hat als Ergebnis 1. Ist aber die gezeigte Normalform wirklich das Endergebnis? Sie erfüllt die gewünschte Funktion und es gibt daran nichts auszusetzen. Doch in sehr vielen Fällen kann eine derartige Normalform optimiert werden, was als Minimierung bezeichnet wird. Es geht also um die Minimierung von logischen Gattern, denn warum sollte mehr als unbedingt erforderlich verwendet werden? Wir kommen gleich darauf zu sprechen, wenn es um die Minimierung geht und wie dabei vorgegangen werden kann. Doch vorher möchte ich der Vollständigkeit halber die Maxterme ansprechen. Bei Maxtermen wird jetzt in der Wertetabelle nach dem Ausgangssignal mit Wert 0 geschaut. Die einzelnen Signale sind untereinander mit ODER verknüpft. Maxterme werden mit UND verknüpft, damit sie in der Gesamtschaltung als Ergebnis 0 ergeben. Diese Verknüpfung wird als konjunktive Normalform (KNF) bezeichnet. Der Ausdruck Konjunktion ist lediglich eine andere Bezeichnung für eine UND-Verknüpfung. Nähere Informationen dazu sind auch im Internet zu finden. Wir fassen zusammen:

- Minterm: Diese Funktion erzeugt nur eine einzige 1.
- Maxterm: Diese Funktion erzeugt nur eine einzige 0.

Ich möchte mich jedoch auf die Minterme konzentrieren und diese einer möglichen Minimierung unterziehen. Das folgende Thema ist dafür von entscheidender Bedeutung.

Schaltungsminimierung mit einem KV-Diagramm

Bisher wurden die Funktionen von logischen Gattern oder Schaltungen in Wertetabellen dargestellt. Man kann die Werte der Eingangssignale jedoch auch in einer anderen Form anordnen. Diese Form wird Karnaugh-Veitch-Diagramm, kurz KV-Diagramm, genannt. Es dient der vereinfachten Darstellung boolescher Funktionen von ODER-Normalformen. Das Diagramm und dessen Darstellung wurde 1952 von Edward Veitch entworfen und 1953 von Maurice Karnaugh weiterentwickelt und ist in dieser Form bis heute in Verwendung.

Es handelt sich im übertragenen Sinne um eine zweidimensionale Wahrheitstabelle, die so formatiert ist, dass die Zusammenfassungsmöglichkeiten von bestimmten Eingangssignalen zur Minimierung der Schaltung visuell erkannt werden können.

Bei der Überführung der logischen Funktion in ein derartiges Diagramm werden die Eingangssignale in einer Art schachbrettartigem Muster angeordnet und auf die horizontalen und vertikalen Seiten verteilt. Jedes dieser einzelnen Felder entspricht dabei einem einzigen Minterm. In der Regel werden zwei bis vier Eingangssignale in einem Diagramm dargestellt. Bei mehr als vier Signalen wird die Sache etwas schwierig zu lesen, da ein räumlicher Aspekt hinzukommt und aus diesem Grund möchte ich mich auf zwei bis vier Eingangssignale beschränken. Auf der folgenden Abbildung sind die drei KV-Diagramme mit zwei, drei und vier Eingangssignalen und deren Anordnungen zu sehen:

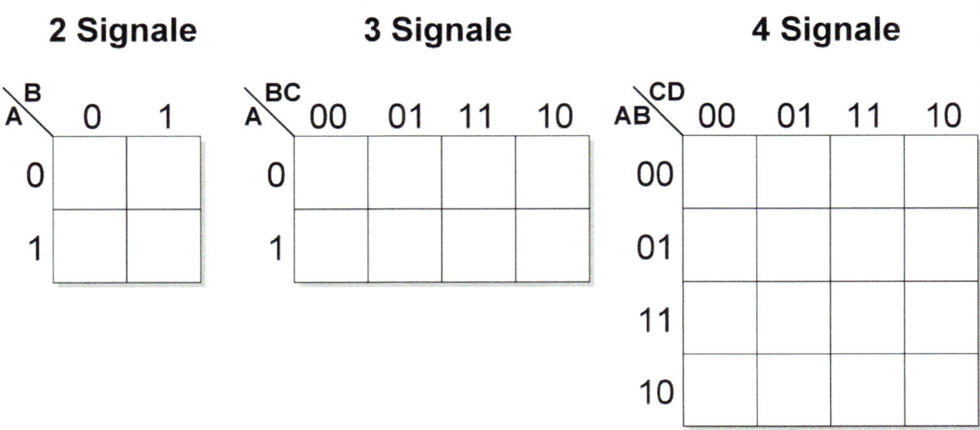

Abbildung 3: Die KV-Diagramme für zwei, drei und vier Eingangssignale

Bei der Reihenfolge des logischen Pegels ist ab drei Signalen entscheidend zu beachten, dass die Reihenfolge dem Gray-Code entspricht, der ein sogenannter stetiger Code ist, bei dem sich benachbarte Bit-Kombinationen nur in einer einzigen binären Ziffer unterscheiden. Beim binären Wechsel von 01 auf 10 würden sich zwei Stellen gleichzeitig ändern, sodass dies in diesem Fall nicht erlaubt ist. Es erfolgt also der Wechsel gemäß des Gray-Codes von 01 auf 11.

Wir greifen unsere ursprüngliche boolesche Funktion wieder auf und sehen, ob hier eine Minimierung möglich ist:

$$X = (\overline{A} \wedge \overline{B}) \vee (A \wedge \overline{B}) \vee (A \wedge B)$$

Überführen wir doch die drei einzelnen Minterme einmal in das KV-Diagramm. Nachfolgend ist das KV-Diagramm für zwei Eingangssignale zu sehen:

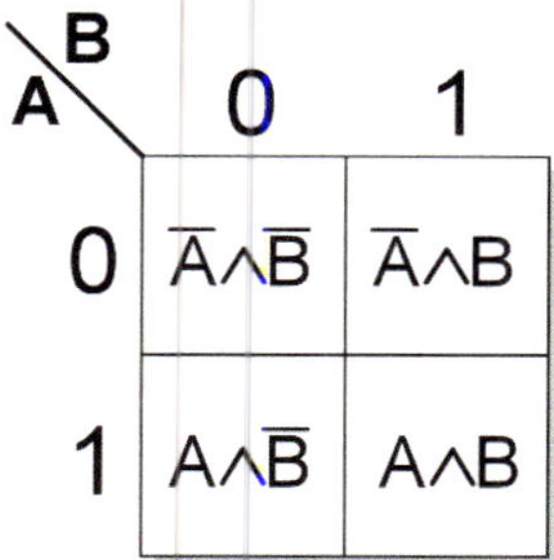

Abbildung 4: Ein KV-Diagramm für zwei Eingangssignale

In jedem Feld, das einen Minterm repräsentiert, befindet sich der zugehörige boolesche Ausdruck. Nun müssen wir lediglich aus der zuvor gezeigten booleschen Funktion die Werte übertragen und überall dort 1 hinterlegen. Das sieht dann wie folgt aus:

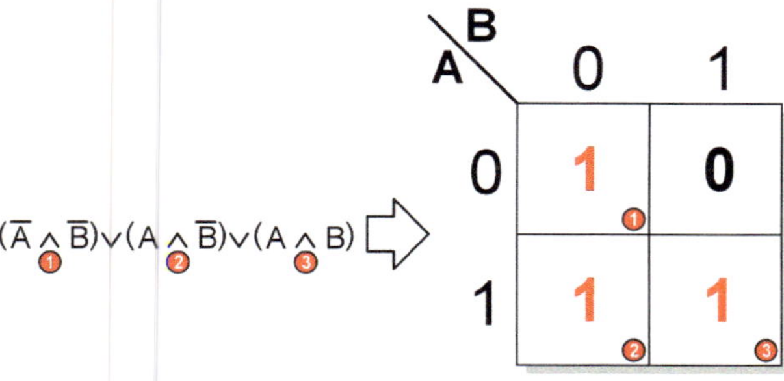

Abbildung 5: Das KV-Diagramm für die zwei Eingangssignale

Was wir davon haben? Ich sagte vorher, dass es hier um die Zusammenfassungsmöglichkeiten von bestimmten Eingangssignalen zur Minimierung der Schaltung hinsichtlich visueller Aspekte geht. Um welche Aspekte es sich handelt? Wir müssen unter der Beachtung bestimmter Regeln versuchen, verschiedene Felder, in denen sich eine 1 befindet, zu Päckchen zusammenzufassen. Dabei gelten die folgenden Regeln für maximal vier Eingangssignale:

- Ein einzelnes Päckchen darf 2^n Blöcke, also 2, 4, 8 oder 16 benachbarte Vollkonjunktionen umfassen.
- Die umkreisten 1-Felder bilden in der Fläche entweder ein Rechteck oder ein Quadrat.
- Alle Päckchen sind so groß wie möglich zu bilden.
- Die Flächen können über die Seiten des KV-Diagramms hinausreichen.
- Einzelne Felder dürfen doppelt verwendet werden.
- Bleiben am Ende einzelne 1-Felder übrig, werden diese allein eingekreist.

Wenden wir ein paar dieser Regeln auf unser Beispiel an. Im rechten KV-Diagramm wurden zwei Zweierblöcke zusammengefasst:

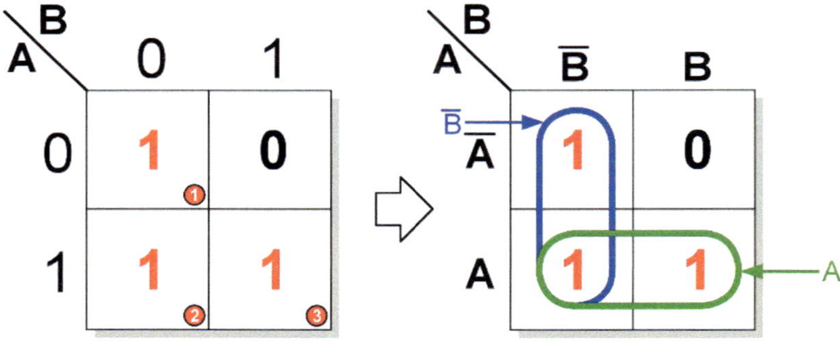

Abbildung 6: Das Zusammenfassen von Blöcken

Im blauen Zweierblock ändert sich das Eingangssignal A, sodass nur das negierte B übrigbleibt. Im grünen Zweierblock ändert sich das Eingangssignal B, sodass nur A übrigbleibt. Das Ergebnis lautet wie folgt:

$$X = \overline{B} \vee A$$

Man kommt zu diesem Ergebnis, wenn man sich in jedem Block die Signale anschaut, die negiert und nicht negiert auftreten, da diese dann entfallen. Beim senkrechten Block tritt das Eingangssignal A (von oben nach unten gesehen) einmal negiert (0) und einmal nicht negiert (1) auf. Es bleibt das negierte Signal B übrig. Beim waagerechten Block tritt das Eingangssignal B (von links nach rechts) einmal negiert (0) und einmal nicht negiert (1) auf. Es bleibt das Signal A übrig. Somit ist die gezeigte boolesche Funktion die Minimierung der zuvor gezeigten Funktion. In Logisim kann also die folgende Schaltung aufgebaut werden:

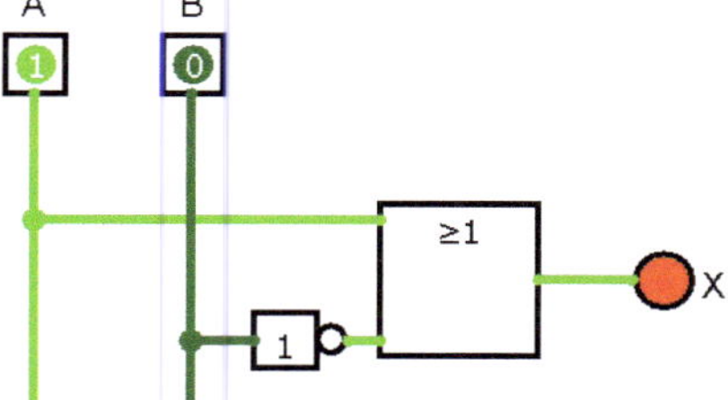

Abbildung 7: Die minimierte Schaltung in Logisim

Sehen wir uns weitere und komplexere Schaltungen an und schauen, was wir mithilfe der KV-Diagramme so anstellen können. Werfen wir dazu einen Blick auf eine Simulation, die zwar kein anderes Ergebnis als die Schaltungen mit Logisim zutage fördern wird, doch es ist interessant zu sehen, wie das mit GHDL wieder umzusetzen ist.

Im ersten Schritt muss ein VHDL-Projekt inklusive Simulation erzeugt werden. Im Projekt-Explorer sieht es wie folgt aus, wobei ich den Projekt-Namen Kap14_Logik1 vergeben habe:

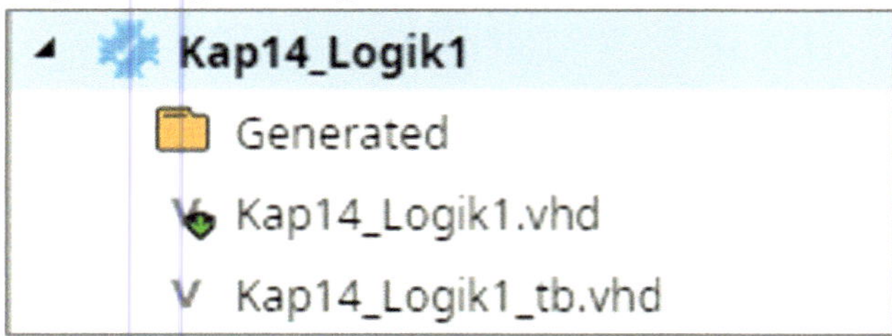

Abbildung 8: Das Projekt im Projekt-Explorer

Sehen wir uns zunächst die eigentliche Datei an, die den Code zur Realisierung der Gatter besitzt, wobei ich beide booleschen Ausdrücke, also den nicht minimierten (Ausgangssignal X1) und den minimierten (Ausgangssignal X2) verwende. Hier noch einmal beide Ausdrücke:

$$X = (\overline{A} \wedge \overline{B}) \vee (A \wedge \overline{B}) \vee (A \wedge B)$$

$$X = \overline{B} \vee A$$

Nachfolgend der entsprechende Code:

```
library IEEE;
use IEEE.std_logic_1164.all;
use IEEE.numeric_std.all;

entity Kap14_Logik1 is
    port(
        A, B    : in  std_logic;          -- Input
        X1, X2  : out std_logic := '0' -- Output
    );
end entity Kap14_Logik1;

architecture rtl of Kap14_Logik1 is
begin
    X1 <= (not A and not B) or (A and not B) or (A and B);
    X2 <= (not B) or A;
end architecture rtl;
```

Listing: Kap14_Logik1.vhd

Kommen wir zur Simulationsdatei in zwei Teilen. Im ersten Teil befinden sich der leere Entity-Block, der Component-Block des eigentlichen Codes der Datei Kap14_Logik1.vhd zur Realisierung der Schaltungen und die verwendeten internen Signale:

```
library IEEE;
use IEEE.std_logic_1164.all;
use IEEE.numeric_std.all;

entity Kap14_Logik1_tb is
end entity Kap14_Logik1_tb;

architecture rtl of Kap14_Logik1_tb is
    component Kap14_Logik1 is
        port
        (
            A  : IN std_logic ;
            B  : IN std_logic ;
            X1 : OUT std_logic  := '0';
            X2 : OUT std_logic  := '0'
        );
    end component;
    signal sig_A, sig_B, sig_X1, sig_X2 : std_logic;
...
```

Listing: Kap14_Logik1_tb.vhd – Teil 1

Im zweiten Teil werden, wie wir das schon kennengelernt haben; die Eingangssignale A und B mit den entsprechenden Pegelwechseln definiert:

```
...
begin
    logic1 : Kap14_Logik1 port map(A => sig_A, B => sig_B, X1 =>
sig_X1, X2 => sig_X2);
process
    begin
        sig_A <= '0';
        sig_B <= '0';
        wait for 1 ns;

        sig_A <= '0';
        sig_B <= '1';
        wait for 1 ns;

        sig_A <= '1';
        sig_B <= '0';
        wait for 1 ns;

        sig_A <= '1';
        sig_B <= '1';
        wait for 1 ns;
        wait; -- Für immer hier warten!
    end process;
end architecture rtl;
```

Listing: Kap14_Logik1_tb.vhd – Teil 2

Nach dem Simulationsstart und der Anzeige der Signale in GTKWave sieht das Ergebnis folgendermaßen aus und man sieht, dass beide Ausgangssignale X1 (rote Linie) und X2 (lila Linie) identisch sind:

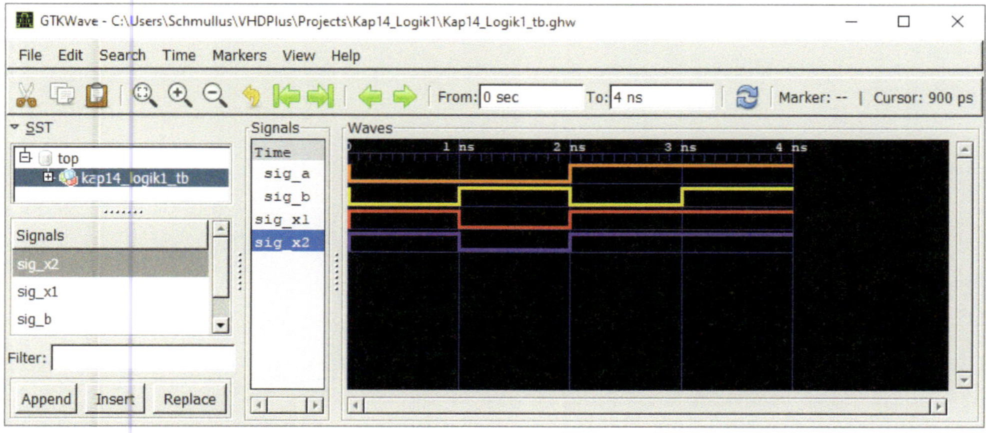

Abbildung 9: Die Signale in der Simulation

Der RTL-Viewer für die verwendete Logik

Wenn wir uns den RTL-Viewer in Quartus Prime Lite ansehen, dann fördert dieser hinsichtlich der verwendeten Logik Folgendes zutage, wobei die Gatter genau das widerspiegeln, was im Architecture-Block in den Zeilen 14 und 15 der eigentlichen Datei Kap14_Logik1.vhd definiert wurde:

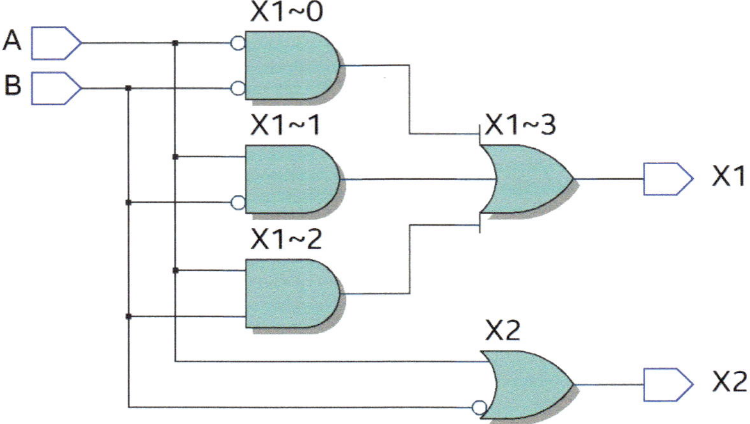

Abbildung 10: Das Ergebnis der Schaltung im RTL-Viewer von Quartus Prime Lite

KV-Diagramm mit drei Eingangsvariablen

Ich möchte die Sache nun mit drei Eingangssignalen A, B und C umsetzen und ein komplexeres Beispiel erläutern. Die folgende Wertetabelle liegt vor:

A	B	C	X	
0	0	0	1	⇨ $\overline{A} \land \overline{B} \land \overline{C}$
0	0	1	0	
0	1	0	1	⇨ $\overline{A} \land B \land \overline{C}$
0	1	1	1	⇨ $\overline{A} \land B \land C$
1	0	0	1	⇨ $A \land \overline{B} \land \overline{C}$
1	0	1	0	
1	1	0	1	⇨ $A \land B \land \overline{C}$
1	1	1	0	

Tabelle: Die Berücksichtigung des Ausgangssignals nur bei Werten von 1

Das Ergebnis zur Beschreibung des Ausgangssignals X sieht also wie folgt aus, wobei ich die UND-Verknüpfungen wieder der besseren Übersichtlichkeit wegen in runde Klammerpaare verpackt habe:

$$X = (\overline{A} \wedge \overline{B} \wedge \overline{C}) \vee (\overline{A} \wedge B \wedge \overline{C}) \vee (\overline{A} \wedge B \wedge C) \vee$$
$$(A \wedge \overline{B} \wedge \overline{C}) \vee (A \wedge B \wedge \overline{C})$$

Um also das Ergebnis zu erzielen, muss die folgende Schaltung aufgebaut werden, die ich wieder mit Logisim realisiert habe:

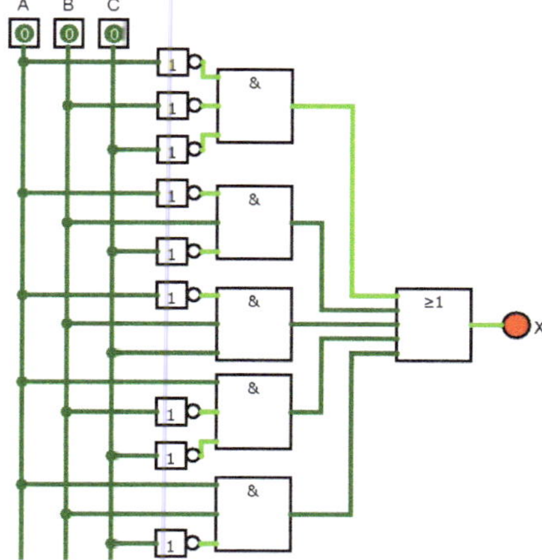

Abbildung 11: Die Schaltung in Logisim

Überführen wir doch die fünf einzelnen Minterme wieder in das KV-Diagramm. Nachfolgend ist das KV-Diagramm mit den Gruppierungen zu sehen, wobei ich mir diesmal die einzelnen Feldlogiken gespart habe:

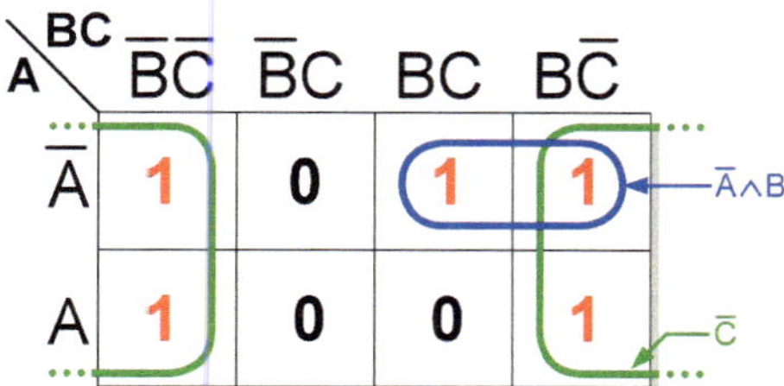

Abbildung 12: Das Zusammenfassen von Blöcken

Interessanterweise geht der Viererblock über die Grenzen des Diagramms hinaus, um darüber den größtmöglichen Block zu bilden. Innerhalb des grünen Viererblocks ändern sich die Eingangssignale A und B so, dass sie rausfliegen und nur das negierte C übrigbleibt. Im blauen Zweierblock ändert sich nur das Eingangssignal C, sodass das negierte A und das B übrigbleiben. Das Ergebnis der Minimierung lautet wie folgt:

$$X = (\overline{A} \wedge B) \vee \overline{C}$$

Man sollte es kaum glauben, dass aus dem vorher sehr langen Ausdruck nur dieser Rest übrigbleibt. In Logisim kann also die folgende minimierte Schaltung aufgebaut werden:

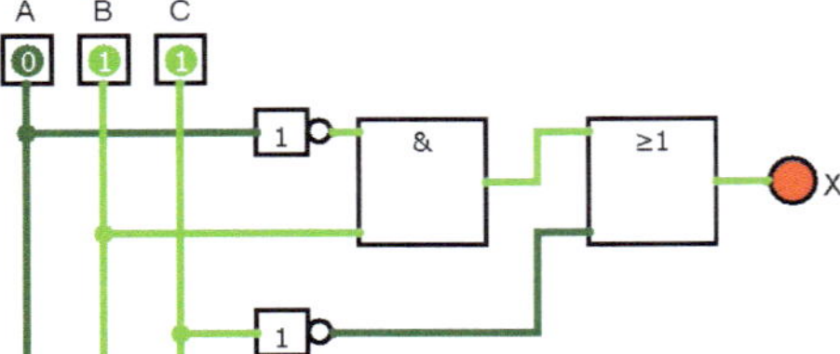

Abbildung 13: Die minimierte Schaltung in Logisim

Kommen wir zu einer Schaltung mit vier Eingangssignalen und sehen, wie sich diese in einem KV-Diagramm darstellen.

KV-Diagramm mit vier Eingangsvariablen

Nun wird es komplexer, was jedoch nicht bedeutet, dass es schwieriger wird. Man muss sich lediglich an die genannten Regeln zur Optimierung halten und schrittweise vorgehen. Hinsichtlich der Blockbildungen müssen immer die größtmöglichen Zusammenfassungen erfolgen. Wird das nicht gemacht, ist das Ergebnis zwar nicht falsch, jedoch dann nicht optimal umgesetzt.

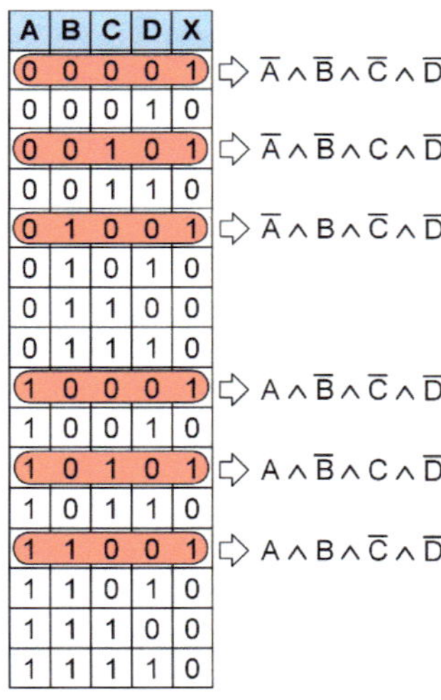

A	B	C	D	X	
0	0	0	0	1	⇨ $\overline{A} \wedge \overline{B} \wedge \overline{C} \wedge \overline{D}$
0	0	0	1	0	
0	0	1	0	1	⇨ $\overline{A} \wedge \overline{B} \wedge C \wedge \overline{D}$
0	0	1	1	0	
0	1	0	0	1	⇨ $\overline{A} \wedge B \wedge \overline{C} \wedge \overline{D}$
0	1	0	1	0	
0	1	1	0	0	
0	1	1	1	0	
1	0	0	0	1	⇨ $A \wedge \overline{B} \wedge \overline{C} \wedge \overline{D}$
1	0	0	1	0	
1	0	1	0	1	⇨ $A \wedge \overline{B} \wedge C \wedge \overline{D}$
1	0	1	1	0	
1	1	0	0	1	⇨ $A \wedge B \wedge \overline{C} \wedge \overline{D}$
1	1	0	1	0	
1	1	1	0	0	
1	1	1	1	0	

Tabelle: Die Berücksichtigung des Ausgangssignals nur bei Werten von 1

Das Ergebnis zur Beschreibung des Ausgangssignals X sieht also wie folgt aus, wobei ich die UND-Verknüpfungen wieder der besseren Übersichtlichkeit wegen in runde Klammerpaare verpackt habe:

$$X = (\overline{A} \wedge \overline{B} \wedge \overline{C} \wedge \overline{D}) \vee (\overline{A} \wedge \overline{B} \wedge C \wedge \overline{D}) \vee (\overline{A} \wedge B \wedge \overline{C} \wedge \overline{D}) \vee$$
$$(A \wedge \overline{B} \wedge \overline{C} \wedge \overline{D}) \vee (A \wedge \overline{B} \wedge C \wedge \overline{D}) \vee (A \wedge B \wedge \overline{C} \wedge \overline{D})$$

Um das Ergebnis zu erzielen, muss die folgende Schaltung aufgebaut werden, die ich wiederum mit Logisim realisiert habe:

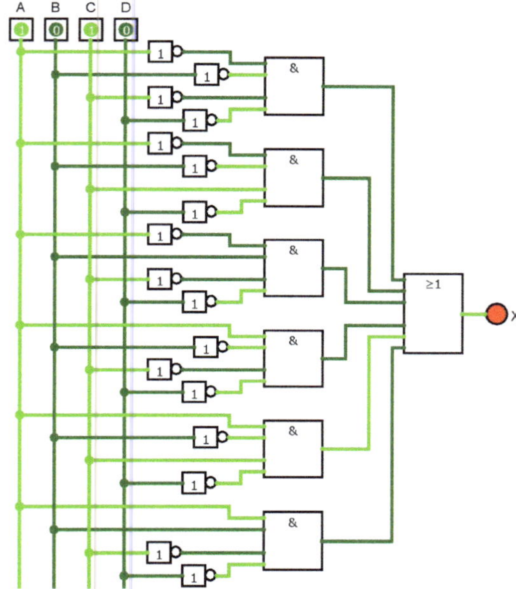

Abbildung 14: Die Schaltung in Logisim

Überführen wir doch die sechs einzelnen Minterme wieder in das KV-Diagramm. Nachfolgend ist das KV-Diagramm mit den Gruppierungen zu sehen:

AB \ CD	$\overline{C}\,\overline{D}$	$\overline{C}D$	CD	$C\overline{D}$
$\overline{A}\,\overline{B}$	1	0	0	1
$\overline{A}B$	1	0	0	0
AB	1	0	0	0
$A\overline{B}$	1	0	0	1

$\overline{B} \wedge \overline{D}$

$\overline{C} \wedge \overline{D}$

Abbildung 15: Das Zusammenfassen von Blöcken

Hier sieht es schon ein wenig komplexer aus, denn die vier Ecken können ebenfalls zu einem Päckchen zusammengefasst werden, da ein KV-Diagramm für vier Eingangsvariablen eine Kugelform besitzt. Aus diesem Grund sind die Ecken über die Außenseiten ebenfalls benachbarte Felder. Im blauen Viererblock ändern sich die Eingangssignale A und B, sodass nur die negierten Signale C und D übrigbleiben. Im dunkelblauen Vierer-Eckenblock ändern sich die Eingangssignale A und C, sodass nur die negierten Signale B und D übrigbleiben. Das vermeintliche Ergebnis der Minimierung lautet wie folgt und das Eingangssignal A hat keinen Einfluss auf das Ergebnis:

$$X = (\overline{C} \wedge \overline{D}) \vee (\overline{B} \wedge \overline{D})$$

Warum sage ich „vermeintlich"? Wer im Matheunterricht aufgepasst hat, erinnert sich an das Ausklammern. Das negierte D kommt in beiden Termen vor und kann somit ausgeklammert und vor die Klammer gesetzt werden. Die endgültige Lösung lautet also:

$$X = \overline{D} \wedge (\overline{B} \vee \overline{C})$$

Die Umsetzung der minimierten Schaltung in Logisim sieht so aus:

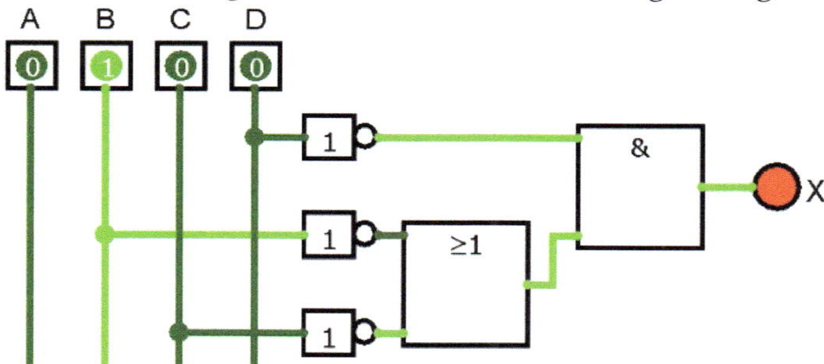

Abbildung 16: Die minimierte Schaltung in Logisim

Ich habe hier das Distributivgesetz erwähnt und nutze diesen Aspekt zur Einführung weiterer wichtiger Rechenregeln in der Digitaltechnik, die außerordentlich hilfreich sind und gleich genannt werden. Zuvor noch zwei etwas komplexere Beispiele der möglichen Bildungen von Päckchen. Manchmal gibt es auch mehrere Möglichkeiten, um zum Ziel zu gelangen:

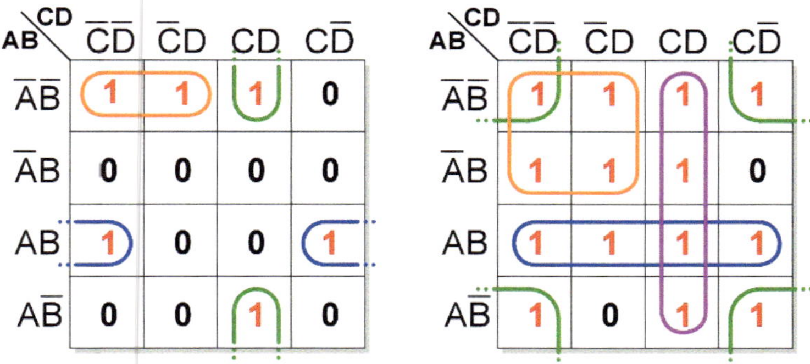

Abbildung 17: Beispiele der Päckchenbildung

Essenzielle digitale Rechenregeln

Wir haben bisher gesehen, dass die boolesche Schaltalgebra die drei logischen Verknüpfungen UND, ODER beziehungsweise NICHT verwendet. Für die Verknüpfung gelten die nachstehenden Regeln.

Verknüpfung mit einer Konstanten

Logische Gatter können nicht nur mit variablen Eingangssignalen versehen werden, sondern auch mit konstanten Werten wie 0 oder 1. In den nachfolgenden Diagrammen sind die schon bekannten Wertetabellen der Logikgatter zu sehen:

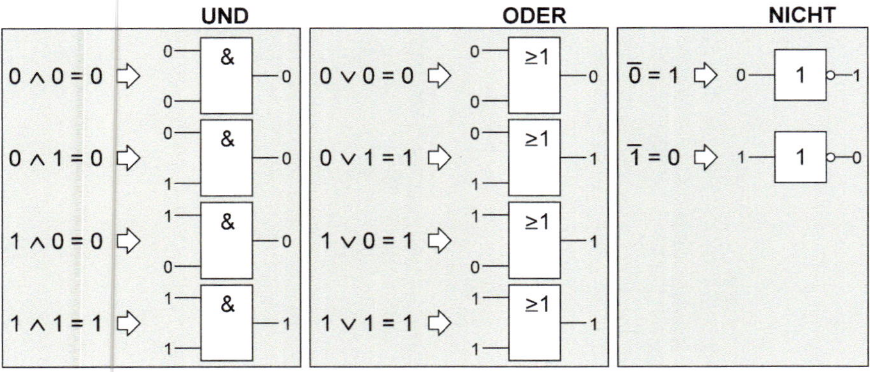

Abbildung 18: Verknüpfungen mit Konstanten

Verknüpfung mit einer Konstanten und einem Eingangssignal

Es können auch logische Verknüpfungen zwischen einer Konstanten und einem Eingangssignal vorkommen, wie auf den folgenden Abbildungen zu sehen ist:

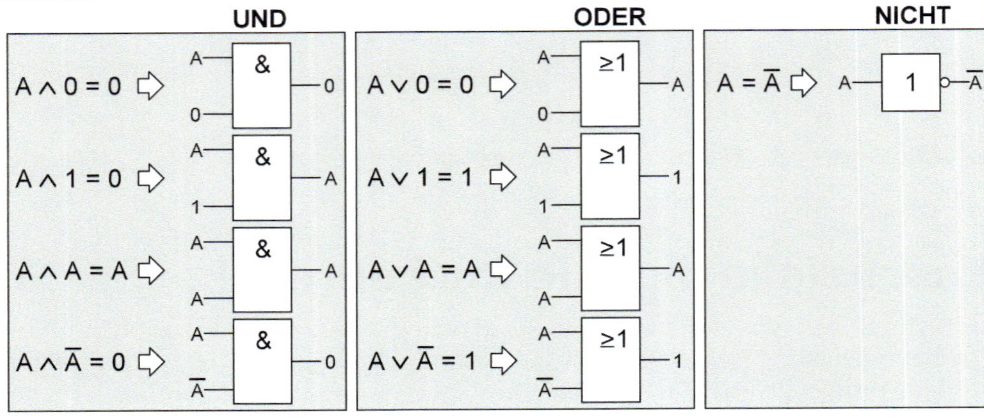

Abbildung 19: Verknüpfungen mit Konstanten und Eingangssignal

Das Kommutativgesetz

Das Kommutativgesetz wird auch Vertauschungsgesetz genannt und besagt, dass sowohl bei einer UND- als auch bei einer ODER-Verknüpfung die Reihenfolge der Eingangssignale keine Rolle spielt und das Ergebnis unverändert bleibt:

UND: $X = A \wedge B \wedge C = C \wedge A \wedge B = B \wedge C \wedge A$

ODER: $X = A \vee B \vee C = C \vee A \vee B = B \vee C \vee A$

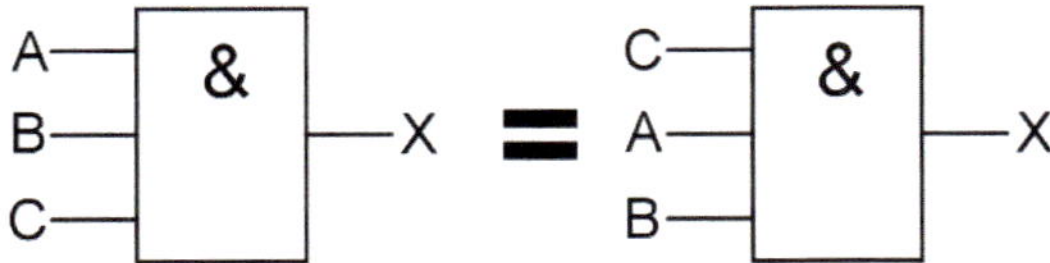

Abbildung 20: Kommutativgesetz mit UND-Gatter

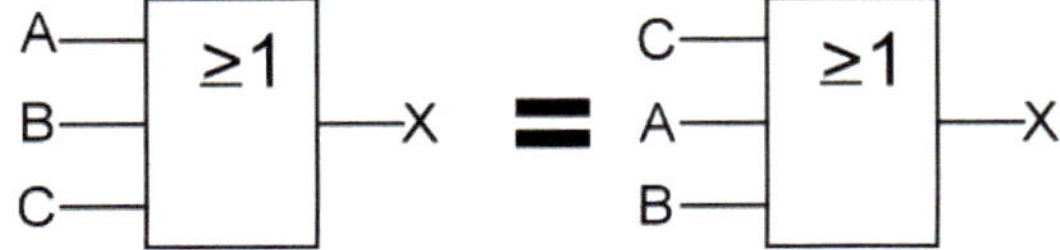

Abbildung 21: Kommutativgesetz mit ODER-Gatter

Das Assoziativgesetz

Das Assoziativgesetz wird auch Verbindungs- oder Verteilungsgesetz genannt und besagt, dass bei einer UND- beziehungsweise ODER-Verknüpfung mit mehr als zwei Eingangsvariablen die Verknüpfung stufenweise und in beliebiger Reihenfolge nacheinander erfolgen kann:

UND: $X = A \land B \land C = A \land (B \land C) = (A \land B) \land C$

ODER: $X = A \lor B \lor C = A \lor (B \lor C) = (A \lor B) \lor C$

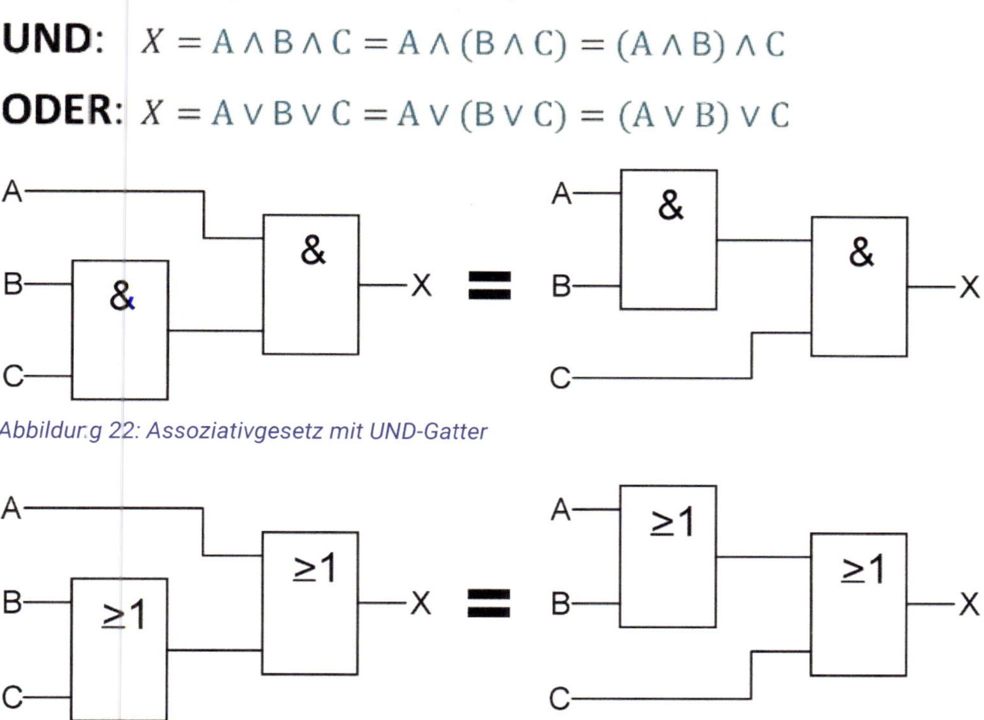

Abbildung 22: Assoziativgesetz mit UND-Gatter

Abbildung 23: Assoziativgesetz mit ODER-Gatter

Das Distributivgesetz

Das Distributivgesetz haben wir schon angewendet, als es um das Ausklammern einer Variablen ging, wie es in der Algebra bekannt ist. Das Distributivgesetz wird auch Verteilungsgesetz genannt und wird zur Vereinfachung von Gleichungen angewendet. Es wird dabei zwischen dem konjunktiven (UND-Verknüpfung) und disjunktiven (ODER-Verknüpfung) Distributionsgesetz unterschieden. Dieses Gesetz kann in beiden Richtungen, also Ausmultiplizieren und Ausklammern, verwendet werden:

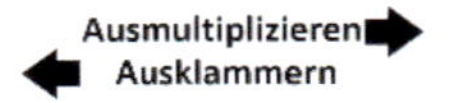

UND: $X = A \wedge (B \vee C) = (A \wedge B) \vee (A \wedge C)$

Ausmultiplizieren

Ausklammern

ODER: $X = A \vee (B \wedge C) = (A \vee B) \wedge (A \vee C)$

Die De Morganschen Gesetze

Der englische Mathematiker De Morgan (1806 bis 1872) hat die boolesche Algebra weiterentwickelt und Gesetze begründet, die nach ihm benannt wurden. Diese Gesetze haben eine große Auswirkung auf die Bedeutung von logischen Ausdrücken, mit deren Hilfe zum Beispiel Gatter gegeneinander ausgetauscht werden können. Des Weiteren können Schaltungen minimiert oder für die Nutzung eines einzelnen Gattertyps umdefiniert werden. Insbesondere werden diese Gesetze angewendet, wenn Ausdrücke zum Beispiel über einen langen Negationsstrich verfügen und diese in NAND- oder NOR-Verknüpfungen umgerechnet werden sollen. Sehen wir uns diese Gesetze genauer an.

Erstes De Morgansches Gesetz

Wenn die folgende NAND-Verknüpfung vorliegt, kann sie durch Auftrennen des großen Negationsstrichs umgewandelt werden:

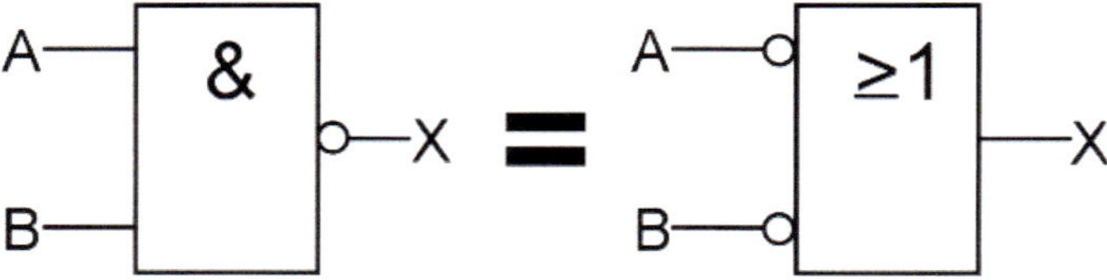

Das Gesetz dazu lautet:

$$X = \overline{A \wedge B} = \overline{A} \vee \overline{B}$$

Für die NAND-Verknüpfung würde also gelten, dass eine NAND-Verknüpfung aufgelöst wird, indem man das UND-Gatter in ein ODER-Gatter umwandelt und die Negation auf die einzelnen Eingangssignale anwendet.

Stimmt das denn? Vom Gefühl her und mit ein bisschen Nachdenken stimmen die Funktionen beider Gatter überein. Das NAND-Gatter liefert am Ausgang erst dann eine 0, wenn beide Eingänge A und B mit 1 versorgt werden. Das umgewandelte Gatter ist ein ODER-Gatter mit zwei negierten Eingängen.

Erst wenn beide Eingänge A und B als negierte Signale auf 0 gehen, ist der Ausgang auch 0. Kann man das Verhalten auch über eine Wertetabelle auf Richtigkeit hin überprüfen? Sehen wir uns die folgende Wertetabelle an:

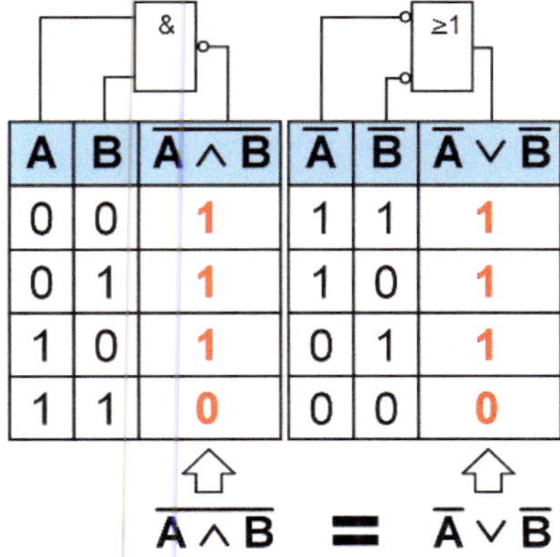

A	B	$\overline{A \wedge B}$	$\overline{A}$	$\overline{B}$	$\overline{A} \vee \overline{B}$
0	0	1	1	1	1
0	1	1	1	0	1
1	0	1	0	1	1
1	1	0	0	0	0

Abbildung 24: Die Wahrheitstabelle für das erste De Morgansche Gesetz (Nachweis)

Für beide Gatter erhalten wir die gleichen Ausgangspegel.

Zweites De Morgansches Gesetz

Wenn die folgende NOR-Verknüpfung vorliegt, kann sie durch Auftrennen des großen Negationsstrichs umgewandelt werden:

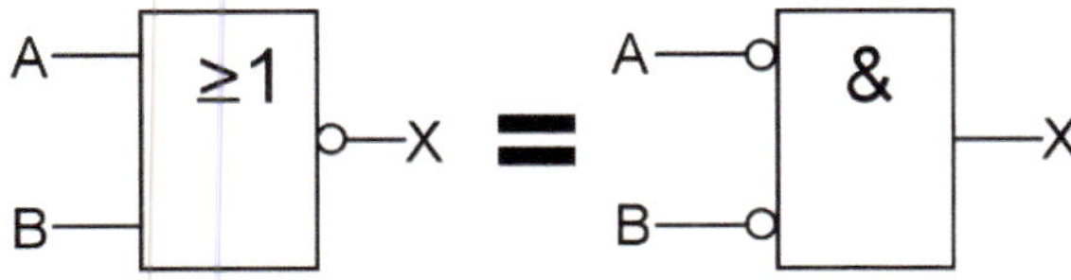

Das Gesetz dazu lautet:

$$X = \overline{A \vee B} = \overline{A} \wedge \overline{B}$$

Für die NOR-Verknüpfung würde also gelten, dass eine NOR-Verknüpfung aufgelöst wird, indem man das ODER-Gatter in ein UND-Gatter umwandelt und die Negation auf die einzelnen Eingangssignale anwendet.

Sollte das auch stimmen? Das NOR-Gatter liefert sofort am Ausgang 0, wenn einer der beiden Eingänge A und B mit 1 versorgt wird. Das umgewandelte Gatter ist ein UND-Gatter mit zwei negierten Eingängen. Sofort wenn einer der beiden Eingänge A oder B als negierte Signale auf 0 geht, ist der Ausgang auch 0. Sehen wir uns die folgende Wertetabelle an:

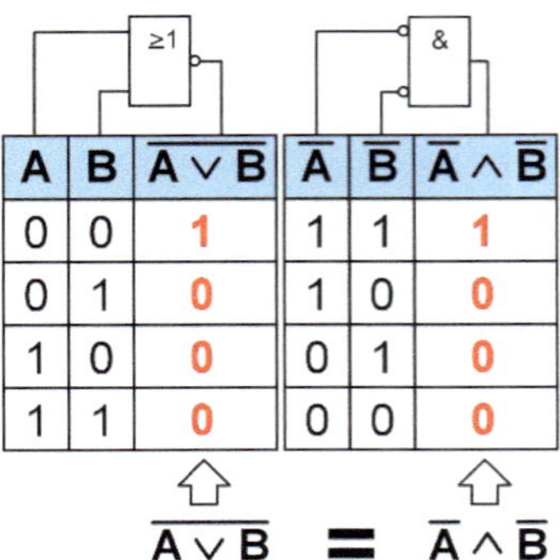

A	B	$\overline{A \vee B}$	$\overline{A}$	$\overline{B}$	$\overline{A} \wedge \overline{B}$
0	0	1	1	1	1
0	1	0	1	0	0
1	0	0	0	1	0
1	1	0	0	0	0

$$\overline{A \vee B} = \overline{A} \wedge \overline{B}$$

Abbildung 25: Die Wahrheitstabelle für das zweite De Morgansche Gesetz (Nachweis)

Für beide Gatter erhalten wir auch hier die gleichen Ausgangspegel.

Die De Morganschen Gesetze lassen sich nicht nur auf NAND- beziehungsweise NOR-Verknüpfungen anwenden. Es muss dazu der folgende Ablauf eingehalten werden:

- Jedes Eingangssignal wird negiert.
- Der gesamte Ausdruck wird negiert.
- Der UND-Operator wird zu ODER beziehungsweise ODER zu UND.

$$A \wedge B = \overline{\overline{A} \vee \overline{B}}$$

Einfache und doppelte Negation

Es gibt nicht nur eine einfache, sondern auch eine doppelte Negation, wie das bei den beiden folgenden Ausdrücken zu sehen ist. Um einen Ausdruck zu negieren und seinen Wahrheitsgehalt nicht zu verändern, muss diese Aktion wie in der Mathematik auf beiden Seiten der Gleichung erfolgen:

Einfache Negation

$$X = A \wedge B \quad \overline{X} = \overline{A \wedge B}$$

Doppelte Negation

$$X = A \wedge B \quad \overline{\overline{X}} = \overline{\overline{A \wedge B}}$$

Stimmt das denn auch mit der doppelten Negation? Man kann das durch die Anwendung des zweiten Morganschen Gesetzes herleiten und zum Beispiel eine UND-Verknüpfung über eine NOR-Verknüpfung zurück zu einer UND-Verknüpfung wandeln.

Ausgangsverknüpfung

$$A \wedge B$$

Erster Schritt: Die UND-Verknüpfung wird doppelt negiert

$$\overline{\overline{A \wedge B}}$$

Zweiter Schritt: Die Anwendung des ersten Morganschen Gesetzes. Der UND-Operator wird zu ODER, die komplette Negation wird aufgelöst, die einzelnen Eingangssignale werden negiert und die Schaltung wird zu NOR.

$$\overline{\overline{A} \vee \overline{B}}$$

Dritter Schritt: Anwendung des zweiten Morganschen Gesetzes. Der ODER-Operator wird zu UND, was dazu führt, dass die zweite Negation aufgelöst wird. Die einzelnen Eingangssignale werden mit diesem Schritt doppelt negiert.

$$\overline{\overline{A}} \wedge \overline{\overline{B}}$$

Vierter Schritt: Die doppelte Negation an beiden Eingangssignalen hebt sich auf und die Schaltung wird darüber wieder in eine UND-Verknüpfung umgewandelt.

$$A \wedge B$$

Vorrang- und Klammerregel

Wie in der Algebra Punktrechnung vor Strichrechnung gilt, gilt es auch in der Digitaltechnik, die Reihenfolge der Rechenoperationen zu beachten. Kommen mehrere Signale mit unterschiedlichen Verknüpfungen zum Einsatz, kann eine Klammersetzung notwendig sein. Wird die Vorrangregel beachtet, kann auf den Einsatz von Klammern verzichtet werden. Dennoch erhöht das Setzen von nicht erforderlichen Klammern die Übersicht der Funktion des Terms, weil darüber eindeutig zu erkennen ist, welche Signale wie verknüpft sind. Sowohl bei der ODER-Verknüpfung als auch beim Anwenden der Morganschen Gesetze auf NAND- beziehungsweise NOR-Verknüpfungen sollten daher Klammern gesetzt werden.

Die beide folgenden Ausdrücke sind identisch, denn nach der Vorrangregel (Klammereinsparung) ist das Setzen der Klammer nicht unbedingt erforderlich, weil UND stärker bindet als ODER:

$$X = A \vee B \wedge C$$

$$X = A \vee (B \wedge C)$$

Wollte man jedoch, dass die Eingangssignale A beziehungsweise B zusammen eine ODER-Verbindung eingehen, muss eine Klammer darum gesetzt werden. Die Abfolge der Verknüpfung würde demnach so aussehen:

$$X = (A \vee B) \wedge C$$

Optisch wird vielleicht noch deutlicher, dass hier ein Unterschied besteht und die gezeigten Verknüpfungen nicht gleichwertig sind:

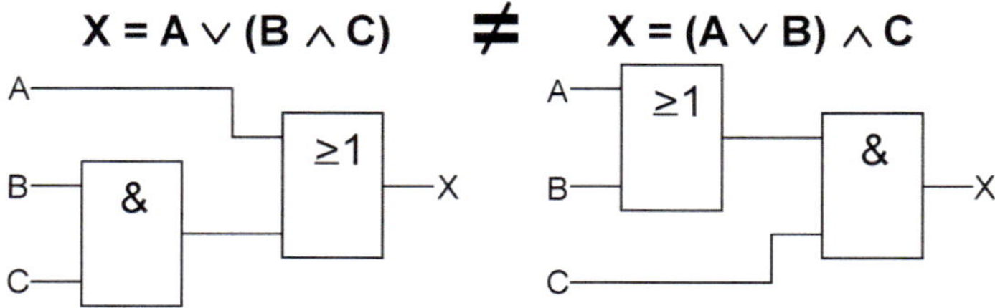

Abbildung 26: Klammern spielen eine wichtige Rolle

Wir fassen zusammen:

- Eine UND-Verknüpfung bindet stärker als eine ODER-Verknüpfung.
- Klammern binden stärker als eine UND-Verknüpfung.
- Negationszeichen binden stärker als Klammern.

Sind noch alle an Board? Kommen noch alle mit? Ich hoffe doch sehr!

Im nächsten Projekt geht es um Multiplexing, das Bündeln von mehreren Eingangsleitungen zu einer einzigen Ausgangsleitung. .

15. Multiplexer

Im letzten Kapitel sind wir in die Schaltungssynthese eingestiegen und daraus leiten sich die kombinatorischen Grundstrukturen ab, die wir schon erstmalig im Kapitel über die Addierschaltung gesehen haben. Ich möchte jetzt eine weitere bedeutende kombinatorische Grundschaltung präsentieren, die Multiplexer. Wir kennen den Begriff aus dem FPGA-Kapitel. Es ging dort um die Lookup Tables mit der Speicherung logischer Gatter, die über einen oder mehrere Select-Eingänge anzusteuern sind, um die gespeicherten Informationen abzurufen. In diesem Projekt wollen wir einen genaueren Blick auf diese Strukturen werfen.

Ich werde zwei unterschiedliche Multiplexer-Beispiele zeigen. Im ersten Beispiel werden über einen Multiplexer vier einzelne Eingangsleitungen zu einer einzigen Ausgangsleitung multiplexiert und im zweiten Beispiel erfolgt das mit zwei 4-Bit-Eingangsbussen, die zu einem einzigen 4-Bit-Ausgangsbus multiplexiert werden.

4-1-MUX (1-Bit)

Sehen wir uns noch einmal das Symbol eines Multiplexers, auch MUX genannt, an. Auf der folgenden Abbildung ist ein 4-1-MUX zu sehen. Er verfügt über vier Eingänge D0 bis D3, die auf einen Ausgang durchgeschaltet werden. Welcher der vier Eingänge das sein wird, hängt vom Selektionssignalmuster A0 bis A1 ab. In der Wertetabelle sind die Selektionssignale mit den möglichen Bit-Kombinationen zu sehen und welche Auswirkungen sie auf das Ausgangssignal haben:

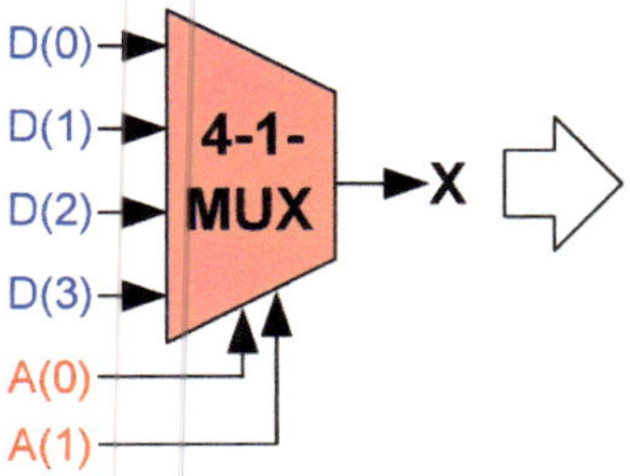

A(1)	A(0)	X
0	0	D(0)
0	1	D(1)
1	0	D(2)
1	1	D(3)

Abbildung 1: Ein 4-1-MUX mit Wertetabelle (1-Bit)

Je nach Anzahl der Dateneingänge-Bits sind mehr oder weniger Steuerleitungen erforderlich:

- 2-1-MUX: Zwei Dateneingänge erfordern eine Steuerleitung.
- 4-1-MUX: Vier Dateneingänge erfordern zwei Steuerleitungen.
- 8-1-MUX: Acht Dateneingänge erfordern drei Steuerleitungen.

Mit n Steuerleitungen können also 2n Datenleitungen gesteuert werden. Wenn wir uns dazu ein Ersatzschaltbild mithilfe eines mechanischen Wählschalters ansehen, dann könnte das Folgendes sein:

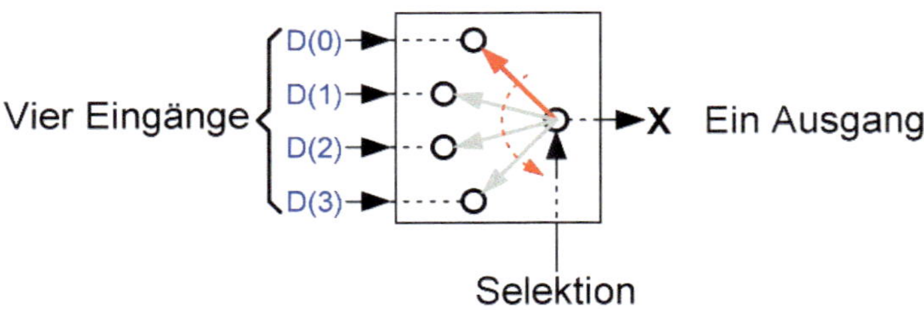

Abbildung 2: Der Multiplex-Wahlschalter

Der mechanische Drehschalter wird je nach Selektionsinformationen auf eine bestimmte Position gesetzt. Dadurch erfolgt das Durchschalten eines bestimmten Eingangssignals an den Ausgang. In der Digitaltechnik werden Multiplexer auch als Datenselektoren bezeichnet, da über einen Selektionsmechanismus eine gewünschte Eingangsleitung ausgewählt werden kann. Wie kann man sich eine solche Schaltung mit logischen Gattern vorstellen?

Die Simulation mit Logisim

Zur Realisierung der Schaltung werde ich wieder Logisim bemühen. Doch zuvor sollten wir uns überlegen, wie die logischen Verknüpfungen auszusehen haben. Gehen wir die Eingangssignale D0 bis D3 schrittweise durch und beziehen die Selektionssignale A1 und A0 (ich nenne sie absichtlich in umgekehrter Reihenfolge) mit ein:

Bedingung für das Durchschalten von D0

$$\boldsymbol{D0}: \overline{A1} \wedge \overline{A0} \wedge D0$$

Bedingung für das Durchschalten von D1

$$\boldsymbol{D1}: \overline{A1} \wedge A0 \wedge D1$$

Bedingung für das Durchschalten von D2

$$\boldsymbol{D2}: A1 \wedge \overline{A0} \wedge D2$$

Bedingung für das Durchschalten von D3

$$\boldsymbol{D3}: A1 \wedge A0 \wedge D3$$

Die Selektionssignale A1 und A0 durchlaufen die vier möglichen Bit-Kombinationen 00, 01, 10 und 11. Es kann der folgende Ausdruck zur Realisierung formuliert werden:

$$X = (\overline{A1} \wedge \overline{A0} \wedge D0) \vee (\overline{A1} \wedge A0 \wedge D1) \vee (A1 \wedge \overline{A0} \wedge D2) \vee (A1 \wedge A0 \wedge D3)$$

Sehen wir uns dazu die resultierende Logikschaltung an. Im nachfolgenden Beispiel ist der am Eingang D1 anliegende HIGH-Pegel über die Adresse 01 ausgewählt und wurde an den Ausgang X durchgeschaltet:

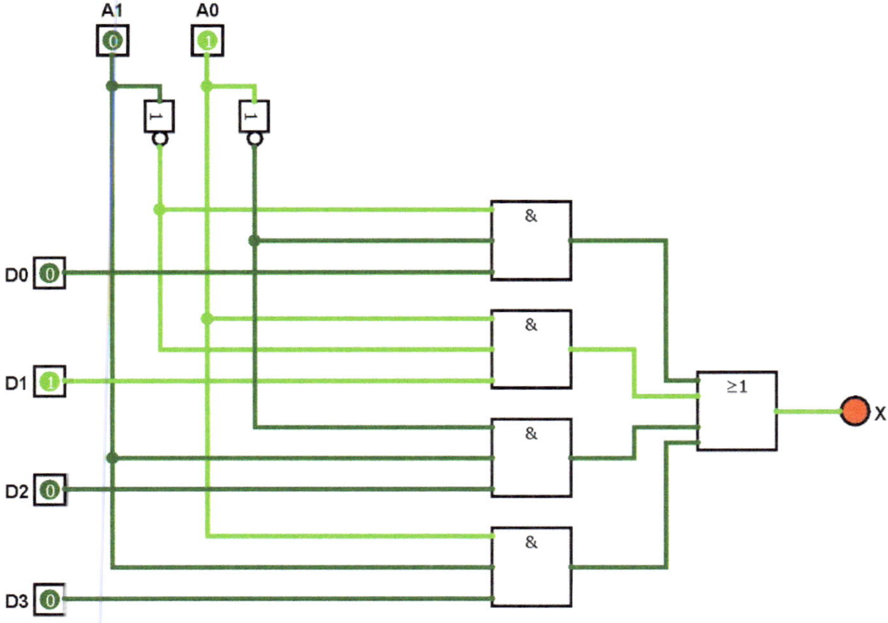

Abbildung 3: Der 4-1-MUX mit Logisim

Der Code für den 4-1-MUX (1-Bit)

Sehen wir uns dazu den folgenden Code an, wobei wir genau den 4-1-MUX mit seinen vier Eingängen auf einen Ausgang schalten wollen. Es werden die VHDL-Schlüsselwörter with, select und when zur Implementierung des Multiplexers verwendet; die weiteren Möglichkeiten werden wir später noch sehen:

```
library IEEE;
use IEEE.std_logic_1164.all;
entity Kap15_Mux4_1 is
    port(
        D : in std_logic_vector(3 downto 0); -- Daten
        A : in std_logic_vector(1 downto 0); -- Adresse
        X : out std_logic);                  -- Ausgang
end Kap15_Mux4_1;

architecture rtl of Kap15_Mux4_1 is
begin
    with A select
    X <= D(0) when "00",
         D(1) when "01",
         D(2) when "10",
         D(3) when others;
end rtl;
```

Listing 1 - Kap15_Mux4.vhd

Hier die Einstellungen im Connect and Compile-Dialogfenster.

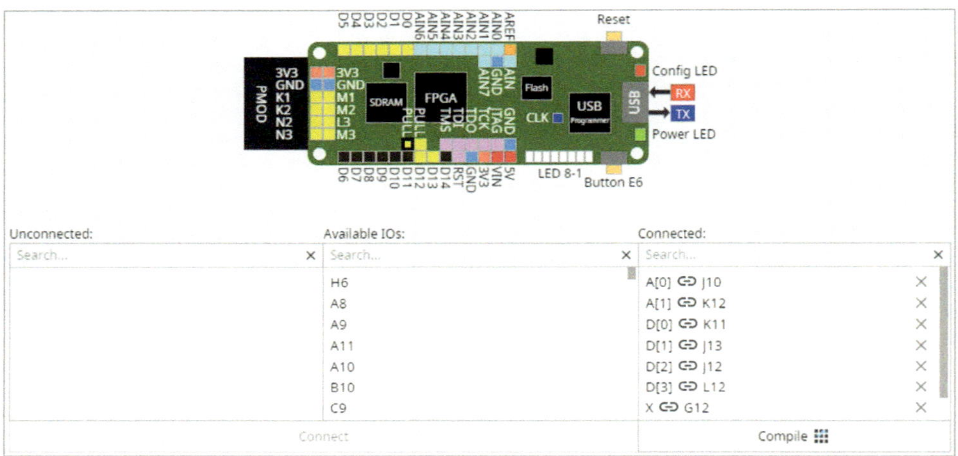

Abbildung 4: Das Mapping für den 4-1-MUX (1-Bit)

Es ist sehr interessant, was über den RTL-Viewer angezeigt wird:

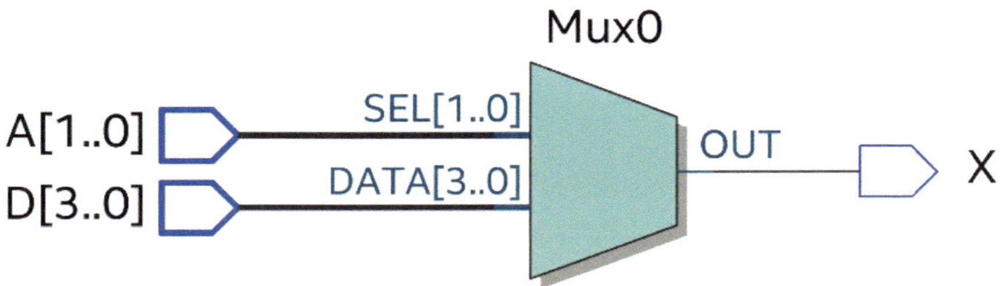

Abbildung 5: Der 4-1-MUX im RTL-Viewer (1-Bit)

Nun wollen wir diesen 4-1-MUX auch auf dem Discoveryboard nachbauen. Dazu werden vier Schiebeschalter (vier Dateneingänge und zwei Adresseingänge) und eine LED benötigt. Sehen wir uns den Schaltplan an.

Der Schaltplan

Der Schaltplan nutzt die linken vier Schiebeschalter für die Bereitstellung der Daten-Bits (D3 bis D0) und die zwei rechts daneben zur Selektion über eine Adresse (A1 und A0):

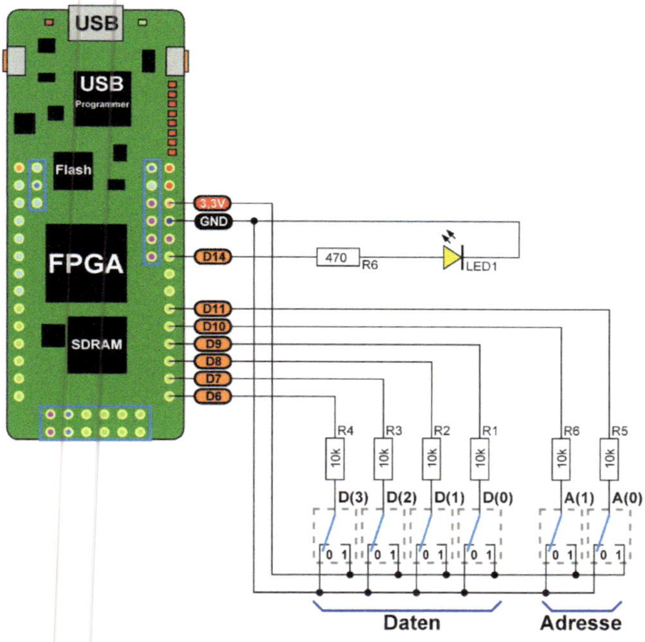

Abbildung 6: Der Schaltplan für den 4-1-MUX (1-Bit)

Folgende GPIO-Pins werden verwendet:

GPIO-Pin	MAX1000-Signal	Modus	Signalbezeichnung
D6	L12	in	D(3)
D7	J12	in	D(2)
D8	J13	in	D(1)
D9	K11	in	D(0)
D10	K12	in	A(1)
D11	J10	in	A(0)
D14	G12	out	X

Tabelle: Die verwendeten GPIO-Pins

Gehen wir das einmal anhand einer Kombination von den Daten-Bits 1010 und der Selektion über die Adress-Bits durch.

Adresse 00 (dezimal 0)

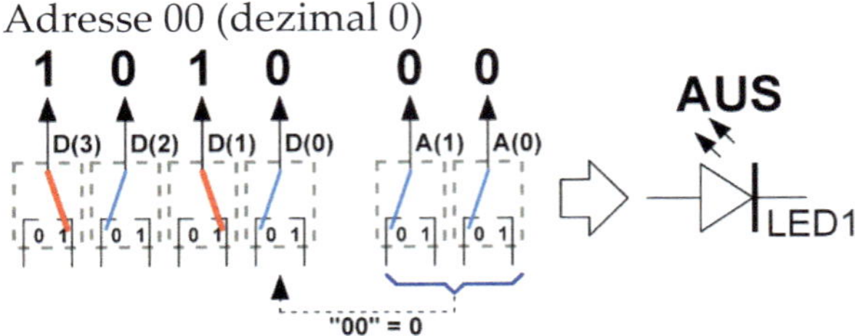

Adresse 01 (dezimal 1)

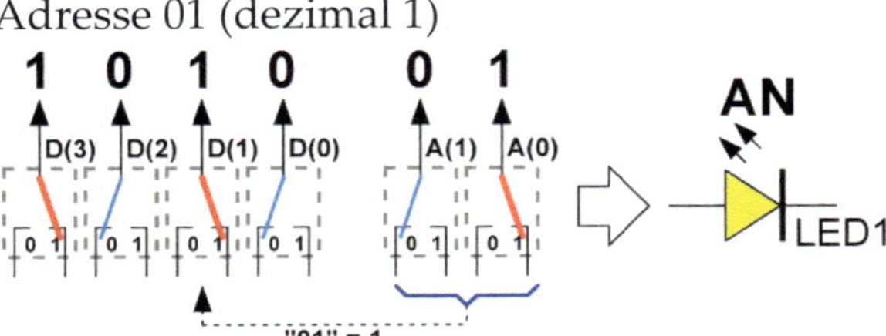

Adresse 10 (dezimal 2)

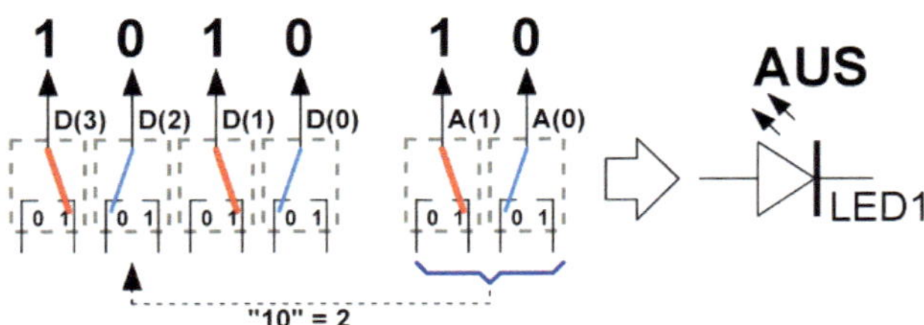

Adresse 11 (dezimal 3)

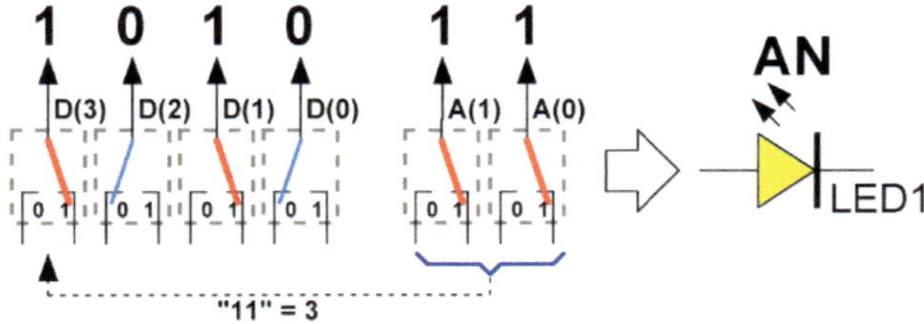

Man kann wunderbar erkennen, wie die Daten-Bits je nach ausgewählter Adresse zum Ausgang durchgeschaltet werden, um die LED anzusteuern. Ich rate dazu, das mit verschiedenen Kombinationen der Daten-Bits durchzuspielen.

Der Schaltungsaufbau

Der Schaltungsaufbau auf dem Discoveryboard macht die Sache mit den vielen Schiebeschaltern recht unkompliziert:

Abbildung 7: Der Schaltungsaufbau für den 4-1-MUX (1-Bit)

Die Simulation des 4-1-MUX

Wir können das ganze Szenario auch simulieren. Wenn das VHDL-Projekt mit Simulation angelegt wird, dann muss lediglich die Testbench-Datei mit dem folgenden Code versehen werden, damit die im eben gezeigten Beispiel mit den Daten-Bits 1010 die Simulation gestartet werden kann; ich unterteile den Code wegen der Größe in kleinere Abschnitte und beginne mit dem Entity-Block:

```
library IEEE;
use IEEE.std_logic_1164.all;
use IEEE.numeric_std.all;

entity Kap15_Mux4_1_tb is
end entity Kap15_Mux4_1_tb;
...
```

Listing: Kap15_Mux4_1_tb.vhd – Teil 1

Nachfolgend ist der erste Teil des Architecture-Blocks zu sehen, in dem der Component-Block und die benötigten Signale aufgeführt werden:

```
...
architecture rtl of Kap15_Mux4_1_tb is
    component Kap15_Mux4_1 is
        port
        (
            D : in std_logic_vector (3 downto 0);
            A : in std_logic_vector (1 downto 0);
            X : out std_logic
        );
    end component;
    signal sig_D : std_logic_vector(3 downto 0);
    signal sig_A : std_logic_vector(1 downto 0);
    signal sig_X : std_logic;
...
```

Listing: Kap15_Mux4_1_tb.vhd – Teil 2

Jetzt kommen wir zu der Simulation der Signale, wobei ich wie erwähnt das Daten-Bit-Muster 1010 verwende und schrittweise die vier Bits der Selektionsadresse A durchgehe:

```
...
begin
    MUX : Kap15_Mux4_1 port map(D => sig_D, A => sig_A, X => sig_X);
    process
    begin
        sig_D <= "1010"; -- Datenbits
        sig_A <= "00";   -- Selektionsadresse 0
        wait for 1 ns;
        sig_D <= "1010"; -- Datenbits
        sig_A <= "01";   -- Selektionsadresse 1
        wait for 1 ns;
        sig_D <= "1010"; -- Datenbits
        sig_A <= "10";   -- Selektionsadresse 2
        wait for 1 ns;
        sig_D <= "1010"; -- Datenbits
        sig_A <= "11";   -- Selektionsadresse 3
        wait for 1 ns;
        wait; -- Endlos warten
    end process;
end architecture rtl;
```

Listing: Kap15_Mux4_1_tb.vhd – Teil 3

Sehen wir uns das Ganze nun in der Simulation an:

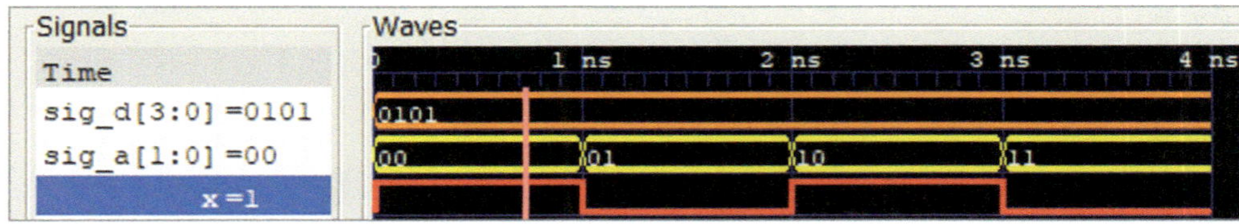

Abbildung 8: Die Simulation des 4-1-MUX

Man sieht in der ersten Zeile, dass das Eingangssignal D mit seinen 4 Bits konstant den binären Wert 0101 zeigt. Darunter befindet sich in der zweiten Zeile die Selektionsadresse A mit ihren zwei Bits, die alle Kombinationen laut kodierter Simulation durchgeht. Als Ergebnis sehen wir in der dritten Zeile das Ausgangssignal X mit seinen in Abhängigkeit der Adresse vorherrschenden Pegeln. Der senkrechte rosa Strich repräsentiert wieder den Zeitmarker und sorgt dafür, dass die jeweiligen Logikpegel an der betreffenden Stelle in der Signals-Liste bei den Signalnamen hinter dem Gleichheitszeichen angezeigt werden. Um die gezeigten Informationen des anzuzeigenden Datenformats anzupassen, muss über das Kontext-Menü der Punkt Data Format > Binary ausgewählt werden:

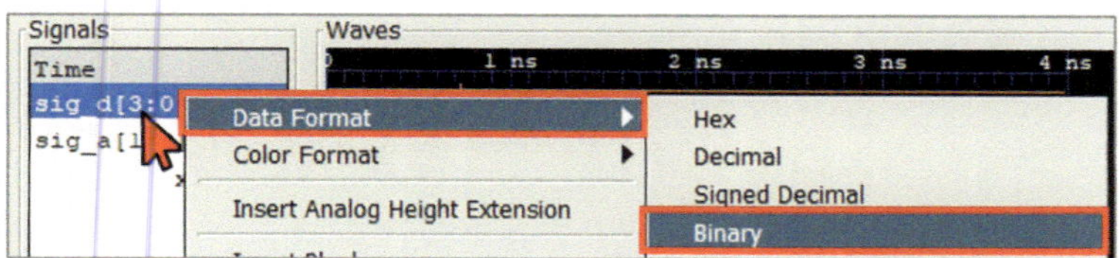

Abbildung 9: Die Einstellung des anzuzeigenden Datenformates

Die angezeigte Reihenfolge der Bits ist dann sehr wichtig, was in der Spalte Signals bei den Array-Elementen in eckigen Klammern zu erkennen ist. In der ersten Zeile steht sig_d[3:0], was bedeutet, dass auf der linken Seite das Bit 3 als MSB und auf der rechten Seite das Bit 0 als LSB steht.

Ich rate, für die weiteren Beispiele in diesem Kapitel ähnliche Simulationen durchzuführen. Kommen wir nun zum zweiten Beispiel, das mit zwei 4-Bit-Eingangssignalen arbeitet.

4-1-MUX (4-Bit)

Jetzt geht es darum, zwei 4-Bit-Busse zu einem Ausgang durchzuschalten. Da wir es mit zwei zu selektierenden Eingangssignalen in Form von Bussen zu tun haben, reicht diesmal ein einziges Bit zur Selektion aus:

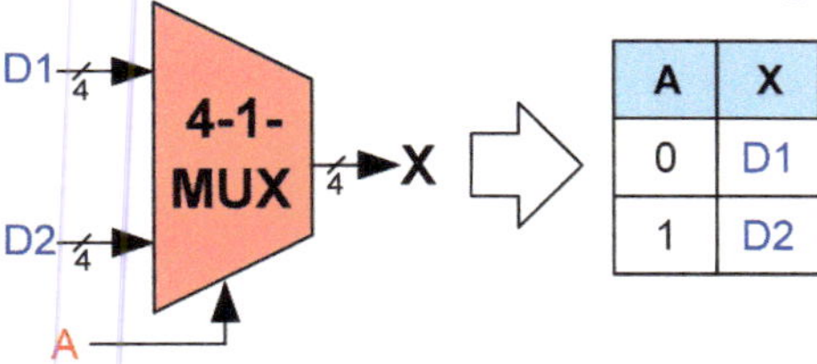

A	X
0	D1
1	D2

Abbildung 10: Ein 4-1-MUX mit Wertetabelle (4-Bit)

Wenn wir uns dazu wieder das Ersatzschaltbild mithilfe eines mechanischen Wählschalters ansehen, dann könnte das wie folgt aussehen:

Abbildung 11: Der Multiplex-Wahlschalter

Der Code für den 4-1-MUX (4-Bit)

Sehen wir uns dazu den folgenden Code an; diesmal werden die VHDL-Schlüsselwörter when und else zur Implementierung des Multiplexers verwendet:

```
01 library IEEE;
02 use IEEE.std_logic_1164.all;
03 use IEEE.numeric_std.all;
04
05 entity Kap15_Mux4_4 is
06     port(
07         D1  : in std_logic_vector(3 downto 0);   -- Daten 1
08         D2  : in std_logic_vector(3 downto 0);   -- Daten 2
09         A   : in std_logic;                      -- Adresse
10         X   : out std_logic_vector(3 downto 0)); -- Ausgang
11 end entity Kap15_Mux4_4;
12
13 architecture rtl of Kap15_Mux4_4 is
14 begin
15     X <= D1 when A = '0' else D2;
16 end architecture rtl;
```

Listing: Kap15_Mux4_4.vhd

Der Code ist recht einfach und über die Zeile 15 wird der 4-1-MUX etabliert. Hier die Einstellungen im Connect and Compile-Dialogfenster:

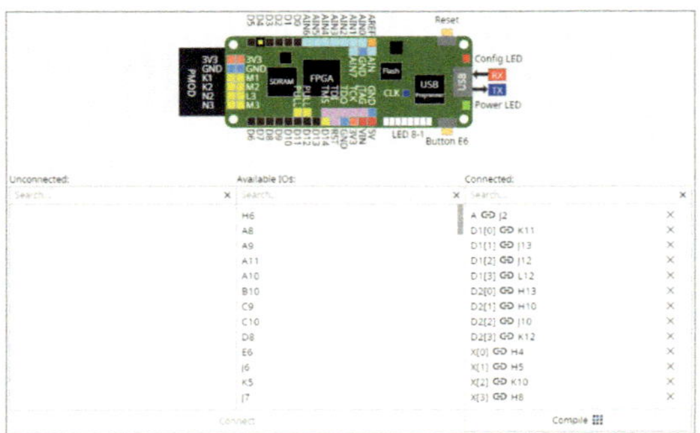

Abbildung 12: Das Mapping für den 4-1-MUX (4-Bit)

Es ist auch hier sehr interessant zu sehen, was über den RTL-Viewer angezeigt wird:

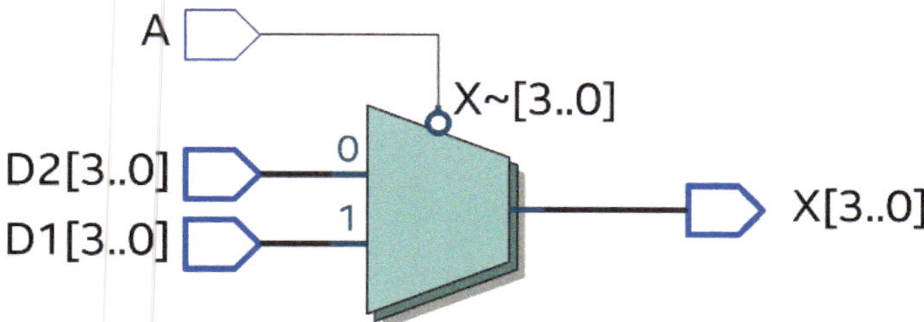

Abbildung 13: Der 4-1-MUX im RTL-Viewer (4-Bit)

Jetzt wollen wir diesen 4-1-MUX mit 4 Bits wieder auf dem Discoveryboard nachbauen. Dazu werden acht Schiebeschalter (2x Dateneingänge D1 und D2), einen Taster (Umschalten des MUX) und vier LEDs zur Anzeige des durchgeschalteten Eingangs benötigt. Sehen wir uns den Schaltplan an.

Der Schaltplan

Der Schaltplan nutzt die linken vier Schiebeschalter für die Bereitstellung der Daten-Bits D1 und die vier rechts daneben für die Daten-Bits D2. Ein Taster sorgt für die Umschaltung, so dass bei nicht gedrücktem Taster die Daten-Bits D1 zum Ausgang X durchgeschaltet werden und bei gedrücktem Taster die Daten-Bits D2 am Ausgang X berücksichtigt werden.

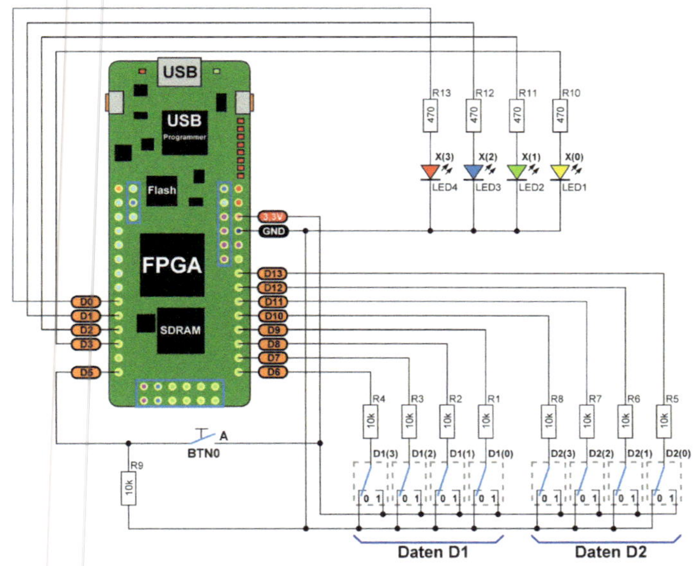

Abbildung 14: Der Schaltplan für den 4-1-MUX (4-Bit)

Folgende GPIO-Pins werden zur Anwendung kommen.

GPIO-Pin	MAX1000-Signal	Modus	Signal-Bezeichnung
D6	L12	in	D1(3)
D7	J12	in	D1(2)
D8	J13	in	D1(1)
D9	K11	in	D1(0)
D10	K12	in	D2(3)
D11	J10	in	D2(2)
D12	H10	in	D2(1)
D13	H13	in	D2(0)
D5	J2	in	A
D0	H8	out	X(3)
D1	K10	out	X(2)
D2	H5	out	X(1)
D3	H4	out	X(0)

Tabelle:Die verwendeten GPIO-Pins

Die unterschiedlichen Bitkombinationen für D1 und D2, die über die Schiebeschalter (SW2 bis SW9) eingestellt sind, werden in Abhängigkeit des Tasterzustandes BTN0 an den Ausgang X geleitet, so dass die LEDs entsprechend aufleuchten. Der Schaltungsaufbau gestaltet sich wie folgt.

Der Schaltungsaufbau

Hier nun der Schaltungsaufbau für den 4-1-MUX mit 4 Bits.

Abbildung 15: Der Schaltungsaufbau für den 4-1-MUX (4 Bits)

Demultiplexer

Nun wissen wir, was ein Multiplexer ist und wie er arbeitet. Es gibt jedoch eine Schaltung, die genau entgegengesetzt arbeitet. Man kann sich das als eine gespiegelte Version des Multiplexers vorstellen. Die Schaltung nennt sich Demultiplexer, kurz auch DEMUX genannt. Hier einmal die Gegenüberstellung beider Symbol-Schaltungen.

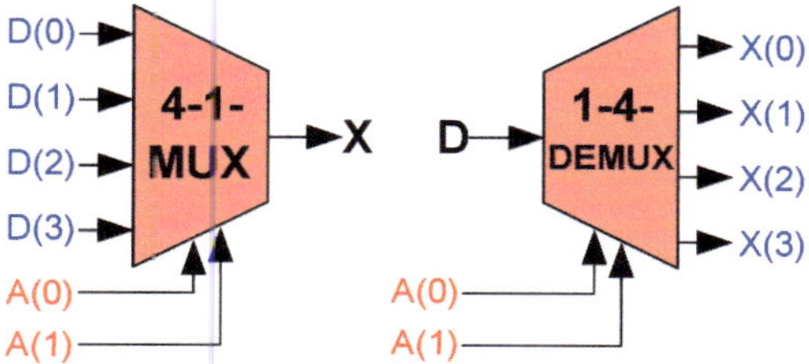

Abbildung 16: Die Gegenüberstellung von MUX und DEMUX

Es liegt nur ein einziges Eingangssignal D vor, das je nach den anliegenden Steuersignalen auf die unterschiedlichen Ausgänge X0 bis X3 weitergeleitet wird. In der Wertetabelle sind die Selektionssignale mit den möglichen Bitkombinationen zu sehen und welche Auswirkungen sie auf das Ausgangssignal haben.

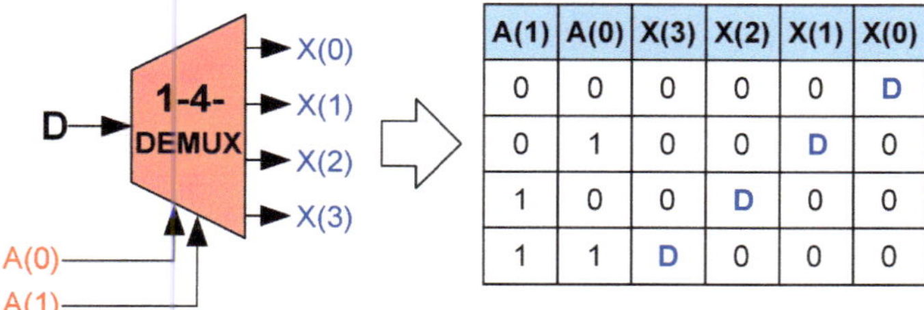

A(1)	A(0)	X(3)	X(2)	X(1)	X(0)
0	0	0	0	0	D
0	1	0	0	D	0
1	0	0	D	0	0
1	1	D	0	0	0

Abbildung 17: Ein 1-4-DEMUX mit Wertetabelle (1-Bit)

Natürlich lässt sich die Funktionsweise eines DEMUX wieder sehr anschaulich über einen mechanischen Wahlschalter verdeutlichen, wie das auf der folgenden Abbildung zu sehen ist.

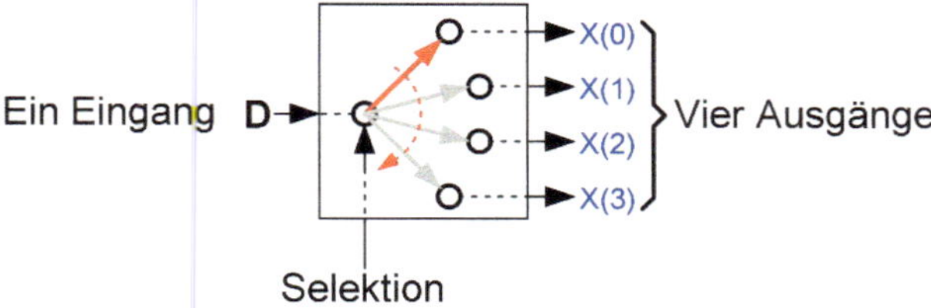

Abbildung 18: Der Demultiplex-Wahlschalter

Wie könnte man sich eine derartige Schaltung mit logischen Gattern vorstellen?

Die Simulation mit Logisim

Um eine entsprechende Schaltung zu realisieren, werde ich auch wieder Logisim bemühen. Doch sehen wir uns zuvor die logischen Ausdrücke an, die für das Weiterleiten des einen Eingangs D an die vier Ausgänge X0 bis X3 definiert sind.

Bedingung für das Durchschalten von D nach X0

$$\boldsymbol{X0}: \overline{A1} \land \overline{A0} \land D$$

Bedingung für das Durchschalten von D nach X1

$$\boldsymbol{X1}: \overline{A1} \land A0 \land D$$

Bedingung für das Durchschalten von D nach X2

$$\boldsymbol{X2}: A1 \land \overline{A0} \land D$$

Bedingung für das Durchschalten von D nach X3

$$\boldsymbol{X3}: A1 \land A0 \land D$$

Sehen wir uns dazu die daraus resultierende Logik-Schaltung an. Als Beispiel ist zu sehen, dass der der Eingang D mit einem anliegenden HIGH-Pegel über die Adresse 00 an den Ausgang X0 durchgeschaltet wurde.

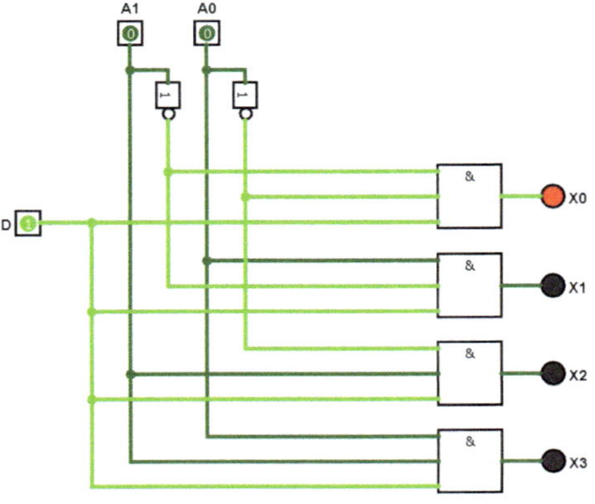

Abbildung 19: Der 1-4-DEMUX mit Logisim

Der Code für den 1-4-DEMUX (1-Bit)

Sehen wir uns dazu den folgenden Code an, wobei wir den 1-4-MUX mit seinem einen Eingang auf einen der vier Ausgänge schalten wollen. Es werden die VHDL-Schlüsselwörter case und when zur Implementierung des Demultiplexers verwendet. Sehen wir uns zunächst den Entity-Block an.

```
library IEEE;
use IEEE.std_logic_1164.all;
entity Kap15_DeMux1 is
    port(
        D : in std_logic;                          -- Eingang
        X : out std_logic_vector(3 downto 0);  -- Ausgang
        A : in std_logic_vector(1 downto 0)    -- Adresse
    );
end Kap15_DeMux1;
...
```

Listing: Kap15_DeMux1.vhd - Teil 1

Im Anschluss ist der Architecture-Block zu sehen.

```
...
architecture rtl of Kap15_DeMux1 is
begin
    process(D, A)
    begin
        case A is
            when "00" =>
                X(0) <= D;
                X(1) <= '0';
                X(2) <= '0';
                X(3) <= '0';
            when "01" =>
                X(1) <= D;
                X(0) <= '0';
                X(2) <= '0';
                X(3) <= '0';
            when "10" =>
                X(2) <= D;
                X(0) <= '0';
                X(1) <= '0';
                X(3) <= '0';
            when "11" =>
                X(3) <= D;
                X(0) <= '0';
                X(1) <= '0';
                X(2) <= '0';
        end case;
    end process;
end rtl;
```

Listing: Kap15_DeMux1.vhd - Teil 2

Hier die Einstellungen im Connect und Compile-Dialogfenster.

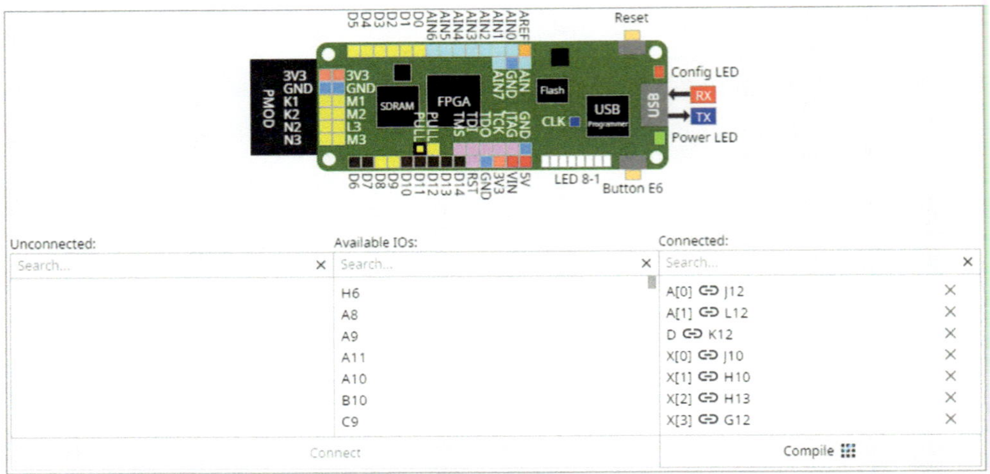

Abbildung 20: Das Mapping für den 1-4-DEMUX (1-Bit)

Es ist sehr interessant zu sehen, was über den RTL-Viewer zu Anzeige gebracht wird. Trotz der DEMUX-Funktionalität sind die Symbole und die Bezeichnungen eines MUX vorhanden.

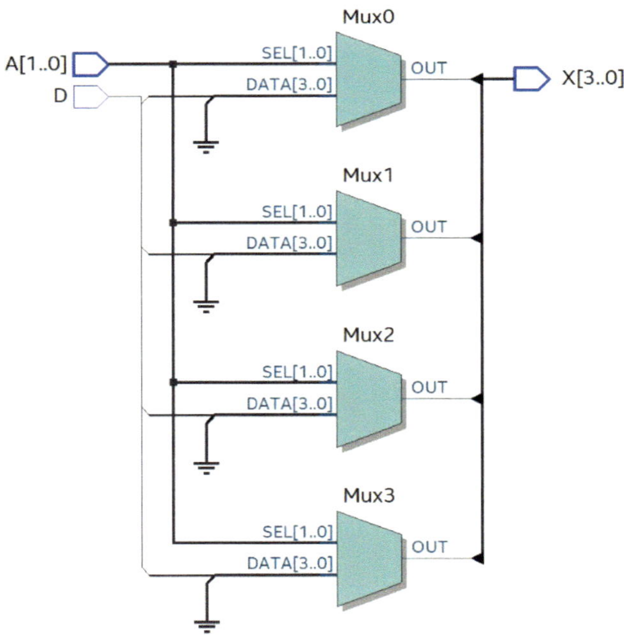

Abbildung 21: Der 1-4-DEMUX im RTL-Viewer (1-Bit)

Der Schaltplan

Der Schaltplan nutzt die linken zwei Schiebeschalter für die Einstellung der Adress-Bits A1 und A0 und einen Schiebeschalter für das Daten-Bit D, das auf die Ausgänge X0 bis X3 durchgeschaltet werden soll:

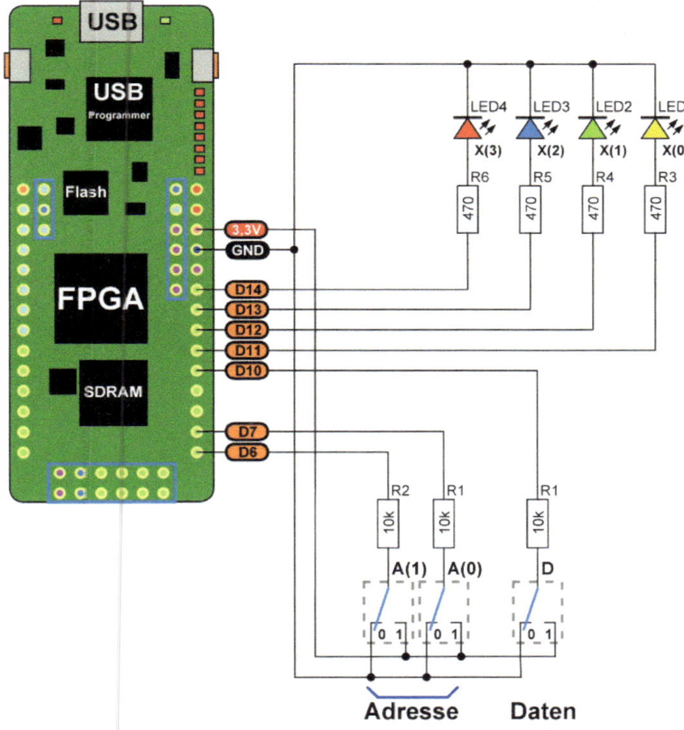

Abbildung 22: Der Schaltplan für den 1-4-DEMUX (1-Bit)

Folgende GPIO-Pins werden verwendet:

GPIO-Pin	MAX1000-Signal	Modus	Signalbezeichnung
D6	L12	in	A(1)
D7	J12	in	A(0)
D10	K12	in	D
D11	J10	out	X(0)
D12	H10	out	X(1)
D13	H13	out	X(2)
D14	G12	out	X(3)

Tabelle: Die verwendeten GPIO-Pins

Der Schaltungsaufbau

Der Schaltungsaufbau auf dem Discoveryboard ist auf der folgenden Abbildung zu sehen:

Abbildung 23: Der Schaltungsaufbau für den 1-4-DEMUX (1 Bit)

Multiplexing, ein sehr komplexes Thema. Ich hoffe, dass mir bis jetzt kein Leser von der Schippe gesprungen ist, sondern dass noch viel Lust dazu besteht, sich auf weitere FPGA-Projekte einzulassen.

Im kommenden Projekt geht es um Werte vergleichen, eine Aufgabe, die einem ständig bei seinen Elektronikprojekten begegnet.

16. Werte vergleichen

In der Programmierung müssen sehr oft Entscheidungen bezüglich verschiedener Wertegrößen getroffen werden. Dann geht es darum zu bewerten, ob ein Wert größer, kleiner oder gleich einem anderen Wert ist. In verschiedenen Abfragen werden dann die folgenden Operatoren genutzt:

Operator	Bewertung
=	gleich
>	größer als
<	kleiner als

Tabelle: Vergleichsoperatoren

Nun können wir diese drei Bewertungen als Flags betrachten, die zum Beispiel bei einem 1-Bit-Vergleich zweier Werte entsprechend gesetzt werden. Zwei Binärzahlen sind gleich, wenn sie beim Vergleich jeder Binärstelle übereinstimmen.

Der 1-Bit-Komparator

Sehen wir uns das Blockschaltbild für einen 1-Bit-Komparator an:

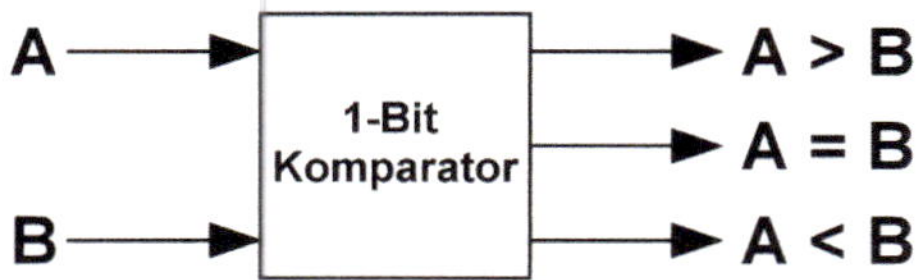

Abbildung 1: Das Blockschaltbild für einen 1-Bit-Komparator

Die Realisierung kann mit den uns bekannten Logik-Gattern erfolgen:

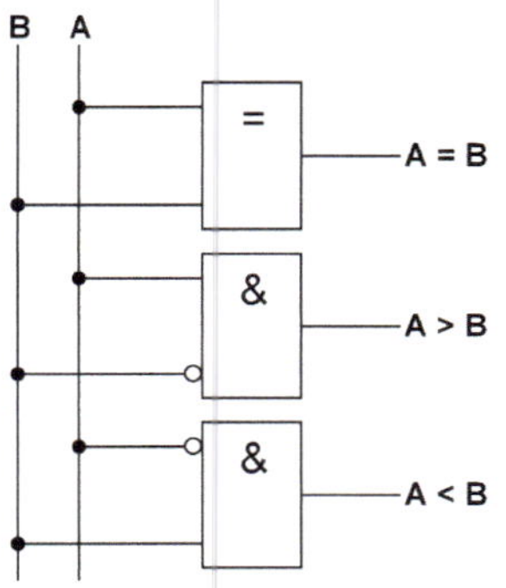

Abbildung 2: Die 1-Bit-Komparatorschaltung

Beim oberen Gatter handelt es sich um ein XNOR- oder Äquivalenz-Gatter, also um ein invertiertes XOR, das immer dann einen HIGH-Pegel liefert, wenn beide Eingänge einen gleichen Pegel vorweisen. Somit ist das Prüfen auf Gleichheit schon einmal erledigt. Die beiden UND-Gatter mit je einem invertierten Eingang sorgen für die Überprüfung auf größer beziehungsweise kleiner.

Die Simulation mit Logisim

Wir können diese Schaltung vorab wieder wunderbar mit Logisim testen:

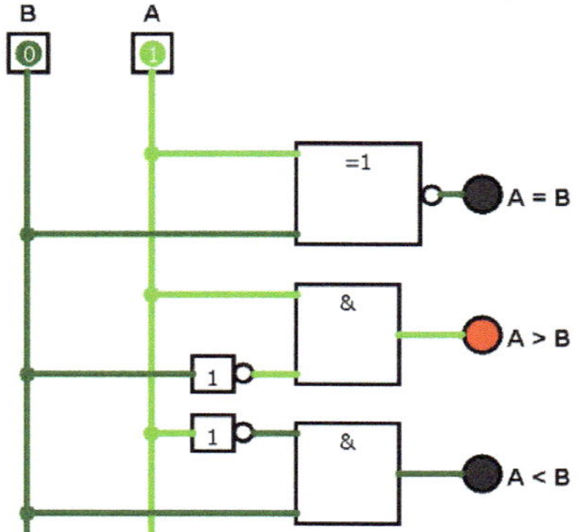

Abbildung 3: Der 1-Bit-Komparator mit Logisim

Logisim realisiert das XNOR-Gatter mit einem invertierten XOR-Gatter. Werfen wir einen Blick auf die Wertetabelle:

B	A	A > B	A = B	A < B
0	0	0	1	0
0	1	1	0	0
1	0	0	0	1
1	1	0	1	0

Tabelle: Wertetabelle des 1-Bit-Komparators

Hinsichtlich boolescher Ausdrücke können wir also Folgendes festhalten:

Ist A größer als B

$$\boldsymbol{A > B}: A \land \overline{B}$$

Ist A gleich B

$$\boldsymbol{A = B}: (A \land B) \lor (\overline{A} \land \overline{B})$$

Ist A kleiner B

$$A < B: \overline{A} \wedge B$$

Da das bisher recht einfach war, wollen wir uns auf einen 2-Bit-Komparator steigern, denn ab da wird es interessant. Schauen wir uns das genauer an.

Der 2-Bit-Komparator

Eine Komparatorschaltung kann mit mehreren Bits realisiert werden und der Einfachheit halber wagen wir uns an eine 2-Bit-Schaltung:

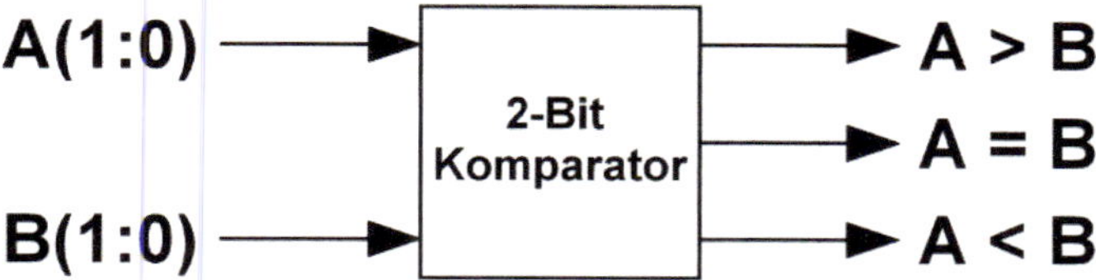

Abbildung 4: Das Blockschaltbild für einen 2-Bit-Komparator

Gehen wir die Sache schrittweise durch und sehen uns zuerst die Wahrheitstabelle für die drei Ausgabe-Flags in Abhängigkeit der Eingangssignale an. Hier kommen aufgrund der vier Eingangssignale sechzehn unterschiedliche Möglichkeiten in Betracht:

B1	B0	A1	A0	A > B	A = B	A < B
0	0	0	0	0	1	0
0	0	0	1	1	0	0
0	0	1	0	1	0	0
0	0	1	1	1	0	0
0	1	0	0	0	0	1
0	1	0	1	0	1	0
0	1	1	0	1	0	0
0	1	1	1	1	0	0
1	0	0	0	0	0	1
1	0	0	1	0	0	1
1	0	1	0	0	1	0
1	0	1	1	1	0	0
1	1	0	0	0	0	1
1	1	0	1	0	0	1
1	1	1	0	0	0	1
1	1	1	1	0	1	0

Tabelle: Wertetabelle des 2-Bit-Komparators

Gehen wir jetzt wieder nach dem gelernten Verfahren hinsichtlich der KV-Diagramme vor und sehen uns je Flag die Zeilen an, die eine 1 als Ergebnis liefern und übertragen diese Informationen jeweils in ein KV-Diagramm:

Ist A größer als B

$$\boldsymbol{A > B}: (A0 \land \overline{A1} \land \overline{B0} \land \overline{B1}) \lor \quad ❶$$
$$(\overline{A0} \land A1 \land \overline{B0} \land \overline{B1}) \lor \quad ❷$$
$$(A0 \land A1 \land \overline{B0} \land \overline{B1}) \lor \quad ❸$$
$$(\overline{A0} \land A1 \land B0 \land \overline{B1}) \lor \quad ❹$$
$$(A0 \land A1 \land B0 \land \overline{B1}) \lor \quad ❺$$
$$(A0 \land A1 \land \overline{B0} \land B1) \quad ❻$$

Das KV-Diagramm (A>B)

Sehen wir uns nun die Werte an, die in ein KV-Diagramm überführt wurden:

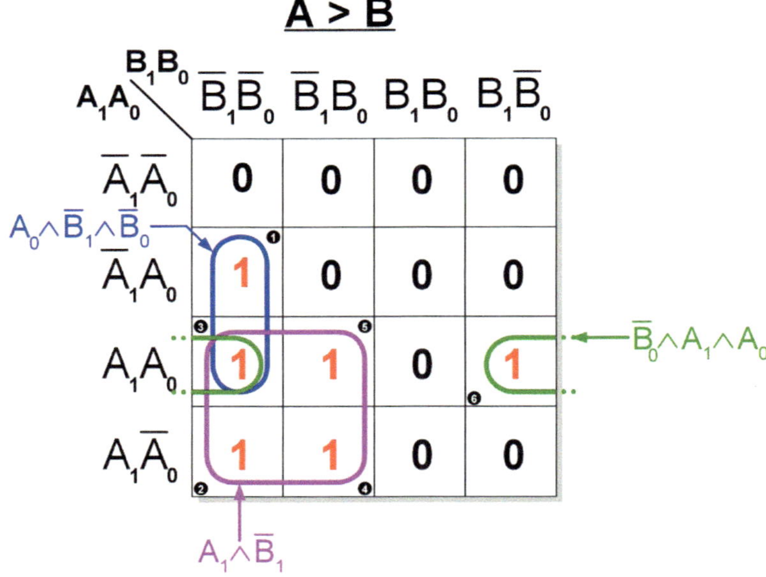

Abbildung 5: Das KV-Diagramm für A > B

Nach der Minimierung über die Zusammenfassung der Päckchen bleibt der folgende boolesche Ausdruck übrig:

$$\boldsymbol{A > B}: (A0 \land \overline{B1} \land \overline{B0}) \lor (A1 \land A0 \land \overline{B0}) \lor (A1 \land \overline{B1})$$

Die Simulation mit Logisim (A>B)

Sehen wir uns dazu die entsprechende Logisim-Schaltung an:

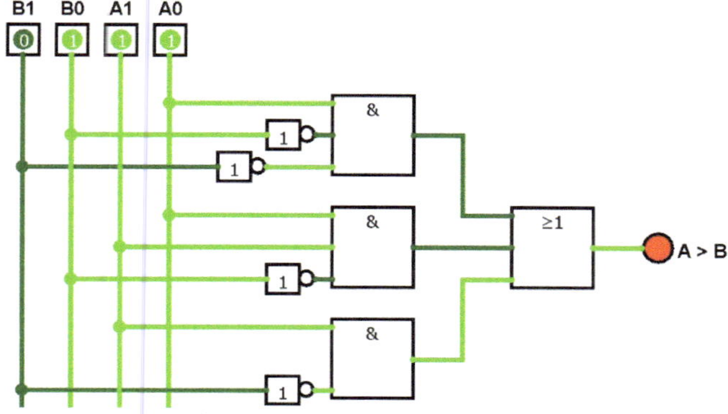

Abbildung 6: Der 2-Bit-Komparator mit Logisim für A > B

Ist A gleich B

$$\boldsymbol{A = B}\colon (\overline{A0} \wedge \overline{A1} \wedge \overline{B0} \wedge \overline{B1}) \vee \quad ❶$$
$$(A0 \wedge \overline{A1} \wedge B0 \wedge \overline{B1}) \vee \quad ❷$$
$$(\overline{A0} \wedge A1 \wedge \overline{B0} \wedge B1) \vee \quad ❹$$
$$(A0 \wedge A1 \wedge B0 \wedge B1) \quad ❸$$

Das KV-Diagramm (A=B)

Sehen wir uns nun die Werte an, die in ein KV-Diagramm überführt wurden:

A = B

A_1A_0 \ B_1B_0	$\overline{B_1}\,\overline{B_0}$	$\overline{B_1}B_0$	B_1B_0	$B_1\overline{B_0}$
$\overline{A_1}\,\overline{A_0}$	1 ❶	0	0	0
$\overline{A_1}A_0$	0	1 ❷	0	0
A_1A_0	0	0	1 ❸	0
$A_1\overline{A_0}$	0	0	0	1 ❹

Abbildung 7: Das KV-Diagramm für A = B

Es gibt keine Möglichkeit, nach den bekannten Regeln irgendwelche Päckchen zu bilden, um darüber eine Minimierung zu erzielen. Es bleibt uns also nichts weiter übrig, als die vier booleschen Ausdrücke so zu übernehmen, wie sie vorliegen.

Die Simulation mit Logisim (A=B)

Die entsprechende Logisim-Schaltung sieht wie folgt aus:

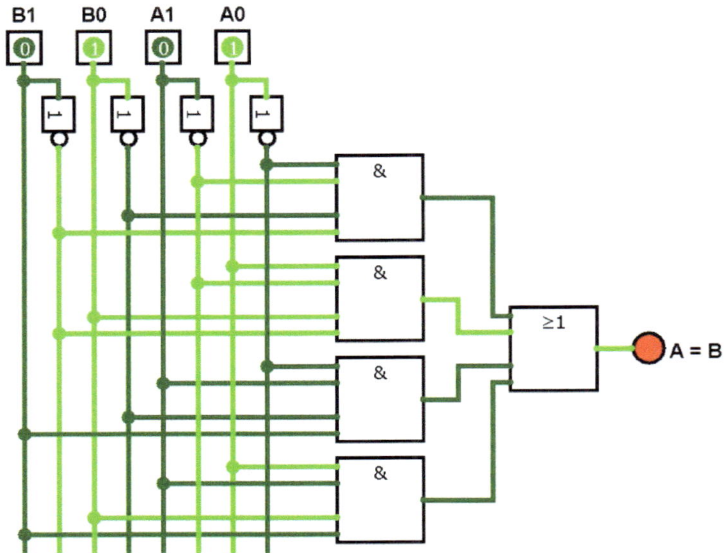

Abbildung 8: Der 2-Bit-Komparator mit Logisim für A = B

Ist A kleiner B

$$\boldsymbol{A} < \boldsymbol{B}\text{: } (\overline{A0} \wedge \overline{A1} \wedge B0 \wedge \overline{B1}) \vee \quad ❶$$

$$(\overline{A0} \wedge \overline{A1} \wedge \overline{B0} \wedge B1) \vee \quad ❷$$

$$(A0 \wedge \overline{A1} \wedge \overline{B0} \wedge B1) \vee \quad ❸$$

$$(\overline{A0} \wedge \overline{A1} \wedge B0 \wedge B1) \vee \quad ❹$$

$$(A0 \wedge \overline{A1} \wedge B0 \wedge B1) \vee \quad ❺$$

$$(\overline{A0} \wedge A1 \wedge B0 \wedge B1) \quad ❻$$

Das KV-Diagramm (A<B)

Sehen wir uns nun die Werte an, die in ein KV-Diagramm überführt wurden:

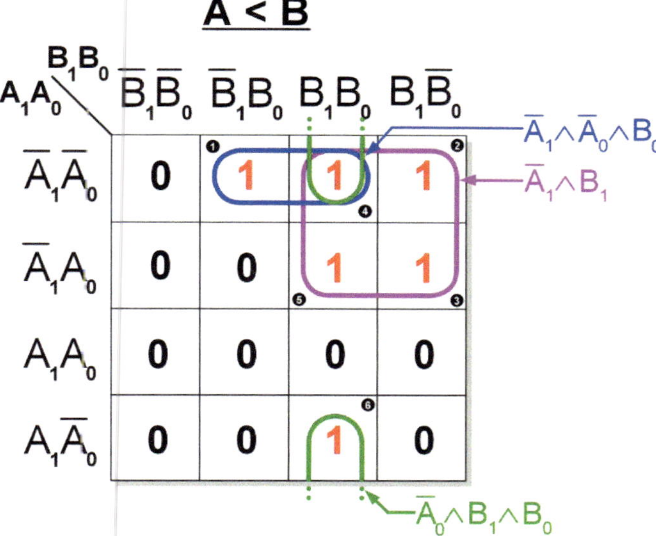

Abbildung 9: Das KV-Diagramm für A < B

Nach der Minimierung über die Zusammenfassung der Päckchen bleibt der folgende boolesche Ausdruck übrig:

$$A < B: (\overline{A1} \wedge \overline{A0} \wedge B0) \vee (\overline{A0} \wedge B1 \wedge B0) \vee (\overline{A1} \wedge B1)$$

Die Simulation mit Logisim (A<B)

Sehen wir uns dazu die entsprechende Logisim-Schaltung an:

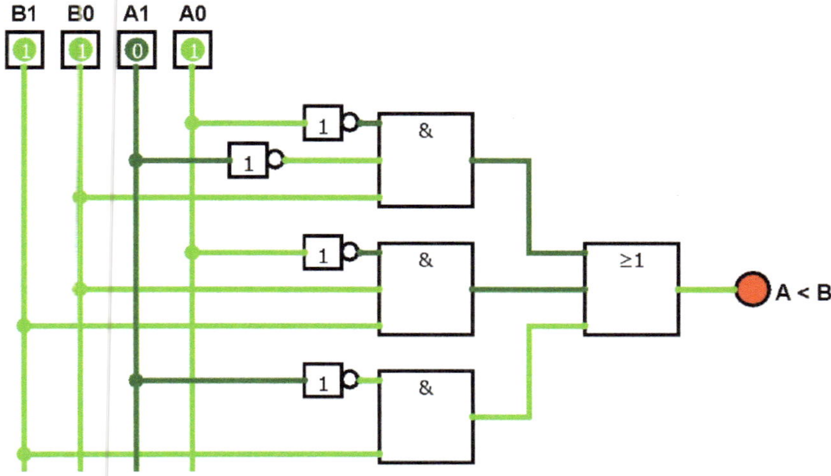

Abbildung 10: Der 2-Bit-Komparator mit Logisim für A < B

Die Umsetzung

Wir sollten sehen, wie wir mithilfe der Teillösungen eine Gesamtlösung erarbeiten. Die Logisim-Gesamtschaltung kann man sich aus den Teillösungen selber zusammenfügen und ausprobieren. Wir wollen jetzt den Code für den 2-Bit-Komparator erstellen. Im Entity-Block werden die beiden Eingangssignale A und B als Arrays und die Flags für das Ergebnis des Vergleichs als EQ (equal „gleich"), GT (greater than „größer als") und LT (less than „kleiner als") deklariert:

```
01 library IEEE;
02 use IEEE.std_logic_1164.all;
03 use IEEE.numeric_std.all;
04
05 entity Kap16_Comparator2Bit is
06     port(
07         A, B : in  std_logic_vector(1 downto 0);
08         EQ   : out std_logic; -- A = B
09         GT   : out std_logic; -- A > B
10         LT   : out std_logic  -- A < B
11     );
12 end entity Kap16_Comparator2Bit;
13 ...
```

Listing: Kap16_Comparator2Bit-vhd – Teil 1

Zu Beginn des Architecture-Blocks müssen einige temporäre Signale deklariert werden, da ich die Zwischenergebnisse der Gatterverknüpfungen der Minterme nutzen möchte, die als Ergebnis der Schaltungsminimierung über die KV-Diagramme entstanden sind und hier als Arrays deklariert wurden:

```
13 ...
14 architecture rtl of Kap16_Comparator2Bit is
15     signal sig_T1 : std_logic_vector(0 to 2); -- Signale für A > B
16     signal sig_T2 : std_logic_vector(0 to 3); -- Signale für A = B
17     signal sig_T3 : std_logic_vector(0 to 2); -- Signale für A < B
18 begin
19 ...
```

Listing: Kap16_Comparator2Bit-vhd – Teil 2

Beginnen wir mit A > B. Hier noch einmal die Zusammenfassung der Minterme und die Zuordnung zum sig_T1-Array:

$\boldsymbol{sig\_T1(0)}: (A0 \wedge \overline{B1} \wedge \overline{B0})$

$\boldsymbol{sig\_T1(1)}: (A1 \wedge A0 \wedge \overline{B0})$

$\boldsymbol{sig\_T1(2)}: (A1 \wedge \overline{B1})$

In den Zeilen 20 bis 22 werden die Minterme den Array-Elementen zugewiesen und in Zeile 23 über die ODER-Verknüpfung zusammengefügt:

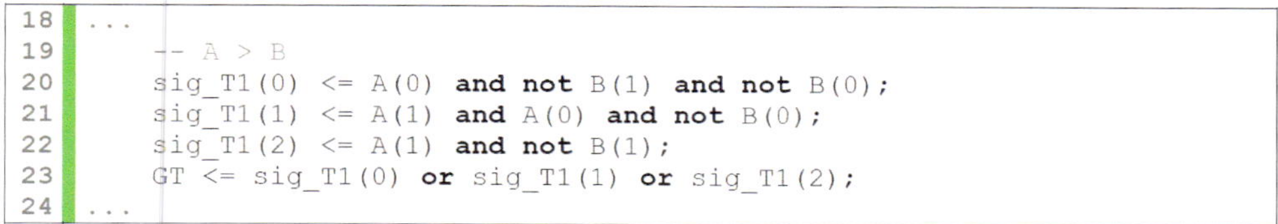

```
...
    -- A > B
    sig_T1(0) <= A(0) and not B(1) and not B(0);
    sig_T1(1) <= A(1) and A(0) and not B(0);
    sig_T1(2) <= A(1) and not B(1);
    GT <= sig_T1(0) or sig_T1(1) or sig_T1(2);
...
```

Listing: Kap16_Comparator2Bit-vhd – Teil 3

Als Nächstes kommt A = B an die Reihe. Hier noch einmal die Zusammenfassung der Minterme und die Zuordnung zum sig_T2-Array:

$\boldsymbol{sig\_T2}(\mathbf{0}): (\overline{A0} \wedge \overline{A1} \wedge \overline{B0} \wedge \overline{B1})$
$\boldsymbol{sig\_T2}(\mathbf{1}): (A0 \wedge \overline{A1} \wedge B0 \wedge \overline{B1})$
$\boldsymbol{sig\_T2}(\mathbf{2}): (\overline{A0} \wedge A1 \wedge \overline{B0} \wedge B1)$
$\boldsymbol{sig\_T2}(\mathbf{3}): (A0 \wedge A1 \wedge B0 \wedge B1)$

In den Zeilen 25 bis 28 werden die Minterme den Array-Elementen zugewiesen und in Zeile 29 über die ODER-Verknüpfung zusammengefügt:

```
23 ...
24 -- A = B
25     sig_T2(0) <= not A(0) and not A(1) and not B(0) and not B(1);
26     sig_T2(1) <= A(0) and not A(1) and B(0) and not B(1);
27     sig_T2(2) <= not A(0) and A(1) and not B(0) and B(1);
28     sig_T2(3) <= A(0) and A(1) and B(0) and B(1);
29     EQ <= sig_T2(0) or sig_T2(1) or sig_T2(2) or sig_T2(3);
30 ...
```

Listing: Kap16_Comparator2Bit-vhd – Teil 4

Zuletzt haben wir A < B. Hier noch einmal die Zusammenfassung der Minterme und die Zuordnung zum sig_T3-Array:

$\boldsymbol{sig\_T3}(\mathbf{0}): (\overline{A1} \wedge \overline{A0} \wedge B0)$
$\boldsymbol{sig\_T3}(\mathbf{1}): (\overline{A0} \wedge B1 \wedge B0)$
$\boldsymbol{sig\_T3}(\mathbf{2}): (\overline{A1} \wedge B1)$

In den Zeilen 31 bis 33 werden die Minterme den Array-Elementen zugewiesen und in Zeile 34 über die ODER-Verknüpfung zusammengefügt:

```
29 ...
30 -- A < B
31     sig_T3(0) <= not A(1) and not A(0) and B(0);
32     sig_T3(1) <= not A(0) and B(1) and B(0);
33     sig_T3(2) <= not A(1) and B(1);
34     LT <= sig_T3(0) or sig_T3(1) or sig_T3(2);
35 end architecture rtl;
```

Listing: Kap16_Comparator2Bit-vhd – Teil 5

Hier die Einstellungen im Connect and Compile-Dialogfenster:

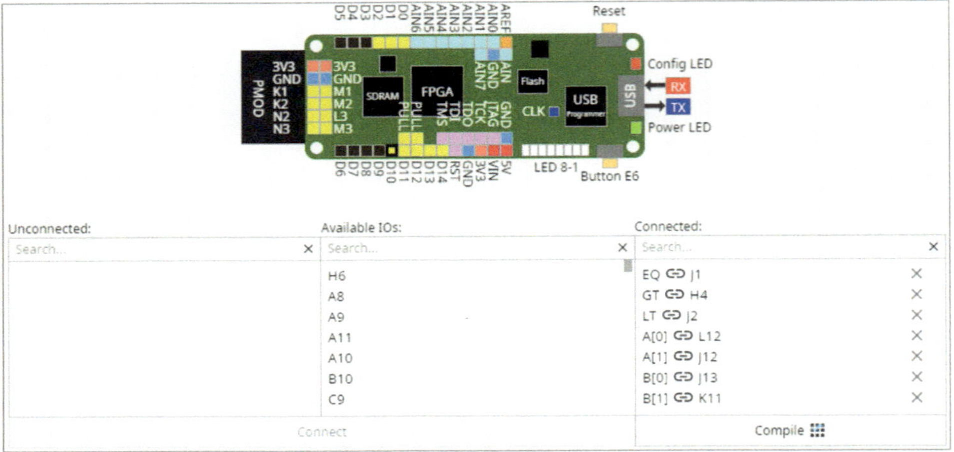

Abbildung 11: Das Mapping für den 2-Bit-Komparator

Der Schaltplan

Kommen wir abschließend zum Schaltplan:

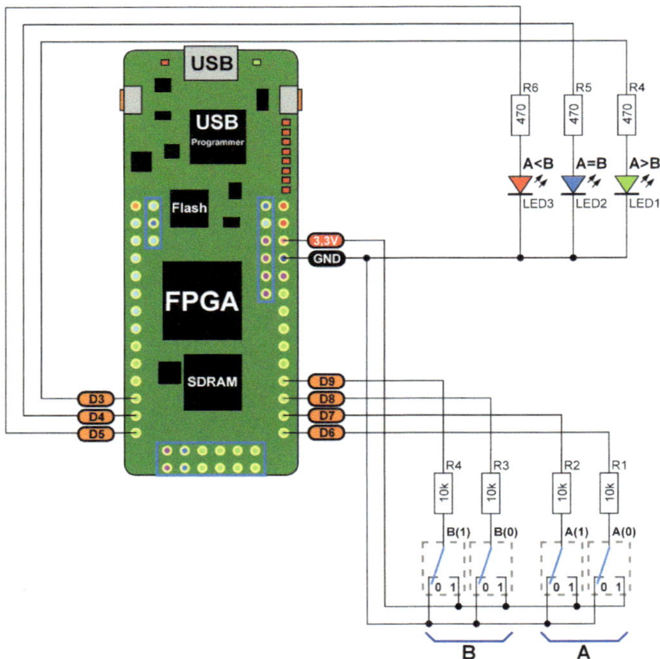

Abbildung 12: Der Schaltplan für den 2-Bit-Komparator

Folgende GPIO-Pins werden verwendet:

GPIO-Pin	MAX1000-Signal	Modus	Signalbezeichnung
D3	H4	out	GT
D4	J1	out	EQ
D5	J2	out	LT
D6	L12	in	A(0)
D7	J12	in	A(1)
D8	J13	in	B(0)
D9	K11	in	B(1)

Tabelle: Die verwendeten GPIO-Pins

Der Schaltungsaufbau

Der Schaltungsaufbau sieht wie folgt aus:

Abbildung 13: Der Schaltungsaufbau des 2-Bit-Komparators

Der Wert A (binär: 10) ist größer als der Wert B (binär: 01) und aus diesem Grund leuchtet die rechte LED für A > B auf.

Im nächsten Projekt geht es um das Rechnen mit negativen Zahlen. Los geht's

17. Negative Zahlen

Im binären Addieren von Zahlen haben wir schon einige Erfahrungen gesammelt. Das Kapitel über die Addierschaltung hat maßgeblich dazu beigetragen, die entsprechenden Grundlagen zu vermitteln. Das Subtrahieren von Binärzahlen nun wurde durch andere Themen wie zum Beispiel die Komparatorschaltung des vorangegangenen Kapitels gut vorbereitet.

Der Wertebereich ganzer Zahlen erstreckt sich nicht nur auf die im positiven Bereich. Es muss auch eine Möglichkeit geben, negative Zahlen darzustellen. Da die binäre Schreibweise beziehungsweise das duale Zahlensystem kein Vorzeichen kennt, muss man sich etwas einfallen lassen, um die positiven Werte von den negativen zu unterscheiden.

Die Lösung besteht darin, ein bestimmtes Bit einer Bit-Folge als Flag zu verwenden, welches anzeigt, ob es sich um eine positive oder um eine negative Zahl handelt. Dieses Vorzeichen-Bit ist das erste Bit von links und wird als MSB (Most Significant Bit) bezeichnet. Besitzt dieses höchstwertige Bit den Wert 0, so handelt es sich um eine positive Zahl. Ist das Bit jedoch eine 1, dann haben wir es mit einer negativen Zahl zu tun. Das Ganze ist leider nicht so einfach, wie es auf den ersten Blick aussehen mag. Ich möchte meine Ausführungen an einer Binärzahl mit der Datenbreite von 8 Bits erläutern und im Anschluss dann eine reduzierte Variante mit 4 Bits auf dem Discoveryboard durchführen.

Angenommen, wir haben die folgende Binärkombination vorliegen, was einer bestimmten Dezimalzahl entspricht:

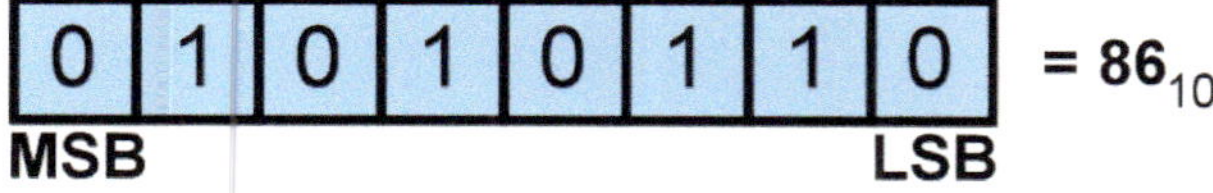

Der mögliche Wertebereich erstreckt sich also von 0 bis 255, was 256 unterschiedlichen Kombinationen entspricht. Um jetzt die negativen Werte ins Spiel zu bringen, werfen wir einen Blick auf die folgende Binärkombination, bei der das besagte MSB als Vorzeichen-Bit genutzt wird. Ich habe das MSB markiert und auf 1 gesetzt.

Der Rest der vorigen Bit-Kombination für den dezimalen Wert 86 ist unverändert geblieben. Die Frage ist nun, ob wir durch diese kleine Anpassung aus +86 den negativen Wert -86 gemacht haben:

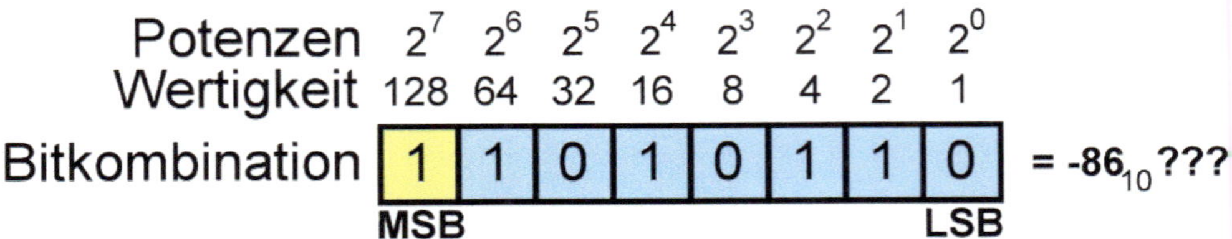

Wenn wir an dieser Stelle die Festlegung treffen würden, dass das der negative Wert der eben gezeigten positiven Zahl ist, wäre zunächst alles okay. Doch in der Datenverarbeitung werden Werte nicht nur gespeichert und angezeigt, sondern es wird mit ihnen auch gerechnet. Und da wird es problematisch. Angenommen, wir wollten den Wert 1 addieren, was bedeutet, dass das Ergebnis um den Wert +1 größer wird als der Ursprungswert. Sehen wir uns das auf Bit-Ebene an:

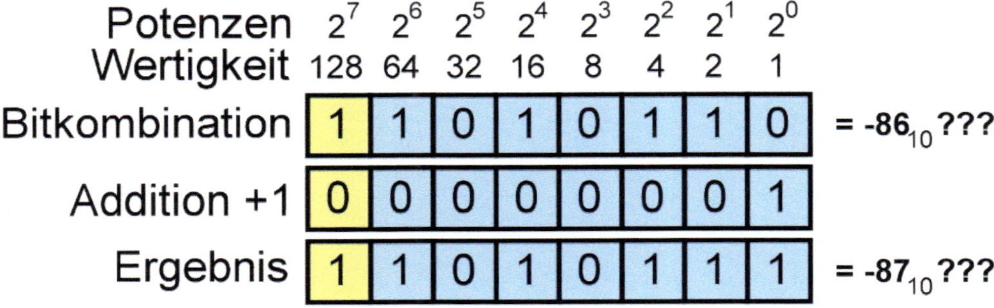

Trotz Addition eines positiven Wertes ist das Ergebnis um den Wert 1 kleiner geworden. -86 + 1 = -87? So kommen wir also nicht ans Ziel. Die Lösung besteht in der etwas ungewöhnlichen Vorgehensweise, wie negative Zahlen dargestellt werden. In einer Zwischenstufe muss das sogenannte Einerkomplement gebildet werden. Es bedeutet, dass jedes einzelne Bit umgekehrt, also negiert wird.

Was ist das Einerkomplement?

Das Einerkomplement ist eine arithmetische Operation im Binärsystem. Bei dieser Vorgehensweise werden alle Bits einer Binärzahl invertiert. Aus 0 wird 1 und aus 1 wird 0.

Wird nur das gemacht, entsteht ein weiteres Problem, das sich bei einer ganz besonderen Zahl ergibt. Von jedem Wert kann man das negative Pendant bilden, indem ein negatives Vorzeichen davorgesetzt wird, so auch bei der Zahl 0. Aber 0 und -0 sind absolut identisch und es besteht kein arithmetischer Unterschied:

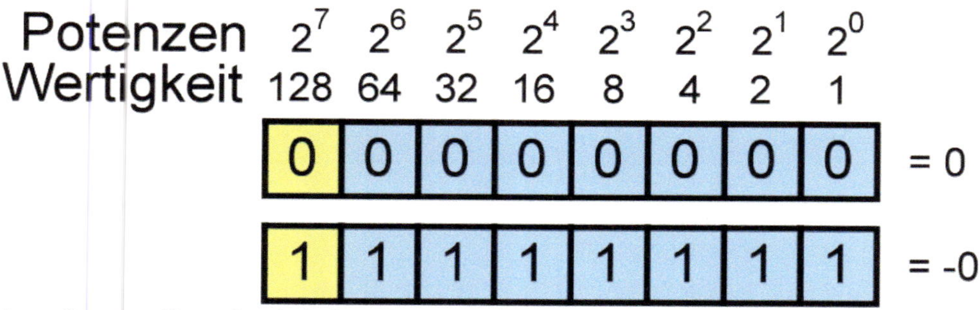

Aus diesem Grund wird der Wert 1 addiert, was in Summe die sogenannte Zweierkomplementbildung ergibt.

Was ist das Zweierkomplement?

Das Zweierkomplement stellt eine Möglichkeit dar, negative Zahlen im Binärsystem darzustellen, ohne die Angabe von zusätzlichen Zeichen wie + und – zu verwenden, da sich diese Information innerhalb der zur Verfügung stehenden Bit-Kombination verbirgt. Das Zweierkomplement wird aus dem Einerkomplement + 1 gebildet.

Nehmen wir einmal unseren ursprünglichen Wert +86, um ihn in eine negative Zahl umzuwandeln und dann anschließend den Wert 1 zu addieren. Die

Potenzen	2^7	2^6	2^5	2^4	2^3	2^2	2^1	2^0	
Wertigkeit	128	64	32	16	8	4	2	1	
Bitkombination	0	1	0	1	0	1	1	0	= 86_{10}
Einerkomplement	1	0	1	0	1	0	0	1	
								+1	
Zweierkomplement	1	0	1	0	1	0	1	0	= -86_{10}

Rechnung -86 + 1 sollte -85 ergeben und nicht -87!

Und jetzt wollen wir die eigentliche Rechnung durchführen und den Wert +1 dazu addieren:

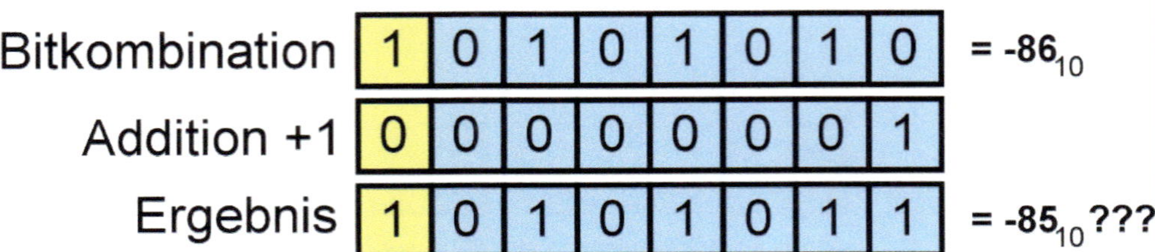

Aber stimmt das denn auch mit der resultierenden Bit-Kombination von 10101011, die dem Wert von -85 entsprechen soll? Wie können wir das überprüfen? Es muss dazu einfach noch einmal vom Ergebnis das Zweierkomplement gebildet werden. Sehen wir nach:

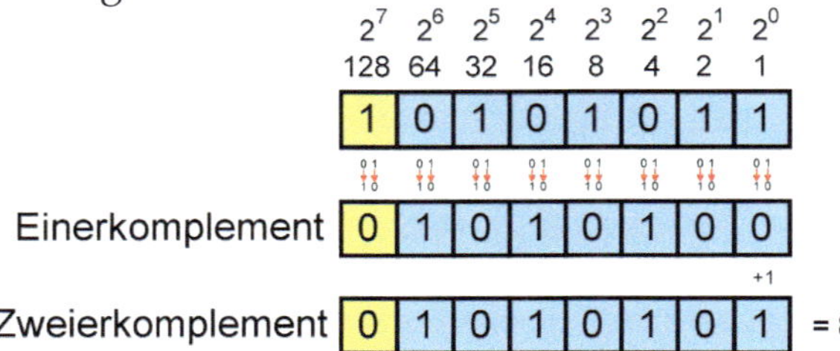

Der negative Wert 10101011, der für -85 steht, wird als solcher interpretiert.

Es ist klar, dass bei einer festen Bit-Breite für einen zu speichernden Wert bei negativen und positiven Werten immer ein Bit weniger zur Verfügung steht und damit der Wertebereich entsprechend kleiner wird:

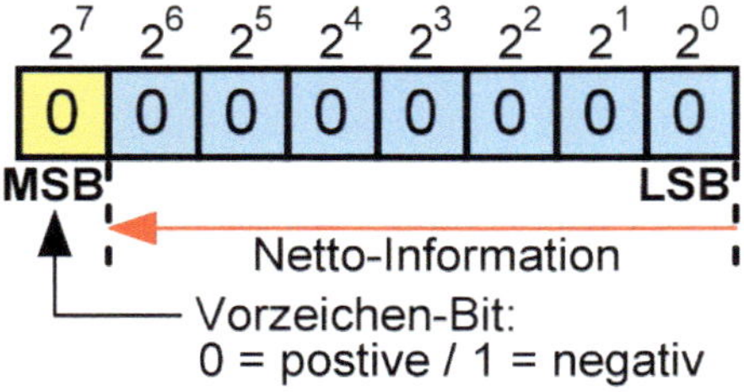

Ich reduziere das der Übersichtlichkeit wegen einmal auf vier Bits und zeige den Zahlenkreis für 4-Bit-Werte, in dem sowohl die positiven als auch die negativen Werte aufgetragen sind:

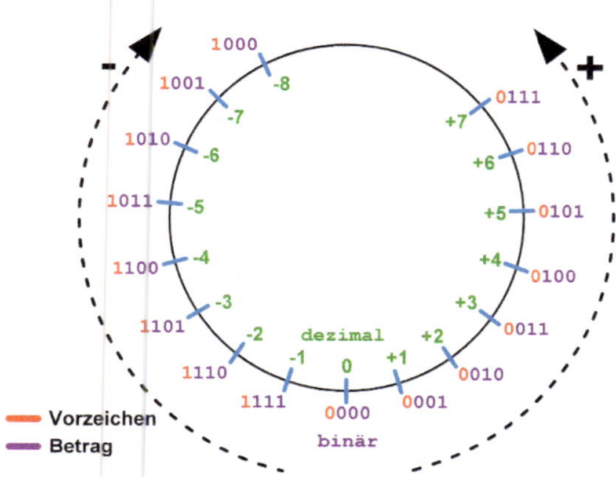

Abbildung 1: Der Zahlenkreis im Zweierkomplement für 4 Bits

Es wird noch etwas deutlicher, wenn ich einmal die Gegenüberstellung von nicht vorzeichenbehafteten (unsigned) und vorzeichenbehafteten (signed) Werten in einer Tabelle zeige:

Bit-Kombination	unsigned	signed
0000	0	0
0001	1	1
0010	2	2
0011	3	3
0100	4	4
0101	5	5
0110	6	6
0111	7	7
1000	8	-8
1001	9	-7
1010	10	-6
1011	11	-5
1100	12	-4
1101	13	-3
1110	14	-2
1111	15	-1

Tabelle: Die Gegenüberstellung von unsigned- und signed-Werten

In der folgenden Tabelle habe ich ein paar Wertebereiche für binäre Zahlen im Zweierkomplementformat aufgelistet:

Anzahl Bits	Unterer Wert	Oberer Wert
2	-2	+1
4	-8	+7
8	-128	+127
16	-32.768	+32.767

Tabelle: Wertebereiche für binäre Zahlen im Zweierkomplementformat

Angenommen, wir sehen die Bit-Kombination 101100102 im Speicher vor und jemand fragt, welchem dezimalen Wert diese Kombination entspricht. Können wir ihm eine eindeutige Antwort geben? Die Antwort lautet nein, denn es fehlen Informationen hinsichtlich des zugrunde liegenden Datentyps, also zum Beispiel unsigned oder signed. Hier noch ein abschließendes Beispiel:

1001 + 0110 = 1111

Die Interpretation des Ergebnisses kann unterschiedlich ausfallen.

- Nicht vorzeichenbehaftet (unsigned): 1111 = +15
- Vorzeichenbehaftet (signed): 1111 = -1

Der Code

Dann wollen wir doch das Ganze einmal mit einer Schaltung umsetzen und über die Schiebeschalter unterschiedliche Bit-Kombinationen miteinander vergleichen. Wie zu Beginn erwähnt, werden wir uns auf 4 Bits beschränken. Im Entity-Block werden die Operanden A und B mit einer Bit-Breite von 4 Bits als signed, also vorzeichenbehaftet deklariert. Die Ergebnis-Flags EQ, GT und LT besitzen die gleiche Funktion wie aus dem vorangegangenen Kapitel und zeigen an, ob die zu vergleichenden Werte gleich, größer oder kleiner sind:

```
library IEEE;
use IEEE.std_logic_1164.all;
use IEEE.numeric_std.all;

entity Kap17_CompareSigned is
    generic(N: integer := 4); -- Anzahl Bits
    port(
        A  : in  signed(N - 1 downto 0);
        B  : in  signed(N - 1 downto 0);
        EQ : out std_logic; -- A = B
        GT : out std_logic; -- A > B
        LT : out std_logic  -- A < B
    );
end entity Kap17_CompareSigned;
...
```

Listing: Kap17_CompareSigned.vhd – Teil 1

Kommen wir zum Architecture-Block, wo für den Vergleich der Werteinhalte von A und B diesmal die Vergleichsoperatoren und nicht die logischen Gatter genutzt werden:

```
...
architecture rtl of Kap17_CompareSigned is
begin
    -- A = B
    EQ <= '1' when A = B else '0';
    -- A > B
    GT <= '1' when A > B else '0';
    -- A < B
    LT <= '1' when A < B else '0';
end architecture rtl;
```

Listing: Kap17_CompareSigned.vhd – Teil 2

Hier die Einstellungen im Connect and Compile-Dialogfenster:

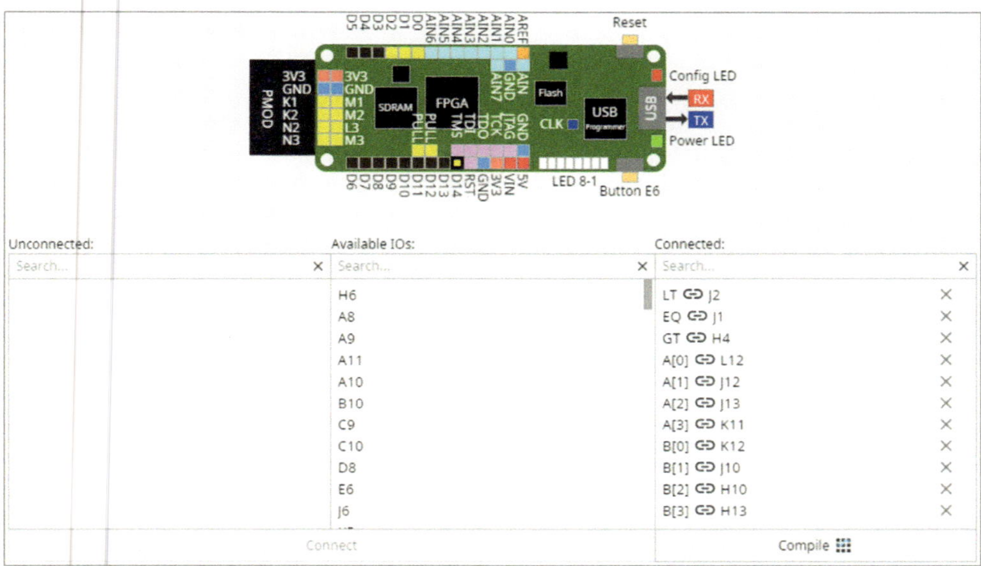

Abbildung 2: Das Mapping für den 4-Bit-Komparator

Der Schaltplan

Kommen wir zum Schaltplan:

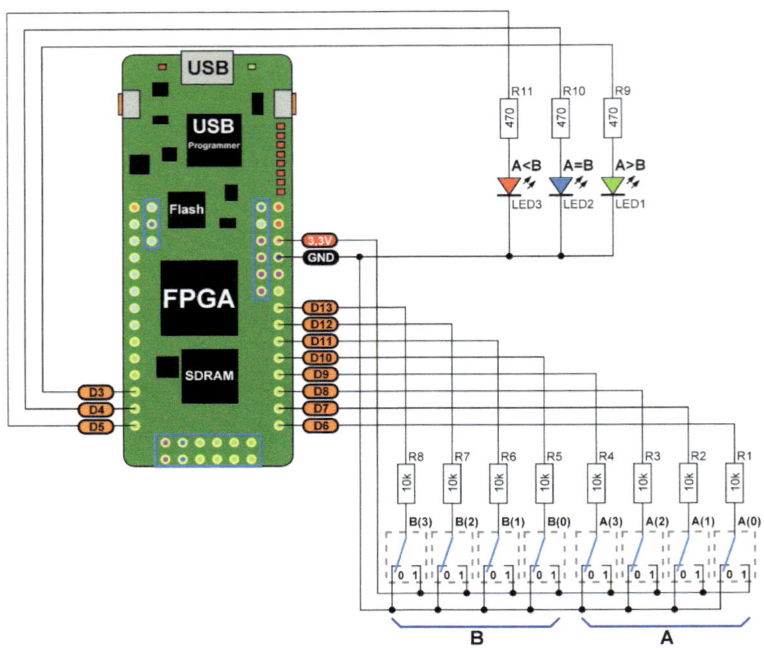

Abbildung 3: Der Schaltplan für den 4-Bit-Komparator

Folgende GPIO-Pins werden verwendet:

GPIO-Pin	MAX1000-Signal	Modus	Signalbezeichnung
D3	H4	out	GT
D4	J1	out	EQ
D5	J2	out	LT
D6	L12	in	A(0)
D7	J12	in	A(1)
D8	J13	in	A(2)
D9	K11	in	A(3)
D10	K12	in	B(0)
D11	J10	in	B(1)
D12	H10	in	B(2)
D13	H13	in	B(3)

Tabelle: Die verwendeten GPIO-Pins

Nun besteht die Möglichkeit, mit unterschiedlichen Binärkombinationen Vergleiche anzustellen. Ich rate, den Datentyp temporär von signed auf unsigned zu ändern, um zu sehen, wie es sich damit verhält.

Der Schaltungsaufbau

Der Schaltungsaufbau sieht wie folgt aus:

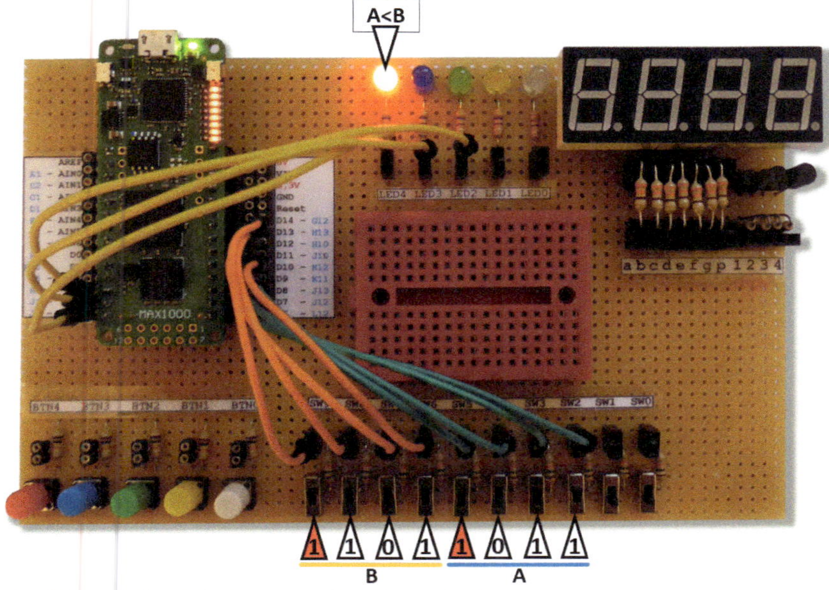

Abbildung 4: Der Schaltungsaufbau des 4-Bit-Komparators

Bei der Betrachtung der vorzeichenbehafteten Werte ist zu sehen, dass der Wert A (binär 1011) kleiner ist als der Wert B (binär 1101) und aus diesem Grund die linke LED für A < B aufleuchtet.

Experimente mit negativen Werten

Wir können kleine Experimente mit negativen Werten durchführen und sehen, wie sich diese auf die Bits, die gesetzt sind, auswirken. Wir verwenden die acht Onboard-LEDs, die sich wunderbar dazu eignen, Werte zwischen -128 und +127 anzeigen zu lassen.

Angenommen, wir möchten etwas Routine in der Konvertierung von Werten in das Zweierkomplement erlangen und sehen, wie zum Beispiel der Wert -112 auf Bit-Ebene aussieht. Machen wir zuerst die schriftliche Konvertierung, wie wir es gelernt haben:

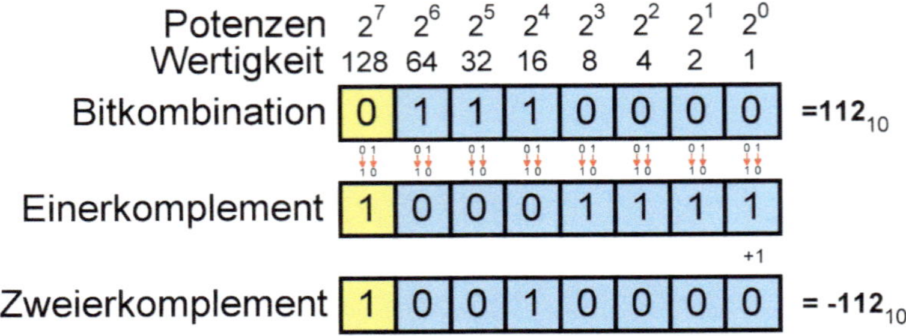

Abbildung 5: Die Erstellung des Zweierkomplements für den Wert 112

Ist es möglich, das Zweierkomplement anzuzeigen? Sehen wir uns den folgenden recht kurzen Code an, mit dem Integerwerte im genannten Wertebereich auf Bit-Ebene angezeigt werden können:

```
01 library IEEE;
02 use IEEE.std_logic_1164.all;
03 use IEEE.numeric_std.all;
04
05 entity Kap17_DisplaySigned is
06     port(
07         LED : out std_logic_vector(7 downto 0)
08     );
09 end entity Kap17_DisplaySigned;
10
11 architecture rtl of Kap17_DisplaySigned is
12     signal value : signed(7 downto 0);
13     signal v : integer := -112; -- Anzuzeigender Wert
14 begin
15     value <= to_signed(v, value'length); -- Konvertierung
16     LED <= std_logic_vector(value);
17 end architecture rtl;
```

Listing: Kap17_DisplaySigned.vhd

In Zeile 07 wird das LED-Array deklariert, wie wir es schon mehrfach gemacht haben. In Zeile 12 wird ein weiteres Array vom Typ signed deklariert, welches den Integerwert aufnehmen soll, der in der darauffolgenden Zeile 13 definiert wird. Nun ist es nicht ohne Weiteres möglich, einen Integerwert einem signed-Array zuzuweisen. Hierzu müssen wir den Umweg über eine entsprechende VHDL-Type-Conversion, also eine Typ-Konvertierung nehmen. Es gibt in der Bibliothek numeric_std einige Funktionen, die diese Aufgabe übernehmen können und wir haben diese Bibliothek schon immer mit eingebunden. In Zeile 15 wird Gebrauch von dieser Funktion to_signed gemacht. Das erste Argument ist das zu konvertierende Signal und das zweite ist die Länge des resultierenden Arrays beziehungsweise Vektors. Die Länge des Vektors wird durch ein sogenanntes Attribut ermittelt, von denen es in

VHDL eine Menge gibt. Hier wird das Attribut length „Länge" genutzt. Die Syntax eines Attributs ist zum Beispiel ein Wert, gefolgt von einem Hochkomma und einem der folgenden Attributnamen. Dann muss in Zeile 16 noch das signed-Array in das std_logic_array der LEDs über die gleichnamige Funktion konvertiert werden. Die Anzeige der LEDs sieht wie folgt aus, was bestätigt, dass das Zweierkomplement korrekt erstellt wurde:

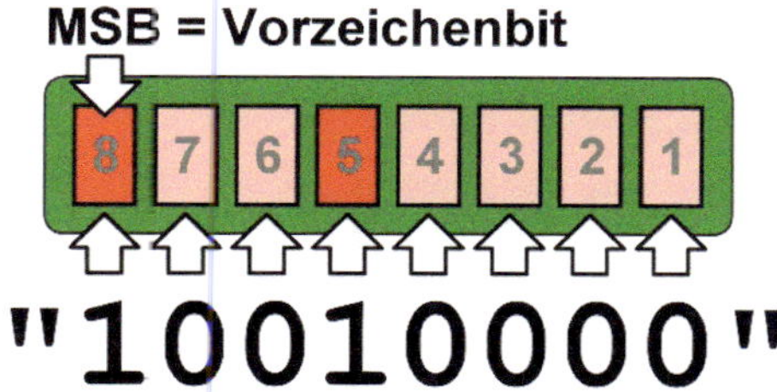

Abbildung 6: Der Wert -112 im Zweierkomplementformat

Die Konvertierung und das Casting von Datentypen

Da es weitere Konvertierungsfunktionen gibt, zeige ich diese in einem Diagramm. Es gibt die Möglichkeiten, zwischen Zahlen und Arrays beziehungsweise Vektoren zu wechseln:

Dieses Wechseln wird über Konvertierung oder Casting erreicht. Worin besteht jedoch der Unterschied? Man könnte es so sehen, dass es bei einer Konvertierung um die Wandlung von einem in einen anderen Datentyp geht, was an dem Präfix to_ der entsprechenden Funktionen zu erkennen ist. Beim Casting geht es um eine andere Interpretation eines Datentyps. Liegt zum Beispiel ein 8-Bit-unsigned-Datentyp vor und wird er in einen 8-Bit-signed-Datentyp gecastet, bleibt die Datenbreite unverändert, jedoch ist die Sicht auf die Daten eine andere.

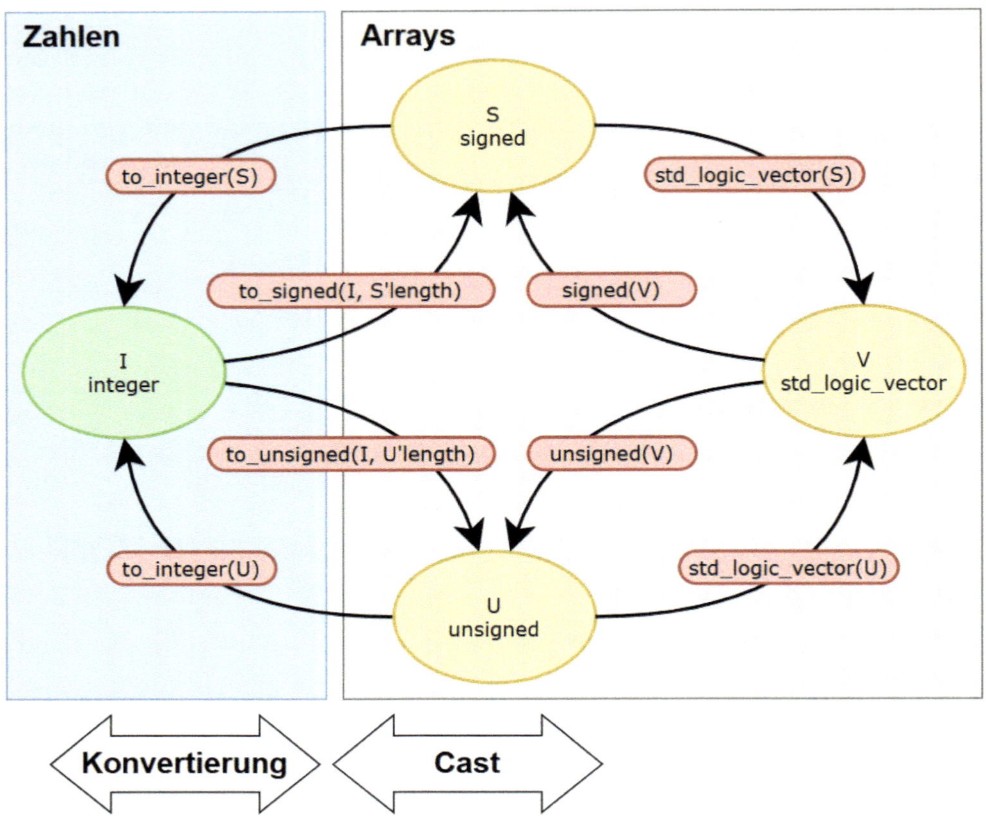

Abbildung 7: Datentypen-Konvertierungen

In diesem Projekt haben wir Expertimente mit negativen Zahlen durchgeführt. Im kommenden Projekt steuern wir eine externe LED-Matrix mit dem Max1000-Board an.

18. Eine LED-Matrix

Um Informationen zu präsentieren, haben wir schon in der einfachsten Variante die LED gesehen. Sie kann entweder an oder aus sein und zeigt darüber einen Status an. Die nächsthöhere Stufe der Entwicklung besteht in der Nutzung von einer Siebensegmentanzeige, die Ziffern und in begrenztem Maße auch Buchstaben anzeigen kann. Gehen wir noch eine Stufe weiter, kommen wir zu den Anzeigen in Form einer LED-Matrix, die eine regelmäßige Gitterform von LEDs darstellt, die in Spalten und Zeilen organisiert sind. Je mehr LED-Punkte vorhanden sind, desto umfangreicher ist auch die Möglichkeit, Zeichen oder auch kleine Grafiken bis hin zu Laufschriften zu realisieren. Die Anschluss-Pins des MAX1000 sind begrenzt und ich habe mich für eine 5x7-Matrix entschieden, mit der aber das Prinzip gut vermittelt werden kann. Da die einzelnen Punkte der Matrix nicht einzeln angesteuert werden müssen, kommt wieder das Multiplexing zum Tragen. Doch sehen wir uns zunächst einmal eine solche LED-Matrix an.

Die LED-Punkt-Matrix

Ich verwende den Typ Kingbright TA12-11HWA beziehungsweise TA12-11EWA, der um die fünf Euro kostet und offiziell die Bezeichnung 5 x 7 Dot Matrix Display hat:

Abbildung 1: Die LED-Matrix TA12-11HWA von Kingbright

Sehen wir uns dazu die Pin-Belegung an:

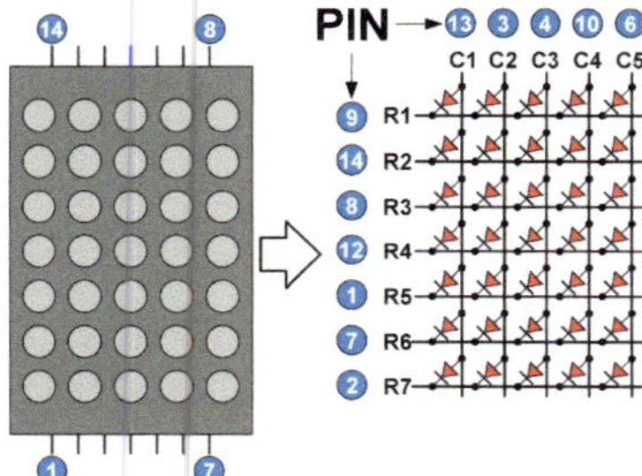

Abbildung 2: Die Pin-Belegung des TA12-11HWA

Die LED-Matrix ist in Zeilen (ROWs R1 bis R7) und Spalten (COLs C1 bis C5) unterteilt. Um zum Bespiel die erste Zeile, also R1, anzusteuern, muss dieser Anschluss mit einem LOW-Pegel versehen werden. Dann können die einzelnen Spalten C1 bis C5 mit entsprechenden HIGH-Pegeln angesteuert werden, um dort ein Muster zu generieren. Das könnte wie folgt aussehen:

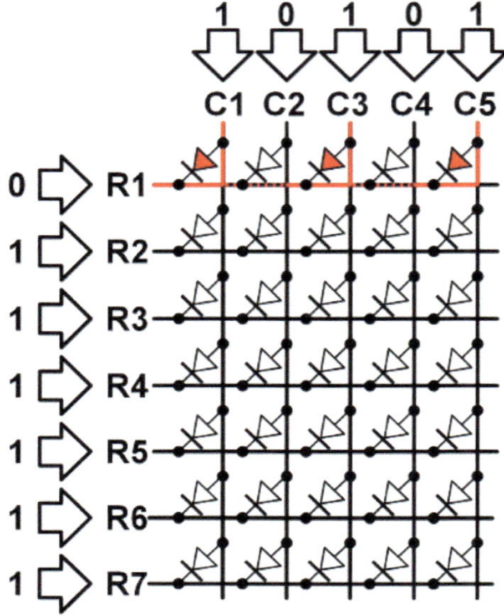

Abbildung 3: Die Ansteuerung von Zeile 1 (R1)

Um jetzt ein 5x7-Muster anzuzeigen, muss für jede angesteuerte Zeile (das erfolgt kontinuierlich von oben nach unten) ein anderes Spaltenmuster zur Verfügung gestellt werden.

Das LED-Array

Ich packe alle Ansteuerungsinformationen in ein einziges LED-Array:

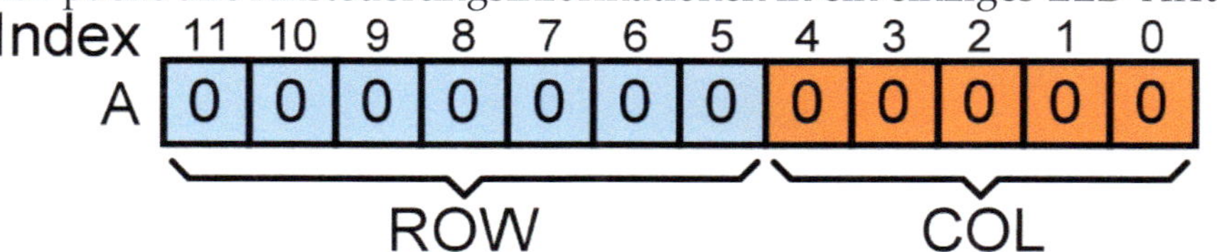

Über das geeignete Setzen der einzelnen Bits kann in genannter Weise jede Zeile nacheinander mit entsprechenden Informationen versorgt werden. Die Verbindung von Array und LED-Matrix sieht wie folgt aus:

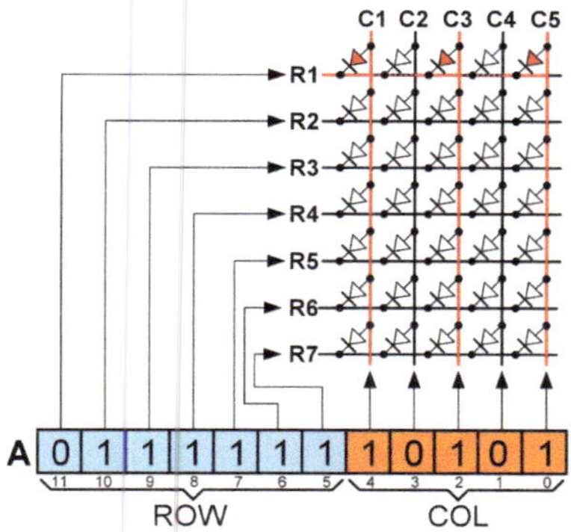

Abbildung 4: Die Verbindung des Arrays zur LED-Matrix

Der Schaltplan

Werfen wir einen Blick auf den Schaltplan:

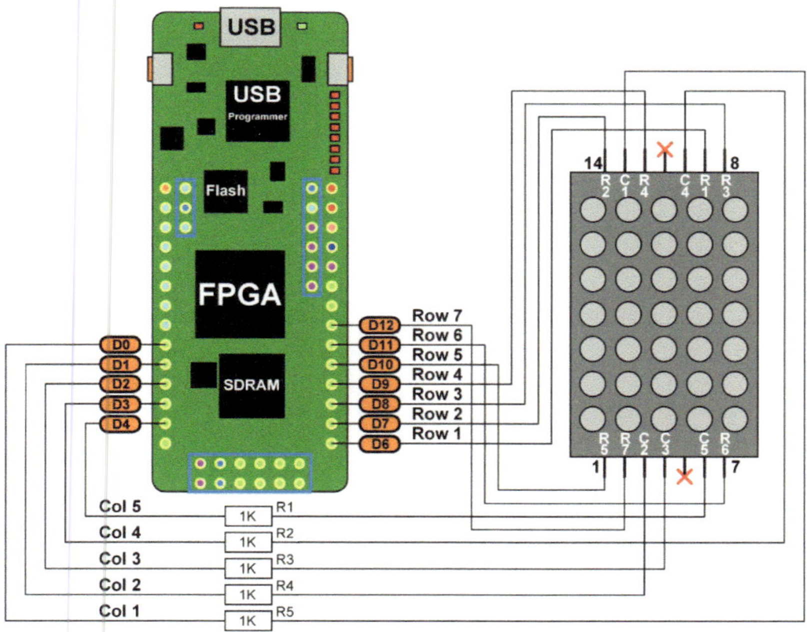

Abbildung 5: Der Schaltplan zur Ansteuerung der LED-Matrix

Die verwendeten 1KΩ-Vorwiderstände sind vielleicht etwas hoch dimensioniert, doch ich wollte die digitalen Pins nicht zu sehr belasten. Mit den schon verwendeten Widerstandswerten von 470Ω wird das Bild deutlich heller.

Folgende GPIO-Pins werden verwendet:

GPIO-Pin	MAX1000-Signal	Modus	Signalbezeichnung
D0	H8	out	A(4)
D1	K10	out	A(3)
D2	H5	out	A(2)
D3	H4	out	A(1)
D4	J1	out	A(0)
D6	L12	out	A(11)
D7	J12	out	A(10)
D8	J13	out	A(9)
D9	K11	out	A(8)
D10	K12	out	A(7)
D11	J10	out	A(6)
D12	H10	out	A(5)

Tabelle: Die verwendeten GPIO-Pins

Der Code: Vorbereitung

Sehen wir uns dazu den folgenden Code an. Da es zur Ansteuerung der jeweiligen Zeile eines LOW-Pegels bedarf, habe ich in Zeile 16 den not-Operator vor die Zeileninformation gesetzt. Man hätte auch in Zeile 14 das Array mit der Bitkombination 0111111 versehen können, um sich dann den not-Operator zu ersparen:

```
01 library IEEE;
02 use IEEE.std_logic_1164.all;
03 use IEEE.numeric_std.all;
04
05 entity Kap18_LED_Matrix is
06     port(
07         A   : out std_logic_vector(11 downto 0);
08         CLK : in std_logic
09     );
10 end entity Kap18_LED_Matrix;
11
12 architecture rtl of Kap18_LED_Matrix is
13     signal col : std_logic_vector(4 downto 0)  := "10101";
14     signal row : std_logic_vector(6 downto 0)  := "1000000";
15 begin
16     A(11 downto 5) <= not row; -- Zeilenansteuerung (LOW-aktiv)
17     A(4 downto 0) <= col;      -- Spalteninformationen
18 end architecture rtl;
```

Listing: Kap18_LED_Matrix.vhd

Hier die Einstellungen im Connect and Compile-Dialogfenster, welches für alle Experimente dieses Kapitels unverändert bleibt:

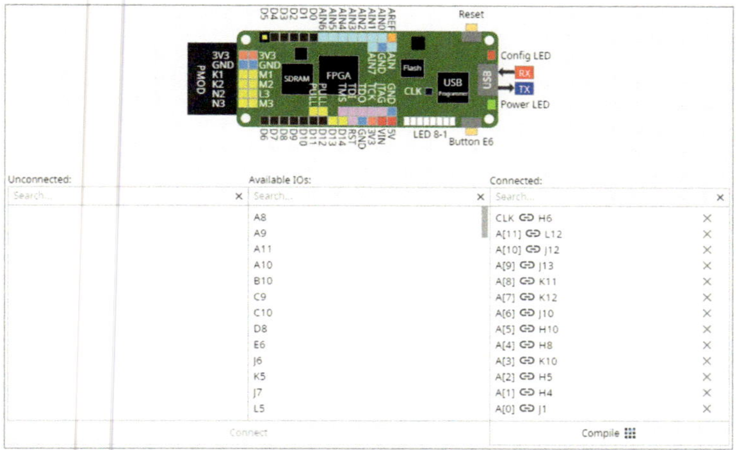

Abbildung 6: Das Mapping für die LED-Matrix

In der Anzeige sollte es nach dem Download wie folgt aussehen:

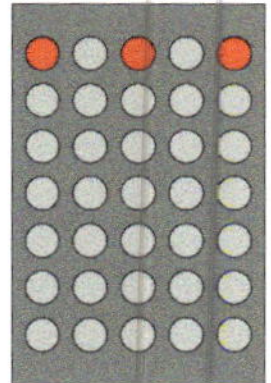

Gehen wir einen Schritt weiter in die Richtung der Ansteuerung der restlichen Zeilen und sehen uns den folgenden erweiterten Code dazu an. Den ersten Teil innerhalb des Entity-Blocks kennen wir schon, denn hier geht es unter anderem um die Parameter zu Steuerung des Takts:

```
library IEEE;
use IEEE.std_logic_1164.all;
use IEEE.numeric_std.all;

entity Kap18_LED_Matrix_Erweitert is
    generic(
        CLK_Freq : integer := 12000000; -- 12MHz
        MUX_Freq : integer := 1
    );
    port(
        A   : out std_logic_vector(11 downto 0);
        CLK : in std_logic
    );
end entity Kap18_LED_Matrix_Erweitert;
...
```

Listing: Kap18_LED_Matrix_Erweitert.vhd – Teil 1

Im Architecture-Block wird nun die noch feste Spalteninformation 10101 nacheinander in allen Zeilen angezeigt. Ich nutze dazu den schon bekannten Rotationsmechanismus, der jetzt aber aufs nach rechts Rotieren orientiert ist:

```
15 ...
16 architecture rtl of Kap18_LED_Matrix_Erweitert is
17     signal col : std_logic_vector(4 downto 0) := "10101";
18     signal row : std_logic_vector(6 downto 0) := "1000000";
19     signal clk_counter : integer range 0 to (CLK_Freq/MUX_Freq/2)
:=0;
20 begin
21     process(CLK)
22     variable row_index : integer range 0 to 6 :=0;
23     begin
24         if rising_edge(CLK) then
25             clk_counter <= clk_counter + 1;
26             if clk_counter = CLK_Freq/MUX_Freq/2 then
27                 clk_counter <= 0;
28                 A(11 downto 5) <= not row; -- Zeilenansteuerung
29                 A(4 downto 0) <= col;      -- Spalteninformationen
30                 row <= row(0) & row(6 downto 1); -- Rotate right
31             end if;
32         end if;
33     end process;
34 end architecture rtl;
```

Listing: Kap18_LED_Matrix_Erweitert.vhd – Teil 2

Über Zeile 30 wird bei jedem Durchlauf die 1 des row-Signals nach rechts rotiert, um darüber die einzelnen Zeilen kontinuierlich hintereinander anzusteuern. In der Anzeige wandert jetzt die Spalteninformation 10101 mit sehr niedrigem Takt sichtbar durch alle Zeilen hindurch. Würde dieser Takt nun erhöht, wären drei senkrechte Linien in der LED-Matrix zu beobachten.

Nun ist es soweit, dass wir zum endgültigen Code übergehen können, der aber nur einen ersten Ansatz zur Ansteuerung von Zeichen auf der LED-Matrix darstellt. Ich rate, selbst zu experimentieren.

Der Code: Zeichendarstellung

Sehen wir uns den folgenden Code an, der die Weiterführung dessen ist, was bisher gezeigt wurde. Es werden die sieben Zeilen nacheinander angesteuert und nun nicht immer die gleiche Spalteninformation geliefert, sondern aus einem zweidimensionalen Array abgerufen. Im Siebensegment-Kapitel sind wir das erste Mal mit Arrays und der Typdefinition in Berührung gekommen. Nun wird das Array um eine weitere Dimension erweitert. Beginnen wir wieder mit dem Entity-Block, der fast unverändert zum vorangegangenen übernommen wurde. Nur der Frequenzwert in Zeile 08 wurde angepasst:

```
01 library IEEE;
02 use IEEE.std_logic_1164.all;
03 use IEEE.numeric_std.all;
04
05 entity Kap18_LED_Matrix2 is
06     generic(
07         CLK_Freq : integer := 12000000; -- 12MHz
08         MUX_Freq : integer := 200       -- 200Hz
09     );
10     port(
11         A   : out std_logic_vector(11 downto 0);
12         CLK : in std_logic
13     );
14 end entity Kap18_LED_Matrix2;
15 ...
```

Listing: Kap18_LED_Matrix2.vhd – Teil 1

Im Architecture-Block werden nun im Gegensatz zum vorigen Beispiel zahlreiche Modifikationen vorgenommen. Das zweidimensionale Array wurde auf 3x7 modifiziert, wobei jede Zeile fünf Elemente für die Spalteninformation bereitstellt. Der Wert 3 kann beliebig erweitert werden, denn er steht im Moment noch für drei unterschiedliche Zeichen, die gleich definiert werden:

```
...
architecture rtl of Kap18_LED_Matrix2 is
    type t_Col_Row is array (0 to 2, 0 to 6) of std_logic_vector(4
downto 0);
    signal Char : t_Col_Row;
    signal row : std_logic_vector(6 downto 0) :="1000000";
    signal clk_counter : integer range 0 to (CLK_Freq/MUX_Freq/2)
:=0;
    signal char_index : integer :=1; -- 0='A', 1='B', 2='C'
...
```

Listing: Kap18_LED_Matrix2.vhd – Tel 2

Nachfolgend sind die Definitionen der drei Zeichen A, B und C zu sehen, wobei ich die Array-Definition derart angeordnet habe, dass die Zeichen anhand der Einsen ungefähr zu erkennen sind:

```
...
begin
    Char <= (("01110",
              "10001",
              "10001",
              "11111",
              "10001",
              "10001",
              "10001"),
             ("11110",
              "10001",
              "10001",
              "11110",
              "10001",
              "10001",
              "11110"),
             ("01110",
              "10001",
              "10000",
              "10000",
              "10000",
              "10001",
              "01110"));
...
```

Listing: Kap18_LED_Matrix2.vhd – Teil 3

Abschließend folgt die Ansteuerung der LED-Matrix auf Grundlage der Array-Informationen:

```
...
process(CLK)
    variable row_index : integer range 0 to 6 :=0;
    begin
        if rising_edge(CLK) then
            clk_counter <= clk_counter + 1;
            if clk_counter = CLK_Freq/MUX_Freq/2 then
                clk_counter <= 0;
                A(11 downto 5) <= not row;
                A(4 downto 0) <= Char(char_index, row_index);
                row_index := row_index + 1;
                row <= row(0) & row(6 downto 1); -- Rotate right
                if row_index > 6 then
                    row_index :=0;
                end if;
            end if;
        end if;
    end process;
end architecture rtl;
```

Listing: Kap18_LED_Matrix2.vhd – Teil 4

Über das Signal char_index kann das anzuzeigende Zeichen ausgewählt werden.

Der Schaltungsaufbau

Der Schaltungsaufbau ist auf dem Foto unten zu sehen, wobei ich das LED-Matrix-Modul auf ein Breadboard aufgesteckt habe, um leichter an die Anschluss-Pins zu gelangen:

Abbildung 7: Der Schaltungsaufbau mit dem LED-Matrix-Modul

Endlich mal ein Projekt, das man anderen vorführen kann, um Eindruck zu schinden! Im nächsten Projekt geht es um die anologen Eingänge am Max-1000-Board.

19. Analoge Eingänge

Kommen wir zu einem weiteren spannenden Thema. Das MAX1000-Board verfügt nicht nur über digitale Ein- und Ausgänge, sondern auch über analoge Eingänge. Diese Eingänge befinden sich an den folgenden Pins, die wir bisher nicht genutzt haben:

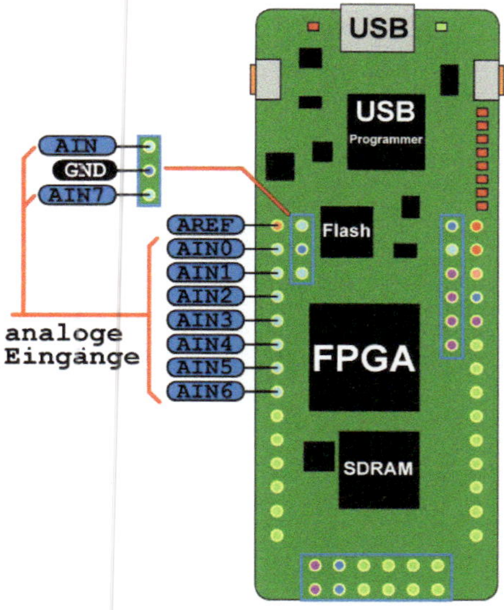

Abbildung 1: Die analogen Eingänge des MAX1000-Boards

Es handelt sich also um neun eigenständige Eingänge mit den Bezeichnungen AIN und AIN0 bis AIN7. Diese besitzen eine Auflösung von 12 Bit mit 1 Mio. Samples/s. Was bedeutet das im Detail?

Mit 12 Bits können 212 = 4.096 unterschiedliche Werte dargestellt werden und somit kann das Board zwischen 4.096 Spannungswerten in der angegebenen Sample-Rate unterscheiden. Da das Board mit 3,3V arbeitet, bedeutet das Folgendes:

$$\frac{3{,}3V}{4.096} \approx 0{,}8\,mV$$

Es kann also in 0,8mV-Schritten gearbeitet werden, was schon beträchtlich ist. Da die neun analogen Eingänge über sogenannte Channels (Kanäle) abgefragt werden, müssen wir uns die Zuordnung ansehen, bevor es mit der Erstellung des Codes losgehen kann. Die folgende Tabelle zeigt diese Informationen:

Anschluss-Pin	Channel
AIN	8
AIN0	1
AIN1	6
AIN2	5
AIN3	7
AIN4	3
AIN5	0
AIN6	2
AIN7	4

Tabelle: ADC-Anschluss-Pin/Channel-Mapping

Dann wollen wir uns an das Projekt heranarbeiten. Für diejenigen, die über Widerstände und Spannungsteiler noch nicht so gut Bescheid wissen, hier vorab ein paar grundlegende Informationen.

Der Spannungsteiler

Wir möchten in unserem Experiment unterschiedliche Spannungswerte an einen der analogen Eingänge leiten, um dann mit diesem gemessenen Wert etwas anzufangen. Wie ist es jedoch möglich, die zur Verfügung stehende Spannung von 3,3V zu verkleinern? Wir wollen ja einen Bereich von 0V bis 3,3V abdecken. Die Lösung besteht in der Nutzung eines sogenannten Spannungsteilers.

Was ist ein Spannungsteiler?

Ein Spannungsteiler ist eine Reihenschaltung aus zum Beispiel zwei Widerständen, mit denen eine Spannung in mehrere Teilspannungen aufgeteilt wird.

Auf der folgenden Abbildung ist eine Grundschaltung eines unbelasteten Spannungsteilers zu sehen, wobei die Widerstandswerte erst einmal keine Rolle spielen:

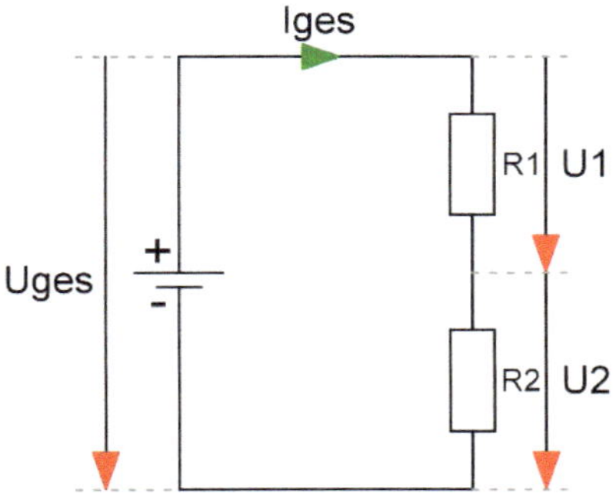

Abbildung 2: Der unbelastete Spannungsteiler

Die Spannungen und Widerstände stehen hier in einem bestimmten Verhältnis zueinander, sodass gesagt werden kann.

Das Spannungs- und Widerstandsverhältnis

In einer Reihenschaltung von Widerständen verhalten sich die einzelnen Spannungen wie die entsprechenden Widerstände.

Diese Aussage kann in folgende Formel übertragen werden:

$$\frac{U_1}{U_2} = \frac{R_1}{R_2}$$

Wird diese Formel zum Beispiel nach U1 umgestellt, so lautet das Ergebnis:

$$U_1 = \frac{R_1}{R_2} \cdot U_2$$

Wo kommt in den Formeln die Gesamtspannung Uges vor? Bisher noch nicht! Das ist aber ganz einfach, denn die Spannungs- und Widerstandsverhältnisse können auch auf die Gesamtspannung angewendet werden. Die Gesamtspannung liegt ja an den beiden Widerständen R1 und R2 an. Somit lautet der erste Teil der Verhältnisgleichung:

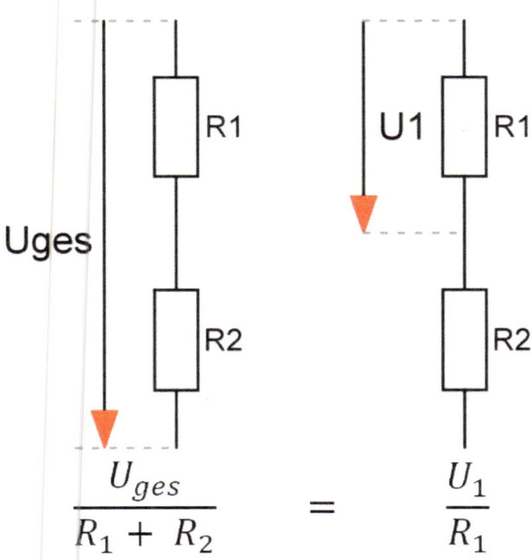

Abbildung 3: Der Spannungsteiler und die Verhältnisse von Spannung und Widerstand – Teil 1

Genauso geht das für den unteren Zweig des Spannungsteilers:

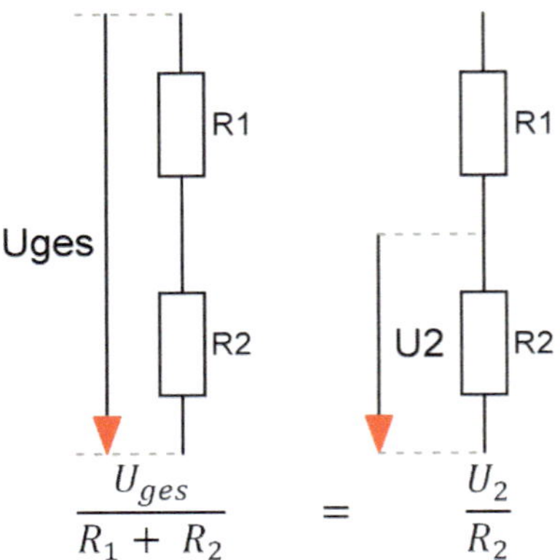

Abbildung 4: Der Spannungsteiler und die Verhältnisse von Spannung und Widerstand – Teil 2

Jetzt können die beiden gezeigten Formeln nach dem Dreisatz nach Belieben umgestellt werden. Hier die Ergebnisse für die Spannungen U1 und U2:

$$U_1 = \frac{U_{ges} \cdot R_1}{R_1 + R_2} \qquad U_2 = \frac{U_{ges} \cdot R_2}{R_1 + R_2}$$

Dazu ein kurzes Rechenbeispiel, wobei die folgenden Werte gegeben sind und U2 ermittelt werden soll:

Uges = 12V, R1 = 100Ω, R2 = 200Ω

Werden diese Werte in die Gleichung eingesetzt, kommt folgende Lösung für U2 heraus:

$$U_2 = \frac{U_{ges} \cdot R_2}{R_1 + R_2} = \frac{12V \cdot 200\Omega}{100\Omega + 200\Omega} = 8V$$

So ein Spannungsteiler leistet sehr gute Dienste, wenn es darum geht, einen der beiden Widerstände zum Beispiel durch einen veränderlichen Widerstand wie ein sogenanntes Potenziometer zu ersetzen. Ein entsprechendes Experiment folgt in Kürze.

Ein variabler Spannungsteiler

Neben den Festwiderständen gibt es eine ganze Reihe veränderlicher Widerstände, wenn man zum Beispiel an den Lautstärkeregler eines Radios denkt. Dabei handelt es sich um einen Widerstand, der je nach Drehposition seinen

Widerstandswert ändert. Sehen wir uns dazu die Funktion eines Potenziometers, kurz Poti, an. Mit Hilfe dieses Bauteils kann der Widerstandswert durch Drehung an der beweglichen Achse verändert werden. In den beiden folgenden Grafiken ist der schematische Aufbau zu sehen. Auf einem nichtleitenden Trägermaterial ist eine leitende Widerstandsschicht aufgebracht, an deren beiden Enden (A und B) Kontakte angebracht sind. Zwischen diesen beiden Kontakten herrscht immer der gleiche Widerstandswert. Damit der Widerstand jedoch veränderbar ist, wird ein dritter beweglicher Kontakt (C) angebracht, der sich auf der Widerstandsschicht in beide Richtungen bewegen kann. Man nennt ihn Schleifer; er dient als Abgriffkontakt für den variablen Widerstandswert:

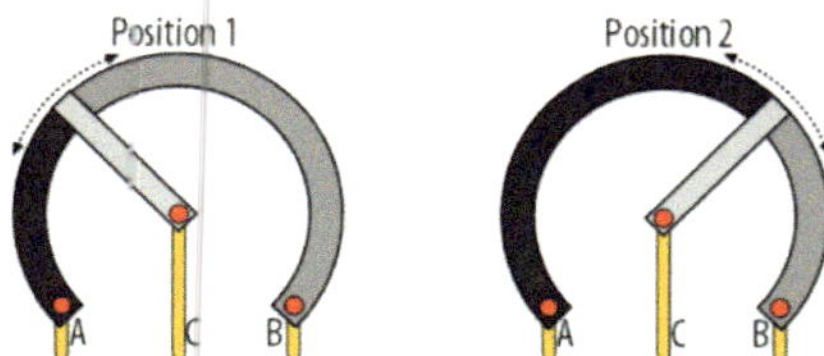

Abbildung 5: Schematischer Aufbau eines Potenziometers in zwei unterschiedlichen Positionen

Bei Position 1 besteht zwischen den Punkten A und C ein vergleichbar kleinerer Widerstand als zwischen den Punkten C und B. Im Gegensatz dazu wurde bei Position 2 der Schleifkontakt weiter nach rechts gedreht, wobei sich der Widerstandswert zwischen Punkt A und C vergrößert und gleichzeitig zwischen C und B verkleinert hat. Auf der folgenden Abbildung sind das Prinzip und die Funktion anhand des schon bekannten Spannungsteilers etwas besser zu verstehen. Der Schleifer des Potenziometers ist Pin C in der Schaltung. Wandert der Schleifer nach oben, wird der Widerstandswert zwischen Pin A und Pin C in dem Maße kleiner, wie er zwischen Pin C und Pin B größer wird. Man kann das Potenziometer als zwei sich ändernde Widerstände ansehen, wobei der Schleifer der Teiler ist, der die beiden Widerstände auftrennt. Die beiden folgenden Schaltungen zeigen das Verhalten des Potenziometers und die resultierenden Widerstände R1 und R2:

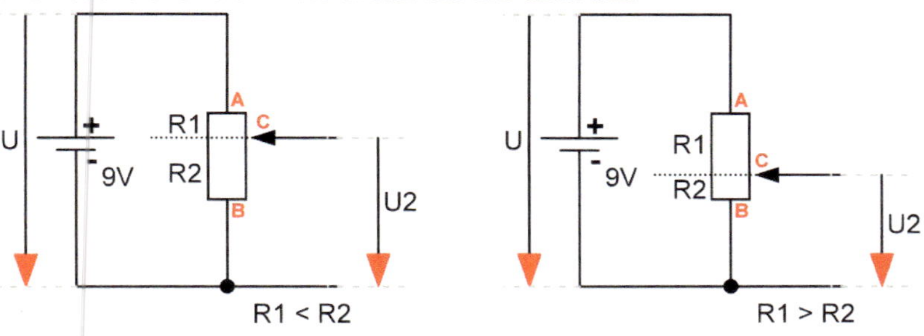

Abbildung 6: Ein variabler Spannungsteiler

In der linken Schaltung ist der Widerstand R1 kleiner als R2. Das bedeutet, dass an R2 die größere Spannung gemessen wird, die ja auch die Ausgangsspannung U2 ist. Das ist eigentlich ganz logisch, denn wenn der Schleifer des Potenziometers immer weiter nach oben wandert, kommt er irgendwann mit der Versorgungsspannung +9V in Berührung, die dann am Ausgang zur Verfügung steht. Umgekehrt wird die Ausgangsspannung immer kleiner, wenn der Schleifer des Potenziometers weiter nach unten in Richtung 0V beziehungsweise Masse wandert. Ist er dort angekommen, liegen am Ausgang 0V an.

Ein Poti sieht wie folgt aus, wobei es unzählige Varianten gibt:

Abbildung 7: Ein Potenziometer

Sehen wir uns also den Schaltplan zur Umsetzung unseres Vorhabens an.

Der Schaltplan

Der Schaltplan ist recht einfach und besteht lediglich aus einem Potenziometer mit seinen drei Anschlüssen, wobei die äußeren mit der Spannungsquelle 3,3V und Masse verbunden sind und der Abgriff zu einem der analogen Eingänge geführt wird:

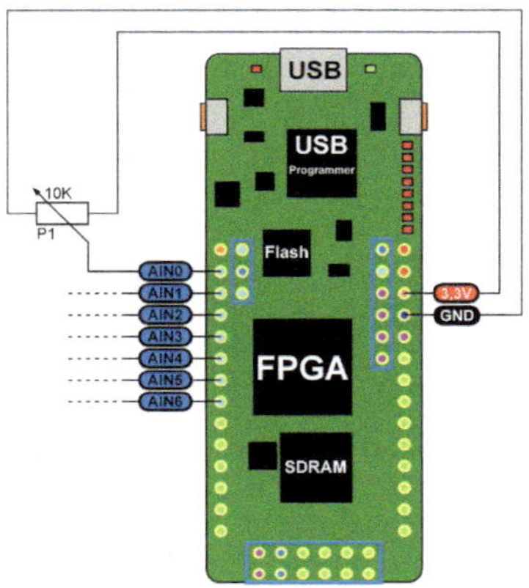

Abbildung 8: Der Schaltplan für den analogen Input über das Poti

Folgende GPIO-Pins werden verwendet:

GPIO-Pin	MAX1000-Signal	Modus	Signalbezeichnung
OnBoard-LEDs	OnBoard-LEDs	out	LED
CLK	H6	in	CLK

Tabelle: Die verwendeten GPIO-Pins

Um das Potenziometer später auch gut mit der Schaltung verbinden zu können, habe ich Stiftleisten angelötet, sodass diese dann mit dem Poti auf das kleine Breadboard aufgesteckt werden können:

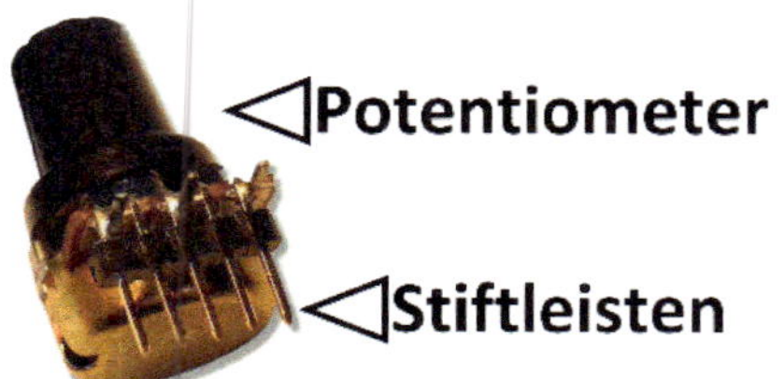

Abbildung 9: Potenziometer mit angelöteten Stiftleisten

Wie können wir den Wert des am Poti gemessenen Spannungswertes überhaupt sichtbar machen? Man könnte das über die serielle Schnittstelle abwickeln und den Messwert dorthin senden. Doch wir wollen jetzt einen anderen Weg gehen. Wir haben auf dem MAX1000-Board doch acht LEDs, die wir wie eine Aussteuerungsanzeige nutzen können. Je größer der Spannungswert, desto mehr LEDs leuchten auf. Wenden wir uns der Codeerstellung zu.

Der Code

Nach der Erstellung eines neuen Projekts müssen wir erstmalig auf die vorhandenen Libraries zugreifen, die uns zur Verfügung stehen, damit wir dann einen einzelnen ADC-Kanal auslesen können. Die Abkürzung ADC steht für Analog Digital Converter, also eine Analog-zu-Digitalwandlung. Im Projekt-Explorer sieht das entsprechende Projekt wie folgt aus, wobei der Inhalt, der auch weitere Template-Informationen enthält, erst einmal keine Rolle spielt und später angepasst wird:

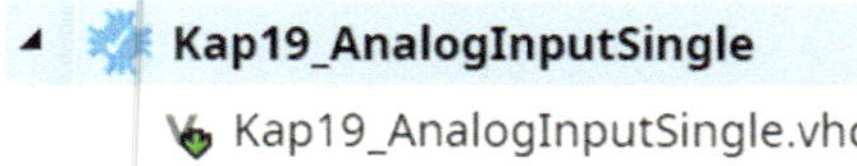

Im nächsten Schritt müssen wir zum erwähnten Library Explorer wechseln, in dem auf den entsprechenden unteren Tab-Reiter geklickt wird:

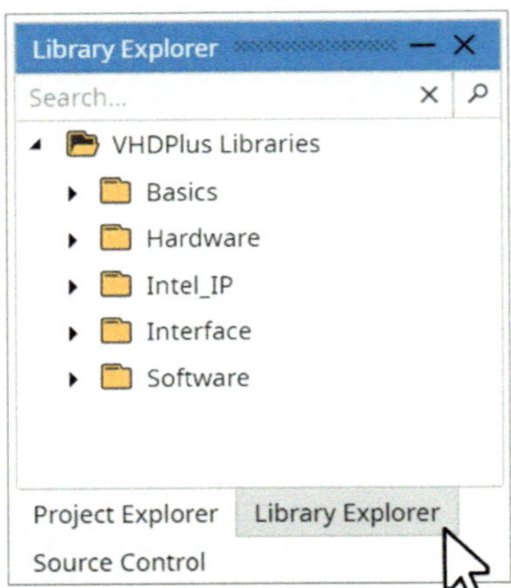

Abbildung 10: Der Aufruf des Library Explorers

Die Inhalte sind dort in verschiedenen Kategorien organisiert. Wir müssen für unser Projekt die Folgende auswählen:

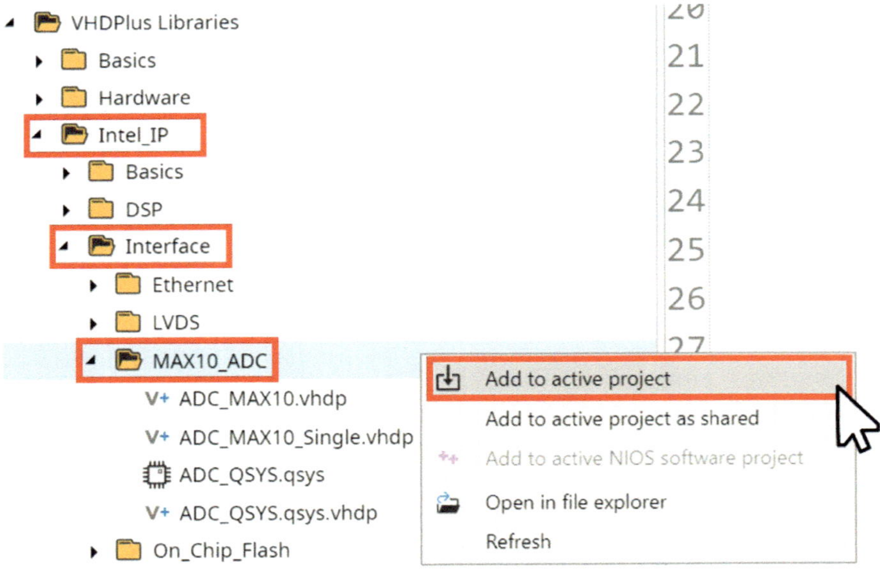

Abbildung 11: Die Auswahl der MAX10_ADC-Library

Durch diesen Schritt werden die erforderlichen Daten zu unserem eigentlichen Projekt hinzugefügt, was dann im Projekt-Explorer so aussieht. Es sollte vorher sichergestellt sein, dass auch das richtige Projekt aktiv ist, denn andernfalls landen diese Dateien im falschen Projekt. Wurde dieser Schritt durchgeführt, sind folgende Informationen im Output-Fenster zu sehen:

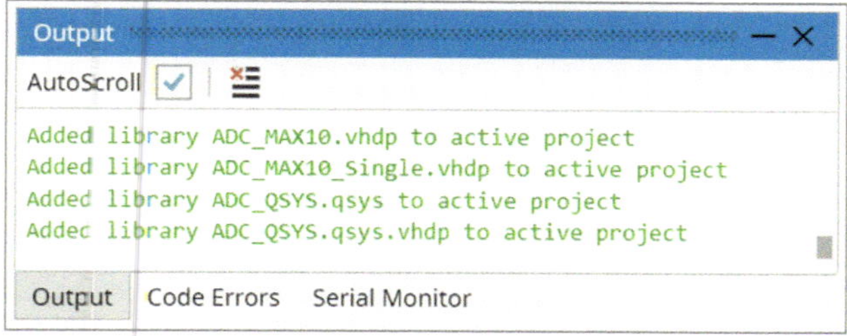

Abbildung 12: Der Hinweis über hinzugefügte Dateien

Dann werfen wir doch einmal einen Blick in den Projekt-Explorer. Dort sind nach dem Ausklappen des Libraries-Ordners die zuvor im Library Explorer ausgewählten Dateien zu sehen und stehen uns nun in diesem Projekt zur Verfügung:

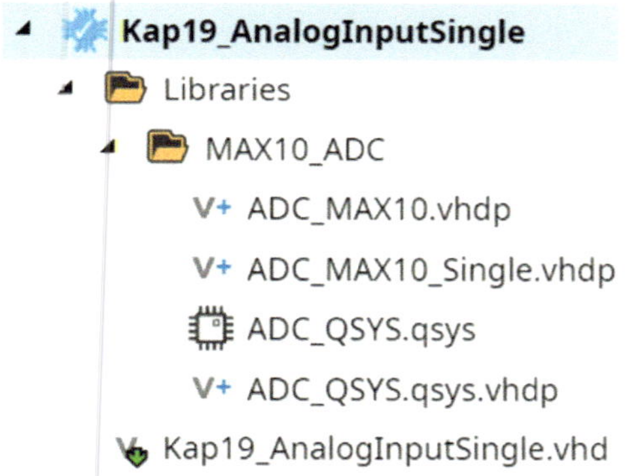

Abbildung 13: Die ADC-Libraries im Project Explorer

Nun ist es soweit, dass wir mit dem eigentlichen Code beginnen können. Starten wir wieder mit unserem Entity-Block. Hier ist unter anderem zu sehen, dass wir acht LEDs für die spätere Pegelanzeige in Zeile 08 deklarieren und initialisieren:

```
01 library IEEE;
02 use IEEE.std_logic_1164.all;
03 use IEEE.numeric_std.all;
04
05 entity Kap19_AnalogInputSingle is
06     port(
07         CLK : in  std_logic;
08         LED : out std_logic_vector(7 downto 0) := (others =>'0')
09     );
10 end entity Kap19_AnalogInputSingle;
11 ...
```

Listing: Kap19_AnalogInputSingle.vhd – Teil 1

Kommen wir zum Architecture-Block. Da wir in diesem Fall wieder eine Component nutzen werden, ist es erforderlich, bestimmte Signale zu deklarieren, um diese dann mit der Komponente zu mappen. In Zeile 13 wird das Signal sig_channel deklariert, das die Informationen des zu nutzenden ADC-Kanals speichert. In Zeile 14 wird das Signal sig_data deklariert, denn es muss der gemessene Spannungswert in irgendeiner Form gespeichert werden, um ihn dann später auszuwerten. In den Zeilen 15 bis 21 kommt es zur Deklaration der zu nutzenden ADC_MAX10_Single-Komponente:

```
11 ...
12 architecture rtl of Kap19_AnalogInputSingle is
13     signal sig_Channel : natural range 0 to 8 := 0;
14     signal sig_Data    : natural range 0 to 4095 := 0;
15     component ADC_MAX10_Single is
16         PORT (
17             CLK     : IN std_logic;
18             Channel : IN  natural range 0 to 8 := 0;
19             Data    : OUT natural range 0 to 4095 := 0
20         );
21     end component ADC_MAX10_Single;
22 ...
```

Listing: Kap19_AnalogInputSingle.vhd – Teil 2

In den Zeilen 23 bis 29 erfolgt das Port-Mapping der Component-Signale auf unsere definierten Signale aus den Zeilen 13 und 14:

```
21 ...
22 begin
23     adc : ADC_MAX10_Single
24     port map
25     (
26         CLK     => CLK,
27         Channel => sig_Channel,
28         Data    => sig_Data
29     );
30 ...
```

Listing: Kap19_AnalogInputSingle.vhd – Teil 3

In den restlichen Zeilen erfolgt die eigentliche Abfrage des Kanals mit den ermittelten Messwerten und die Bewertung, bei welchem Messwert welche LEDs anzusteuern sind. In Zeile 33 wird der zu nutzende ADC-Kanal festgelegt, wobei ich mich für Kanal 0, also AIN0, entschieden habe. In Zeile 34 werden immer alle LEDs initial ausgeschaltet, damit auch beim Zurückregeln der Spannung die zuvor leuchtenden LEDs nicht an bleiben. Über die zahlreichen If-then-Abfragen habe ich den Wertebereich definiert, wann die einzelnen LEDs aufleuchten sollen. Hier kann jeder sein eigenes Schema entwickeln. Ich wollte mit den gezeigten Werten den kompletten Wertebereich ausnutzen:

```
...
process(clk)
    begin
        if rising_edge(CLK) then
            sig_Channel <= 0; -- AIN0
            LED <= (others => '0');
            if sig_Data > 20   then LED(0) <= '1'; end if;
            if sig_Data > 512  then LED(1) <= '1'; end if;
            if sig_Data > 1024 then LED(2) <= '1'; end if;
            if sig_Data > 1536 then LED(3) <= '1'; end if;
            if sig_Data > 2048 then LED(4) <= '1'; end if;
            if sig_Data > 2550 then LED(5) <= '1'; end if;
            if sig_Data > 3072 then LED(6) <= '1'; end if;
            if sig_Data > 3584 then LED(7) <= '1'; end if;
        end if;
    end process;
end architecture rtl;
```

Listing: Kap19_AnalogInputSingle.vhd – Teil 4

Da nur acht LEDs verwendet werden, ist die Abstufung der unterschiedlichen Spannungsbereiche, die angezeigt werden, recht bescheiden und bei geringen Änderungen der Potenziometerstellung ist keine Änderung bei den LEDs zu sehen, was aber für unser Projekt zweitrangig ist:

Sehen wir uns noch den Connect and Compile-Dialog an:

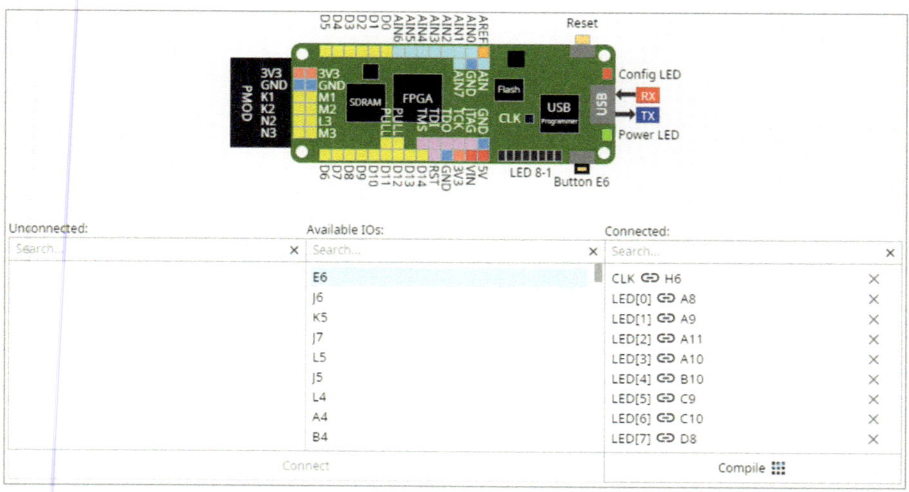

Abbildung 14: Das Mapping für den ADC-Wandler

Es gibt einen MAX1000-Parameter, der auf true gesetzt werden muss, damit die Adressierung in der gewünschten Reihenfolge der ADC-Kanläle passt. Dieser Parameter ist in der Datei "ADC_MAX10_Single.vhdp" im Generic-Block zu finden.

Der Schaltungsaufbau

Beim Schaltungsaufbau zeigt sich der Vorteil der angelöteten Stiftleisten am Potenziometer, das jetzt sehr einfach auf das Breadboard aufgesteckt werden kann. Somit ist auch die Verkabelung recht einfach.

Achtung – Spannungsversorgung!
Ich muss an dieser Stelle noch einmal ausdrücklich darauf hinweisen, dass das Board an seinen Ein- und Ausgängen mit 3,3V betrieben wird. Spannungen, die größer sind, führen zur Zerstörung des Boards. Es muss bei diesem Projekt unbedingt darauf geachtet werden, dass zur Spannungsversorgung des Potenziometers der Pin für 3,3V und nicht für 5V verwendet wird!

Abbildung 15: Der Schaltungsaufbau zur Messung des analogen Poti-Werts

Abschließend möchte ich noch eine kleine Erweiterung zeigen. Man kann sich eine über einen lichtempfindlichen Widerstand, einem sogenannten LDR (Light Dependent Resistor) eine Schaltung aufbauen, um auf die Umgebungshelligkeit reagieren zu können. Sehen wir uns das genauer an.

Ein lichtempfindlicher Widerstand

Der lichtempfindliche Widerstand LDR ist ein Fotowiderstand, der seinen Widerstandswert in Abhängigkeit der auftreffenden Lichtstärke ändert. Je höher der Lichteinfall ist, desto geringer wird sein Widerstand. Das Bauteil ist bereits für ein Euro zu haben.

Abbildung 16: Ein LDR

Ein Blick auf die Kennlinie eines LDR verdeutlicht sein Widerstandsverhalten bei unterschiedlichen Lichtstärken, wobei die Lichtstärke in Lux angegeben wird:

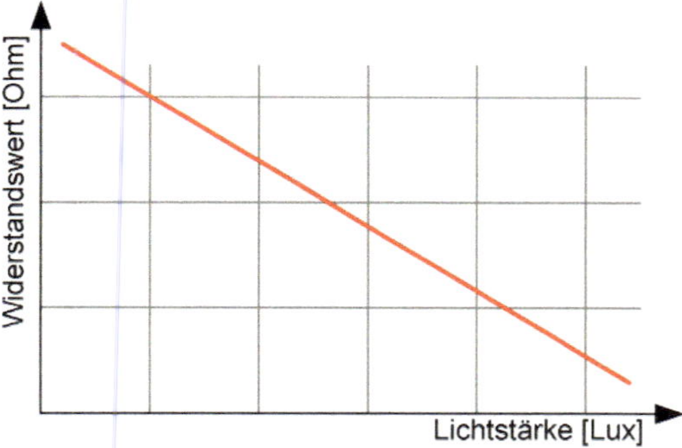

Abbildung 17: Die Kennlinie des LDR

Der Widerstandsbereich des LDR hängt vom verwendeten Material ab und weist einen ungefähren Dunkelwiderstand zwischen 1MΩ und 10MΩ auf. Bei einer Beleuchtungsstärke von circa 1000Lux (lx) stellt sich ein Widerstand von 75Ω bis 300Ω ein. Die Bezeichnung Lux ist die Einheit der Beleuchtungsstärke.

Wird im unbelasteten Spannungsteiler der Widerstand R1 durch den lichtempfindlichen Widerstand ersetzt, dann sieht das Schaltbild wie folgt aus:

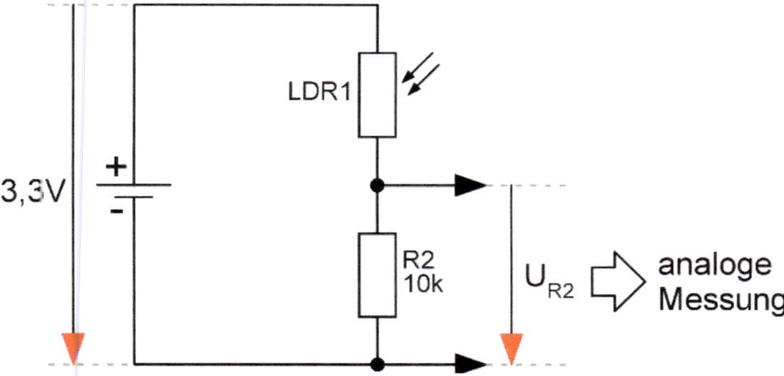

Abbildung 18: Der Spannungsteiler mit einem LDR

Der R1 aus dem Spannungsteiler wurde durch den LDR ersetzt. Wie aber funktioniert das Ganze jetzt? Die beiden Widerstände LDR1 und der R2 mit 10KΩ bilden den besagten Spannungsteiler, wobei der mittlere Abgriff an den analogen Eingang des MAX1000-Boards geführt wird. In Abhängigkeit von der vorliegenden Helligkeit am LDR ändern sich die Widerstandsverhältnisse beziehungsweise die Spannungsverhältnisse. Am größeren Widerstand fällt auch die größere Spannung ab. Wird der Widerstand des LDR durch mehr Lichteinfluss geringer, fällt an ihm weniger Spannung ab. Das heißt aber, dass am 10KΩ-Widerstand ein höheres Spannungspotenzial anliegt, das dem analogen Eingang zur Verfügung steht. Es wird ein größerer Wert an diesem analogen Eingang gemessen und angezeigt. Der entsprechende Schaltplan sieht wie folgt aus:

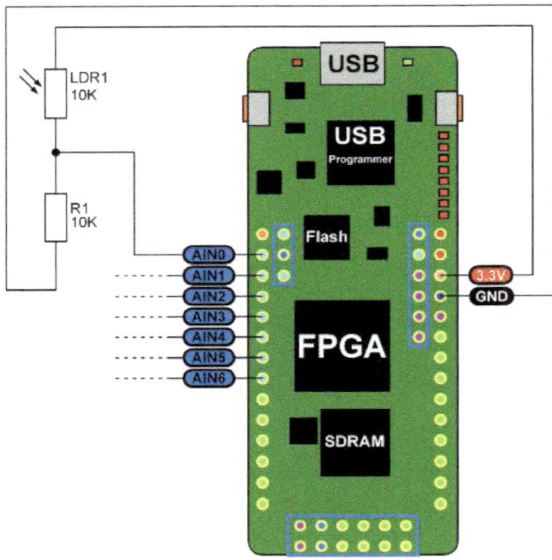

Abbildung 19: Der Schaltplan für den analogen Input über den LDR

Der Schaltungsaufbau gestaltet sich so:

Abbildung 20: Der Schaltungsaufbau zur Messung des analogen Wertes des LDRs

Nun liegen alle Informationen für die Ermittlung des Spannungswerts an einem analogen Eingang vor. Ich rate, jetzt zum Selbststudium die Umsetzung zur Anzeige des Messwerts an die vierstellige Siebensegmentanzeige zu versenden. Das sollte kein Problem darstellen und bereitet sicherlich viel Spaß!

Ich hoffe, dass dieses praxisnahe Projekt Spaß bereitet hat beim Lesen und beim Aufbau und dass die Lerninhalte ebenso Gefallen gefunden haben.

Im nächsten Projekt beschäftigen wir uns mit der VHDP, das ist die Sprache der FPGA-Entwicklungsumgebung VHDPlus, die ich bereits ausführlich in V. Die Software-Werkzeugkette vorgestellt habe.

20. VHDP

Die Abkürzung VHDP scheint sich nur im letzten Buchstaben von der Sprache VHDL zu unterscheiden. Haben die beiden Abkürzungen etwas miteinander zu tun? Es handelt sich um eine Sprache des Herstellers von der FPGA-Entwicklungsumgebung VHDPlus, die ihre Ursprünge in VHDL hat, jedoch hier bei Projekten dazu führt, schneller ans Ziel zu kommen. Es ist sogar möglich, VHDL-Code in VHDP zu integrieren. Ich möchte zur Einführung einmal ein sehr einfaches LED-Blinkprojekt zeigen und verschiedene Sprachkonstrukte gegenüberstellen.

Wer sich etwas mit der Arduino-Plattform auskennt, der kennt wahrscheinlich den einfachsten Sketch, so wird ein Programmcode im Arduino-Umfeld genannt, bei dem eine LED auf dem Arduino-Board im Sekundentakt blinkt. Mit diesem Sketch möchte ich beginnen; er ist leicht nachzuvollziehen.

Der Arduino-Blink-Sketch

Der folgende Arduino-Blink-Sketch lässt die LED, die sich auf dem Arduino-Board befindet, im Sekundentakt blinken. Die Programmiersprache ist C/C++. Es sind hier zwei Funktionen zu erkennen, die setup und loop genannt werden. Die setup-Funktion wird beim Start des Programms einmalig ausgeführt und dient in der Regel dazu, die grundlegenden Konfigurationen vorzunehmen:

```
01 // Einmalige Ausführung der setup-Funktion
02 void setup() {
03   pinMode(LED_BUILTIN, OUTPUT); // On-board-LED als OUTPUT
04 }
05
06 // Kontinuierliche Ausführung der loop-Funktion
07 void loop() {
08   digitalWrite(LED_BUILTIN, HIGH); // LED an (HIGH-Pegel)
09   delay(1000);                     // 1 Sekunde warten
10   digitalWrite(LED_BUILTIN, LOW);  // LED aus (LOW-Pegel)
11   delay(1000);                     // 1 Sekunde warten
12 }
```

Listing: Der Arduino-Blink-Sketch

Hier ist es in Zeile 03 die Konfiguration der LED als OUTPUT, was über den pinMode-Befehl erfolgt. Kommen wir zur loop-Funktion, die kontinuierlich ausgeführt wird und als Endlosschleife (daher der Name loop) ihren Dienst verrichtet. Innerhalb dieser Funktion werden die beiden Befehle digitalWrite und delay ausgeführt. Der Befehl digitalWrite dient in den Zeilen 08 und 10 zur Ansteuerung der LED mit einem HIGH- oder LOW-Pegel, was dazu führt, dass die LED an- oder ausgeht. Damit zwischen den beiden Pegeln jedoch etwas Zeit vergeht, werden Pausen in den Zeilen 09 und 11 von 1000ms eingelegt, was je einer Sekunde entspricht. Um jetzt diesen Sketch in der Funktionsweise in VHDL zu realisieren, bedarf es etwas mehr Aufwand, den wir aber schon in vorangegangenen Kapiteln gesehen haben.

Der VHDL-Blink-Code

Der VHDL-Blink-Code sieht wie folgt aus, wobei es auch hier sehr viele unterschiedliche Ansätze gibt:

```
library IEEE;
use IEEE.std_logic_1164.all;
use IEEE.numeric_std.all;

entity Kap20_Blink is
    port(
        CLK : in     std_logic;
        LED : buffer std_logic := '0'
    );
end entity Kap20_Blink;

architecture rtl of Kap20_Blink is
    signal counter : integer range 0 to 10000000 := 0;
begin
    blink: process(clk)
    begin
        if rising_edge(clk) then
            if counter < 10000000 then
                counter <= counter + 1;
            else
                counter <= 0;
                LED     <= NOT LED;
            end if;
        end if;
    end process blink;
end architecture rtl;
```

Listing: Kap20_Blink.vhd

Hier muss im Vergleich zum Arduino-Sketch etwas mehr Aufwand betrieben werden, was aber in der Natur der Sache liegt, denn FPGA liegt ja eine völlig andere Vorgehensweise und Basis zugrunde, denn beim Arduino geht es um Programmcode, also Software, und beim FPGA um Hardware.

Der VHDP-Blink-Code

Wenn wir uns jetzt den folgenden Code für VHDP ansehen, dann kommt das dem Code des Arduino sehr nahe, den ich am Anfang dieses Kapitels gezeigt hatte, der Arduino-Blink-Sketch.

```
Main (
   led : out std_logic; -- LED als OUTPUT
){
      Process() {    -- Für parallel and prozedurales Programmieren
         Thread {   --Prozedurales Programmieren
               LED <= '1';    -- LED an
               Wait(1000ms); -- 1000 ms warten
               LED <= '0';    -- LED aus
               Wait(1000ms); -- 1000 ms warten
         }
      }
}
```

Listing: Kap20_Blink2.vhdp

Das ist alles sehr klar und übersichtlich strukturiert und auch auf den ersten Blick viel besser zu lesen als der VHDL-Code. Ich möchte den Code als kleinen Einstieg in VHDP nutzen. Warum mache ich das, obwohl es doch in diesem Buch primär um VHDL geht? Erstens, sollte man ein bisschen flexibel sein und zweitens benötigen wir das für eines der kommenden Projekte, wo es um das Thema I2C geht. Es handelt sich dabei um ein Bussystem zur Kommunikation zwischen elektronischen Komponenten. Es wird sehr spannend, was ich versprechen kann.

VHDP-Grundlagen

Werfen wir einen Blick auf die grundlegende VHDP-Struktur aus dem vorigen Code. Dort sind drei Schlüsselwörter zu sehen, wobei ich mit Main beginnen möchte:

```
Main
(

)
{

}
```

Listing: Das Grundgerüst von VHDP

Das erste Schlüsselwort Main stellt den Einstiegspunkt in den Code dar und repräsentiert die Top-Level-Entity. Wer sich ein wenig mit der Programmiersprache C/C++ auskennt, dem kommt diese Namensgebung sofort bekannt vor, denn auch dort ist main zu finden und repräsentiert die Startfunktion, die nach dem Programmstart unmittelbar ausgeführt wird:

```
/* main.c */
int main(int argc, char *argv[]) {

}
```

Listing: Die Startfunktion main für jedes C-Programm

Doch zurück zum VHDP-Code. In den runden Klammern werden die benötigten Signale deklariert, die mit den FPGA-I/Os verbunden werden sollen, was vergleichbar mit dem Port-Block in VHDL innerhalb des Entity-Blocks ist. Nach der Deklaration innerhalb der runden Klammern erfolgt die Abarbeitung innerhalb der geschweiften Klammern und dort wollen wir jetzt rudimentär einsteigen. Eine detaillierte Beschreibung ist auf der Herstellerseite zu finden.

Kommen wir zum zweiten grundlegenden Schlüsselwort in dem VHDP-Programm. Der Code wurde um den Process-Block erweitert, der dafür zuständig ist, den eigentlichen Verarbeitungscode aufzunehmen. Die Ausführung dieses Blocks erfolgt im Rhythmus des Taktzyklus.

```
Main
(

)
{
    Process
    (
        variable var : natural range 0 to 3 := 0;
    )
    {
        if (...)
        {
            ...
        }
    }
}
```

Listing: Der Process-Block ist hinzugekommen

Sehen wir uns nun das dritte Schlüsselwort Thread an. Thread ermöglicht die Programmierung wie bei prozessorientierten Programmiersprachen:

```
...
        Thread {  --Prozedurales Programmieren
            LED <= '1';    -- LED an
            Wait(1000ms); -- 1000 ms warten
            LED <= '0';    -- LED aus
            Wait(1000ms); -- 1000 ms warten
        }
...
```

Listing: Der Thread-Block ist hinzugekommen

Hier kann man nun Konstrukte wie zum Beispiel while, wait, if oder case verwenden, um auf die Logik Einfluss zu nehmen. Das soll vorerst genügen, weitere Erläuterungen erfolgen im I2C-Kapitel.

Ein VHDP-Projekt anlegen

Ein VHDP-Projekt anzulegen ist genauso einfach wie das Anlegen eines VHDL-Projekts und ich habe es im Software-Kapitel schon einmal kurz gezeigt, da es beim erstmaligen Start der VHDPlus-Entwicklungsumgebung standardmäßig angeboten wird. Nachfolgend sind die Schritte noch einmal aufgelistet.

Schritt 1: VHDPlus-Projekt erstellen

Über den Menüpunkt File > New > Project kann ein neues Projekt angelegt werden.

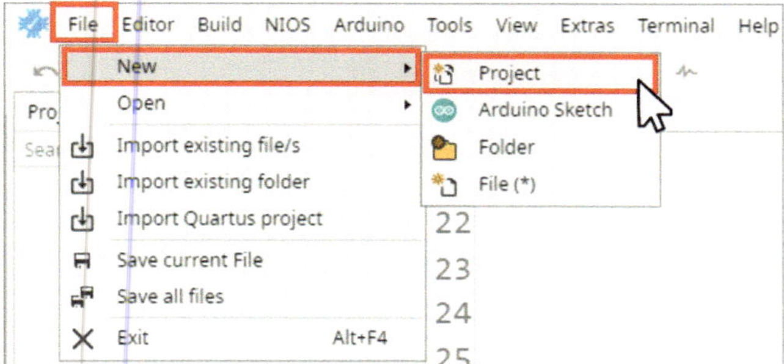

Abbildung 1: Ein neues VHDPlus-Projekt anlegen – Schritt 1

Schritt 2: VHDPlus-Projekttyp wählen

Im nachfolgenden Dialog muss sowohl ein Projektname als auch die zu nutzende Sprache, hier VHDP, gewählt werden. Abschließend wird die Save-Schaltfläche angeklickt:

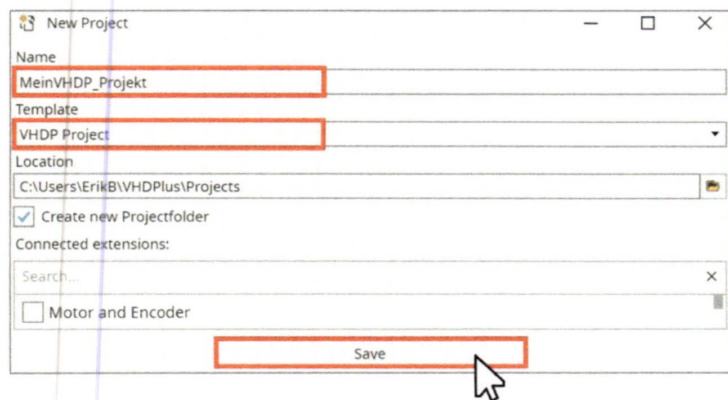

Abbildung 2: Ein neues VHDPlus-Projekt anlegen – Schritt 2

Ein VHDP-Projekt in VHDL konvertieren

Wurde ein VHDP-Projekt erstellt, so kann man diesen Code in VHDL konvertieren. Es ist jedoch bei der initialen Erstellung eines VHDP-Projekts im Project Explorer Folgendes zu sehen, wobei ich den betreffenden Bereich schon rot umrandet habe:

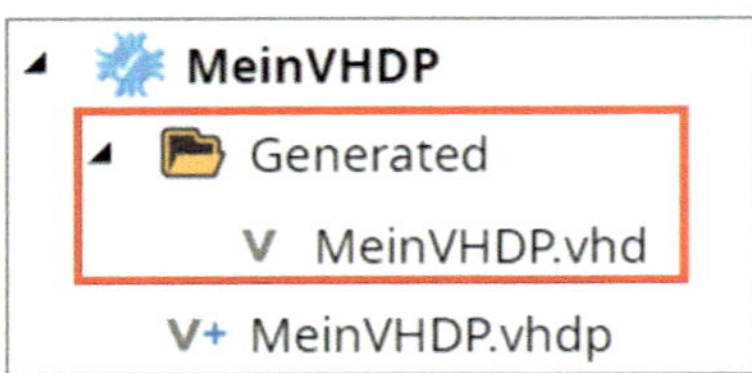

Abbildung 3: Es wird zusätzlich eine VHDL-Projektdatei angelegt

Es erscheint ein Ordner mit der Bezeichnung Generated, was bedeutet, dass dieser automatisch beim Anlegen des Projekts mit erstellt wurde. Er enthält eine VHDL-Datei, die dem gerade erstellten VHDP-Code entspricht. Wurde der VHDP-Code später verändert, kann man ihn über den Menüpunkt Build > Convert VHDP Code wieder in VHDL-Code konvertieren und somit aktualisieren:

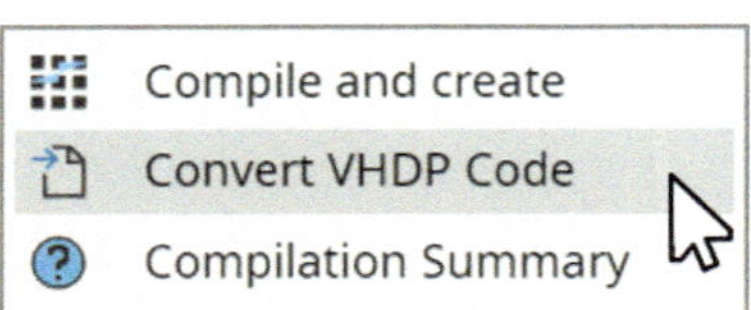

VHDPlus bietet einen einfachen Einstieg für Anfänger, ohne wichtige Funktionen für fortgeschrittene Entwickler zu blockieren. Ich finde, das ist ein gelungenes Stück Software!

Im kommenden Projekt geht es um die I²C-Schnittstelle.

21. Der I²C-Bus

Einige Entwickler haben sich vor circa zwanzig Jahren Gedanken darüber gemacht, wie sich elektronische Bauteile am besten miteinander verbinden lassen, damit sie Daten beziehungsweise Informationen untereinander austauschen können. Was bedeutet „am besten" in diesem Zusammenhang? Nun, die Verbindungen sollten zum einen schnell hergestellt werden können und zum anderen sollte das mit möglichst wenig Schaltungsaufwand verbunden sein. Wenn wir zum Beispiel einzelne integrierte Bausteine verwenden, ist es hinsichtlich der benötigten Datenleitungen, mit denen die Bausteine miteinander verbunden werden, ein aufwendiges Unterfangen, das in dem Maße steigt, in dem weitere Kommunikationskomponenten dazukommen.

Abbildung 1: Ein antikes EPROM vom Typ 2764K (mit 28 Beinchen)

Das auf dem Bild gezeigte EPROM hat eine Menge Anschlussbeinchen. Stellen wir uns vor, wir hätten eine Platine mit zehn oder zwanzig dieser Speicherbausteine, die es allesamt zu verdrahten gilt. Erstens brauchen diese Bausteine einiges an Platz und zweitens müssen alle Pins verdrahtet werden. Es war schon ein immenser Aufwand, der damals, vor etwa zwanzig Jahren, betrieben wurde. Entwickler kamen dann auf die Idee, eine Art Bus-System zu entwickeln, an das zahlreiche elektronische Teilnehmer angeschlossen werden können, um darüber Daten auszutauschen. Sie nannten es I²C. Es handelt sich um einen seriellen Daten-Bus, der über zwei Leitungen, SCL und SDA, Daten verschickt. Das sehen wir uns genauer an.

I²C-Basics

I²C steht für Inter Integrated Circuit und wird im Deutschen als I-Quadrat-C ausgesprochen. Da die serielle Informationsübertragung über zwei Leitungen erfolgt, wird es auch TWI (Two Wire Interface) genannt. Es handelt sich um ein Kommunikationsprotokoll, das ideal für kurze Distanzen und geringe Bandbreite ist. I²C hat eine Master/Slave-Architektur, in der alle Slaves über zwei Leitungen mit dem Master verbunden sind.

- **SDA**: Datenleitung (Serial-Data)
- **SCL**: Taktleitung (Serial Clock)

Sehen wir uns den grundsätzlichen Aufbau dieser Busstruktur an, wobei ich auf das Einzeichnen der erforderlichen Pullup-Widerstände verzichtet habe.

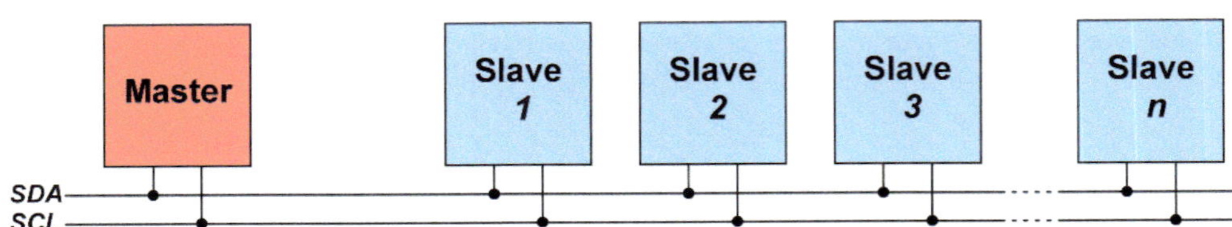

Abbildung 2: Das I²C-Bussystem

Das Bus-System arbeitet als bidirektionale Master/Slave-Architektur. Das zugrunde liegende Prinzip ist eigentlich ganz simpel. Master/Slave bedeutet, dass eine Komponente der Master, also derjenige ist, der die ganzen Übertragungen steuert und koordiniert. Die anderen Komponenten sind als Slave deklariert und senden auf Anforderung vom Master ihre Daten an das Bus-System. Diese Daten werden vom Master entgegengenommen und ausgewertet. Bidirektional bedeutet, dass Daten in beide Richtungen, vom Master zum Slave und vom Slave zum Master, übertragen werden. Auf der linken Seite der Abbildung befindet sich das Hirn des Bus-Systems – der FPGA oder Mikrocontroller, der als Master arbeitet. Alle angeschlossenen elektronischen Komponenten sind über die zwei erwähnten Leitungen mit ihm verbunden.

Diese beiden Leitungen sind über Pullup-Widerstände, die in den meisten Fällen jeweils einen Widerstandswert von 4,7KΩ oder 10KΩ haben, mit der Versorgungsspannung verbunden, die jedoch in der schematischen Darstellung nicht eingezeichnet sind und erst im Schaltplan erscheinen. Doch Stopp! Wenn alle elektronischen Komponenten lediglich an zwei Leitungen hängen, wie kann dann der Master einen bestimmten Slave auswählen? Es erhalten doch alle zur gleichen Zeit die gleichen Informationen. Reagieren alle auf einmal oder wird nur ein bestimmter Slave ausgewählt?

Damit jede einzelne I²C-Komponente eindeutig angesprochen werden kann, benötigt sie eine Adresse. Wenn mehrere Slave-Komponenten an einem Bus-System angeschlossen sind, dann muss jeder einzelne eine eigene und eindeutige Adresse zugewiesen bekommen und es darf unter keinen Umständen eine Adresse doppelt vergeben werden. Wie genau verläuft eigentlich der Datenaustausch auf dem I²C-Bus? Da es eine zentrale Kontrollinstanz, den Master gibt, werden alle Verbindungsversuche von ihm initiiert beziehungsweise gestartet. Damit es auf dem Bus zu keinen Kollisionen kommt, muss der Master erst einmal prüfen, ob dieser auch für einen neuen Datenaustausch frei ist. Das erkennt der Master daran, dass die beiden Leitungen SDA und SCL einen HIGH-Pegel vorweisen. Ist das der Fall, kann vom Master ein Startsignal erzeugt werden, das eine bevorstehende Datenübertragung einleitet. Er macht das, in dem er die SDA-Leitung (Datenleitung) mit einem LOW-Pegel versieht und die SCL-Leitung (Taktleitung) unverändert auf einem HIGH-Pegel belässt. Mit dieser Aktion hat der Master die Kontrolle über den Bus übernommen. Da an einem I^2C-Bus jedoch viele Teilnehmer, die Slaves, angeschlossen sein können, muss der Master einen zur Kommunikation auswählen. Das macht er mit der Versendung der schon erwähnten Adresse. Hinsichtlich dieser Adresse gibt es unterschiedliche Adressierungsarten, die hier und da für Verwirrung sorgen können. Es gibt sie mit einer unterschiedlichen Anzahl von Bits, mit 7 Bit, 8 Bit und 10 Bit. Nähere Informationen dazu sind im Internet zu finden und ich gehe gleich für unseren speziellen Fall genauer darauf ein.

Der Port-Expander MCP23017

Jetzt wird es konkret und ich möchte weitere Informationen an einem konkreten Beispiel demonstrieren. Dazu verwende ich einen sogenannten Port-Expander. Ich kenne es aus eigener Erfahrung beim Basteln mit meinem geliebten Arduino-Uno-Board, das zwar über einige digitale I/O-Pins verfügt, aber manchmal kommt es doch vor, dass zur Umsetzung eines interessanten Projekts ein paar Pins fehlen. Natürlich gibt es dafür Arduino-Boards wie den Arduino-Mega, der massenhaft I/O-Pins besitzt, doch wir sind ja Bastler und Frickler und möchten viele Möglichkeiten ausprobieren. Da kommt der genannte Port-Expander ins Spiel. Ein derartiger Baustein wird zum Beispiel in einem DIL-Gehäuse (Dual In-Line Package) angeboten, wobei es unterschiedliche Anbieter gibt. Ein sehr bekannter Vertreter ist der sogenannte MCP23017:

Abbildung 3: Der Port-Expander MCP23017

Der MCP23017 ist ein 16-Bit-I/O-Port-Expander, der sogar über Interrupt-

Funktionen verfügt. Die sechzehn I/O-Pins sind über zwei Ports (Port A und Port B) organisiert, die sowohl separat im Byte-Mode als auch gemeinsam im Sequential-Mode angesteuert werden können. Das Bauteil kostet um die zwei Euro. Hinsichtlich der Versorgungsspannung ist es sehr interessant, denn diese kann sich zwischen 1,8V und 5,5V bewegen und ist somit für unsere 3,3V des MAX1000 sehr gut geeignet. Der maximale Strom an den einzelnen I/O-Pins darf 25mA pro Pin nicht überschreiten und in Summe darf der Eingangsstrom an VDD den Wert von 125mA nicht überschreiten und über VSS dürfen nicht mehr als 150mA abfließen. An dieser Stelle verweise ich auf das entsprechende Datenblatt, in dem all diese Informationen und vieles mehr detailliert beschrieben sind. Es ist unter der folgenden Internetadresse zu finden:

https://ww1.microchip.com/downloads/en/devicedoc/20001952c.pdf

Das Pinout des MCP23017

Um den Baustein nutzen zu können, benötigen wir die Pin-Belegung, auch Pinout genannt, die auf der folgenden Abbildung zu sehen ist:

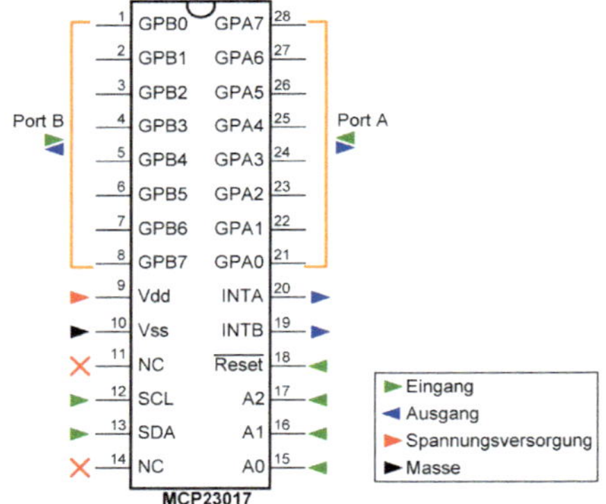

Abbildung 4: Die Pin-Belegung des MCP23017

Lassen wir uns durch die hohe Pin-Anzahl nicht verunsichern, denn im Grunde ist es sehr einfach und wir benötigen auch nicht alle Anschlüsse. An der rechten oberen Seite befindet sich Port A mit seinen Anschlüssen GPA0 bis GPA7 und auf der linken Seite Port B mit seinen Anschlüssen GPB0 bis GPB7. Jeder einzelne Pin kann individuell als Ein- oder Ausgang programmiert werden, was diesen Baustein sehr flexibel macht.

Wir benötigen noch eine Spannungsversorgung, die hier mit VDD beziehungsweise VSS gekennzeichnet ist. An VDD werden +3,3V und an VSS wird GND angeschlossen. Auf die beiden Anschlüsse SCL und SDA des I²C-Busses muss ich nicht weiter eingehen. Dann haben wir noch einen Reset-Eingang, der LOW-aktiv arbeitet, was bedeutet, dass dieser Eingang im Normalbetrieb mit +3,3V verbunden werden kann. Zu guter Letzt noch die I^{2}C-Bus-Adresse, die über die entsprechenden Pins mit der Bezeichnung A0, A1 und A2 vergeben wird. Für unser Experiment verbinden wir die drei Anschlüsse einfach mit Masse. Ich komme gleich noch darauf zu sprechen, warum wir das machen. Für das kommende Experiment möchte ich acht LEDs mit Port A verbinden und ihn komplett als Ausgang programmieren. Bevor ich den Schaltplan zeige, brauchen wir noch ein paar Grundlagen zur Programmierung. Um Port A beziehungsweise Port B ansprechen zu können, müssen wir die entsprechenden internen Register nutzen.

Zu Initialisierung des MCP23017 und Nutzung der beiden Ports stehen die beiden IODIR-Register zur Verfügung:

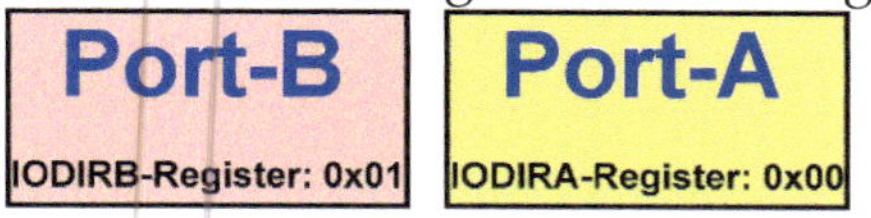

Port-B	Port-A
IODIRB-Register: 0x01	IODIRA-Register: 0x00

Abbildung 5: Die IODIR-Register für die Port-Ansteuerung des MCP23017

Um festzulegen, ob ein Pin eines Ports als Ein- oder Ausgang arbeiten soll, müssen wir entsprechende Bit-Werte an die sogenannten Direction-Register IODIRA beziehungsweise IODIRB zur Initialisierung schicken. Bei 1 arbeitet der Pin als Eingang, bei 0 als Ausgang. Um die Pins der beiden Ports im Anschluss zu manipulieren, müssen die GPIO-Register mit entsprechenden Bit-Werten versehen werden:

Port-B	Port-A
GPIOB-Register: 0x13	GPIOA-Register: 0x12

Abbildung 6: Die GPIO-Register für die Port-Ansteuerung des MCP23017

Damit wir die Ausgangspegel beeinflussen können, müssen entsprechende Bit-Werte an die sogenannten General Purpose Input/Output-Register GPIOA beziehungsweise GPIOB versendet werden. Bei 1 wird der jeweilige Pin mit einem HIGH-Pegel, bei 0 mit einem LOW-Pegel versehen.

Zuletzt müssen wir noch wissen, über welche I^{2}C-Bus-Adresse der Port-Expander anzusteuern ist. Es ist die Hex-Adresse 0x20. Bevor ich fortfahre, zeige ich den Schaltplan zur Ansteuerung des MCP23017 und jetzt kommen die eingangs erwähnten Pullup-Widerstände ins Spiel, die nicht vergessen werden dürfen. Sehen wir uns nun das MAX1000-Board im Connect and

Compile-Dialog an und sehen nach, was uns da etwas auffällt:

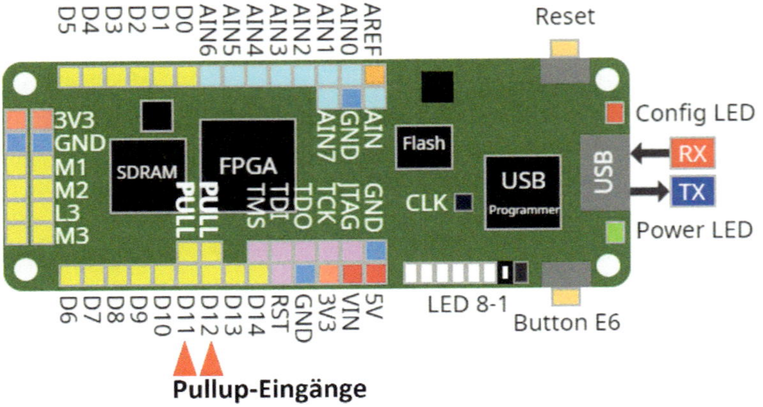

Abbildung 7: Die beiden Pullup-Eingänge des MAX1000

An den Pins D11 und D12 oberhalb befinden sich noch zwei weitere Pins und darüber steht die Abkürzung PULL. Wir nutzen sie, sodass für die besagten Pins die Pullup-Widerstände von 4,7KΩ genutzt werden. Es ist nicht erforderlich, externe Widerstände anzuschließen, um die Funktion des I²C-Busses sicherzustellen. Werfen wir jetzt einen Blick auf den Schaltplan.

Der Schaltplan

Der Schaltplan ist neben dem Port-Expander MCP23017 noch mit zwei Tastern ausgestattet, damit wir zwei unterschiedliche Muster am Port A erzeugen können. Das kann zwar auch alles automatisch erfolgen, doch ich möchte auf diese Weise beginnen:

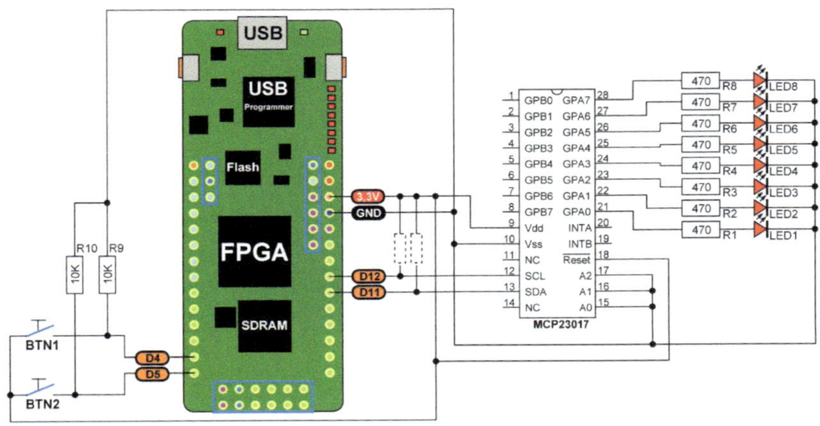

Abbildung 8: Der Schaltplan zur Ansteuerung des MCP23017

Die I²C-Adresse für den MCP23017

Der Port-Expander soll also die Hex-Adresse 0x20 ansteuern. Es besteht möglicherweise noch Unklarheit, warum diese so lautet. Sehen wir uns das wieder im Detail an. Über die drei Adress-Pins A0, A1 und A2 können acht verschiedene Adressen von 0x20 bis 0x27 eingestellt und somit auch maximal acht MCP23017 am I²C-Bus betrieben werden. Doch warum ist die Startadresse 0x20? Beim MCP23017 handelt es sich um einen Slave-I²C-Schnittstellenbaustein, der eine 7-Bit-Slave-Adressierung benötigt, wobei das Lese-/Schreib-Bit das Steuer-Byte auffüllt. Die Slave-Adresse enthält vier feste Bits und drei benutzerdefinierte Hardwareadress-Bits (A0, A1 und A2). Auf der nachfolgenden Abbildung ist das Zusammenspiel zwischen Control-Byte und Slave-Adresse zu sehen:

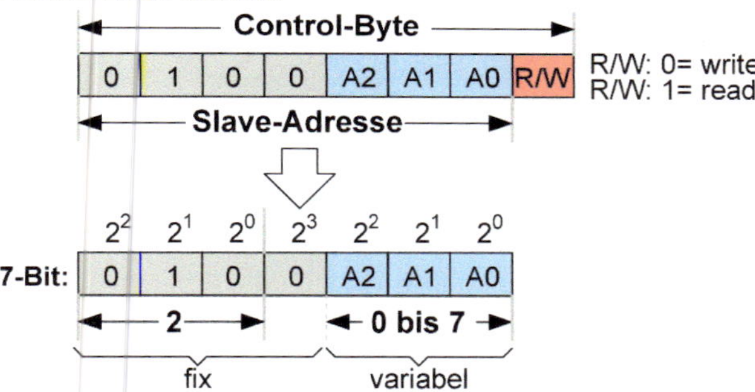

Abbildung 9: Control-Byte und Slave-Adresse

Das Control-Byte zeigt die interne Handhabung der einzelnen Bits. Was uns jedoch interessiert, ist die darunter zu sehende Zusammensetzung der Slave-Adresse. Auf der linken Seite sind die vier festen Bits zu sehen und auf der rechten Seite die drei variablen Bits, die die eigentliche Adresse ergeben. Nun ist auch verständlich, warum sich der Adressraum zwischen 0x20 und 0x27 bewegt. In der folgenden Tabelle sind die Adressen zusammengefasst

A2	A1	A0	I²C-Adresse
0	0	0	0x20
0	0	1	0x21
0	1	0	0x22
0	1	1	0x23
1	0	0	0x24
1	0	1	0x25
1	1	0	0x26
1	1	1	0x27

Tabelle: Die Adressen des MCP23017

Die Transaktionen für den I²C-Bus

Die abzusetzenden Befehle in Form von Bits und Bytes erfolgen innerhalb von sogenannten Transaktionen. Sehen wir uns das an einem konkreten Beispiel an, was dann auch im kommenden Projekt Verwendung finden wird. Ziel ist es ja, acht an Port A angeschlossene LEDs anzusteuern.

Zuerst müssen wir den MCP23017 so initialisieren, dass Port A komplett als Ausgang konfiguriert wird. Erst im Anschluss können wir die einzelnen Bits von Port A manipulieren, um die LEDs anzusteuern.

Die erste Transaktion zur Initialisierung sieht folgendermaßen aus:

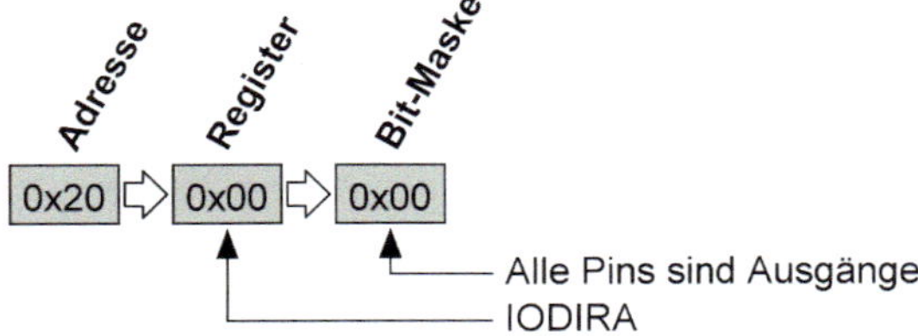

Abbildung 10: Die Initialisierungs-Transaktion

Erst jetzt kann man in einer zweiten Transaktion die betreffenden Pins mit einem gewünschten Pegel versorgen. Angenommen, wir wollen das folgende LED-Muster an Port A erzeugen:

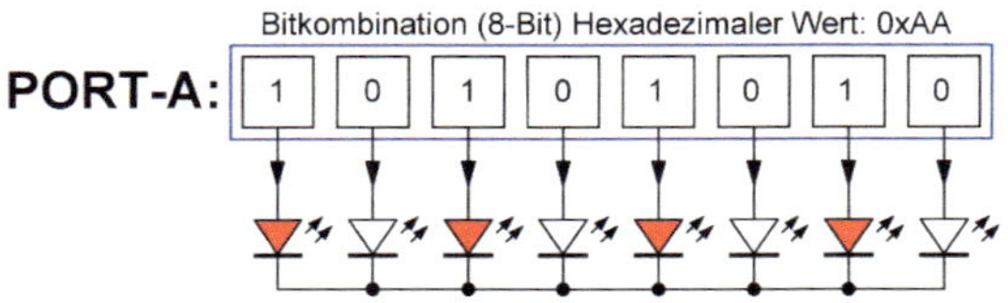

Abbildung 11: Das gewünschte LED-Muster an Port A

Somit muss der Hex-Wert 0xAA in das GPIOA-Register geschrieben werden. Eine entsprechende Transaktion sieht wie folgt aus:

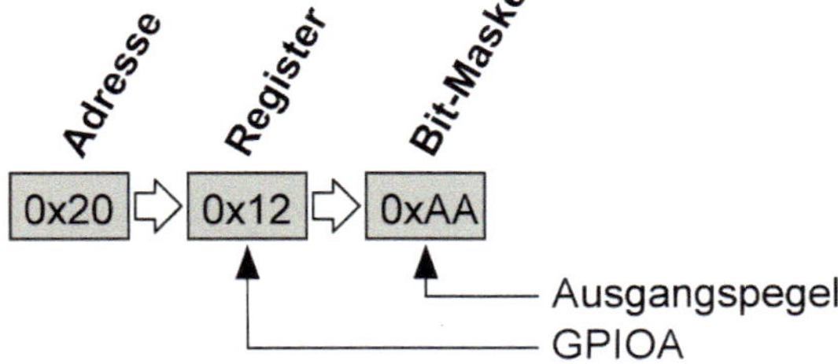

Abbildung 12: Die Port-Setz-Transaktion

Doch nun wird es Zeit, sich dem Code zu widmen.

Der Code

Der folgende Code wartet also solange auf den Druck des Tasters BTN2 an D5, um dann das LED-Muster an den MCP23017 zu versenden. Da es etwas umfangreicher wird, teile ich den Code in kleinere Abschnitte. Nach der Erstellung des VHDP-Projektes sind folgende Aktionen erforderlich.

Das Hinzufügen der Debounce-Library

Da wir Taster nutzen, die bekannterweise prellen, nutzen wir diesmal keinen eigenen Code für das Debouncen, sondern fügen unserem Projekt eine entsprechende Library hinzu. Im Library-Explorer ist diese mit dem Namen Input_Debouncer_Single.vhdp unter Basics zu finden:

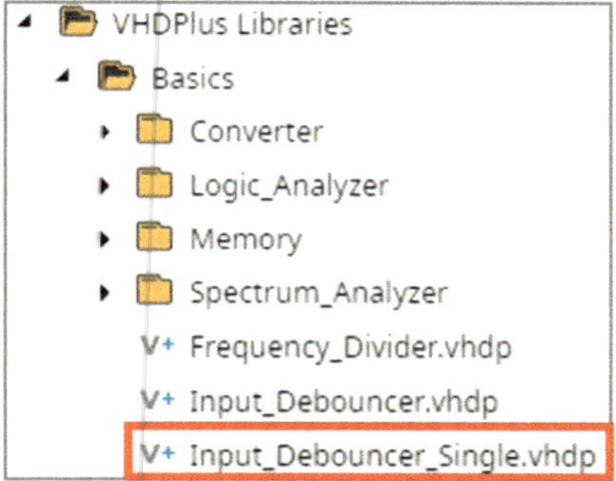

Abbildung 13: Die Library Input_Debouncer_Single.vhdp

Das Hinzufügen der I²C-Library

Um die I²C-Funktionalität nutzen zu können, müssen wir ebenfalls eine entsprechende Library hinzufügen. Es handelt sich dabei um zwei Dateien, die unter Interface > I²C zu finden sind:

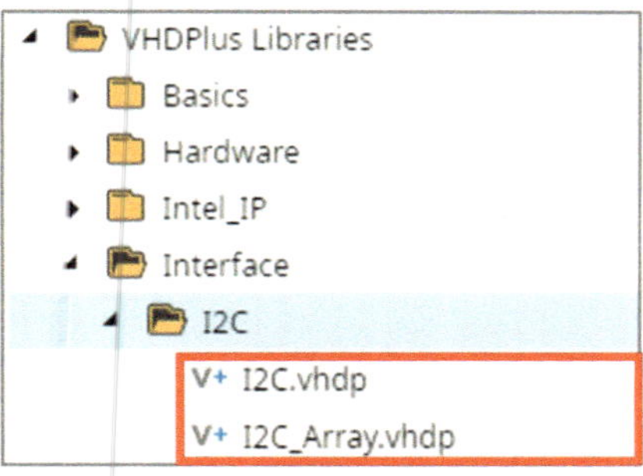

Abbildung 14: Die I²C-Libraries

Der Beginn des Codes

Nachdem diese Vorbereitungen getroffen wurden, können wir beginnen. Zuerst ist der Main-Block zu sehen, in dem die Ports definiert sind:

```
01 Main
02 (
03     BTN1 : in std_logic;
04     BTN2 : in std_logic;
05     SDA  : inout std_logic := 'Z';
06     SCL  : inout std_logic := 'Z';
07 )
08 ...
```

Listing: Kap21_I2C.vhdp – Teil 1

Die Signal-Initialisierung in den Zeilen 05 und 06 mit 'Z' ist erklärungsbedürftig. In einer Schaltung entsteht bei dieser Zuweisung ein sogenannter Tristate-Buffer. Solange der Wert 'Z' zugewiesen ist, wird der Buffer in einen hochohmigen Zustand geschaltet. Kommt es dagegen zu einem späteren Zeitpunkt zu einer Zuweisung mit dem Wert '0' oder '1' dieses Signals, dann wird der Buffer automatisch auf einen Gegentaktbetrieb umgestellt und der zugewiesene Wert erscheint.

Als Nächstes kommt der Thread-Block innerhalb des Process-Blocks. In ihm werden die Initialisierungen vorgenommen, die dem setup-Block des Arduino-Sketches entsprechen und nur zu Beginn einmalig ausgeführt werden. Die Signale werden weiter unten im Code definiert. Die erste Transaktion wird in den Zeilen 15, 16 und 17 vorbereitet, um den MCP23017 zu konfigurieren. Die While-Befehle werden genutzt, um in den Zeilen 20 und 22 so lange zu warten, bis entsprechende Ereignisse eingetroffen sind, die in den Kommentarzeilen formuliert sind:

```
07 ...
08 {
09     Process()
10     {
11         Thread
12         {
13             -- Setup
14             I2C_Array_Enable       <= '1';     -- I2C-Array aktivieren
15             I2C_Array_Address      <= "0100000"; -- I2C-Adresse
16             I2C_Array_Data_WR(0)   <= x"00"; -- Register IODIRA
17             I2C_Array_Data_WR(1)   <= x"00"; -- Alle Pins OUTPUT
18             I2C_Array_WR_Bytes     <= 2;       -- Anzahl WR-Bytes (0-2)
19             I2C_Array_RD_Bytes     <= 0;       -- Anzahl RD-Bytes (0)
20             While(I2C_Array_Busy = '0') {}    -- Warten bis Übertragung
startet
21             I2C_Array_Enable       <= '0';     -- I2C-Array deaktivieren
22             While(I2C_Array_Busy = '1') {}    -- Warten bis Übertragung
fertig
23 ...
```

Listing: Kap21_I2C.vhdp – Teil 2

In der kommenden While-Schleife, die das Argument True enthält, was dafür sorgt, dass diese Schleife endlos durchlaufen wird, kommt es zu kontinuierlichen Ausführungen des in ihr enthaltenen Codes. Das entspricht der loop-Funktion des Arduino-Sketches, die endlos ausgeführt wird. Dennoch wird die Ausführung des Codes in Zeile 26 angehalten und so lange dort gestoppt, bis einer der beiden Taster gedrückt wird. Erst dann soll die zweite Transaktion gestartet werden, um die entsprechenden LED-Muster an Port A zu versenden. Welches Muster versendet wird, entscheidet sich über die If-Abfragen in den Zeilen 29 und 32:

```
22 ...
23 -- Loop
24             While(true)
25             {
26                 While(btn_debounced1 = '0' and btn_debounced2 = '0')
   {} -- Warten bis Buttons gedrückt
27                 I2C_Array_Enable      <= '1';
28                 I2C_Array_Data_WR(0)  <= x"12"; -- Register GPIOA
29                 if(btn_debounced1 = '1') {
30                     I2C_Array_Data_WR(1)  <= I2C_LED_Pattern1; --
   LED-Muster 1
31                 }
32                 if(btn_debounced2 = '1') {
33                     I2C_Array_Data_WR(1)  <= I2C_LED_Pattern2; --
   LED-Muster 2
34                 }
35                 I2C_Array_WR_Bytes    <= 2;
36                 I2C_Array_RD_Bytes    <= 0;
37                 While(I2C_Array_Busy = '0') {}
38                 I2C_Array_Enable      <= '0';
39                 While(I2C_Array_Busy = '1') {}
40                 While(btn_debounced1 = '1' and btn_debounced2 = '1')
   {} -- Warten bis Buttons losgelassen
41             }
42         }
43     }
44 ...
```

Listing: Kap21_I2C.vhdp – Teil 3

In den folgenden Zeilen wird das Debounced-Signal und eine neue Komponente je Taster mit dem Schlüsselwort NewComponent definiert, die die zuvor hinzugefügte Debounce-Library instanziiert:

```
...
    signal btn_debounced1 : std_logic;
    NewComponent Input_Debouncer_Single
    (
        Input          => BTN1,
        Output         => btn_debounced1,
    );

    signal btn_debounced2 : std_logic;
    NewComponent Input_Debouncer_Single
    (
        Input          => BTN2,
        Output         => btn_debounced2,
    );
...
```

Listing: Kap21_I2C.vhdp – Teil 4

Im nachfolgenden Code werden zahlreiche I²C-Signale definiert, die für die Aufnahme der Daten benötigt werden:

```
...
    signal I2C_Array_Enable: std_logic := '0';
    signal I2C_Array_Address: std_logic_vector(6 downto 0) := (others => '0');
    signal I2C_Array_WR_Bytes: NATURAL range 0 to 2 := 0;
    signal I2C_Array_Data_WR: I2C_Data_Array(2 - 1 downto 0) := (others => (others => '0'));
    signal I2C_Array_Busy: std_logic := '0';
    signal I2C_Array_RD_Bytes: NATURAL range 0 to 2 := 0;
    signal I2C_Array_Data_RD: I2C_Data_Array(2 - 1 downto 0) := (others => (others => '0'));
    signal I2C_Array_Ack_Error: std_logic := '0';
    signal I2C_LED_Pattern1 : std_logic_vector(7 downto 0) := "10101010";
    signal I2C_LED_Pattern2 : std_logic_vector(7 downto 0) := "01010101";
...
```

Listing: Kap21_I2C.vhdp – Teil 5

Abschließend kommt es wiederum zur Erstellung einer neuen Komponente über NewComponent, die sich jedoch diesmal auf die I²C-Library bezieht, denn dessen Funktionalität ist ja primäres Ziel dieses Projekts.

```
...
NewComponent I2C_Array
    (
        Max_Bytes      => 2,
        Enable         => I2C_Array_Enable,
        Address        => I2C_Array_Address,
        WR_Bytes       => I2C_Array_WR_Bytes,
        Data_WR        => I2C_Array_Data_WR,
        Busy           => I2C_Array_Busy,
        RD_Bytes       => I2C_Array_RD_Bytes,
        Data_RD        => I2C_Array_Data_RD,
        Ack_Error      => I2C_Array_Ack_Error,
        SDA            => SDA,
        SCL            => SCL,
    );
}
```

Listing: Kap21_I2C.vhdp – Teil 6

Abschließend ist noch der Connect and Compile-Dialog zu sehen:

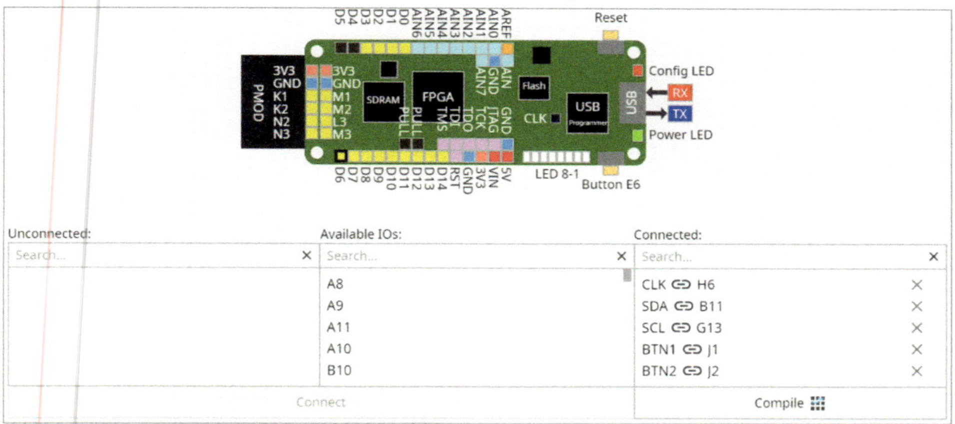

Abbildung 15: Der Connect and Compile-Dialog

Nun wollen wir herausfinden, wie sich die Signale auf dem I²C-Bus verhalten und wie sie aussehen.

Die I²C-Signale

Mit einem Port-Scanner kann man sich die Signale des I²C-Busses ansehen. Ich habe dazu den Scanner gestartet und Folgendes ist dabei herausgekommen; direkt nach dem Download des Codes erfolgt die Initialisierung des MCP23017:

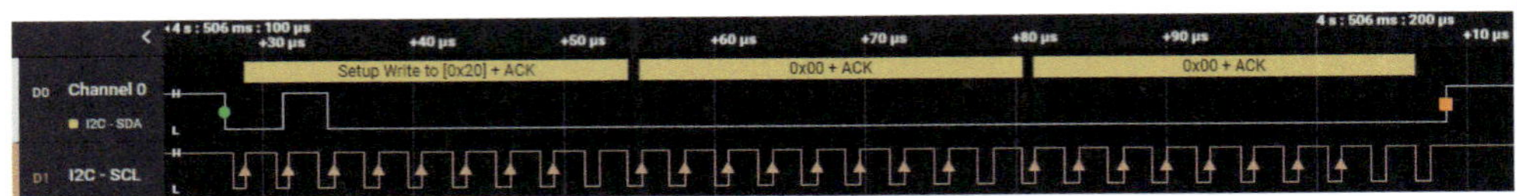

Abbildung 16: Die Initialisierungs-Transaktion

Die I²C-Kommunikation wird durch das Senden einer START-Bedingung durch den Master eingeleitet und durch eine STOP-Bedingung beendet. Ein HIGH-LOW-Wechsel auf dem SDA-Kanal, während SCL einen HIGH-Pegel vorweist, definiert die START-Bedingung. Ein LOW-HIGH-Wechsel auf dem SDA-Kanal, während SCL einen HIGH-Pegel vorweist, definiert einen STOP-Zustand. Auf der folgenden Abbildung sind diese beiden Übergänge zu sehen:

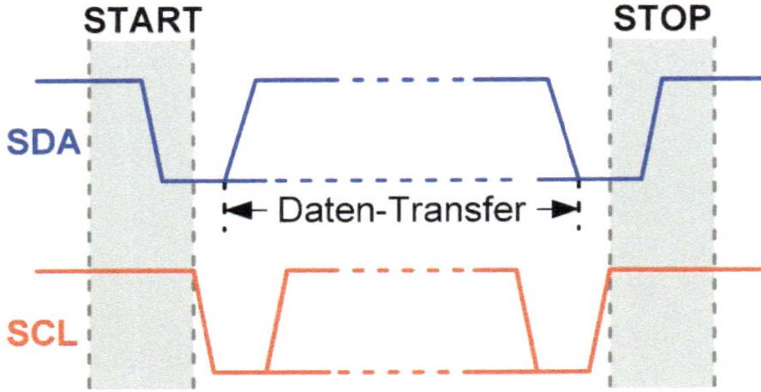

Abbildung 17: Die START- und STOP-Bedingungen

Sehen wir uns das für unser Beispiel im Detail an. Anhand der Pegel des SDA-Kanals kann man sehen, welche Bits gesetzt und welche nicht gesetzt sind.

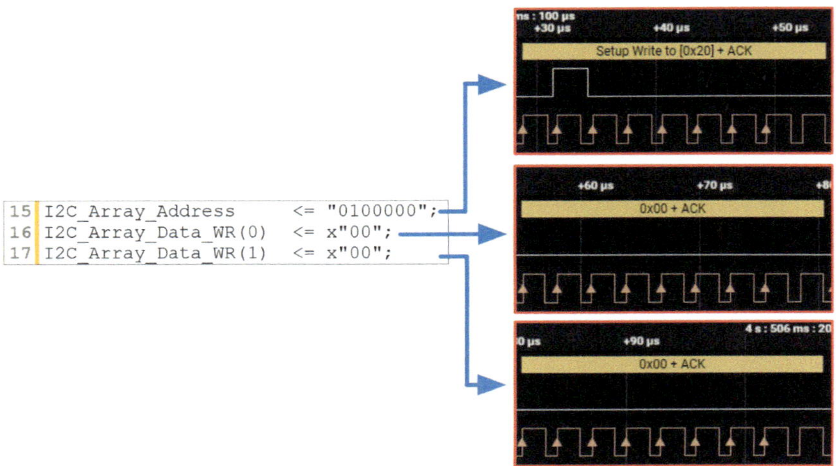

Abbildung 18: Die Initialisierungs-Transaktion im Detail

Im Moment sind noch alle LEDs an Port A dunkel. Wenn jetzt zum Beispiel der Taster BTN1 gedrückt wird, kommt es zum Versenden des Pattern1 (I²C_LED_Pattern1) und die Signale auf dem Scanner sehen so aus:

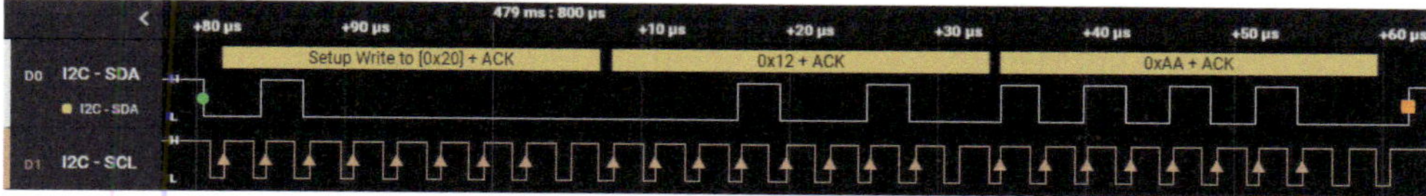

Abbildung 19: Die LED-Transaktion

Sehen wir uns auch das wieder im Detail an. Die Adresse ist von Zeile 15 übernommen worden, sodass beim Ausführen der Transaktion nur noch die Zeilen 28 und 30 zum Tragen kommen:

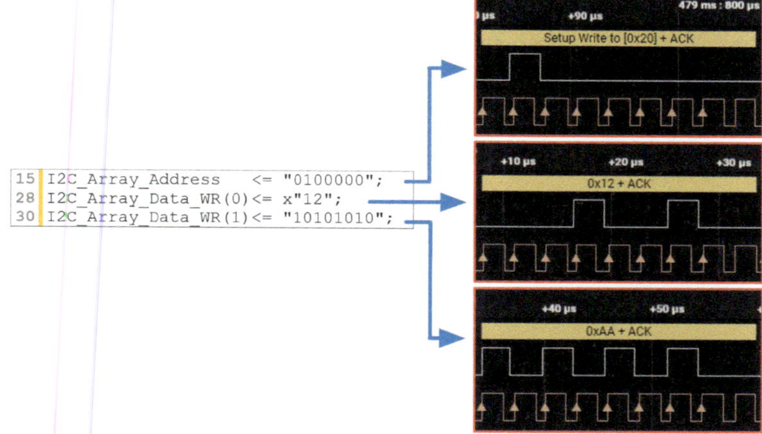

Abbildung 20: Die LED-Transaktion im Detail

Sehen wir uns das Schreiben eines einzelnen Bytes anhand des Wertes 0xAA genauer an:

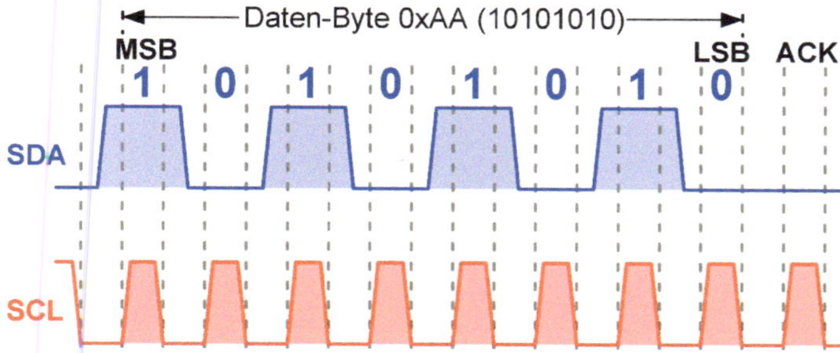

Abbildung 21: Beispiel für den Datentransfer eines Bytes

Auf jedes Daten-Byte (einschließlich des Adress-Bytes) folgt ein ACK-Bit (Acknowledge-Bit, „Anerkennungs-Bit“) vom Empfänger. Das ACK-Bit ermöglicht es dem Empfänger, dem Sender mitzuteilen, dass das Byte erfolgreich empfangen wurde und gegebenenfalls ein weiteres Byte gesendet werden kann.

Der Schaltungsaufbau

Der Schaltungsaufbau erfordert ein bisschen mehr Platz als auf dem Discoveryboard. Doch wir sind experimentierfreudig und lassen uns alle Möglichkeiten offen. Ich zeige hier zwei Ansätze, wobei einer etwas einfacher, der andere etwas komplexer ist.

Der Aufbau auf dem Discoveryboard

Da die fünf LEDs auf dem Discoveryboard nicht ausreichen, habe ich eine kleine Platine mit einer LED-BAR mit zehn LEDs zusammengelötet. Die kann man auch für andere Projekte noch gut gebrauchen. Der MCP23017 passt auf das kleine Breadboard. Das Ganze sieht so aus:

Abbildung 22: Der Schaltungsaufbau mit dem Discoveryboard und einer LED-Zusatzplatine

Der Aufbau mit einem MCP23017-I/O-Board

Die zweite Variante ist etwas aufwendiger und wird mit einem zusätzlichen MCP23017-I/O-Board realisiert. Der Aufbau schaut wie folgt aus:

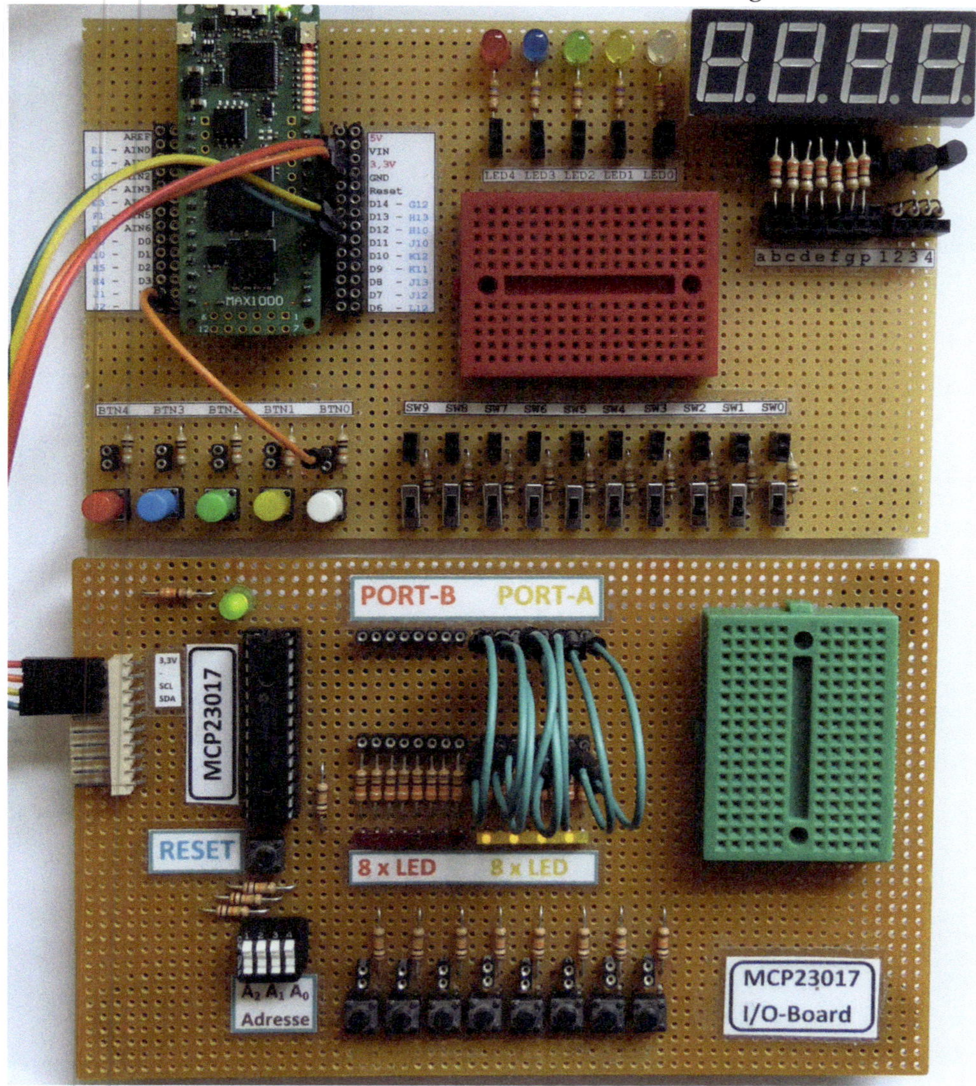

Abbildung 23: Der Schaltungsaufbau mit einem MCP23017-I/O-Board

Das I/O-Board ist recht flexibel, denn es können verschiedene I²C-Adressen über einen DIP-Switch eingestellt werden. Zudem sind sofort beide Ports zugängig und es stehen sowohl sechzehn LEDs zur Ausgabe als auch acht Taster für Eingaben zur Verfügung.

OK, das war jetzt wieder ein recht komplexes Projekt, das wir durchgeführ-haben.

Im nächsten Projekt simulieren wir auf dem Max1000-Board ein Arduino-Board.

22. Arduino auf dem FPGA

Bei einem Arduino-Board handelt es sich um eine mehr oder weniger kleine Platine, auf der ein Mikrocontroller und einige andere Chips untergebracht sind. Auf der folgenden Abbildung ist das bisher erfolgreichste und beliebteste Board, der Arduino Uno zu sehen. Ich bin davon überzeugt, dass praktisch jeder Leser dieses Buches schon einmal einen Arduino in der Hand gehalten hat.

Abbildung 1: Das Arduino Uno-Mikrocontroller-Board

Der Mikrocontroller ist das Herzstück des ganzen Arduino-Boards. Bei diesem Board kommt der Atmel AVR-Mikrocontroller vom Typ ATmega328 zum Einsatz. Um mit einem Mikrocontroller zu kommunizieren, sind gewisse Ports erforderlich und ähnlich wie beim MAX1000-Board stehen uns zur Kommunikation mit dem Arduino-Board eine bestimmte Anzahl von Ein- und Ausgängen zur Verfügung. Sie stellen die Schnittstelle zur Außenwelt dar und ermöglichen, Daten an den Mikrocontroller zu senden und von ihm zu empfangen. Diese Zugänge sind die schwarzen Buchsenleisten, die am oberen und unteren Rand der Platine zu sehen sind. Warum kommt hier das Arduino-Board zur Sprache, wenn sich doch in diesem Buch alles um FPGA dreht? Ganz einfach, ein FPGA ist in der Lage, und das wissen wir inzwischen schon, jegliche digitale Hardware zu bereitzustellen. In diesem Kapitel geht es deshalb um die Realisierung eines Arduino auf dem MAX1000-Board.

Wir werden uns aufgrund der Komplexität auf die Prozedur für die Erstellung der Hardware und das spätere Hochladen des Mikrocontroller-Programms, das sich im Arduino-Umfeld Sketch nennt, beschränken.

Das MAX1000-Baord ist also in der Lage, sowohl die Hardware zu simulieren, als auch einen Speicherbereich für den Sketch zur Verfügung zu stellen. Das Schlagwort dazu lautet Softcore Processor NIOS II. Bei der kommerziellen Nutzung von NIOS II sind Lizenzinformationen zu beachten, die unter dem folgenden Link zu finden sind:

https://www.intel.com/content/www/us/en/docs/programmable/683472/22-1/embedded-design-suite-license.html

NIOS II

Bei NIOS handelt es sich um den Produktnamen eines eingebetteten Prozessors des Chipherstellers Altera, der als Softcore Processor bezeichnet wird. Die aktuelle Prozessorversion nennt sich NIOS II und wird seit dem Jahre 2005 verwendet. Mit einem Softcore Processor wird ein Prozessor bezeichnet, der mit einer Hardwarebeschreibungssprache wie VHDL oder Verilog modelliert wurde. Derartige Prozessoren benötigen interne Speicherbereiche sowohl für die Ablage des Programms als auch zur Verwaltung der anfallenden Daten. Dazu kommt unter anderem das SDRAM zur Speicherung von Anwendungsdaten hinzu. Beginnen wir mit der Umsetzung des Vorhabens und den erforderlichen Schritten.

Ein VHDP-Projekt erstellen

Im ersten Schritt muss ein VHDP-Projekt erstellt werden:

Abbildung 2: VHDP-Projekt erstellen

VHDP-Code bereinigen

Im Anschluss muss der VHDP-Code von den Vorgaben des Templates bereinigt werden, sodass lediglich der Rumpf übrigbleibt:

```
Main
(

)
{

}
```

Listing: Kap22_Arduino.vhdp – Schritt 1

NIOS Creator aufrufen

Im nächsten Schritt muss der NIOS-Prozessor hinzugefügt werden, was über den Menüpunkt NIOS > Add NIOS Processor erfolgt:

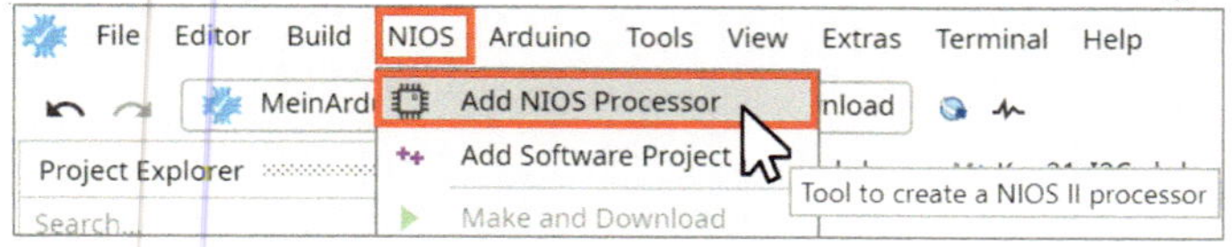

Abbildung 3: Einen NIOS-Prozessor hinzufügen

Im nachfolgenden Dialog können die Merkmale beziehungsweise gewünschten Funktionalitäten des neuen Prozessors ausgewählt werden. Zuerst muss über die Hardware-Drop-Down-Liste das MAX1000-Board ausgewählt werden und die schon markierten Funktionalitäten aus der Checkbox-Liste können so übernommen werden:

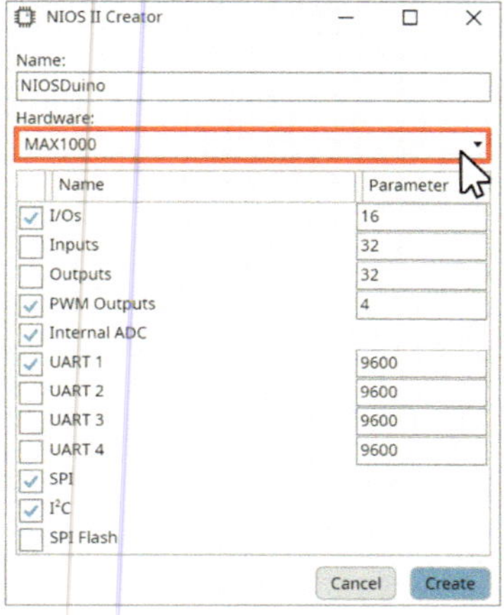

Abbildung 4: Die Erstellung des NIOS-Prozessors

Nach dem Klick auf die Create-Schaltfläche erscheint ein neuer Tab-Reiter mit dem Namen NIOSDuino_Core.vhdp im Projekt, der unverändert bestehen bleiben kann:

Abbildung 5: Ein neuer Tab-Reiter für den NIOS-Core-Code

Eine NIOS-Komponente erstellen

Im Anschluss muss wieder in den eigentlichen Projekt-Code gewechselt werden, um dort eine neue Komponente des gerade erstellten NIOS-Codes zu erstellen. Im unteren Bereich innerhalb der geschweiften Klammern müssen lediglich die beiden Anfangsbuchstaben ni für NIOS eingegeben werden, sodass die Autovervollständigung des Codes auf den Plan gerufen wird. Mit der RETURN-Taste muss noch der obere markierte Eintrag bestätigt werden:

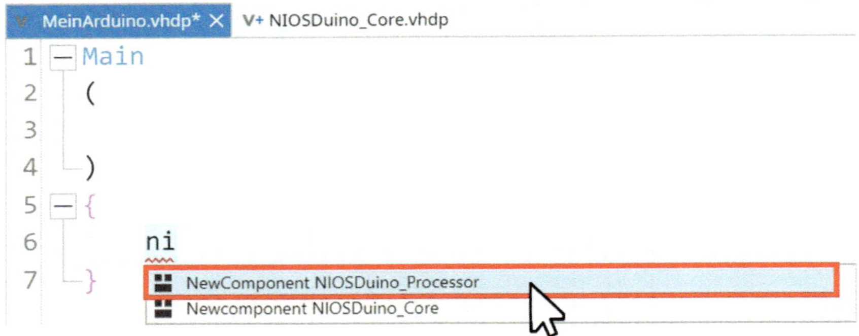

Abbildung 6: Eine neue Komponente des NIOS-Prozessors hinzufügen

Dem im Anschluss hinzugefügten Code müssen jetzt Signale hinzugefügt werden, was über das Kontext-Menü erfolgt, das über dem Namen der Komponente aufgerufen wird. Dazu muss auf dem erscheinenden Menü der Punkt Create Signals angeklickt werden:

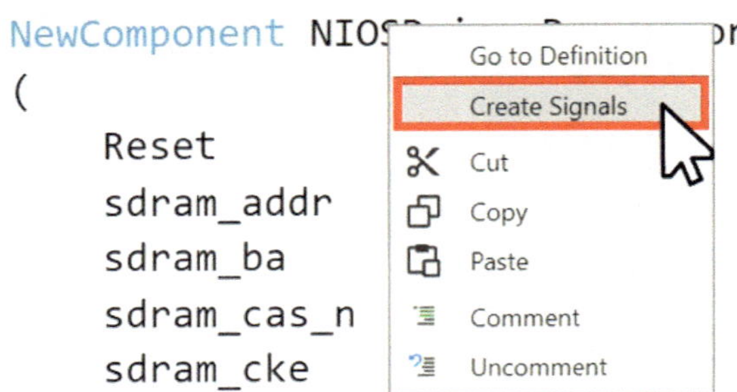

Abbildung 7: Signale erzeugen

Das hat zur Folge, dass neuer Code in den Main-Block eingefügt wird:

```
MeinArduino.vhdp*   NIOSDuino_Core.vhdp

Main
(
        Reset: in STD_LOGIC := '1';
        sdram_addr: out STD_LOGIC_VECTOR(11 downto 0);
        sdram_ba: out STD_LOGIC_VECTOR(1 downto 0);
        sdram_cas_n: out STD_LOGIC;
        sdram_cke: out STD_LOGIC;
```

Abbildung 8: Der Main-Block wird mit Signalen versehen (Ausschnitt)

Das Projekt kompilieren

Nun ist alles soweit vorbereitet worden, um das Projekt zu kompilieren:

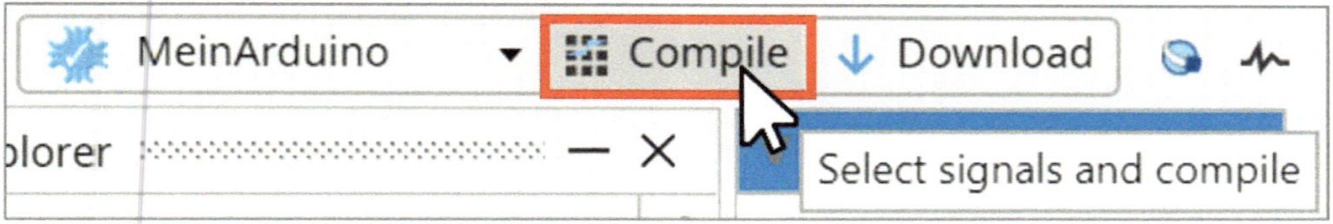

Abbildung 9: Das Projekt kompilieren

Im nachfolgenden Connect and Compile-Dialog werden alle Signale angezeigt, die schon verbunden sind und es können bei Bedarf weitere nach bekanntem Schema hinzugefügt werden:

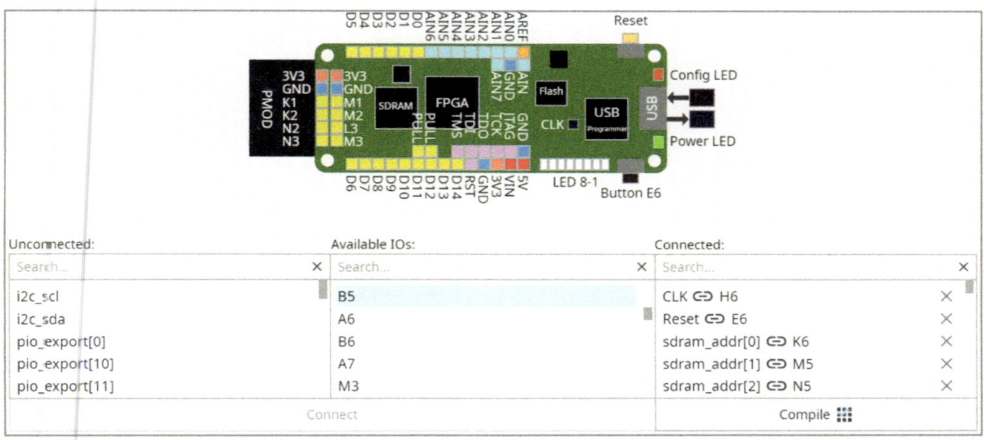

Abbildung 10: Der Connect and Compile-Dialog (Ausschnitt)

Ein Software-Projekt erstellen

Im Anschluss kann jetzt ein Software-Projekt erstellt werden, was über den Menü-Punkt NIOS > Add Software Project erreicht wird:

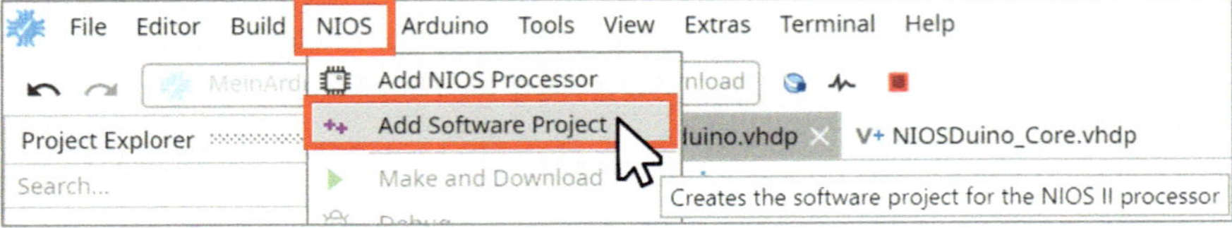

Abbildung 11: Ein Software-Projekt hinzufügen

Im nachfolgenden Dialogfenster muss die Checkbox Include NIOSDuino ausgewählt und der Dialog mit dem Anklicken der Create-Schaltfläche verlassen werden:

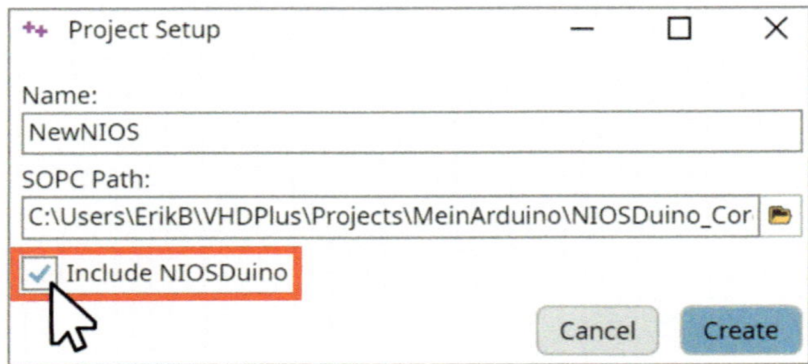

Abbildung 12: Ein Software-Projekt erstellen

Es erscheint ein neuer Tab-Reiter mit einem Arduino-Projekt mit der Programmiersprache C++, welches umgehend initialisiert wird:

V+ MeinArduino.vhdp V+ NIOSDuino_Core.vhdp NewNIOS.cpp

```

#include <Arduino.h>

void setup() {
    Serial.begin(9600); //Set Baudrate with "New Processor"
}

void loop() {
    Serial.println("Hello World");
    delay(1000);
}
```

Abbildung 13: Das neue Arduino-Projekt

Der Initialisierungsvorgang ist abgeschlossen, wenn im Output-Fenster die letzten Zeilen zu sehen sind, wo am Ende INFO: BSP files generated zu lesen ist:

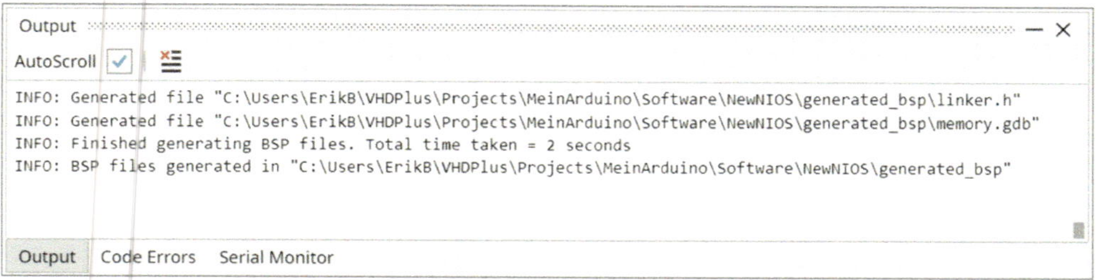

Abbildung 14: Das Projekt wurde erfolgreich initialisiert

Somit ist der Prozessor fertig.

Der Download

Damit der Arduino-Sketch eine entsprechende Arduino-Hardware vorfindet, muss über Download der Code auf das MAX1000-Board übertragen werdenn. Es handelt sich dabei noch nicht um den Arduino-Sketch, sondern um die Bereitstellung der Arduino-Hardware für den kommenden Arduino-Sketch:

Ich rate, vorher den Menüpunkt Extras > Long Term Programming auszuwählen.

Build und Run

Um das Projekt abzuschließen, muss es über den Build-Prozess kompiliert und gestartet werden. Dazu klicken wir in der rechten oberen Ecke der Entwicklungsumgebung die Schaltfläche mit dem kleinen grünen Dreieck an. Dieser Bereich wird erst sichtbar, wenn ein NIOS-Software-Projekt hinzugefügt wurde und das gesamte Projekt als Active Project gekennzeichnet ist:

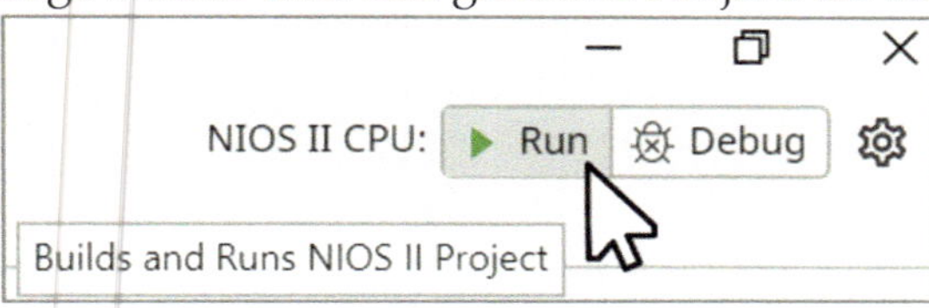

Abbildung 15: Builds and Runs

Im Output-Fenster laufen die Meldungen des GCC-Compilers auf, die den Fortschritt über den Compile-Vorgang zeigen, wobei GCC der Name der Compiler-Suite des GNU-Projekts ist. Abschließend sind folgende Meldungen zu sehen:

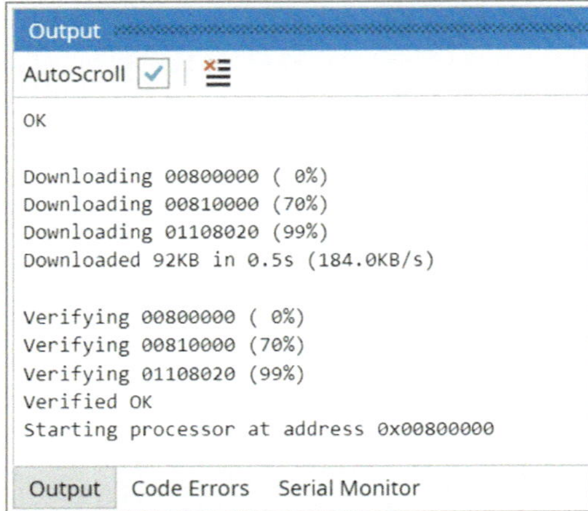

Abbildung 16: Die letzten Meldungen über das Laden des Arduino-Sketches

Sollte vorher der Softcore-Prozessor nicht über Download auf das FPGA übertragen worden sein, kann der Arduino-Sketch auch nicht etabliert werden und es erscheint die folgende Fehlermeldung im Output-Fenster:

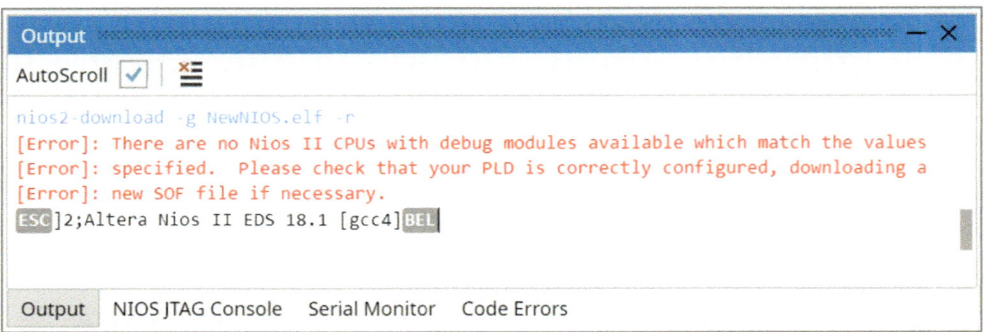

Abbildung 17: Es wurde keine NIOS II-CPU gefunden

Wie ist jetzt der Arduino-Sketch zu bewerten und was macht er?

Die JTAG-Konsole

Der Arduino-Sketch sorgt dafür, dass die Meldung Hello World an die serielle Schnittstelle versendet wird, was im Sekundentakt erfolgt. Sehen wir uns den Code noch mal genauer an:

```
01
02 #include <Arduino.h>
03
04 void setup() {
05     Serial.begin(9600); //Set Baudrate with "New Processor"
06 }
07
08 void loop() {
09     Serial.println("Hello World");
10     delay(1000);
11 }
```

Listing: Der Arduino-Sketch

Innerhalb der Setup-Funktion wird die serielle Schnittstelle über das Serial-Objekt mithilfe der Begin-Methode in Zeile 05 auf den Wert von 9600 Baud initialisiert. Wir erinnern uns, dass die Setup-Funktion einmalig beim Start des Codes ausgeführt wird. Innerhalb der Loop-Funktion, die kontinuierlich ausgeführt wird, kommt es zur Abarbeitung der beiden Anweisungen in den Zeilen 09 und 10. Über die Println-Methode (Print With Linefeed) in Zeile 09 erfolgt die Ausgabe der Zeichenkette Hello World mit einem Zeilenumbruch, was durch das Linefeed bewirkt wird. Damit die Anzeige nicht zu schnell erfolgt, wird in Zeile 10 über die Delay-Funktion eine Pause von 1000ms, also einer Sekunde eingelegt, bevor die Sache von vorne beginnt.

Nun erfolgt die Anzeige in der Entwicklungsumgebung nicht über die Output-Konsole, denn dort ist nichts von dem Text Hello World zu sehen. Dazu muss der sogenannte JTAG-Monitor über den Menüpunkt View > NIOS II JTAG Monitor aufgerufen werden:

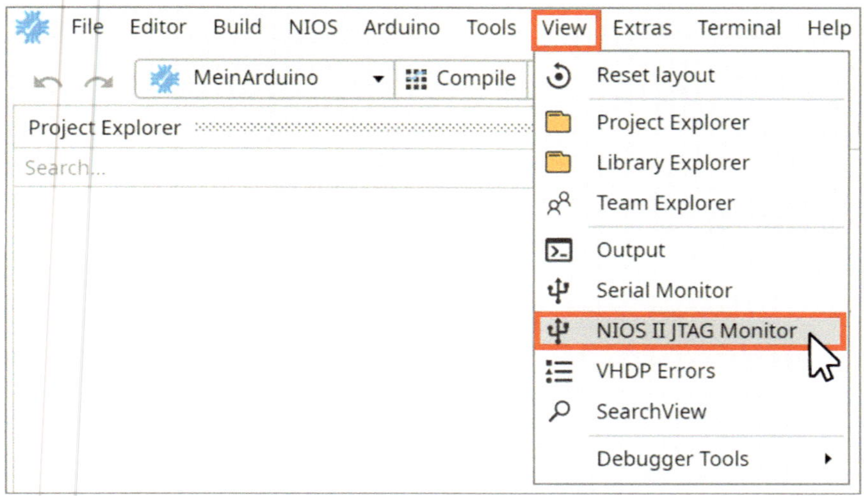

Abbildung 18: Der Aufruf der JTAG-Konsole

Die Konsole zeigt nach dem Aufruf den folgenden Inhalt, wobei die eingestellte Baudrate in diesem Fall noch keine Rolle spielt:

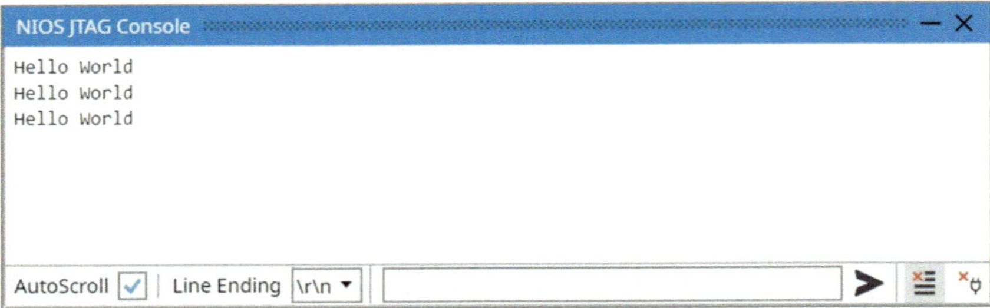

Abbildung 19: Der Inhalt der JTAG-Konsole

Es ist hier also der besagte Text des Arduino-Sketches zu sehen. Das Konsolenfenster befindet sich im Moment noch irgendwo in der Mitte der Entwicklungsumgebung, kann aber, wie die bisherigen Ausgabefenster Output, Code Errors oder Serial Monitor ebenfalls als Tab-Reiter in den unteren Bereich integriert werden. Um das zu bewirken, wird das Fenster mit der Maus in den unteren Bereich gezogen, sodass dort die nachfolgenden Positionierungsmakierungen zu sehen sind:

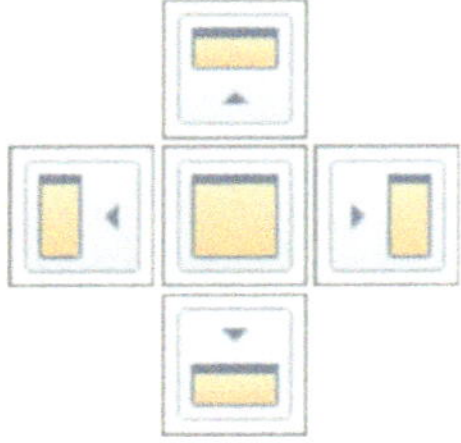

Wenn dann der komplette Bereich blau hinterlegt und hervorgehoben wird, kann das Fenster losgelassen werden und die Konsole wird in den unteren Bereich integriert:

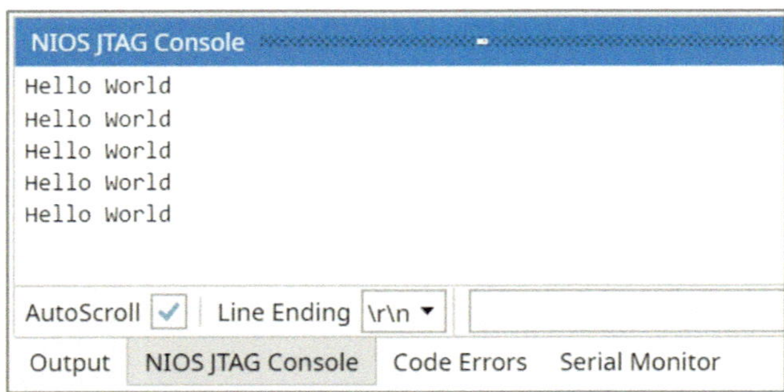

Abbildung 20: Die JTAG-Konsole ist integriert worden

Was genau ist eine JTAG-Konsole? Bei Prozessoren wird JTAG für den Zugriff zu Debugging- und Emulationsfunktionen genutzt und bei allen FPGAs wird JTAG für den Zugang zu den Programmierfunktionen verwendet. Die Abkürzung JTAG kommt von Joint Test Action Group und ist ein Synonym für den IEEE-Standard 1149.1, der eine Möglichkeit für das Debuggen und Testen integrierter Schaltungen bietet.

Wollen wir anstelle der JTAG-Konsole die Ausgabe, wie es bei der Arduino-Entwicklungsumgebung der Fall ist, auf die serielle Schnittstelle umlenken, muss statt Serial das Objekt Serial0 verwendet werden. Wenn der Arduino-Sketch wie folgt aussieht, erfolgt die Umleitung der Ausgabe:

```
#include <Arduino.h>

void setup() {
    Serial0.begin(9600); //Set Baudrate with "New Processor"
}

void loop() {
    Serial0.println("Hello World");
    delay(1000);
}
```

Listing: Der modifizierte Arduino-Sketch-Code

Da es sich hier um die Änderung des Arduino-Sketches handelt, muss nicht die ganze Hardware, die zuvor bereitgestellt wurde, neu erstellt werden. Es ist lediglich ein erneuter Aufruf von Builds and Runs erforderlich.

Da eine serielle Schnittstelle unter Windows immer über einen COM-Port erfolgt, muss dieser für die Ausgabe bekannt sein. Der bei mir ausgewählte COM-Port ist nicht allgemeingültig und muss, je nach System, angepasst werden:

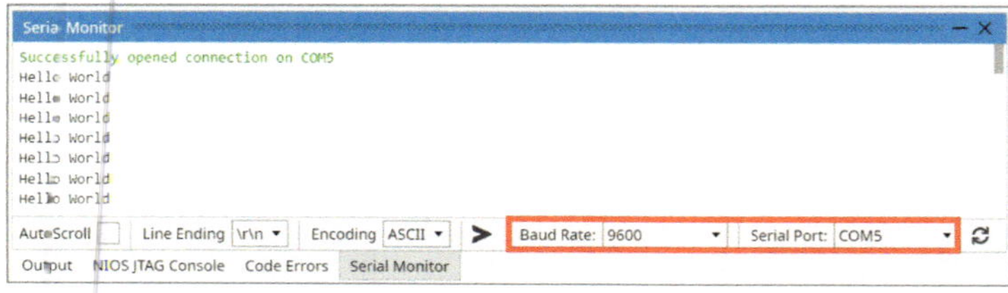

Abbildung 21: Der Serial-Monitor

Es ist nicht unbedingt erforderlich, den internen Serial Monitor zu nutzen, denn es kann jedes Terminal-Programm wie zum Beispiel PuTTY oder Terra Term genutzt werden:

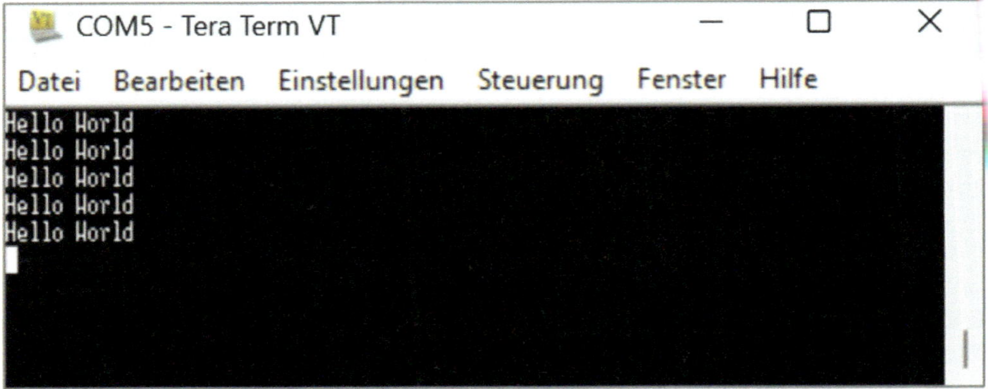

Abbildung 22: Die Ausgabe der seriellen Schnittstelle über Terra Term

Um über ein externes Programm auf die serielle Schnittstelle zugreifen zu können, muss die interne Nutzung derselben über die VHDPlus-Entwicklungsumgebung geschlossen werden, da der Zugriff auf die serielle Schnittstelle exklusiv ist und keine zwei Verbindungen erlaubt.

Ein Blink-Sketch

Das Hello World-Programm auf einem Arduino ist der Blink-Sketch:

```
01 #include <Arduino.h>
02 #define LED 1
03
04 void setup() {
05     Serial.begin(9600); // Set Baudrate
06     pinMode(LED, OUTPUT);
07 }
08
09 void loop() {
10     Serial.println("Hello World");
11     delay(1000);              // 1 Sekunde Pause
12     digitalWrite(LED, HIGH); // LED an
13     delay(1000);              // 1 Sekunde Pause
14     digitalWrite(LED, LOW);  // LED aus
15 }
```

Listing: Arduino-Blink-Sketch

Die Umsetzung der Schaltung auf einem realen Arduino-Board würde sich wie folgt gestalten, wobei der digitale I/O-Pin 1 genutzt wird, der auch in Zeile 02 über #define festgelegt ist:

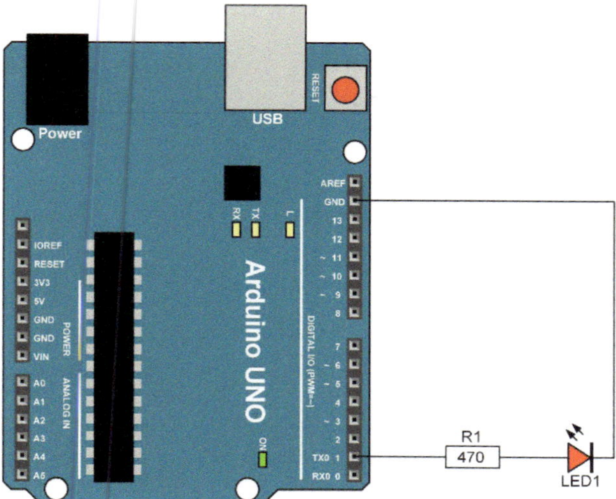

Abbildung 23: Der Arduino-Schaltplan

Damit jedoch dieser Pin auch vom MAX1000-Board angesteuert werden kann, muss die folgende Zuweisung im Connect and Compile-Dialog erfolgen:

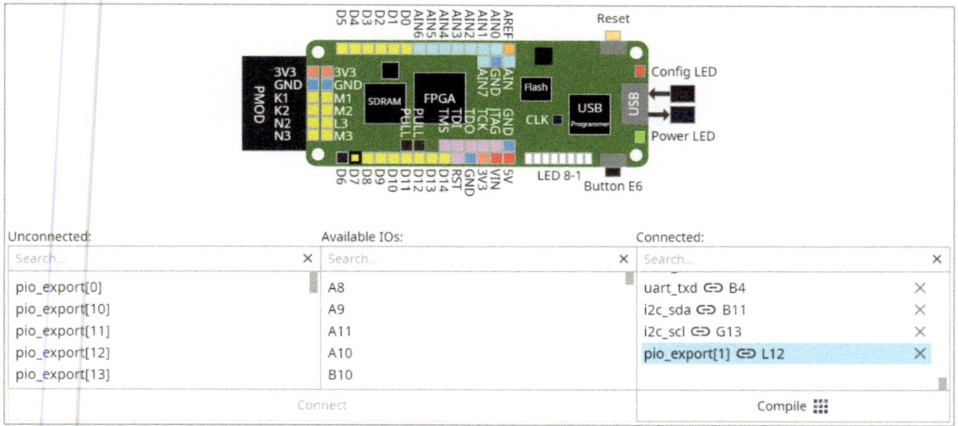

Abbildung 24: Der Connect and Compile-Dialog

Das Signal pio_export[1] (Parallel Input Output) wurde hier mit Pin D6 (L12) verbunden. Eine an Pin D6 angeschlossene LED des MAX1000-Boards würde sich entsprechend des Arduino-Codes verhalten.

Das ist eine feine Sache, dass man auf dem Max1000-Board andere Hardware simulieren kann! Das ist eine der Stärke der FPGA-Technologie: Ich kann aus einem FPGA-Board ganz unterschiedliche Hardware programmieren.

Im letzten Projekt dieses Buches beschäftigen wir uns mit der seriellen Schnittstelle.

23. Serielle Kommunikation

In diesem letzten Projekt möchte ich auf die Kommunikation über die serielle Schnittstelle eingehen. In diesem Zusammenhang stößt man immer wieder auf die Abkürzung UART, was für Universal Asynchronous Receiver Transmitter steht. Eine UART-Schnittstelle wird zum Senden und Empfangen von Daten über eine Datenleitung genutzt und bildet den Standard der seriellen Schnittstellen. Im industriellen Bereich ist diese Schnittstelle unter anderem mit dem bekannten Interface RS-232 zu finden.

Im Windows-Umfeld hat die serielle Schnittstelle die Bezeichnung COM für Communication. Das eigentliche Ziel ist es jetzt, über die serielle Schnittstelle Informationen zu versenden, um damit die acht OnBoard-LEDs auf dem MAX1000-Baord zu kontrollieren. Dazu muss das UART-Protokoll verwendet werden, was wir hier so weit wie möglich erklären wollen. Das Gute ist die Tatsache, dass, ähnlich wie beim I2C-Protokoll, eine entsprechende Bibliothek über den Library Explorer bereitgestellt wird. Dennoch möchte ich ein paar Kenngrößen nennen, die in diesem Zusammenhang wichtig sind, wobei lediglich die ersten beiden für uns eine entscheidende Rolle spielen:

- COM-Port
- Baudrate
- RX/TX (Receive Data/Transmit Data)
- Start-Bit
- Daten-Bits
- Stop-Bit
- Parität

Der COM-Port

Ein COM-Port ist eine E/A-Schnittstelle, über die ein serielles Gerät an einen Computer angeschlossen werden kann. Die heutigen Computer verfügen jedoch meist nicht mehr über eine dedizierte COM-Port-Schnittstelle, weil das verwendete Protokoll, ähnlich wie beim Arduino-Board, über die USB-Schnittstelle geleitet wird und so ist es auch beim MAX1000-Board der Fall:

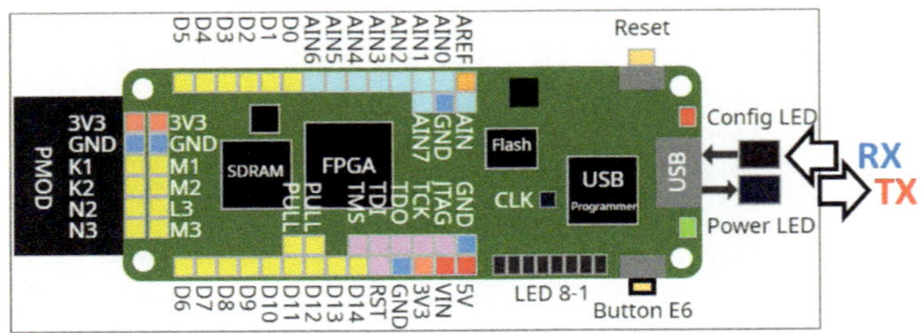

Abbildung 1: Die UART-Zugänge über die USB-Schnittstelle

Unter Windows kann man den richtigen COM-Port nach dem Verbinden des MAX1000-Boards mit dem Computer über den Gerätemanager ermitteln.

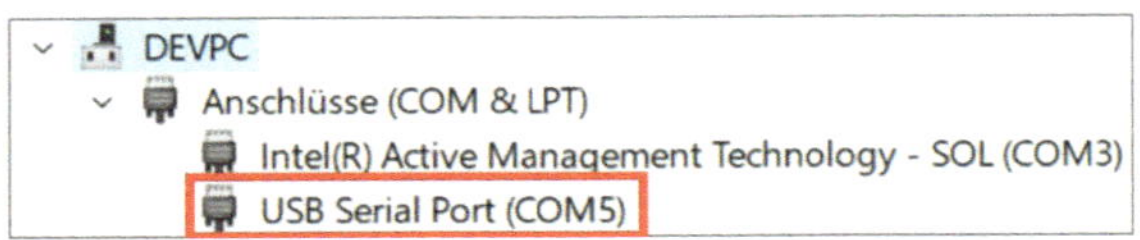

Abbildung 2: Das MAX1000-Board im Gerätemanager von Windows

Das Board wird hier leider nicht namentlich aufgeführt. Sind mehrere COM-Ports zu sehen, ist es sehr einfach, den richtigen Port des Boards zu bestimmen. Es muss dazu einfach das MAX1000-Baord vom USB-Port entfernt und wieder angeschlossen werden, um dann zu beobachten, welcher Port verschwindet und wieder auftaucht.

Die Baudrate

Die Baudrate ist eine Einheit in der Kommunikationstechnik und steht für die sogenannte Schrittgeschwindigkeit. Es handelt sich um einen Standard, der die Verbindung zwischen der Datenendeinrichtung und der Datenübertragungseinrichtung aufbaut, wobei die Übertragung in Wörtern und bitseriell erfolgt. Damit eine Kommunikation erfolgreich stattfinden kann, müssen Sender und Empfänger auf dieselbe Baudrate eingestellt ein. Wenn jemand in einer anderen Geschwindigkeit spricht, als der andere in der Lage ist zu verstehen, dann wird es schwierig mit dem Informationsaustausch.

RX/TX

Die Empfangs- und Sendeleitungen sind mit den Kürzeln RX (Receive Data) und TX (Transmit Data) versehen. UART verwendet keinen Takt für das Signal, sondern benutzt Start- und Stop-Bits. Wenn der Empfänger das Start-Bit erkannt hat, fängt er an, die Daten zu lesen, bis er das Stop-Bit empfängt. UART kann nur mit zwei Teilnehmern gleichzeitig kommunizieren.

Start-Bit/Datenbit/Stop-Bit

Das Start-Bit im UART-Protokoll wird benötigt, um darüber die Kommunikationspartner zu synchronisieren. Im Idle-Zustand (es werden keine Daten übertragen) ist der UART-Bus auf logisch 1. Ist das Start-Bit dagegen logisch 0, wird der Start eines UART-Frames signalisiert. Dem Start-Bit folgen 5 bis 9 Daten-Bits, die im Little-Endian-Format (LSB zuerst) versendet werden. Der UART-Frame wird durch ein beziehungsweise zwei Stop-Bits abgeschlossen. Stop-Bits haben den Zustand logisch 1.

Parität

Das Paritäts-Bit ist ein optionales Bit und dient der Fehlererkennung. Es können drei Paritäts-Arten eingestellt werden:

- Odd-Parity (O): Das Paritäts-Bit ist logisch 0, wenn die Anzahl der Bits, die logisch 1 sind, ungerade ist.
- Even-Parity (E): Das Paritäts-Bit ist logisch 0, wenn die Anzahl der Bits, die logisch 1 sind, gerade ist.
- No Parity (N): Das Paritäts-Bit bleibt ungenutzt.

Das LED-Projekt

Das sollte als kleine Einführung in die UART-Thematik genügen und ich möchte mich dem eigentlichen Projekt widmen, bei dem es darum geht, einen Wert über die serielle Schnittstelle an das MAX1000-Board zu versenden, um darüber die acht OnBoard-LEDs an- oder auszuschalten. Gehen wir die einzelnen Schritte wieder durch. Beginnen möchte ich mit einer kurzen Einleitung, wie das Ganze ablaufen soll.

Mit der VHDPlus-Entwicklungsumgebung ist es möglich, eine Verbindung zu einer seriellen Schnittstelle herzustellen. Dies wird durch den integrierten Serial Monitor bereitgestellt. Er ist normalerweise im unteren Bereich der IDE zu finden:

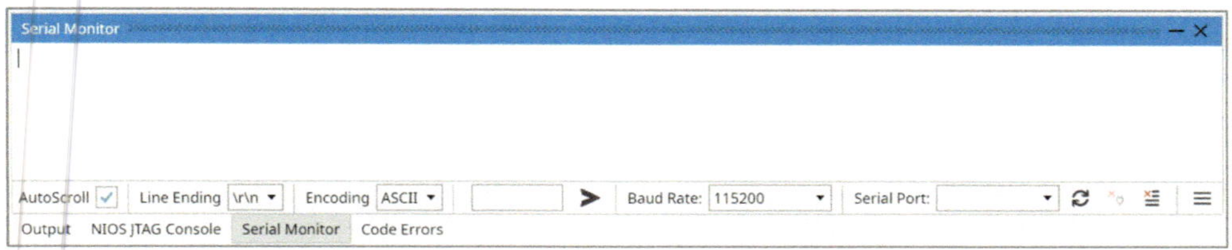

Abbildung 3: Das Fenster des Serial Monitors

Falls dieses Fenster einmal nicht zu sehen sein sollte, kann es unter dem folgenden Menüpunkt wieder sichtbar und positioniert werden:

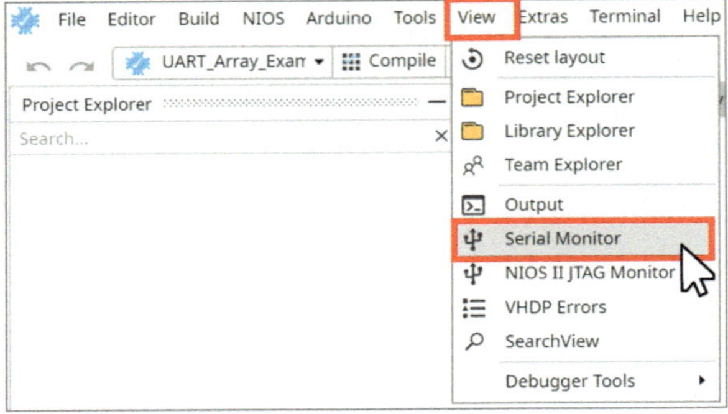

Abbildung 4: Die Einblendung des Serial Monitors

Wie ich es schon bei den grundlegenden UART-Merkmalen beschrieben habe, sind zur erfolgreichen Aufnahme einer Kommunikation zwischen Sender und Empfänger, wobei der Monitor für uns als Sender und das MAX1000-Board als Empfänger in Erscheinung tritt, gewisse Einstellungen wichtig. Sie sind im unteren Bereich des Serial Monitors zu finden und ich habe den COM-Port (Serial Port) und die Baudrate auf der folgenden Abbildung markiert:

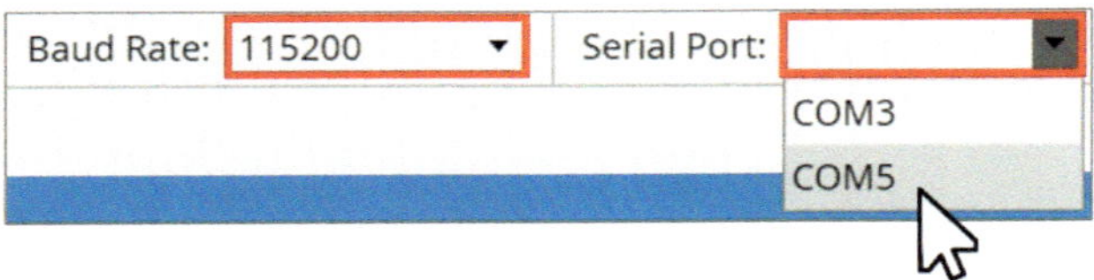

Abbildung 5: COM-Port und Baudrate

Der hier gewählte Serial Port muss mit dem im Gerätemanager für das MAX1000-Board übereinstimmen. Die gewählte mit dem Wert 115200 ist willkürlich gewählt und muss später im Code als Geschwindigkeit übernommen werden. Um jetzt eine Nachricht über die serielle Schnittstelle an das MAX1000-Board zu versenden, wird der unscheinbare Texteingabebereich genutzt, der nachfolgend markiert ist. Der Mauszeiger weist auf die kleine Schaltfläche mit dem nach rechts weisenden Pfeil, die nach dem Anklicken den eingegebenen Text versendet, was auch über das Drücken der RETURN-Taste erfolgen kann:

Abbildung 6: Der Texteingabebereich für das Versenden einer Nachricht

Wurde ein COM-Port ausgewählt und eine Verbindung hergestellt, ist eine entsprechende Meldung in grüner Schrift im Serial Monitor zu sehen:

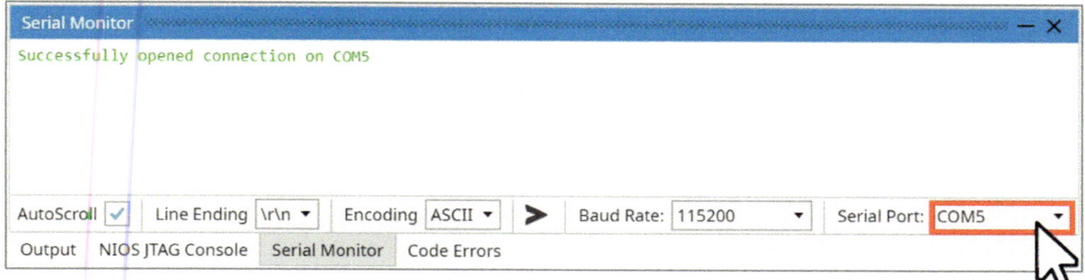

Abbildung 7: Es wurde erfolgreich eine Verbindung zu COM5 hergestellt.

Mit diesen Einstellungen können wir die Codierung beginnen. Wir starten mit dem Anlegen eines neuen VHDP-Projekts:

Abbildung 8: Das Anlegen eines neuen VHDP-Projekts

Nach der Erstellung des Projekts müssen die vorhandenen Codezeilen wieder bereinigt werden, sodass als Ausgangsbasis Folgendes zu sehen ist:

```
Main
(

)
{

}
```

Listing: Der bereinigte VHDP-Code

Im nächsten Schritt müssen wir dem neuen Projekt die erforderlichen Bibliotheken über den Library Explorer hinzufügen, die unter Interface > UART zu finden sind:

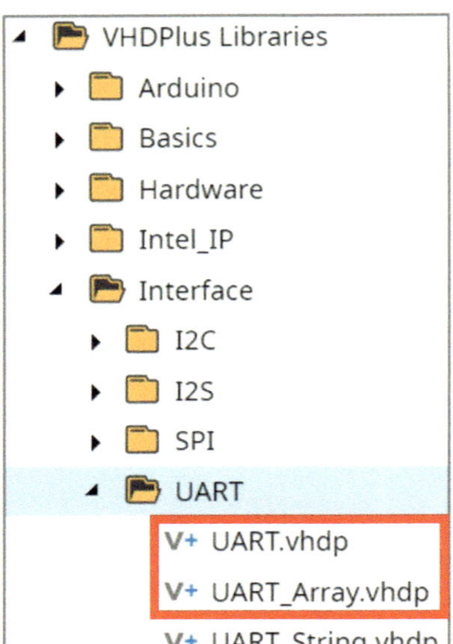

Abbildung 9: Die UART-Libraries

Der Beginn des Codes

Nun können wir mit der eigentlichen Codierung beginnen. Innerhalb des Main-Blocks werden in den Zeilen 03 und 04 die Signale RX und TX definiert, die für das Empfangen und Senden erforderlich sind. Zur späteren Ansteuerung der OnBoard-LEDs wird in Zeile 05 wieder ein LED-Array deklariert und initialisiert:

```
01 Main
02 (
03     RX  : in  std_logic := '0';
04     TX  : out std_logic := '0';
05     led : out std_logic_vector(7 downto 0) := (others => '0');
06 )
07 ...
```

Listing: Kap23_UART.vhdp – Teil 1

Im nächsten Schritt kommen eine Konstante und zahlreiche UART-Signale hinzu. In Zeile 08 wird die Anzahl der Bytes festgelegt, die maximal gesendet oder empfangen werden:

```
...
{
    constant max_bytes           : natural := 4;
    signal UART_Array_TX_Enable  : std_logic;
    signal UART_Array_TX_Bytes   : natural range 0 to max_bytes;
    signal UART_Array_TX_Data    : UART_Data_Array(max_bytes-1 downto
0);
    signal UART_Array_TX_Busy    : std_logic;
    signal UART_Array_RX_Bytes   : natural range 0 to max_bytes;
    signal UART_Array_RX_Data    : UART_Data_Array (max_bytes-1 downto
0);
    signal UART_Array_RX_Busy    : std_logic;
    signal UART_Array_RX_Error   : std_logic;
...
```

Listing: Kap23_UART.vhdp – Teil 2

Um die UART-Signale verarbeiten zu können, muss die Komponente UART_Array erstellt werden, die wir über den Library Explorer hinzugefügt haben. In Zeile 21 wird unter anderem die gewünschte Baudrate von 115200 definiert, die später mit dem Wert im Serial Monitor korrespondieren muss:

```
17 ...
18     NewComponent UART_Array
19     (
20         CLK_Frequency => 12000000,
21         Baudrate      => 115200,
22         Max_Bytes     => max_bytes,
23         Reset         => '0',
24         RX            => RX,
25         TX            => TX,
26         TX_Enable     => UART_Array_TX_Enable,
27         TX_Bytes      => UART_Array_TX_Bytes,
28         TX_Data       => UART_Array_TX_Data,
29         TX_Busy       => UART_Array_TX_Busy,
30         RX_Bytes      => UART_Array_RX_Bytes,
31         RX_Data       => UART_Array_RX_Data,
32         RX_Busy       => UART_Array_RX_Busy,
33         RX_Error      => UART_Array_RX_Error,
34     );
35 ...
```

Listing: Kap23_UART.vhdp – Teil 3

Innerhalb des Prozesses kommt es jetzt zum Empfang der UART-Daten und deren Verarbeitung:

```
35  ...
36  Process
37      (
38          variable busy_prev : std_logic := '0';
39      )
40      {
41          if(busy_prev = '1' and UART_Array_RX_Busy = '0')
42          {
43              UART_Array_TX_Data    <= UART_Array_RX_Data;
44              UART_Array_TX_Bytes   <= UART_Array_RX_Bytes;
45              UART_Array_TX_Enable  <= '1';
46              led                   <= UART_Array_RX_Data(0);
47          }
48          else
49          {
50              UART_Array_TX_Enable <= '0';
51          }
52          busy_prev := UART_Array_RX_Busy;
53      }
54  }
```

Listing: Kap23_UART.vhdp – Teil 4

Diesen Bereich sollten wir uns in groben Zügen näher ansehen. In Zeile 41 wird innerhalb der If-Anweisung überprüft, ob noch Daten empfangen werden, was über die Auswertung des Inhalts von UART_Array_RX_Busy erfolgt. Ist der Wert gleich '1', dann sind Daten noch im Zulauf und das Array UART_Array_RX_Data wird noch befüllt. Erst, wenn die Transmission abgeschlossen wurde, wechselt der Inhalt von UART_Array_RX_Busy von '1' auf '0'. Nun kann in Zeile 46 der Inhalt des Arrays UART_Array_RX_Data dem LED-Array zugewiesen werden, wobei lediglich das erste Byte über UART_Array_RX_Data(0) berücksichtigt wird. Weitere Details sind der Datei UART_Array.vhdp zu entnehmen, in der genauestens die Zusammenhänge erläutert sind.

Das Testen der Übertragung

Führen wir jetzt einen ersten Test durch und sehen, was wir dort für ein Ergebnis erhalten. Ziel ist es, über die serielle Schnittstelle den Wert 25 als binäres LED-Muster anzuzeigen. Der Wert 25 sieht binär wie folgt aus und dieses Muster erwarten wir auch auf dem Board:

Geben wir also nach der Verbindungsaufname mit dem korrekten COM-Port und der richtigen Baudrate von 115200 den Wert ein und bestätigen ihm mit RETURN:

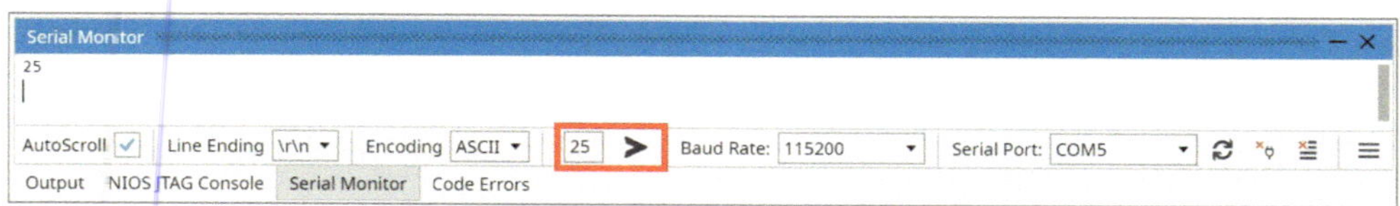

Abbildung 10: Die Eingabe des Werts 25

Im Serial Monitor ist nach dem Versenden der Wert 25 als Echo zu sehen. Sehen wir auf unser Board und schauen nach, ob die erwartete Bit-Kombination auch korrekt angezeigt wird. Dort leuchten die folgenden LDEs auf:

Das entspricht nicht ganz dem erwarteten binären Muster des dezimalen Werts 25. Irgendetwas ist schiefgelaufen, und nicht einmal die Interpretation als HEX-Wert deutet auf den Wert 25 hin. Werfen wir noch einmal einen näheren Blick auf den Serial Monitor mit seinen Einstellungen:

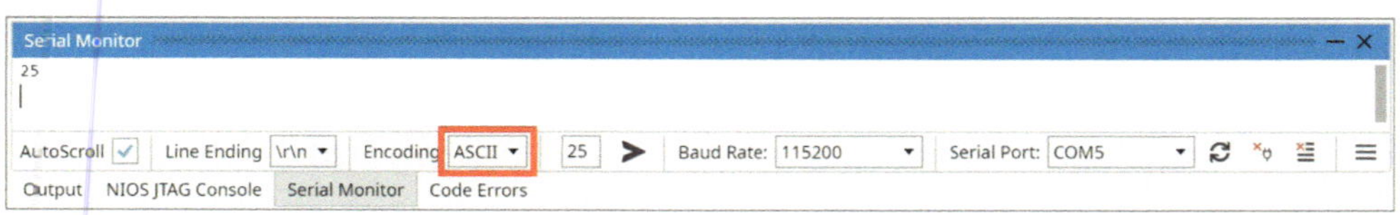

Abbildung 11: Die Eingabe des Werts 25 mit ASCII-Encoding

Ich habe den für uns wichtigen Bereich markiert und dort ist zu sehen, dass bei Encoding der Wert ASCII eingestellt ist. ASCII ist die Abkürzung für American Standard Code for Information Interchange und ist der Standard-Code für den Informationsaustausch hinsichtlich einer 7-Bit-Zeichenkodierung. Der von mir versendete Wert 25 wird also als eine Folge von einzelnen ASCII-Zeichen interpretiert. Sehen wir dazu auf den folgenden Tabellenauszug der entsprechenden ASCII-Zeichencodes:

Scan-Code	ASCII		Zeichen
	hex	dez	
0B	30	48	0
02	31	49	1
03	32	50	2
04	33	51	3
05	34	52	4
06	35	53	5
07	36	54	6
08	37	55	7
09	38	56	8
A0	39	57	9

Tabelle: ASCII-Tabelle: Auszug für die Ziffern 0 bis 9

Die für uns relevanten Werte wären also für das Zeichen 2 der ASCII-HEX-Wert 32 und für das Zeichen 5 der ASCII-HEX-Wert 35. Da wir über den Code jedoch nur das erste Zeichen über UART_Array_RX_Data(0) berücksichtigen, kommt es zur Anzeige des HEX-Werts 32, was der folgenden Bit-Kombination entspricht:

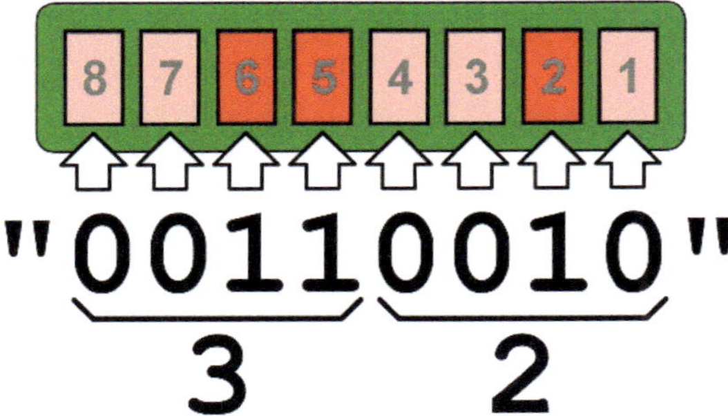

Würden wir den Code des Array-Zugriffs in Zeile 46 auf den Indexwert 1 anpassen, käme es zur Auswertung des Zeichens 5, das als zweites übertragen wurde:

```
46    led <= UART_Array_RX_Data(1);
```

Genau dieses Verhalten ist bei den LEDs zu beobachten. Um jetzt das korrekte LED-Muster sichtbar zu machen, muss das Encoding von ASCII auf Byte umgestellt werden:

Abbildung 12: Die Eingabe des Werts 25 mit Byte-Encoding

Auf Texteingabe reagieren

Sehen wir uns zum Abschluss dieses Kapitels ein Beispiel an, das auf eine bestimmte Texteingabe reagiert und dann eine entsprechende Rückmeldung an den Serial Monitor liefert. Zu diesem Zweck müssen die folgenden Bibliotheken aus dem Library Explorer hinzugefügt werden, die auch wieder unter Interface > UART zu finden sind. Diesmal wird im Gegensatz zum vorherigen Beispiel noch der Code UART_String.vhdp benötigt:

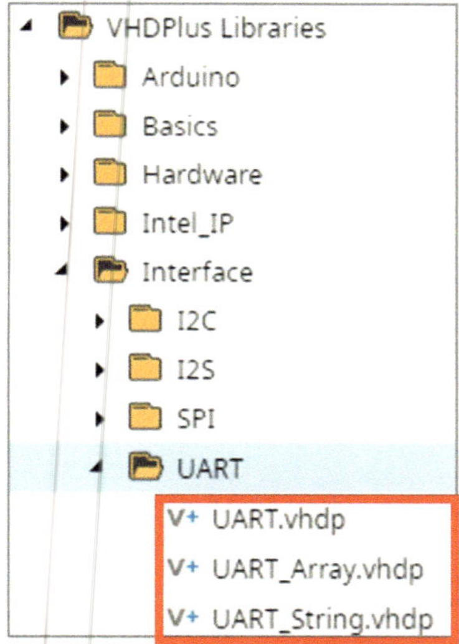

Abbildung 13: Die UART-Libraries

Der Beginn des Codes

Innerhalb des Main-Blocks werden wiederum in den Zeilen 03 und 04 die Signale RX und TX definiert, die für das Empfangen und Senden erforderlich sind. Zur späteren Ansteuerung der OnBoard-LEDs wird in Zeile 05 wieder ein LED-Array deklariert und initialisiert, die jedoch in diesem Beispiel keine Verwendung finden:

```
01 Main
02 (
03     RX  : in  std_logic := '0';
04     TX  : out std_logic := '0';
05     led : out std_logic_vector(7 downto 0) := (others => '0');
06 )
07 ...
```

Listing: Kap23_UART_String.vhdp – Teil 1

Im nächsten Schritt kommen eine Konstante und zahlreiche UART-Signale hinzu. In Zeile 08 wird die Anzahl der Bytes festgelegt, die maximal gesendet oder empfangen werden und die diesmal etwas größer dimensioniert ist:

```
06 ...
07 {
08     constant max_bytes : natural := 8;
09     signal UART_String_Reset: std_logic := '0';
10     signal UART_String_TX_Enable: std_logic := '0';
11     signal UART_String_TX_Bytes: natural range 0 to max_bytes := 0;
12     signal UART_String_TX_Data: std_logic_vector(max_bytes * 8 - 1
   downto 0) := (others => '0');
13     signal UART_String_TX_Busy: std_logic := '0';
14     signal UART_String_RX_Bytes: natural range 0 to max_bytes := 0;
15     signal UART_String_RX_Data: std_logic_vector(max_bytes * 8 - 1
16 downto 0) := (others => '0');
       signal UART_String_RX_Busy: std_logic := '0';
17     signal UART_String_RX_Error: std_logic := '0';
18 ...
```

Listing: Kap23_UART_String.vhdp – Teil 2

Um die UART-Signale hinsichtlich einer Zeichenkette (String) verarbeiten zu können, muss die Komponente UART_String erstellt werden, die wir über den Library Explorer hinzugefügt haben. In Zeile 22 wird wieder die gewünschte Baudrate von 115200 definiert, die später mit dem Wert im Serial Monitor korrespondieren muss:

```
18 ...
19     NewComponent UART_String
20     (
21         CLK_Frequency => 12000000,
22         Baudrate      => 115200,
23         RX_Timeout    => 10,
24         Max_Bytes     => max_bytes,
25         Reset         => UART_String_Reset,
26         RX            => RX,
27         TX            => TX,
28         TX_Enable     => UART_String_TX_Enable,
29         TX_Bytes      => UART_String_TX_Bytes,
30         TX_Data       => UART_String_TX_Data,
31         TX_Busy       => UART_String_TX_Busy,
32         RX_Bytes      => UART_String_RX_Bytes,
33         RX_Data       => UART_String_RX_Data,
34         RX_Busy       => UART_String_RX_Busy,
35         RX_Error      => UART_String_RX_Error,
36     );
37 ...
```

Listing: Kap23_UART_String.vhdp – Teil 3

Innerhalb des Prozesses kommt es jetzt zum Empfang der UART-Daten in Form einer eingegebenen Zeichenkette und deren Verarbeitung:

```
37 ...
38     Process()
39     {
40         Thread
41         {
42             While(UART_String_RX_Busy = '0') {}
43             While(UART_String_RX_Busy = '1') {}
44             if(UART_String_RX_Data(UART_String_RX_Bytes*8-1 downto
(UART_String_RX_Bytes-4)*8) = s"test")
45             {
46                 NewFunction printString (s"ok\n\r", 4,
UART_String_TX_Data, UART_String_TX_Bytes, UART_String_TX_Enable,
UART_String_TX_Busy);
47             }
48         }
49     }
50 }
```

Listing: Kap23_UART_String.vhdp – Teil 4

In Zeile 44 wird über die If-Anweisung die Eingabe der Zeichenkette überprüft. Entspricht sie der definierten Zeichenkette "test", dann kommt es zur Ausführung von Zeile 46, in der eine neue Funktion mit Namen printString über das Schlüsselwort NewFunction aufgerufen wird, die dafür zuständig ist, einen Text an den Serial Monitor zu versenden. Es wäre interessant zu wissen, wo diese Funktion eigentlich definiert ist. Über die Entwicklungsumgebung ist das recht einfach zu ermitteln. Es ist lediglich erforderlich, die Strg-Taste über dem Namen der Funktion zu drücken, sodass, ähnlich wie bei einem Hyperlink im Browser, ein Unterstrich zu sehen ist und der Mauszeiger sich in ein Handsymbol ändert.

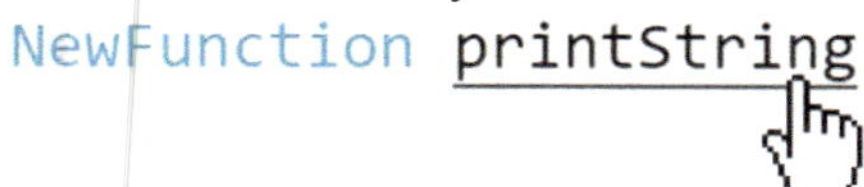

Abbildung 14: Der Aufruf einer Funktionsdefinition

Wird dieser entstandene Link jetzt angeklickt, öffnet sich ein Tab-Reiter mit der Quelldatei, in der die Funktion printString definiert ist:

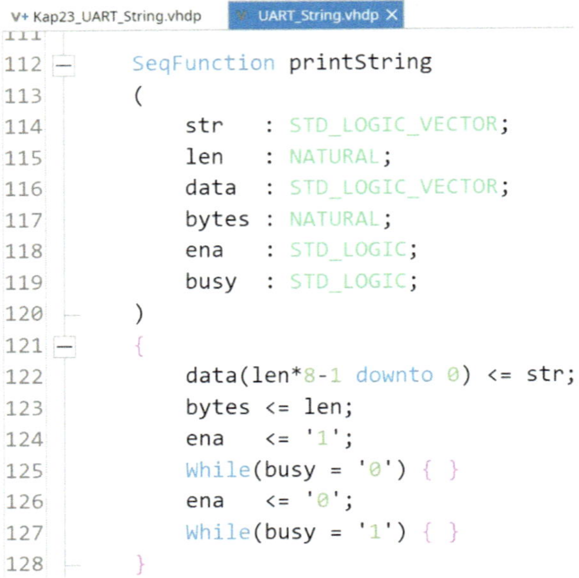

```
SeqFunction printString
(
    str   : STD_LOGIC_VECTOR;
    len   : NATURAL;
    data  : STD_LOGIC_VECTOR;
    bytes : NATURAL;
    ena   : STD_LOGIC;
    busy  : STD_LOGIC;
)
{
    data(len*8-1 downto 0) <= str;
    bytes <= len;
    ena   <= '1';
    While(busy = '0') { }
    ena   <= '0';
    While(busy = '1') { }
}
```

Listing: Der Aufruf der UART_String.vhdp-Datei

Ähnlich können zum Beispiel Signale und andere Objekte angeklickt werden, um zu deren Definitionen zu gelangen. Doch zurück zu unserem Code. Nach der Eingabe der Zeichenkette "test" zeigt der Serial Monitor mit dem selektierten ASCII-Encoding die erwartete Reaktion und antwortet mit ok, was das Zeichen dafür ist, dass er die Eingabe erkannt und entsprechend ausgewertet hat:

Abbildung 15: Der Serial Monitor zeigt ok

Die serielle Kommunikation kann zu unterschiedlichen Szenarien verwendet werden. Sehr häufig wird der Serial-Monitor zur Anzeige von Status-Informationen genutzt und ist ebenfalls bei der Fehlersuche, dem Debugging, ein unverzichtbares Hilfsmittel. Deshalb habe ich das Thema mit in die Projektsammlung aufgenommen.

Wie geht's weiter?

Wie ich zu Beginn des Buches geschrieben habe: FPGA ist eine faszinierende, aber auch eine sehr komplexe Technologie. Am Ende von fast 500 Seiten beherrscht der Leser gerade mal die Basics von FPGA, und da auch nur die VHDL-Seite. Die Verilog-Welt haben wir in diesem Buch – wie zu Beginn angekündigt – überhaupt nicht behandelt. Ebenso hat der Leser nur einen begrenzten Umfang an Software-Werkzeugen kennengelernt. Dies betrifft auch die Hardware: Wir haben nur ein FPGA-Board kennengelernt.

Dennoch hoffe ich, dass ich in diesem Buch dem Leser das Rüstzeug vermitteln konnten, um jetzt selbst weiter die faszinierende FPGA-Welt zu erforschen.

Als Anregung für ein großes, herausforderndes FPGA-Projekt möchte ich dem Leser vorschlagen, eine eigene CPU auf dem Max1000-Board zu bauen.

Und das ist doch wirklich faszinierend: eigene Hardware entwickeln!

Stichwortverzeichnis

Trenz Electronic GmbH

Leading Developer and Manufacturer of FPGA and SoC Modules in Germany

- Automotive grade available
- Extended device life cycle
- Small and powerful
- Rapid Prototyping
- Cooling solutions
- Customisable
- Rugged for industrial applications
- Developed and produced in Germany

Four examples 4 x 5 cm
FPGA, MPSoC and SoC modules

More Information:
www.trenz-electronic.de